浙江省房屋建筑安装工程修缮预算定额

（2018 版）

中国计划出版社

2020　北　京

图书在版编目（CIP）数据

浙江省房屋建筑安装工程修缮预算定额 : 2018版 / 浙江省建设工程造价管理总站主编. -- 北京 : 中国计划出版社, 2020.10（2022.2重印）
ISBN 978-7-5182-1238-5

Ⅰ. ①浙… Ⅱ. ①浙… Ⅲ. ①房屋建筑设备－修缮加固－建筑预算定额－浙江 Ⅳ. ①TU723.34

中国版本图书馆CIP数据核字(2020)第184449号

浙江省房屋建筑安装工程修缮预算定额(2018版)
浙江省建设工程造价管理总站　主编

中国计划出版社出版发行
网址：www.jhpress.com
地址：北京市西城区木樨地北里甲11号国宏大厦C座3层
邮政编码：100038　电话：(010) 63906433（发行部）
三河富华印刷包装有限公司印刷

880mm×1230mm　1/16　27印张　761千字
2020年10月第1版　2022年2月第4次印刷
印数 2601—3600册

ISBN 978-7-5182-1238-5
定价：165.00元

主编单位：浙江省建设工程造价管理总站

批准部门：浙江省住房和城乡建设厅

浙江省发展和改革委员会

浙江省财政厅

施行日期：二〇二〇年十月一日

浙江省房屋建筑安装工程修缮预算定额

（2018 版）

主 编 单 位：浙江省建设工程造价管理总站
专业主编单位：金华市建设工程招投标与造价管理站
参 编 单 位：杭州市建设工程招标造价服务中心
宁波市建设工程造价管理服务总站
温州市建筑市场管理总站
浙江省建筑设计研究院
浙江省建筑科学设计研究院
岩土科技股份有限公司
浙江科佳工程咨询有限公司
金华职业技术学院
杭州圣基建筑特种工程有限公司
浙江至诚工程咨询有限公司
浙江众安建设集团有限公司
浙江中信工程咨询有限公司
浙江宏誉工程咨询有限公司
浙江省省直房产经营管理中心
浙江建设职业技术学院
杭州恒正造价工程师事务所
杭州市西湖区房地产监察大队

主 编：舒慧斌 丁 锋 李江波
副 主 编：陈俊宇 夏仁宝 张苏琴 项 震 张秀敏
参 编：潘金龙 何薛平 陈志强 王擎忠 詹亦军 周世安 蔡慧平
邵 军 姜玲丹 潘 丰 汤 捷 王 耀 汤炬唤 方德林
艾克雄 张润财
顾 问：胡建明 王建荣

软 件 生 成：成都鹏业软件股份有限公司 杜彬
数 据 输 入：杭州擎洲软件有限公司 白炳利

审　核：浙江省建设工程计价依据（2018版）编制工作专家组

组　长：邓文华　浙江省建设工程造价管理总站站长

副组长：俞　晓　浙江省发展和改革委员会基本建设综合办公室副主任
马　勇　浙江省财政厅经济建设处副处长
戚程旭　浙江省住房和城乡建设厅建筑市场监管处副处长
周　易　浙江省住房和城乡建设厅计划财务处副处长
韩　英　浙江省建设工程造价管理总站副站长
汪亚峰　浙江省建设工程造价管理总站副站长
季　挺　浙江省建设工程造价管理总站副站长

成　员：李仲尧　浙江省公共资源交易中心主任
俞富桥　浙江省财政项目预算审核中心副主任
袁　旻　杭州市建设工程造价和投资管理办公室主任
傅立群　宁波市建设工程造价管理处处长
胡建明　浙江省建设工程造价管理总站副总工程师
田忠玉　浙江省建设工程造价管理总站定额管理室主任
蔡临申　浙江省建设工程造价管理总站造价信息室主任
毛红卫　浙江省建投集团投资与成本合约部总经理
单国良　歌山建设集团有限公司总裁助理
陈建华　万邦工程管理咨询有限公司总经理
黄志挺　建经投资咨询有限公司董事长
华钟鑫　浙江中达工程造价事务所有限公司董事长
蒋　磊　浙江耀信工程咨询有限公司董事长
史文军　原浙江省建工集团有限责任公司总经济师

审　定：浙江省建设工程计价依据（2018版）编制工作领导小组

组　长：项永丹　浙江省住房和城乡建设厅厅长

副组长：朱永斌　浙江省住房和城乡建设厅党组成员、浙江省建筑业管理总站站长
杜旭亮　浙江省发展和改革委员会副主任
邢自霞　浙江省财政厅副厅长

成　员：陈衡治　浙江省发展和改革委员会基本建设综合办公室主任
倪学军　浙江省财政厅经济建设处处长
宋炳坚　浙江省住房和城乡建设厅建筑市场监管处处长
施卫忠　浙江省住房和城乡建设厅计划财务处处长
邓文华　浙江省建设工程造价管理总站站长

浙江省住房和城乡建设厅　浙江省发展和改革委员会 浙江省财政厅关于颁发《浙江省工程建设其他费用定额(2018版)》等七部定额的通知

浙建建发〔2020〕16号

各市建委(建设局)、发展改革委、财政局:

为深化工程造价管理改革,完善工程计价依据体系,健全工程造价管理机制,根据省建设厅、省发展改革委、省财政厅联合印发的《关于组织编制〈浙江省建设工程计价依据(2018版)〉的通知》(建建发〔2017〕166号)要求,由省建设工程造价管理总站(省标准设计站)负责组织编制的《浙江省工程建设其他费用定额(2018版)》《浙江省房屋建筑与装饰工程概算定额(2018版)》《浙江省通用安装工程概算定额(2018版)》《浙江省市政工程概算定额(2018版)》《浙江省房屋建筑安装工程修缮预算定额(2018版)》《浙江省市政设施养护维修预算定额(2018版)》《浙江省园林绿化养护预算定额(2018版)》(以下简称"七部定额")通过审定,现予颁发,并就有关事项通知如下,请一并贯彻执行。

一、2018版计价依据是指导投资估算、设计概算、施工图预算、招标控制价、投标报价的编制以及工程合同价约定、竣工结算办理、工程计价纠纷调解处理、工程造价鉴定等的依据。规费取费标准是投资概算和招标控制价的编制依据,投标人根据国家法律、法规及自身缴纳规费的实际情况,自主确定其投标费率,但在规费政策平稳过渡期内不得低于标准费率的30%。当政策发生变化时,再另行发文规定。

二、七部定额自2020年10月1日起施行。《浙江省建筑工程概算定额(2010版)》《浙江省安装工程概算定额(2010版)》《浙江省市政设施养护维修定额(2003版)》《浙江省工程建设其他费用定额(2010版)》同时停止使用。

三、凡2020年9月30日前签订工程发承包合同的项目,或工程发承包合同在2020年10月1日后签订但工程开标在2020年9月30日前完成的项目,除工程合同或招标文件有特别约定外,仍按原"计价依据"规定执行。涉及后续人工费动态调整的,统一采用人工综合价格指数进行调整。

四、各级建设、发展改革、财政等部门要高度重视2018版计价依据的贯彻实施工作，造价管理机构要加强检查指导，确保2018版计价依据的正确执行。

2018版计价依据由省建设工程造价管理总站（省标准设计站）负责解释与管理。

浙江省住房和城乡建设厅

浙江省发展和改革委员会

浙 江 省 财 政 厅

2020年5月29日

总 说 明

一、《浙江省房屋建筑安装工程修缮预算定额》(2018 版)(以下简称本定额)是根据浙江省住房和城乡建设厅、浙江省发展和改革委员会、浙江省财政厅《关于组织编制〈浙江省建设工程计价依据(2018 版)〉的通知》(建建发〔2017〕166 号)、国家标准《建设工程工程量清单计价规范》GB 50500－2013 及有关规定,在《房屋建筑与装饰工程工程量清单计算规范》GB 50854－2013、《房屋修缮工程消耗量定额》TY01－41－2018、《房屋建筑加固工程消耗量定额》TY01－01(04)－2018、《浙江省房屋建筑与装饰工程预算定额》(2018 版)、《浙江省通用安装工程预算定额》(2018 版)、《浙江省建筑工程加固预算定额》(2010 版)的基础上,结合浙江省实际情况编制的。

二、本定额是完成规定计量单位分部分项工程所需的人工、材料、施工机械台班的消耗量标准,是编制施工图预算、招标控制价的依据,是确定合同价、结算价、调解工程价款争议、工程造价鉴定以及编制本省估算指标与技术经济指标的基础,也是企业投标报价或编制企业定额的参考依据。

国有资金占控股或者主导地位的房屋修缮工程项目,编制招标控制价应执行本定额。

三、本定额包括房屋修缮与加固工程,其中修缮部分适用于浙江省行政区域内为恢复和改善原有房屋建筑的使用功能、延长使用年限所进行的房屋建筑修缮,不适用于新建、扩建和改建的房屋建筑工程,以及古建筑修缮工程;加固部分适用于浙江省行政区域内的房屋建筑及构筑物的加固。

四、本定额考虑了房屋修缮场地狭窄、施工作业面小、穿街过巷及人车通行干扰造成的人工、机械降效等特点,以使用当前常规工具、手工操作为主,大中型机械辅助施工为辅,如实际不同均按本定额执行。

五、本定额是依据现行国家及浙江省有关强制性标准、推荐性标准、设计规范、施工验收规范、技术操作规程、质量评定标准、产品标准和安全操作规程,按正常施工条件、多数施工企业采用的施工方法、装备设备和合理的劳动组织及工期,并参考了有关地区和行业标准、定额,以及典型工程设计、施工和其他资料编制的,反映了浙江省区域的社会平均消耗量水平。

六、本定额拆除工程章节及其他章节中涉及有拆除工作的定额子目,已包含拆除材料、废料(渣土)的分类、袋装及 30m 内水平运输和集中堆放。

七、本定额未包括的项目,可按《浙江省房屋建筑与装饰工程预算定额》(2018 版)、《浙江省通用安装工程预算定额》(2018 版)定额执行,除本定额相应章节另有规定外,人工、材料、机械消耗量按下列系数调整:

1. 建筑工程修缮:按相应定额子目人工消耗量乘以系数 1.10,材料消耗量乘以系数 1.01,机械消耗量乘以系数 1.05。

2. 安装工程修缮:按相应定额子目人工消耗量乘以系数 1.20,材料消耗量乘以系数 1.05,机械消耗量乘以系数 1.20。

八、有关定额人工的说明和规定。

1. 本定额的人工消耗量已考虑了各项目施工操作的直接用工、其他用工(材料超运距、工种搭接、安全和质量检查以及临时停水、停电等)及人工幅度差。每工日按 8h 工作制计算。

2. 本定额日工资单价划分:土方工程按一类人工日工资单价 125 元/工日计算;金属结构工程、木结构工程、门窗工程、装饰工程、油漆、涂料工程按三类人工日工资单价 155 元/工日计算;保温、隔热工程根据子目性质不同分别按二类人工或三类人工日工资单价计算;其余工程均按二类人工日工资单价 135 元/工日计算。

3. 机械土方、构件运输及安装等工程，人工随机械产量计算的，人工幅度差按机械幅度差计算。

九、有关建筑材料、成品及半成品的说明和规定。

1. 本定额采用的材料（包括构配件、零件、半成品、成品）均为符合国家质量标准和相应设计要求的合格产品。材料名称、规格型号及取定价格详见附录四。

2. 本定额材料、成品及半成品的定额取定价格包括市场供应价、运杂费、运输损耗费和采购保管费。

3. 材料、成品及半成品的定额消耗量均包括施工场内运输损耗和施工操作损耗。材料损耗率详见附录三。

4. 材料、成品及半成品从工地仓库、现场堆放地点或现场加工地点至操作地点的场内水平运输已包括在相应定额内，垂直运输按第二十一章“措施项目”相应定额子目执行。

5. 混凝土、砂浆及各种胶泥等均按半成品考虑，消耗量以体积“m^3”表示。

6. 本定额中使用的混凝土除另有注明外均按非泵送商品混凝土编制，若实际使用现场搅拌混凝土或泵送商品混凝土时，按第四章或第十五章说明的相关条款进行调整。

7. 本定额中所使用的砂浆除另有注明外均按干混预拌砂浆编制，若实际使用现拌砂浆或湿拌预拌砂浆时，按以下方法调整：

（1）使用现拌砂浆的，除将定额中的干混预拌砂浆调换为现拌砂浆外，另按相应定额中每立方米砂浆增加：人工 0.382 工日、200L 灰浆搅拌机 0.167 台班，并扣除定额中干混砂浆罐式搅拌机台班的数量。

（2）使用湿拌预拌砂浆的，除将定额中的干混预拌砂浆调换为湿拌预拌砂浆外，另按相应定额中每立方米砂浆扣除人工 0.20 工日，并扣除定额中干混砂浆罐式搅拌机台班数量。

8. 本定额所采用的材料、半成品、成品品种、规格型号与设计不符时，可按各章规定调整。

9. 本定额周转材料按摊销量编制，且已包括回库维修耗量及相关费用。

10. 对于用量少、低值易耗的零星材料，列为其他材料费。

十、关于机械。

1. 本定额中的机械按常用机械、合理机械配备和施工企业的机械化装备程度，并结合本省工程实际编制的，台班价格按《浙江省建设工程施工机械台班费用定额》(2018 版）计算。

2. 本定额的机械台班消耗量是按正常机械施工工效考虑，每一台班按八小时工作制计算，并考虑了机械幅度差。

3. 挖掘机械、静压桩机械、吊装机械、运输机械等，分别按机械容量或性能及工作物对象，按单机或主机与配合辅助机械，分别以台班消耗量表示。

4. 凡单位价值 2 000 元以内、使用年限在一年以内的不构成固定资产的施工机械，不列入机械台班消耗量，作为工具用具在建筑安装工程修缮费中的企业管理费考虑，其消耗的燃料动力等已列入材料内。

5. 本定额未包括大型施工机械场外运输及安、拆费用，以及塔式起重机、施工电梯的基础费用，发生时，应根据经批准的施工组织设计方案选用的实际机械种类及规格，按《浙江省建设工程施工机械台班费用定额》(2018 版）有关规定计算。

十一、本定额除注明高度的以外，均按房屋修缮建筑物作业层楼（屋）面高度 20m 以内编制，作业层楼（屋）面高度 20m 以上的工程，其降效应增加的人工、机械台班及有关费用，按建筑物超高施工增加费定额执行。

十二、本定额中的房屋修缮建筑物作业层楼（屋）面高度是指室外地坪至作业层楼（屋）面高度。

突出主体建筑物屋面的电梯机房、楼梯间、有围护结构的水箱间、瞭望塔、排烟机房等建筑物作业面高度，按室外地坪至主体屋面高度计算。

十三、本定额未包括专业设计方案编制费用和专项检测试验费，发生时费用另行计算。

十四、本定额中的工作内容已说明了主要的施工工序，次要工序虽未说明，但均已包括在内。

十五、施工与生产同时进行、在有害身体健康的环境中施工时的降效增加费，本定额未考虑，发生时另行计算。

十六、有关施工取费的施行。

房屋建筑安装工程修缮施工取费费率按房屋建筑安装工程修缮企业管理费费率表、房屋建筑安装工程修缮利润费率表、房屋建筑安装工程修缮施工组织措施项目费费率表、房屋建筑安装工程修缮规费费率表、房屋建筑安装工程修缮税金税率表执行，施工取费的其他规定按计价规则执行。

房屋建筑安装工程修缮企业管理费费率

定额编号	项目名称	计算基数	费率(%)					
			一般计税			简易计税		
			下限	中值	上限	下限	中值	上限
H1	企业管理费							
H1－1	房屋建筑安装工程修缮	人工费＋机械费	8.70	11.60	14.50	8.48	11.31	14.14
H1－2	单独加固工程		12.43	16.57	20.71	12.12	16.16	20.20

房屋建筑安装工程修缮利润费率

定额编号	项目名称	计算基数	费率(%)					
			一般计税			简易计税		
			下限	中值	上限	下限	中值	上限
H2	利润							
H2－1	房屋建筑安装工程修缮	人工费＋机械费	6.08	8.10	10.12	5.93	7.90	9.87
H2－2	单独加固工程		6.08	8.10	10.12	5.93	7.90	9.87

房屋建筑安装工程修缮施工组织措施项目费费率

定额编号	项目名称		计算基数	费率(%)					
				一般计税			简易计税		
				下限	中值	上限	下限	中值	上限
H3	施工组织措施项目费								
H3－1	房屋建筑安装工程修缮 安全文明施工基本费								
H3－1－1	其中	非市区工程	人工费＋机械费	5.00	5.55	6.10	5.16	5.73	6.31
H3－1－2		市区工程		6.00	6.66	7.33	6.19	6.87	7.56
H3－2	单独加固工程 安全文明施工基本费								
H3－2－1	其中	非市区工程	人工费＋机械费	7.14	7.93	8.72	7.37	8.19	9.01
H3－2－2		市区工程		8.57	9.52	10.47	8.84	9.82	10.80
H3－3	二次搬运费		人工费＋机械费	0.4	0.5	0.6	0.42	0.52	0.62
H3－4	冬雨季施工增加费		人工费＋机械费	0.04	0.08	0.11	0.05	0.08	0.12

房屋建筑安装工程修缮规费费率

定额编号	项目名称	计算基数	费率(%)	
			一般计税	简易计税
H4	规费			
H4－1	房屋建筑安装工程修缮	人工费＋机械费	27.92	27.37
H4－2	单独加固工程			

房屋建筑安装工程修缮税金税率

定额编号	项目名称	适用计税方法	计算基数	税率(%)
H5	增值税			
H5－1	增值税销项税	一般计税方法	税前工程造价	9.00
H5－2	增值税征收率	简易计税方法		3.00

十七、本定额中遇有两个或两个以上系数时，按连乘法计算。

十八、定额中凡注明"××以内"或"××以下"及"小于"者，均包括××本身；"××以外"或"××以上"及"大于"者，则不包括××本身。

定额说明中未注明(或省略)尺寸单位的宽度、厚度、断面等，均以"mm"为单位。

十九、凡本总说明未尽事宜，详见各章说明和附录。

二十、本定额由浙江省建设工程造价管理总站负责解释与管理。

目　　录

第九章　保温、隔热工程

第十章　装 饰 工 程

第十一章　油漆、涂料工程

第十二章　室 外 工 程

第十三章　地基及基础加固工程

第十四章　砌体加固工程

第十五章　混凝土及钢筋混凝土加固工程

第十六章　其他加固工程

第十七章　电　气　工　程

第十八章　通风空调工程

第十九章　消 防 工 程

第二十章　给水排水工程

第二十一章　措 施 项 目

附　　录

第一章
拆 除 工 程

说　明

一、本章定额包括屋面拆除、混凝土拆除、砌体拆除、饰面拆除、钢结构拆除和其他拆除。

二、本定额拆除工程除瓦屋面、人字屋架、干挂石材拆除为材料有重复利用的保护性拆除外，其他均按破坏性拆除，如实际不同则按以下方法换算：

1. 套用保护性拆除定额子目而实际为非保护性拆除的，定额乘以系数0.50。

2. 套用破坏性拆除定额子目而实际为非破坏性拆除的，定额乘以系数2.00。

三、定额中已考虑了拆除材料、废料（渣土）的分类装袋集中堆放，未包含下楼垂直运输费用和废料（渣土）外运费用，发生时，垂直运输费用和外运及处置费用另行计算。

四、本章拆除工程按人工拆除考虑，未考虑拆除物的残值利用。

五、屋面防水层铲除定额适用单独防水层铲除，与建筑构造层整体拆除时不单独计算。

六、本章定额的钢筋混凝土的柱、梁、墙、板拆除不适用于加固工程的替换拆除，发生时按加固定额章节执行。

七、饰面工程的墙面拆除，抹灰面、块料面层如同主体工程整体拆除的，饰面工程并入主体工程按体积计算，不单独计算；油漆涂料面层如同饰面工程一起拆除的，不单独计算费用。

八、墙面、天棚带龙骨饰面的拆除包括面层与基层龙骨，只拆除面层时，相应定额乘以系数0.60。

九、拆除工程定额已包含一般施工安全措施，若采取特殊施工安全措施，如护栏、护网、坡道，或必须搭设脚手架，其项目费用应另行计算。

工程量计算规则

一、屋面拆除按面积以“m^2”计算,斜屋面按斜面面积计算,不扣除房上烟囱、风帽底座、风道、小气窗、斜沟等所占面积,小气窗的出檐也不增加。

二、屋面架空隔热板、混凝土保护层、整体建筑构造层拆除按拆除面积以“m^2”计算。

三、拆除屋架以“榀”计算。

四、屋面防水层铲除按铲除防水层面积以“m^2”计算。

五、预制和现浇混凝土及钢筋混凝土构件拆除按拆除构件体积以“m^3”计算,楼梯拆除按拆除部分水平投影面积以“m^2”计算。

六、砌体拆除按拆除墙体体积以“m^3”计算,不扣除 0.3m^2 以内孔洞和构件所占体积;轻质隔墙及隔断拆除按面积以“m^2”计算。削砖按“块”计算。

七、地面抹灰层、块料面层、龙骨及饰面拆除均按拆除面积以“m^2”计算,栏杆扶手拆除按拆除长度以“m”计算,踢脚线铲除并入墙面不另行计算。

八、墙柱面抹灰层、块料面层、龙骨及饰面拆除均按拆除面积以“m^2”计算,干挂石材骨架拆除按拆除构件质量以“t”计算。

九、天棚抹灰面铲除按铲除面积以“m^2”计算,龙骨及饰面拆除按水平投影面积以“m^2”计算。

十、门窗拆除按门窗洞口面积以“m^2”计算,门窗扇拆除以“扇”计算,门窗套、窗台板、窗帘盒拆除按拆除长度以“m”计算。

十一、油漆涂料裱糊面层铲除按铲除面积以“m^2”计算。

十二、钢结构拆除按拆除重量以“t”计算,钢楼梯、钢棚拆除按面积以“m^2”计算。

十三、池槽拆除按拆除数量以“只”计算,小便池按长度 1.2m 折合一只;雨篷、采光棚拆除按拆除投影面积以“m^2”计算;招牌、灯箱拆除按面层展开以“m^2”计算。

一、屋面拆除

工作内容：卸料下地、集料、小件木料捆扎、清理，30m以内集中堆放。

计量单位：$100m^2$

定额编号				1-1	1-2	1-3	1-4	1-5
项目				卸小青瓦	卸平瓦	拆屋面木基层(小青瓦)	拆屋面椽子木基层(平瓦)	拆屋面板、挂瓦条木基层
基价（元）				**891.00**	**567.00**	**715.50**	**823.50**	**1 350.00**
其中	人工费（元）			891.00	567.00	715.50	823.50	1 350.00
	材料费（元）			—	—	—	—	—
	机械费（元）			—	—	—	—	—
名称		单位	单价(元)	消耗量				
人工	二类人工	工日	135.00	6.600	4.200	5.300	6.100	10.000

工作内容：1. 拆除檩条上金属板、卸料下地、清理，30m以内集中堆放；

2. 拆除阳光板面层、卸料下地、清理，30m以内集中堆放。

计量单位：$100m^2$

定额编号				1-6	1-7
项目				拆金属板屋面	拆阳光板屋面
基价（元）				**378.00**	**290.25**
其中	人工费（元）			378.00	290.25
	材料费（元）			—	—
	机械费（元）			—	—
名称		单位	单价(元)	消耗量	
人工	二类人工	工日	135.00	2.800	2.150

工作内容：1. 拆除隔热板、砖墩、清理，将废渣废料分类装袋集中堆放；

2. 拆除混凝土保护层、清理，将废渣废料分类装袋集中堆放；

3. 拆除混凝土保护层、找平层、防水层、保温层等整体、清理，将废渣废料分类装袋集中堆放。

计量单位：$100m^2$

定额编号				1-8	1-9	1-10	1-11
项目				拆架空隔热板	拆钢筋混凝土保护层	拆屋面整体建筑构造层	
						总厚度10cm内	总厚度10cm外
基价（元）				**950.00**	**2 041.36**	**2 804.22**	**2 975.35**
其中	人工费（元）			945.00	905.85	1 259.55	1 316.25
	材料费（元）			5.00	38.67	58.63	66.91
	机械费（元）			—	1 096.84	1 486.04	1 592.19
名称		单位	单价(元)	消耗量			
人工	二类人工	工日	135.00	7.000	6.710	9.330	9.750
材料	合金钢钻头 一字型	个	8.62	—	0.130	0.170	0.200
	六角空心钢 综合	kg	2.48	—	2.600	3.820	4.010
	高压橡胶风管 $\phi25$	m	12.93	—	1.400	1.600	1.720
	其他材料费	元	1.00	5.000	13.000	27.000	33.000
机械	内燃空气压缩机 $3m^3/min$	台班	329.10	—	3.100	4.200	4.500
	手持式风动凿岩机	台班	12.36	—	6.200	8.400	9.000

注：拆屋面建筑构造层整体包括钢筋混凝土保护层、找平层、防水层、保温层等屋面建筑构造。

工作内容:卸除落地、拆落折散,清理并运至30m以内堆放。 计量单位:榀

定额编号				1-12	1-13	1-14	1-15	1-16
项目				卸钢木屋架、木屋架(跨度)			卸钢筋混凝土屋架(跨度)	
				4m以内	8m以内	12m以内	8m以内	16m以内
基价(元)				**80.70**	**100.95**	**127.95**	**125.25**	**225.68**
其中	人工费(元)			20.25	40.50	67.50	64.80	135.00
	材料费(元)			—	—	—	—	—
	机械费(元)			60.45	60.45	60.45	60.45	90.68
	名称	单位	单价(元)	消耗量				
人工	二类人工	工日	135.00	0.150	0.300	0.500	0.480	1.000
机械	轮胎式起重机16t	台班	755.65	0.080	0.080	0.080	0.080	0.120

工作内容:铲除防水层,清理并将废渣废料分类装袋集中堆放。 计量单位:$100m^2$

定额编号				1-17	1-18	1-19	1-20
项目				铲除卷材防水层		铲除涂料防水层	
				屋面	天沟	屋面	天沟
基价(元)				**473.50**	**595.00**	**784.00**	**1 081.00**
其中	人工费(元)			472.50	594.00	783.00	1 080.00
	材料费(元)			1.00	1.00	1.00	1.00
	机械费(元)			—	—	—	—
	名称	单位	单价(元)	消耗量			
人工	二类人工	工日	135.00	3.500	4.400	5.800	8.000
材料	其他材料费	元	1.00	1.000	1.000	1.000	1.000

二、混凝土拆除

工作内容:拆除混凝土、取出钢筋,清理并将废渣废料分类装袋集中堆放。 计量单位:$10m^3$

定额编号				1-21	1-22	1-23	1-24
项目				拆除素混凝土	拆除钢筋混凝土		
				基础		柱、梁	墙、板、雨篷
基价(元)				**1 393.13**	**1 491.89**	**2 362.12**	**2 201.22**
其中	人工费(元)			648.00	675.00	1 066.50	1 012.50
	材料费(元)			37.49	38.49	57.25	56.50
	机械费(元)			707.64	778.40	1 238.37	1 132.22
	名称	单位	单价(元)	消耗量			
人工	二类人工	工日	135.00	4.800	5.000	7.900	7.500
材料	合金钢钻头 一字型	个	8.62	0.160	0.220	0.300	0.300
	六角空心钢 综合	kg	2.48	0.240	0.330	4.750	4.550
	高压橡胶风管 φ25	m	12.93	0.040	0.060	0.610	0.590
	其他材料费	元	1.00	35.000	35.000	35.000	35.000
机械	内燃空气压缩机 $3m^3$/min	台班	329.10	2.000	2.200	3.500	3.200
	手持式风动凿岩机	台班	12.36	4.000	4.400	7.000	6.400

工作内容：拆除混凝土、取出钢筋，清理并将废渣废料分类装袋集中堆放。　　**计量单位：**见表

定额编号				1-25	1-26	1-27	1-28
项目				拆除钢筋混凝土			拆除素混凝土
				小型构件	楼梯	楼地面	
计量单位				10m³	100m²	10m³	
基价（元）				**2 252.49**	**5 799.48**	**1 290.93**	**1 095.52**
其中	人工费（元）			992.25	2 659.50	594.00	492.75
	材料费（元）			57.25	97.13	56.52	54.35
	机械费（元）			1 202.99	3 042.85	640.41	548.42
名称		单位	单价(元)	消耗量			
人工	二类人工	工日	135.00	7.350	19.700	4.400	3.650
材料	合金钢钻头 一字型	个	8.62	0.300	0.303	0.303	0.270
	六角空心钢 综合	kg	2.48	4.750	18.180	4.550	4.100
	高压橡胶风管 ϕ25	m	12.93	0.610	3.050	0.590	0.530
	其他材料费	元	1.00	35.000	10.000	35.000	35.000
机械	内燃空气压缩机 3m³/min	台班	329.10	3.400	8.600	1.810	1.550
	手持式风动凿岩机	台班	12.36	6.800	17.200	3.620	3.100

工作内容：拆除钢筋混凝土，清理并将废渣废料分类装袋集中堆放。　　**计量单位：**见表

定额编号				1-29	1-30	1-31	1-32
项目				拆除预制钢筋混凝土			
				楼板	梁	小型构件	楼梯
计量单位				10m³			100m²
基价（元）				**1 560.50**	**1 682.00**	**1 729.25**	**3 101.50**
其中	人工费（元）			1 525.50	1 647.00	1 694.25	3 091.50
	材料费（元）			35.00	35.00	35.00	10.00
	机械费（元）			—	—	—	—
名称		单位	单价(元)	消耗量			
人工	二类人工	工日	135.00	11.300	12.200	12.550	22.900
材料	其他材料费	元	1.00	35.000	35.000	35.000	10.000

三、砌体拆除

工作内容:基础、墙体拆除,清理并将废渣废料分类装袋集中堆放。　　**计量单位**:$10m^3$

定额编号				1-33	1-34	1-35	1-36	1-37
项目				拆除砖基础	拆除石砌体	拆除实心砖墙		拆除多孔砖墙
						实心砖墙	空斗砖墙	
基价(元)				**1 675.95**	**1 320.73**	**1 653.87**	**1 195.05**	**1 015.94**
其中	人工费(元)			1 242.00	1 026.00	1 188.00	904.50	553.50
	材料费(元)			44.75	11.67	44.75	41.19	44.73
	机械费(元)			389.20	283.06	421.12	249.36	417.71
名称		单位	单价(元)	消耗量				
人工	二类人工	工日	135.00	9.200	7.600	8.800	6.700	4.100
材料	合金钢钻头 一字型	个	8.62	0.100	0.100	0.100	0.100	0.100
	六角空心钢 综合	kg	2.48	2.020	1.300	2.020	1.210	2.010
	高压橡胶风管 $\phi25$	m	12.93	0.300	0.200	0.300	0.180	0.300
	其他材料费	元	1.00	35.000	5.000	35.000	35.000	35.000
机械	内燃空气压缩机 $3m^3/min$	台班	329.10	1.100	0.800	1.200	0.710	1.190
	手持式风动凿岩机	台班	12.36	2.200	1.600	2.120	1.270	2.110

工作内容:1. 墙体拆除,清理并将废渣废料分类装袋集中堆放;
2. 削砖:铲削砂浆、砖块堆放,清理并将废渣废料分类装袋集中堆放。　　**计量单位**:见表

定额编号				1-38	1-39	1-40	1-41
项目				拆加气混凝土砌块	拆除轻质墙板墙	拆除石膏板隔断墙	削砖
计量单位				$10m^3$	$100m^2$		100 块
基价(元)				**956.87**	**1 158.55**	**998.20**	**297.70**
其中	人工费(元)			580.50	1 151.55	988.20	297.00
	材料费(元)			42.96	7.00	10.00	0.70
	机械费(元)			333.41	—	—	—
名称		单位	单价(元)	消耗量			
人工	二类人工	工日	135.00	4.300	8.530	7.320	2.200
材料	合金钢钻头 一字型	个	8.62	0.100	—	—	—
	六角空心钢 综合	kg	2.48	1.610	—	—	—
	高压橡胶风管 $\phi25$	m	12.93	0.240	—	—	—
	其他材料费	元	1.00	35.000	7.000	10.000	0.700
机械	内燃空气压缩机 $3m^3/min$	台班	329.10	0.950	—	—	—
	手持式风动凿岩机	台班	12.36	1.680	—	—	—

四、饰 面 拆 除

1. 楼地面拆除

工作内容:铲除砂浆面层、块料面层、找平层,清理并将废渣废料分类装袋集中堆放。　　**计量单位:**100m^2

定额编号				1-42	1-43	1-44	1-45	1-46
项目				抹灰面铲除		块料面层铲除		
				砂浆面层	现浇水磨石面层	地面砖	石材面	陶瓷锦砖面
基价(元)				**491.95**	**1 330.50**	**995.50**	**1 019.75**	**1 212.85**
其中	人工费(元)			481.95	1 323.00	985.50	1 005.75	1 202.85
	材料费(元)			10.00	7.50	10.00	14.00	10.00
	机械费(元)			—	—	—	—	—
名称		单位	单价(元)	消耗量				
人工	二类人工	工日	135.00	3.570	9.800	7.300	7.450	8.910
材料	其他材料费	元	1.00	10.000	7.500	10.000	14.000	10.000

注:本定额均已包括所依附的找平层拆除,如只拆除面层,人工乘系数0.80。单独找平层拆除套用砂浆面层定额,人工乘系数0.60。

工作内容:1. 拆除、清理、集中堆放;
2. 拆除、清理并将废渣废料分类装袋集中堆放。　　**计量单位:**见表

定额编号				1-47	1-48	1-49	1-50	1-51
项目				龙骨及饰面拆除		拆除塑胶地面	拆除木扶手连栏杆	拆除金属栏杆连扶手
				带龙骨木地板	不带龙骨木地板			
计量单位				100m^2			10m	
基价(元)				**1 096.20**	**720.90**	**455.65**	**72.90**	**104.25**
其中	人工费(元)			1 096.20	720.90	454.95	72.90	101.25
	材料费(元)				—	0.70	—	3.00
	机械费(元)			—	—	—	—	—
名称		单位	单价(元)	消耗量				
人工	二类人工	工日	135.00	8.120	5.340	3.370	0.540	0.750
材料	其他材料费	元	1.00	—	—	0.700	—	3.000

注:龙骨不拆除人工乘系数0.65。

2.墙 面 拆 除

工作内容:铲除抹灰面、块料面、切割、拆除,清理并将废渣废料分类装袋集中堆放。 **计量单位:**100m²

定额编号				1-52	1-53	1-54	1-55
项目				抹灰面铲除		块料面层铲除	
				抹灰面	水刷石、干粘石面	墙面砖及陶瓷面砖	石材面
基价(元)				**471.40**	**862.90**	**1 193.95**	**1 443.70**
其中	人工费(元)			464.40	855.90	1 183.95	1 433.70
	材料费(元)			7.00	7.00	10.00	10.00
	机械费(元)			—	—	—	—
名称		单位	单价(元)	消耗量			
人工	二类人工	工日	135.00	3.440	6.340	8.770	10.620
材料	其他材料费	元	1.00	7.000	7.000	10.000	10.000

工作内容:拆除,清理并将废渣废料分类装袋集中堆放。 **计量单位:**100m²

定额编号				1-56	1-57	1-58
项目				龙骨及饰面拆除		
				龙骨及护墙板	隔断板	墙面玻璃
基价(元)				**972.00**	**634.50**	**1 051.60**
其中	人工费(元)			972.00	634.50	1 047.60
	材料费(元)			—	—	4.00
	机械费(元)			—	—	—
名称		单位	单价(元)	消耗量		
人工	二类人工	工日	135.00	7.200	4.700	7.760
材料	其他材料费	元	1.00	—	—	4.000

工作内容:拆除、切割,清理并将废渣废料分类集中堆放。 **计量单位:**见表

定额编号				1-59	1-60	1-61
项目				干挂石材拆除	干挂石材骨架拆除	附墙柜拆除
计量单位				100m²	t	100m²
基价(元)				**1 000.00**	**383.18**	**1 971.00**
其中	人工费(元)			999.00	351.00	1 971.00
	材料费(元)			1.00	—	—
	机械费(元)			—	32.18	—
名称		单位	单价(元)	消耗量		
人工	二类人工	工日	135.00	7.400	2.600	14.600
材料	其他材料费	元	1.00	1.000	—	—
机械	氧割机	台班	25.54	—	1.260	—

3. 天 棚 拆 除

工作内容：铲除抹灰面，拆除板条及钢丝网，清理并将废渣废料分类装袋集中堆放。　　**计量单位：**$100m^2$

定额编号				1-62	1-63	1-64
项目				抹灰面铲除	板条天棚	板条钢丝网天棚
基价（元）				**488.00**	**775.15**	**992.50**
其中	人工费（元）			486.00	768.15	985.50
	材料费（元）			2.00	7.00	7.00
	机械费（元）			—	—	—
名称		单位	单价(元)	消耗量		
人工	二类人工	工日	135.00	3.600	5.690	7.300
材料	其他材料费	元	1.00	2.000	7.000	7.000

工作内容：拆除龙骨及饰面，清理并将废渣废料分类集中堆放。　　**计量单位：**$100m^2$

定额编号				1-65	1-66	1-67	1-68	1-69
项目				龙骨及饰面拆除				
				木龙骨			金属龙骨	
				木质面	石膏板、水泥板等面层	PVC 板面	金属面	石膏面、硅钙板面
基价（元）				**1 147.50**	**1 151.00**	**867.50**	**796.50**	**786.50**
其中	人工费（元）			1 147.50	1 147.50	864.00	796.50	783.00
	材料费（元）			—	3.50	3.50	—	3.50
	机械费（元）			—	—	—	—	—
名称		单位	单价(元)	消耗量				
人工	二类人工	工日	135.00	8.500	8.500	6.400	5.900	5.800
材料	其他材料费	元	1.00	—	3.500	3.500	—	3.500

4. 门 窗 拆 除

工作内容：拆除、清理并将废料分类集中堆放。　　**计量单位：**$100m^2$

定额编号				1-70	1-71	1-72	1-73
项目				拆除木门窗	拆除金属门窗	拆除卷帘门	拆除无框玻璃门
基价（元）				**1 174.50**	**1 323.00**	**783.00**	**958.50**
其中	人工费（元）			1 174.50	1 323.00	783.00	958.50
	材料费（元）			—	—	—	—
	机械费（元）			—	—	—	—
名称		单位	单价(元)	消耗量			
人工	二类人工	工日	135.00	8.700	9.800	5.800	7.100

工作内容:拆除、清理并将废料分类集中堆放。 计量单位:见表

定额编号					1-74	1-75	1-76	1-77	1-78
项目					拆除门窗扇	拆除门窗套	拆除窗台板		拆除窗帘盒
							木质	大理石、花岗岩等	
计量单位					10扇	10m			
基价(元)					**121.50**	**37.80**	**37.80**	**76.95**	**44.55**
其中	人工费(元)				121.50	37.80	37.80	76.95	44.55
	材料费(元)				—	—	—	—	—
	机械费(元)				—	—	—	—	—
名称			单位	单价(元)	消耗量				
人工	二类人工		工日	135.00	0.900	0.280	0.280	0.570	0.330

5. 油漆涂料裱糊铲除

工作内容:铲除、清理并将废料分类装袋集中堆放。 计量单位:100m²

定额编号				1-79	1-80
项目				单独铲除抹灰面油漆、涂料	单独铲墙纸、墙布
基价(元)				**487.00**	**290.90**
其中	人工费(元)			486.00	288.90
	材料费(元)			1.00	2.00
	机械费(元)			—	—
名称		单位	单价(元)	消耗量	
人工	二类人工	工日	135.00	3.600	2.140
材料	其他材料费	元	1.00	1.000	2.000

五、钢结构拆除

工作内容:拆卸、切割、清理并将旧料在30m以内地点堆放。 计量单位:见表

定额编号				1-81	1-82	1-83	1-84	1-85
项目				拆除钢屋架	拆除钢柱、钢梁	拆除钢楼梯	拆除钢栅	其他钢构件
计量单位				t		100m²		t
基价(元)				**336.77**	**300.36**	**2 316.71**	**1 058.11**	**384.20**
其中	人工费(元)			324.00	283.50	2 295.00	1 053.00	351.00
	材料费(元)			—	—	—	—	—
	机械费(元)			12.77	16.86	21.71	5.11	33.20
名称		单位	单价(元)	消耗量				
人工	二类人工	工日	135.00	2.400	2.100	17.000	7.800	2.600
机械	氧割机	台班	25.54	0.500	0.660	0.850	0.200	1.300

六、其他拆除

工作内容:拆除池体、池脚,拆除大小便池体,清理并将废渣废料分类装袋集中堆放。 **计量单位:**10 只

定额编号					1-86	1-87
项目					拆除池槽	
					砌、粉水池	小便池或大便槽
基价(元)					**95.50**	**285.00**
其中	人工费(元)				94.50	283.50
	材料费(元)				1.00	1.50
	机械费(元)				—	—
名称			单位	单价(元)	消耗量	
人工	二类人工		工日	135.00	0.700	2.100
材料	其他材料费		元	1.00	1.000	1.500

工作内容:拆除至主体结构连接部位、清理拆卸材料,并将废渣废料分类装袋集中堆放。 **计量单位:**$100m^2$

定额编号				1-88	1-89	1-90	1-91
项目				拆除雨篷、采光棚		招牌、灯箱拆除	
				阳光板、PVC 板、帆布	彩钢板、采光玻璃	木框基层	钢结构基层
基价(元)				**477.00**	**963.00**	**1 080.00**	**1 184.28**
其中	人工费(元)			459.00	945.00	1 080.00	1 147.50
	材料费(元)			18.00	18.00	—	—
	机械费(元)			—	—	—	36.78
名称		单位	单价(元)	消耗量			
人工	二类人工	工日	135.00	3.400	7.000	8.000	8.500
材料	其他材料费	元	1.00	18.000	18.000	—	—
机械	氧割机	台班	25.54	—	—	—	1.440

第二章

土 方 工 程

说 明

一、本章定额包括人工土方、机械土方、回填及其他。

二、土方开挖土壤不分类别综合考虑。

三、干土、湿土的划分,以地质勘测资料的地下常水位为准,常水位以上为干土,以下为湿土,或土壤含水率大于或等于25%时为湿土。

四、本章定额挖、运土方,均按干土编制(含水率小于25%)。湿土排水均应另列项目计算,如采用井点降水等措施降低地下水位施工时,土方开挖按干土计算,并按施工组织设计要求套用基础排水相应定额,不再套用湿土排水定额,井点降水费用按《浙江省房屋建筑与装饰工程预算定额》(2018版)计算。

五、沟槽、基坑、一般土方的划分:底宽(设计图示有垫层的按垫层,无垫层的按基础底宽,下同)小于7m、底长大于3倍底宽为沟槽,底长小于3倍底宽、底面积小于150m^2为基坑,超出上述范围,又非平整场地的,为一般土石方。

六、土方如发生外运(弃土外运或回填土运输),各市有规定的,从其规定,无规定的按本章相关定额执行;弃土外运的处置费等其他费用,按各市的有关规定执行。

七、人工土方:

1. 人工挖土方深度超过2.5m时,应按机械挖土考虑。如局部超过2.5m且仍采用人工挖土的,超过2.5m部分的土方,每增加1m按相应定额乘以系数1.15计算;人工挖、运湿土时,相应定额人工乘以系数1.18。

2. 基槽、基坑人工挖土中挖出大于0.5m以上的块石或混凝土障碍物,另按挖出块石或混凝土障碍物增加定额执行,原有土方量不扣除。

八、机械土方:

机械挖土方定额已综合了挖掘机挖土后厚度小于0.3m的人工清底和边坡修整所需的人工,不再另行计算;土方集中堆放发生二次翻挖的,按机械挖土方定额乘以系数0.60计算;本章中的机械土方作业均以天然湿度土壤为准,定额中已包括含水率在25%以内的土方所需增加的人工和机械;如果含水率超过25%,挖土定额乘以系数1.15,机械运湿土定额不乘以系数;如果含水率超过40%,另行处理。

九、自卸汽车运渣土按综合土石方比例的综合类别混方设置。

十、室内回填土定额包括50m以内的取土及分层夯实。

工程量计算规则

一、土方开挖按设计文件规定尺寸或按经批准的施工组织设计要求以"m^3"计算,土方体积均按天然密实体积(自然方)考虑。回填土按设计图示尺寸以回填体积以"m^3"计算。

二、挖出块石或混凝土障碍物增加人工,按挖出块石或混凝土障碍物堆方以"m^3"计算。

三、回填土按实际回填体积以"m^3"计算,余方弃置或借土回填运输工程量为挖方工程量减去填方工程量乘以 1.15 的折算系数计算。

四、湿土排水工程量同湿土工程量,抽水工程量按抽水体积以"m^3"计算,单面木挡板、双面木挡板按实际支护挡板面积以"m^2"计算。

一、人 工 土 方

工作内容：挖土、弃土于1m以外、修整底边或槽坑底、壁。　　**计量单位：**100m³

定额编号				2-1	2-2	2-3	2-4
项目				挖一般土方	挖地槽、地坑土方		
					深1.5m内	深2.0m内	深2.5m内
基价（元）				**3 430.00**	**5 202.50**	**5 463.75**	**5 733.75**
其中	人工费（元）			3 430.00	5 202.50	5 463.75	5 733.75
	材料费（元）			—	—	—	—
	机械费（元）			—	—	—	—
名称		单位	单价(元)	消耗量			
人工	一类人工	工日	125.00	27.440	41.620	43.710	45.870

工作内容：挖土、弃土于1m以外、修整底边或槽坑底、壁。　　**计量单位：**100m³

定额编号				2-5	2-6	2-7	2-8
项目				既有建筑物内挖土			土方中挖障碍物增加
				深1.5m内	深2.0m内	深2.5m内	
基价（元）				**5 302.50**	**5 675.00**	**6 085.00**	**5 890.00**
其中	人工费（元）			5 302.50	5 675.00	6 085.00	5 890.00
	材料费（元）			—	—	—	—
	机械费（元）			—	—	—	—
名称		单位	单价(元)	消耗量			
人工	一类人工	工日	125.00	42.420	45.400	48.680	47.120

工作内容：挖土、卸土、运土、平土。　　**计量单位：**100m³

定额编号				2-9	2-10	2-11	2-12
项目				室内人力运土方		人力车运土方	
				运距(m)			
				20	100内每增运20	50	500内每增运50
基价（元）				**2 317.50**	**398.75**	**1 671.25**	**318.75**
其中	人工费（元）			2 317.50	398.75	1 671.25	318.75
	材料费（元）			—	—	—	—
	机械费（元）			—	—	—	—
名称		单位	单价(元)	消耗量			
人工	一类人工	工日	125.00	18.540	3.190	13.370	2.550

二、机 械 土 方

工作内容:挖土、弃土于5m以内、堆土、余土集堆、清底修边、清理机下余土。　　**计量单位**:$100m^3$

<table>
<tr><td colspan="4">定 额 编 号</td><td>2-13</td><td>2-14</td></tr>
<tr><td colspan="4">项 目</td><td>机械挖土方</td><td>机械挖槽坑土方</td></tr>
<tr><td colspan="4">基 价 (元)</td><td>569.48</td><td>692.70</td></tr>
<tr><td rowspan="3">其中</td><td colspan="3">人 工 费 (元)</td><td>178.38</td><td>291.25</td></tr>
<tr><td colspan="3">材 料 费 (元)</td><td>—</td><td>—</td></tr>
<tr><td colspan="3">机 械 费 (元)</td><td>391.10</td><td>401.45</td></tr>
<tr><td colspan="2">名 称</td><td>单位</td><td>单价(元)</td><td colspan="2">消 耗 量</td></tr>
<tr><td>人工</td><td>一类人工</td><td>工日</td><td>125.00</td><td>1.427</td><td>2.330</td></tr>
<tr><td>机械</td><td>履带式单斗液压挖掘机 0.3m³</td><td>台班</td><td>544.71</td><td>0.718</td><td>0.737</td></tr>
</table>

工作内容:1. 装车、清理车下余土;
2. 运土、弃土、维护行驶道路。　　**计量单位**:$100m^3$

<table>
<tr><td colspan="4">定 额 编 号</td><td>2-15</td><td>2-16</td><td>2-17</td><td>2-18</td></tr>
<tr><td colspan="4" rowspan="3">项 目</td><td>装载机装车</td><td>挖掘机装车</td><td colspan="2">自卸汽车运渣土</td></tr>
<tr><td colspan="2" rowspan="2">土方</td><td colspan="2">运距(m)</td></tr>
<tr><td>1 000 以内</td><td>每增运 1 000</td></tr>
<tr><td colspan="4">基 价 (元)</td><td>210.90</td><td>309.03</td><td>683.01</td><td>138.19</td></tr>
<tr><td rowspan="3">其中</td><td colspan="3">人 工 费 (元)</td><td>51.38</td><td>51.38</td><td>35.75</td><td>—</td></tr>
<tr><td colspan="3">材 料 费 (元)</td><td>—</td><td>—</td><td>—</td><td>—</td></tr>
<tr><td colspan="3">机 械 费 (元)</td><td>159.52</td><td>257.65</td><td>647.26</td><td>138.19</td></tr>
<tr><td colspan="2">名 称</td><td>单位</td><td>单价(元)</td><td colspan="4">消 耗 量</td></tr>
<tr><td>人工</td><td>一类人工</td><td>工日</td><td>125.00</td><td>0.411</td><td>0.411</td><td>0.286</td><td>—</td></tr>
<tr><td rowspan="3">机械</td><td>轮胎式装载机 1m³</td><td>台班</td><td>496.96</td><td>0.321</td><td>—</td><td>—</td><td>—</td></tr>
<tr><td>履带式单斗液压挖掘机 0.3m³</td><td>台班</td><td>544.71</td><td>—</td><td>0.473</td><td>—</td><td>—</td></tr>
<tr><td>自卸汽车 15t</td><td>台班</td><td>794.19</td><td>—</td><td>—</td><td>0.815</td><td>0.174</td></tr>
</table>

注:运渣土包括回填后多余的土方以及非爆破开挖的石方,也可适用折除的除木材、金属材料外的其他建筑垃圾。

三、回填及其他

工作内容：1. 就地回填土：就地取土回填，分层夯实；
2. 借土回填：碎土、平土、分层夯实；
3. 室内回填土：50m 内取土、运至室内、回填、夯实包括分层夯实。

计量单位：$100m^3$

定额编号				2-19	2-20	2-21
项目				就地回填土	借土回填	室内回填土
基价（元）				**1 342.98**	**611.73**	**3 300.50**
其中	人工费（元）			1 290.00	558.75	3 245.00
	材料费（元）			—	—	—
	机械费（元）			52.98	52.98	55.50
名称		单位	单价(元)	消耗量		
人工	一类人工	工日	125.00	10.320	4.470	25.960
机械	电动夯实机 250N·m	台班	28.03	1.890	1.890	1.980

工作内容：1. 湿土排水：抽水机具的安装、移动、拆除以及施工期间的全部排水；
2. 抽水：水泵就位、抽水、移动等；
3. 支挡板：制作、运输、安装及拆除，堆放指定地点。

计量单位：见表

定额编号				2-22	2-23	2-24	2-25
项目				湿土排水	抽水	支木挡土板	
						单面	双面
计量单位				$100m^3$	台班	$100m^2$	
基价（元）				**758.49**	**31.57**	**3 967.35**	**3 338.15**
其中	人工费（元）			288.75	8.75	1 450.00	1 237.50
	材料费（元）			—	—	2 369.67	1 978.81
	机械费（元）			469.74	22.82	147.68	121.84
名称		单位	单价(元)	消耗量			
人工	一类人工	工日	125.00	2.310	0.070	11.600	9.900
材料	木模板	m^3	1 445.00	—	—	1.100	1.100
	圆木桩	m^3	1 379.00	—	—	0.530	0.250
	圆钉	kg	4.74	—	—	10.400	9.400
机械	载货汽车 4t	台班	369.21	—	—	0.400	0.330
	电动单级离心清水泵 100mm	台班	36.22	—	0.630	—	—
	污水泵 70mm	台班	81.27	5.780	—	—	—

第三章
砌 筑 工 程

说 明

一、本章定额包括砖砌体、石砌体、垫层及其他工程。

二、拆砌砖砌体定额包括原有砌体的拆除、削砖利用、新增砖材料，仅适用于拆砌面积在 3.6m^2 以内项目，面积大于 3.6m^2 时，分别套用拆除和新砌定额子目；拆砌砖砌体定额的砖主材按 40% 利用综合考虑，实际利用率不同不做调整；拆砌石砌体定额包括原有砌体的拆除、石料利用、新增石料，石料利用按 80% 利用率综合考虑，实际利用率不同不做调整。

三、砖砌体、石砌体。

1. 本章定额中砖和石料是按标准和常用规格编制的，设计规格与定额不同时，砌体材料用量应做调整换算，其余不变；砌筑砂浆是按干混砌筑砂浆编制的，定额所列砌筑砂浆种类和强度等级与设计不同时，应按本定额总说明相应规定调整换算；砖砌筑灰缝厚度统一按 10mm 考虑。

2. 设计砖砌体材料与本章定额砖砌体材料种类不同时：

(1)按《浙江省房屋建筑与装饰工程预算定额》(2018 版)执行，对相应定额的子目人工消耗量乘以系数 1.10，机械消耗量乘以系数 1.05，材料消耗量乘以系数 1.01；

(2)若为拆砌的定额子目，按砌筑定额执行，人工乘以系数 1.80，机械消耗量乘以系数 1.05，砖砌体主材消耗量乘以系数 0.60，其他材料消耗量乘以系数 1.01。

3. 基础与墙(柱)身的划分：

(1)基础与墙(柱)身使用同一种材料时，以设计室内地面为界(有地下室的以室内设计地面为界)，以下为基础，以上为墙(柱)身；

(2)基础与墙(柱)身使用不同材料时，位于设计室内地面高度小于或等于 300mm 时，以不同材料为分界线；高度大于 300mm 时，以设计室内地面为分界线；

(3)围墙以设计室外地坪为界，以下为基础，以上为墙身。

4. 砌体不分内外墙，均执行对应品种及规格的同一定额，墙厚一砖以上的均套用一砖墙相应定额。

5. 砖柱不分柱基和柱身，两者的工程量合并计算，套用砖柱的定额。

6. 定额中各类砖、石砌体均按直形砌筑编制，若设计为弧形砌筑的，按相应定额人工消耗量乘以系数 1.10，砖、石材及砂浆消耗量乘以系数 1.03。

7. 修缮过程中的单个面积在 0.3m^2 以内的墙洞修补、0.1m^3 以内的砌体拆除砌筑、外墙外挑窗框、线条等修补均按零星砌体子目执行。

8. 砌体钢筋加固、灌注混凝土，墙体拉结筋的制作、安装，以及墙基、墙身、地沟等的防潮、防水、抹灰等，按本定额其他相关章节的定额及规定计算。

四、垫层。

本章垫层定额适用于基础垫层和地面垫层。

1. 块石基础与垫层的划分，如图纸不明确时，砌筑者为基础，铺排者为垫层。

2. 人工级配砂石垫层是按中(粗)砂 15%、砾石 85% 的级配比例编制的。如设计与定额不同时，应做调整换算。

五、其他工程。

开门窗洞口包括过梁安装、门窗洞口内侧的抹灰以及洞口边墙内外两侧的修补，未包括过梁材料费、面层的油漆、涂料，发生时套用本定额其他章节相关子目。

工程量计算规则

一、砖砌体。

1. 砖墙按实际砌筑体积以“m^3”计算,砖墙厚度按下表取值。

砖墙厚度表(mm)

定额取定砖及砌块名称	规格(长×宽×厚)	墙体厚(砖数)					
		1/4	1/2	3/4	1	$1\frac{1}{2}$	2
混凝土实心砖	240×115×53	53	115	178	240	365	490
	190×90×53	—	90	—	190	—	—
混凝土多孔砖	240×115×90	—	115	—	240	365	490
	190×190×90	—	—	—	190	—	—

2. 砖基础按设计图示尺寸以“m^3”计算。

3. 空花墙按设计图示尺寸以空花部分外形体积以“m^3”计算,不扣除空花部分体积。

4. 砖柱不分柱身和柱基,按设计图示尺寸以“m^3”合并计算,扣除混凝土及钢筋混凝土梁垫、梁头、板头所占体积。

5. 零星砌体按设计图示尺寸以“m^3”计算。

6. 附墙烟囱、通风道、垃圾道,按设计图示尺寸以“m^3”计算(扣除孔道所占体积),按井(道)不同砌体厚度并入墙体体积内。当设计规定孔道内需抹灰时,另按本定额第十章“装饰工程”相应定额子目执行。

二、石基础、石墙、石挡土墙、石护坡按设计图示尺寸以“m^3”计算。

三、垫层按设计垫层面积乘以厚度以“m^3”计算。

四、新开门洞分单、双扇按“樘”计算,新开窗洞以洞口周长尺寸不同分别按“樘”计算。

一、砖　砌　体

1. 基　　础

工作内容：清理基槽，调制、运砂浆，运砖、砌砖。　　计量单位：$10m^3$

定额编号				3-1	3-2
项目				混凝土实心砖基础	混凝土多孔砖基础
基价（元）				**4 212.41**	**3 264.43**
其中	人工费（元）			1 156.95	865.35
	材料费（元）			3 032.20	2 380.67
	机械费（元）			23.26	18.41
名称		单位	单价(元)	消耗量	
人工	二类人工	工日	135.00	8.570	6.410
材料	混凝土实心砖 240×115×53 MU10	千块	388.00	5.340	—
	混凝土多孔砖 240×115×90 MU10	千块	491.00	—	3.390
	干混砌筑砂浆 DM M7.5	m^3	413.73	2.320	1.730
	水	m^3	4.27	0.100	0.100
机械	干混砂浆罐式搅拌机 20 000L	台班	193.83	0.120	0.095

2. 主体砌筑

工作内容：调制、运砂浆，运砖、砌砖，立门窗框、安放木砖、垫块。　　计量单位：$10m^3$

定额编号				3-3	3-4	3-5	3-6
项目				新砌混凝土实心砖			
				墙厚			
				1砖	3/4砖	1/2砖	1/4砖
基价（元）				**4 631.98**	**4 880.88**	**5 085.82**	**5 475.99**
其中	人工费（元）			1 534.95	1 813.05	2 043.90	2 559.60
	材料费（元）			3 073.00	3 045.35	3 020.60	2 903.79
	机械费（元）			24.03	22.48	21.32	12.60
名称		单位	单价(元)	消耗量			
人工	二类人工	工日	135.00	11.370	13.430	15.140	18.960
材料	混凝土实心砖 240×115×53 MU10	千块	388.00	5.370	5.480	5.630	6.150
	干混砌筑砂浆 DM M7.5	m^3	413.73	2.380	2.210	2.020	1.250
	水	m^3	4.27	0.100	0.100	0.100	0.100
	其他材料费	元	1.00	4.340	4.340	—	—
机械	干混砂浆罐式搅拌机 20 000L	台班	193.83	0.124	0.116	0.110	0.065

工作内容:拆旧、削砖,调制、运砂浆、运砌砖,立门窗框、安放木砖、垫块,清理将废渣废料 30m 以内地点堆放。

计量单位:$10m^3$

定额编号				3-7	3-8	3-9	3-10
项目				拆砌混凝土实心砖			
				墙厚			
				1 砖	3/4 砖	1/2 砖	1/4 砖
基价(元)				**5 056.49**	**5 516.67**	**5 886.12**	**6 618.71**
其中	人工费(元)			2 791.80	3 296.70	3 715.20	4 654.80
	材料费(元)			2 240.66	2 197.49	2 149.60	1 951.31
	机械费(元)			24.03	22.48	21.32	12.60
	名称	单位	单价(元)	消耗量			
人工	二类人工	工日	135.00	20.680	24.420	27.520	34.480
材料	混凝土实心砖 240×115×53 MU10	千块	388.00	3.220	3.290	3.380	3.690
	干混砌筑砂浆 DM M7.5	m^3	413.73	2.380	2.210	2.020	1.250
	水	m^3	4.27	0.100	0.100	0.100	0.100
	其他材料费	元	1.00	6.200	6.200	2.000	2.000
机械	干混砂浆罐式搅拌机 20 000L	台班	193.83	0.124	0.116	0.110	0.065

工作内容:调制、运砂浆,运砖、砌砖。

计量单位:$10m^3$

定额编号				3-11	3-12	3-13	3-14
项目				新砌混凝土实心砖			
				方柱	空花墙	砖砌地沟	零星砌体
基价(元)				**5 221.15**	**3 822.19**	**4 449.83**	**5 247.81**
其中	人工费(元)			2 095.20	1 768.50	1 371.60	2 195.10
	材料费(元)			3 102.30	2 042.45	3 054.97	3 031.19
	机械费(元)			23.65	11.24	23.26	21.52
	名称	单位	单价(元)	消耗量			
人工	二类人工	工日	135.00	15.520	13.100	10.160	16.260
材料	混凝土实心砖 240×115×53 MU10	千块	388.00	5.510	4.090	5.420	5.540
	干混砌筑砂浆 DM M7.5	m^3	413.73	2.330	1.100	2.300	2.130
	水	m^3	4.27	0.100	0.100	0.100	0.100
	其他材料费	元	1.00	—	—	—	—
机械	干混砂浆罐式搅拌机 20 000L	台班	193.83	0.122	0.058	0.120	0.111

工作内容:1. 调制、运砂浆,运砖、砌砖,立门窗框、安放木砖、垫块;

2. 调制、运砂浆,运砖、砌砖。

计量单位:$10m^3$

定额编号				3-15	3-16	3-17	3-18
项目				新砌混凝土多孔砖			
				墙厚		方柱	零星砌体
				1 砖	1/2 砖		
基价(元)				**3 707.95**	**4 013.75**	**4 158.40**	**4 172.28**
其中	人工费(元)			1 227.15	1 628.10	1 692.90	1 742.85
	材料费(元)			2 461.80	2 370.53	2 447.86	2 412.95
	机械费(元)			19.00	15.12	17.64	16.48
名称		单位	单价(元)	消耗量			
人工	二类人工	工日	135.00	9.090	12.060	12.540	12.910
材料	混凝土多孔砖 240×115×90 MU10	千块	491.00	3.420	3.580	3.510	3.540
	干混砌筑砂浆 DM M7.5	m^3	413.73	1.880	1.480	1.750	1.630
	水	m^3	4.27	0.100	0.100	0.100	0.100
	其他材料费	元	1.00	4.340	—	—	—
机械	干混砂浆罐式搅拌机 20 000L	台班	193.83	0.098	0.078	0.091	0.085

工作内容:拆旧、削砖,调制、运砂浆,运砖、砌砖,立门窗框、安放木砖、垫块,清理并将废渣废料30m 以内地点堆放。

计量单位:$10m^3$

定额编号				3-19	3-20
项目				拆砌混凝土多孔砖	
				墙厚	
				1 砖	1/2 砖
基价(元)				**4 040.19**	**4 644.72**
其中	人工费(元)			2 230.20	2 959.20
	材料费(元)			1 790.99	1 670.40
	机械费(元)			19.00	15.12
名称		单位	单价(元)	消耗量	
人工	二类人工	工日	135.00	16.520	21.920
材料	混凝土多孔砖 240×115×90 MU10	千块	491.00	2.050	2.150
	干混砌筑砂浆 DM M7.5	m^3	413.73	1.880	1.480
	水	m^3	4.27	0.100	0.100
	其他材料费	元	1.00	6.200	2.000
机械	干混砂浆罐式搅拌机 20 000L	台班	193.83	0.098	0.078

二、石 砌 体

1. 基 础

工作内容:清理基槽,调制、运砂浆,砌石、浇灌混凝土。　　计量单位:$10m^3$

定额编号				3-21	3-22	3-23
项目				块石基础		
				浆砌	干砌	灌混凝土
基价(元)				**3 991.75**	**2 622.13**	**3 882.51**
其中	人工费(元)			1 148.85	832.95	1 065.15
	材料费(元)			2 806.27	1 784.92	2 813.57
	机械费(元)			36.63	4.26	3.79
名称		单位	单价(元)	消耗量		
人工	二类人工	工日	135.00	8.510	6.170	7.890
材料	干混砌筑砂浆 DM M5.0	m^3	397.23	3.640	0.420	—
	碎石 综合	t	102.00	—	2.020	—
	块石 200~500	t	77.67	17.470	18.180	17.470
	非泵送商品混凝土 C15	m^3	399.00	—	—	3.640
	水	m^3	4.27	0.810	—	1.010
机械	混凝土振捣器 平板式	台班	12.54	—	—	0.302
	干混砂浆罐式搅拌机 20 000L	台班	193.83	0.189	0.022	—

2. 主 体 砌 筑

工作内容:调制、运砂浆,运石、砌石,立门窗框、安放木砖、垫块。　　计量单位:$10m^3$

定额编号				3-24	3-25	3-26	3-27
项目				新砌块石普通墙		新砌块石挡土墙	
				干砌	浆砌	干砌	浆砌
基价(元)				**3 188.51**	**4 430.76**	**2 577.64**	**3 971.74**
其中	人工费(元)			1 510.65	1 618.65	994.95	1 178.55
	材料费(元)			1 673.21	2 777.41	1 581.14	2 758.49
	机械费(元)			4.65	34.70	1.55	34.70
名称		单位	单价(元)	消耗量			
人工	二类人工	工日	135.00	11.190	11.990	7.370	8.730
材料	块石 200~500	t	77.67	19.190	18.130	19.590	17.980
	干混砌筑砂浆 DM M5.0	m^3	397.23	0.460	3.420	0.150	3.420
	水	m^3	4.27	—	0.810	—	0.810
	其他材料费	元	1.00	—	7.270	—	—
机械	干混砂浆罐式搅拌机 20 000L	台班	193.83	0.024	0.179	0.008	0.179

工作内容：拆旧、清理，调制、运砂浆，运石、砌石，立门窗框、安放木砖、垫块，清理并将废渣废料30m以内地点堆放。

计量单位：$10m^3$

定额编号				3-28	3-29	3-30	3-31
项目				拆砌块石普通墙			
				干砌	浆砌	干砌	浆砌
基价（元）				**3 231.53**	**4 628.90**	**2 174.60**	**3 820.10**
其中	人工费（元）			2 745.90	2 943.00	1 809.00	2 143.80
	材料费（元）			480.98	1 651.20	364.05	1 641.60
	机械费（元）			4.65	34.70	1.55	34.70
	名称	单位	单价（元）	消耗量			
人工	二类人工	工日	135.00	20.340	21.800	13.400	15.880
材料	块石 200～500	t	77.67	3.840	3.630	3.920	3.600
	干混砌筑砂浆 DM M5.0	m^3	397.23	0.460	3.420	0.150	3.420
	水	m^3	4.27	—	0.810	—	0.810
	其他材料费	元	1.00	—	7.270	—	—
机械	干混砂浆罐式搅拌机 20 000L	台班	193.83	0.024	0.179	0.008	0.179

工作内容：1. 调制、运砂浆，运石、砌石；

2. 调制、运砂浆，运石、砌石，立门窗框、安放木砖、垫块。

计量单位：$10m^3$

定额编号				3-32	3-33	3-34	3-35
项目				新砌块石护坡		新砌方整石	
				干砌	浆砌	墙	柱
基价（元）				**2 328.86**	**4 079.74**	**5 093.14**	**6 196.35**
其中	人工费（元）			807.30	1 286.55	1 664.55	2 782.35
	材料费（元）			1 521.56	2 758.49	3 414.63	3 400.63
	机械费（元）			—	34.70	13.96	13.37
	名称	单位	单价（元）	消耗量			
人工	二类人工	工日	135.00	5.980	9.530	12.330	20.610
材料	块石 200～500	t	77.67	19.590	17.980	—	—
	方整石	m^3	293.00	—	—	9.720	9.740
	干混砌筑砂浆 DM M5.0	m^3	397.23	—	3.420	1.420	1.370
	水	m^3	4.27	—	0.810	0.610	0.610
机械	干混砂浆罐式搅拌机 20 000L	台班	193.83	—	0.179	0.072	0.069

工作内容:拆旧、清理,调制、运砂浆,运石、砌石,清理并将废渣废料 30m 以内地点堆放。 计量单位:10m³

定额编号				3-36	3-37	3-38	3-39
项目				拆砌块石护坡		拆砌方整石	
				干砌	浆砌	墙	柱
基价(元)				1 773.27	4 014.50	4 175.75	6 191.33
其中	人工费(元)			1 468.80	2 338.20	3 026.70	5 059.80
	材料费(元)			304.47	1 641.60	1 135.09	1 118.16
	机械费(元)			—	34.70	13.96	13.37
名称		单位	单价(元)	消耗量			
人工	二类人工	工日	135.00	10.880	17.320	22.420	37.480
材料	块石 200~500	t	77.67	3.920	3.600	—	—
	方整石	m³	293.00	—	—	1.940	1.950
	干混砌筑砂浆 DM M5.0	m³	397.23	—	3.420	1.420	1.370
	水	m³	4.27	—	0.810	0.610	0.610
机械	干混砂浆罐式搅拌机 20 000L	台班	193.83	—	0.179	0.072	0.069

三、垫　层

工作内容:基底夯实、拌和、铺设垫层、找平压实。 计量单位:10m³

定额编号				3-40	3-41	3-42	3-43
项目				砂垫层	砂石垫层		塘渣垫层
					天然级配	人工级配	夯实
基价(元)				2 087.15	1 279.38	2 797.13	1 103.42
其中	人工费(元)			522.45	546.75	700.65	427.95
	材料费(元)			1 562.19	720.86	2 042.15	663.70
	机械费(元)			2.51	11.77	54.33	11.77
名称		单位	单价(元)	消耗量			
人工	二类人工	工日	135.00	3.870	4.050	5.190	3.170
材料	黄砂 毛砂	t	87.38	17.730	—	12.630	—
	砂砾 天然级配	t	36.89	—	19.190	—	—
	碎石 综合	t	102.00	—	—	8.990	—
	塘渣	t	34.950	—	—	—	18.990
	水	m³	4.27	3.030	3.030	5.050	—
机械	混凝土搅拌机 500L	台班	116.00	—	—	0.410	—
	混凝土振捣器 平板式	台班	12.54	0.200	—	0.540	—
	电动夯实机 250N·m	台班	28.03	—	0.420	—	0.420

工作内容：基底夯实、拌和、铺设垫层、找平压实，调制砂浆、灌浆。 **计量单位**：$10m^3$

定额编号				3-44	3-45	3-46	3-47	3-48
项目				块石垫层			碎石垫层	
				疏排夯实	干铺	灌浆	干铺	灌浆
基价（元）				**1 839.20**	**2 304.43**	**3 454.16**	**2 421.04**	**3 817.44**
其中	人工费（元）			760.05	641.25	977.40	546.75	810.81
	材料费（元）			1 059.42	1 651.41	2 440.56	1 862.52	2 960.16
	机械费（元）			19.73	11.77	36.20	11.77	46.47
名称		单位	单价(元)	消耗量				
人工	二类人工	工日	135.00	5.630	4.750	7.240	4.050	6.006
材料	块石 200～500	t	77.67	13.640	18.990	18.990	—	—
	碎石 综合	t	102.00	—	1.730	—	18.260	15.660
	干混砌筑砂浆 DM M5.0	m^3	397.23	—	—	2.420	—	3.420
	水	m^3	4.27	—	—	1.010	—	1.010
机械	干混砂浆罐式搅拌机 20 000L	台班	193.83	—	—	0.126	—	0.179
	电动夯实机 250N·m	台班	28.03	0.704	0.420	0.420	0.420	0.420

工作内容：基底夯实、拌和、铺设垫层、找平压实、养护。 **计量单位**：$10m^3$

定额编号				3-49	3-50
项目				灰土	三合土
基价（元）				**1 794.47**	**3 484.54**
其中	人工费（元）			653.40	1 034.10
	材料费（元）			1 128.12	2 431.88
	机械费（元）			12.95	18.56
名称		单位	单价(元)	消耗量	
人工	二类人工	工日	135.00	4.840	7.660
材料	灰土 3:7	m^3	110.60	10.200	—
	三合土 碎石 1:4:8	m^3	238.42	—	10.200
机械	电动夯实机 250N·m	台班	28.03	0.462	0.662

四、其他工程

工作内容:拆墙、削砖、安放过梁、立挡、镶砖,将废渣废料30m以内地点堆放。 **计量单位:**10樘

定额编号				3-51	3-52	3-53	3-54
项目				新开门洞		新开窗洞	
				单扇门	双扇门	周长5.4m以内	周长5.4m以外
基价(元)				**1 573.33**	**1 976.27**	**1 456.22**	**2 062.22**
其中	人工费(元)			1 215.00	1 598.40	1 231.20	1 752.30
	材料费(元)			290.49	307.12	219.98	302.94
	机械费(元)			67.84	70.75	5.04	6.98
名称		单位	单价(元)	消耗量			
人工	二类人工	工日	135.00	9.000	11.840	9.120	12.980
材料	预制混凝土过梁	m^3	—	—	—	—	—
	干混砌筑砂浆 DM M7.5	m^3	413.73	0.690	0.730	0.520	0.720
	水	m^3	4.27	0.190	0.210	0.150	0.200
	其他材料费	元	1.00	4.200	4.200	4.200	4.200
机械	干混砂浆罐式搅拌机 20 000L	台班	193.83	0.350	0.365	0.026	0.036

注:本页定额未包括预制混凝土过梁的材料费。

第四章

混凝土及钢筋混凝土工程

说　明

一、本章定额包括混凝土工程、钢筋工程、模板工程。

二、修缮工程需增设的混凝土基础、梁、柱、板等构件施工套用本章定额,增设构件与原结构的连接、混凝土柱梁板构件扩大截面、楼板底加梁等加固施工,套用第十五章"混凝土及钢筋混凝土加固工程"相应定额子目。

三、修缮新增构件单个体积小于 $0.1m^3$ 套用小型构件子目。

四、混凝土工程。

1. 本章定额混凝土按非泵送商品混凝土编制,商品混凝土按常用强度等级考虑,自然养护;设计强度等级不同时应予换算,设计要求增加的外加剂另行计算。

2. 实际采用泵送商品混凝土时,除混凝土价格换算外,混凝土浇捣定额人工乘以系数 0.85,其余不变;实际采用现场搅拌混凝土时,混凝土价格按《浙江省房屋建筑与装饰工程预算定额》(2018 版)附录一混凝土强度等级配合比换算,其余不变;现场搅拌费套用本章相应定额,工程量为混凝土消耗量。

3. 梁(板)按倾斜坡度≤10°综合编制,当梁(板)倾斜 10°<坡度≤30°时,人工乘以系数 1.10;倾斜 30°<坡度≤45°时,人工乘以系数 1.15;倾斜 >45°时,套墙定额。

4. 台阶混凝土浇捣套楼梯定额。

5. 预制构件适用于过梁、盖板及单件体积小于 $0.1m^3$ 的现场预制构件制作及安装。

五、钢筋工程。

1. 本章钢筋工程定额按现场制作、手工绑扎与电弧焊接、闪光对焊综合考虑,实际施工与定额不同时不做调整。若设计规定钢筋接头采用机械连接、电渣压力焊接、气压焊接时按设计规定单独列项计算套用相应定额。除定额规定单独列项计算外,各类钢筋、铁件的制作成型、绑扎、安装、接头、固定所用人工、材料、机械消耗均已综合考虑在相应项目内。

2. 钢筋工程不分用途与部位,以强度等级、规格型号综合考虑,按直径 14mm 以下和 14mm 以上分别列项。

3. 结构植筋按本定额第十五章"混凝土及钢筋混凝土加固工程"相应定额子目执行。

六、模板工程。

1. 本章模板工程分不同构件按复合模板综合考虑,复合木模的材质及支撑方式等定额已综合考虑。

2. 异形柱、梁是指柱、梁的断面形状为 L 形、+字形、T 形、⺄形的柱、梁,套用异形柱、梁定额。地圈梁模板套用圈梁定额,梯形、变截面矩形梁模板套用矩形梁定额,弧形梁、墙板、梯段为弧形的楼梯、栏板、扶手压顶、檐沟构件模板按相应定额乘以系数 1.25。

3. 梁(板)按坡度≤10°综合编制,当梁(板)倾斜 >10°时,按本章第四条第 3 款说明调整。

4. 柱、梁模板定额已综合考虑了对拉螺栓消耗量。有防水等特殊设计要求的墙,采用止水对拉螺栓时,有施工方案的按施工方案数量计算,没有施工方案的,每 $100m^2$ 模板定额中的六角带帽螺栓增加 85kg,人工消耗品增加 1.5 工日,相应定额的钢支撑的消耗量乘以系数 0.90。

5. 现浇钢筋混凝土柱(不含构造柱)、梁(不含圈、过梁)、板、墙的支模高度按层高 3.6m 以内编制,层高超过 3.6m 时,工程量包括 3.6m 以下部分,另按相应超高定额子目计算;斜板(梁)或拱形结构按板(梁)顶平均高度确定支模高度,电梯井壁按建筑物自然层层高确定支模高度。

6. 梁、板结构的弧形梁板交接部位的模板增加费,凸出混凝土梁、墙面(凸出宽度小于 300mm)的线条模板增加费,发生时按总说明第七条规定另列项目计算。

7. 台阶模板定额适用四步以内的混凝土台阶模板,四步以上的混凝土台阶模板套用楼梯相应定额乘以系数0.20。

8. 预制构件若在既有地面预制时,定额已综合考虑底模的费用,不再另行计取。

工程量计算规则

一、混凝土工程。

1. 混凝土工程量除另有规定者外，均按设计图示尺寸以“m^3”计算，不扣除构件内钢筋、预埋铁件及墙、板中小于0.3m^2的孔洞所占体积。

2. 各类基础体积按设计图示尺寸以“m^3”计算，与基础相连部分的体积计入各自基础内。

3. 柱体积按设计图示尺寸以“m^3”计算。构造柱高度按基础顶面（或楼板上表面）至框架梁、连续梁等单梁（不含圈、过梁）底标高计算，与墙咬接的马牙槎按柱高每侧30mm合并计算。依附柱上的“牛腿”并入柱身体积内计算。

4. 墙体积按设计图示尺寸以“m^3”计算，扣除门窗洞口及大于0.3m^2孔洞所占的体积，墙垛及突出部分并入墙体积内计算。

5. 梁体积按设计图示尺寸以“m^3”计算，伸入砌体墙内的梁头及现浇梁垫并入梁体积内计算。

6. 圈梁、过梁体积按设计图示尺寸以“m^3”计算。

7. 板体积按设计图示尺寸以“m^3”计算，不扣除面积小于0.3m^2的柱、垛及孔洞所占体积。

8. 阳台、雨篷、檐沟、挑檐等指外墙外边线以外挑出的构件，按设计图示尺寸以“m^3”计算，伸出墙外的“牛腿”并入相关构件内。

9. 楼梯（包括休息平台、平台梁、斜梁及楼梯的连接梁）按设计图示尺寸以水平投影面积以“m^2”计算，不扣除宽度小于500mm的楼梯井，伸入墙内部分不计算。当整体楼梯与现浇楼板无梯梁连接时，以楼梯的最后一个踏步边缘加300mm为界。

10. 台阶按设计图示尺寸按水平投影面积以“m^2”计算。台阶与平台连接时其投影面积应以最上层踏步外沿加300mm计算。

11. 栏杆、扶手、压顶、小型构件及地沟等按设计图示尺寸以“m^3”计算。

二、钢筋工程。

1. 钢筋按设计图示区别钢种按钢筋长度、数量乘以钢筋单位理论质量以“t”计算，包括设计要求锚固、搭接和钢筋超定尺长度（9m）必须计算的搭接用量。

2. 箍筋、板筋、弯起钢筋及拉筋的长度及数量应按设计图示、标准图集和规范要求计算，遇设计图示、标准图集和规范要求不明确时，箍筋（板筋）、弯起钢筋、拉筋的长度及数量可按以下规则计算：

（1）箍筋和板筋排列根数为柱、梁、板净长除以箍筋和板筋设计间距，设计间距不同时，应分段计算；柱净长按层高计算，梁净长按混凝土规则计算，板净长指主（次）梁与主（次）梁之间的净长；计算中有小数时，向上取整。

（2）弯起钢筋不分弯起角度，每个斜边增加长度按梁高（或板厚）乘以系数0.40计算。

（3）墙板S形拉结钢筋长度按墙板厚度扣保护层加两端弯钩计算。

3. 钢筋网片按设计图示钢筋长度乘以单位理论质量以“t”计算。

4. 钢筋接头设计采用机械连接、电渣压力焊及气压焊连接时，按设计图纸以“个”计量。

5. 混凝土构件预埋铁件、螺栓，按设计图示以“t”计算。

6. 混凝土板内配双层钢筋时，有撑脚设计的按设计计算，无设计时按每平方米3只计算，直径同主筋规格，每只撑脚长度按两倍板厚加10cm计算；其他措施钢筋按施工图设计要求计算，按品种、规格执行相应钢筋子目。

7. 当钢筋的连续长度超过定尺长度时，可按每超过一个定尺长度计算一个搭接，搭接长度为35d，该搭接接头不作为箍筋加密计算基数。

三、模板工程。

1. 现浇混凝土构件的模板工程量,除另有规定者外,均按模板与混凝土构件接触的面积以“m^2”计算。

2. 现浇混凝土墙、楼板的模板面积按柱、梁间净面积以“m^2”计算,不扣除单孔面积≤0.3m^2 的孔洞,孔洞侧壁模板也不增加;单孔面积 > 0.3m^2 的孔洞面积应扣除,洞侧壁模板面积并入墙、板的工程量内计算。

3. 柱的模板面积按设计尺寸周长乘以高度计算,柱与墙相连时,柱与墙模板工程量分别计算,柱与墙连接部位不计算模板面积,梁端与柱、墙连接的模板不扣除;“牛腿”模板工程量并入相连构件内计算。

构造柱高度的计算规则同混凝土,宽度按与墙咬接的马牙槎每侧加 60mm 合并计算。

4. 梁模板面积按其与混凝土接触的面积以“m^2”计算,梁与楼板相连接部位不计模板面积,嵌入混凝土墙内的梁模板并入墙计算;基础梁有混凝土垫层时,梁底模板不计算。圈梁与过梁相连时,模板工程量分别套用圈梁、过梁定额,过梁的长度按洞口图示尺寸计算。

5. 现浇混凝土悬挑板、雨篷、阳台按图示外挑部分尺寸的水平投影面积以“m^2”计算,挑出墙外的悬臂梁及板侧面不另增加。

6. 现浇混凝土楼梯模板(包括休息平台、平台梁、斜梁和楼层板连接的梁)按水平投影面积以“m^2”计算。不扣除宽度小于 500mm 的楼梯井所占面积,楼梯的踏步、踏步板、平台梁等侧面模板不另行计算,伸入墙内部分不增加。

7. 四阶以内混凝土台阶模板,按台阶的图示尺寸的水平投影面积以“m^2”计算,台阶端头不另计算模板面积,与平台相连的,台阶水平投影面积算至最上一个台阶口加 300mm 止。

8. 天沟、檐沟、栏板、扶手及地沟等构件的模板按与混凝土接触的面积以“m^2”计算。

一、混凝土工程

工作内容:混凝土现场运输、浇捣、养护等。　　　　**计量单位**:$10m^3$

定额编号				4-1	4-2
项目				垫层	基础
基价（元）				**4 665.88**	**4 626.72**
其中	人工费（元）			531.36	312.53
	材料费（元）			4 127.75	4 311.68
	机械费（元）			6.77	2.51
名称		单位	单价(元)	消耗量	
人工	二类人工	工日	135.00	3.936	2.315
材料	非泵送商品混凝土 C15	m^3	399.00	10.200	—
	非泵送商品混凝土 C25	m^3	421.00	—	10.200
	塑料薄膜	m^2	0.86	47.775	14.815
	水	m^3	4.27	3.950	1.111
机械	混凝土振捣器 平板式	台班	12.54	0.540	—
	混凝土振捣器 插入式	台班	4.65	—	0.540

工作内容:混凝土现场运输、浇捣、养护等。　　　　**计量单位**:$10m^3$

定额编号				4-3
项目				设备基础二次灌浆
基价（元）				**6 702.18**
其中	人工费（元）			1 687.91
	材料费（元）			4 992.12
	机械费（元）			22.15
名称		单位	单价(元)	消耗量
人工	二类人工	工日	135.00	12.503
材料	非泵送商品混凝土 C30	m^3	438.00	10.100
	木模板	m^3	1 445.00	0.370
	圆钉	kg	4.74	4.400
	水	m^3	4.27	3.000
机械	载货汽车 4t	台班	369.21	0.060

注:设备基础二次灌浆按非泵送商品混凝土编制,设计采用的灌浆材料与定额不一致时,按设计要求换算主材,其余不做调整。

工作内容:混凝土现场运输、浇捣、养护等。 **计量单位:**10m³

定额编号				4-4	4-5
项目				柱	构造柱
基价(元)				**5 485.14**	**6 258.86**
其中	人工费(元)			1 139.00	1 948.59
	材料费(元)			4 341.95	4 303.95
	机械费(元)			4.19	6.32
名称		单位	单价(元)	消耗量	
人工	二类人工	工日	135.00	8.437	14.434
材料	非泵送商品混凝土 C25	m³	421.00	10.200	10.200
	塑料薄膜	m²	0.86	0.912	0.885
	水	m³	4.27	11.000	2.105
机械	混凝土振捣器 插入式	台班	4.65	0.900	1.360

工作内容:混凝土现场运输、浇捣、养护等。 **计量单位:**10m³

定额编号				4-6	4-7	4-8
项目				基础梁	梁	圈梁、过梁
基价(元)				**4 694.57**	**4 817.08**	**5 672.75**
其中	人工费(元)			353.16	476.55	1 296.81
	材料费(元)			4 337.22	4 336.34	4 369.62
	机械费(元)			4.19	4.19	6.32
名称		单位	单价(元)	消耗量		
人工	二类人工	工日	135.00	2.616	3.530	9.606
材料	非泵送商品混凝土 C25	m³	421.00	10.200	10.200	10.200
	塑料薄膜	m²	0.86	34.933	36.115	67.065
	水	m³	4.27	3.040	2.595	4.155
机械	混凝土振捣器 插入式	台班	4.65	0.900	0.900	1.360

工作内容:混凝土现场运输、浇捣、养护等。 **计量单位:**10m³

定额编号				4-9	4-10	4-11	4-12
项目				墙	板	阳台	雨篷
基价(元)				**5 028.65**	**4 936.71**	**5 289.31**	**5 334.07**
其中	人工费(元)			726.71	549.99	885.60	920.30
	材料费(元)			4 297.75	4 378.98	4 397.57	4 407.63
	机械费(元)			4.19	7.74	6.14	6.14
名称		单位	单价(元)	消耗量			
人工	二类人工	工日	135.00	5.383	4.074	6.560	6.817
材料	非泵送商品混凝土 C25	m³	421.00	10.200	10.200	10.200	10.200
	塑料薄膜	m²	0.86	0.703	78.209	73.629	95.650
	水	m³	4.27	0.690	4.104	9.380	7.300
机械	混凝土振捣器 平板式	台班	12.54	—	0.450	0.200	0.200
	混凝土振捣器 插入式	台班	4.65	0.900	0.450	0.780	0.780

工作内容：混凝土现场运输、浇捣、养护等。 **计量单位：**见表

定额编号				4-13	4-14	4-15
项目				栏板	檐沟、挑檐	楼梯
计量单位				10m³		10m²
基价（元）				**6 030.63**	**5 475.60**	**1 263.19**
其中	人工费（元）			1 708.83	1 065.29	202.77
	材料费（元）			4 315.48	4 393.26	1 058.93
	机械费（元）			6.32	17.05	1.49
名称		单位	单价(元)	消耗量		
人工	二类人工	工日	135.00	12.658	7.891	1.502
材料	非泵送商品混凝土 C25	m³	421.00	10.200	10.200	2.454
	塑料薄膜	m²	0.86	11.750	85.199	12.619
	水	m³	4.27	2.617	6.040	3.500
机械	混凝土振捣器 平板式	台班	12.54	—	1.360	—
	混凝土振捣器 插入式	台班	4.65	1.360	—	0.320

工作内容：混凝土现场运输、浇捣、养护等。 **计量单位：**10m³

定额编号				4-16	4-17	4-18
项目				扶手、压顶	小型构件	地沟
基价（元）				**6 279.73**	**6 680.21**	**5 199.67**
其中	人工费（元）			1 866.65	2 061.32	879.93
	材料费（元）			4 406.76	4 612.57	4 313.42
	机械费（元）			6.32	6.32	6.32
名称		单位	单价(元)	消耗量		
人工	二类人工	工日	135.00	13.827	15.269	6.518
材料	非泵送商品混凝土 C25	m³	421.00	10.200	10.200	10.200
	塑料薄膜	m²	0.86	89.563	287.001	11.550
	水	m³	4.27	8.322	16.756	2.174
机械	混凝土振捣器 插入式	台班	4.65	1.360	1.360	1.360

注：适用于沟断面小于 0.4m² 的地沟。

工作内容：骨料冲洗、配料计量、上料、搅拌、设备清洗养护等。 **计量单位：**10m³

定额编号				4-19
项目				现场搅拌混凝土调整费
基价（元）				**754.60**
其中	人工费（元）			688.37
	材料费（元）			1.62
	机械费（元）			64.61
名称		单位	单价(元)	消耗量
人工	二类人工	工日	135.00	5.099
材料	水	m³	4.27	0.380
机械	双锥反转出料混凝土搅拌机 500L	台班	215.37	0.300

工作内容:混凝土现场运输、入模、振捣、抹平、养护等。　　　　**计量单位:**$10m^3$

定额编号				4-20	4-21	4-22
项目				预制混凝土		
				过梁	沟盖板	小型构件
基价(元)				**6 456.87**	**5 909.22**	**7 874.04**
其中	人工费(元)			2 112.75	1 525.50	3 470.85
	材料费(元)			4 339.93	4 379.53	4 399.00
	机械费(元)			4.19	4.19	4.19
名称		单位	单价(元)	消耗量		
人工	二类人工	工日	135.00	15.650	11.300	25.710
材料	非泵送商品混凝土 C25	m^3	421.00	10.200	10.200	10.200
	塑料薄膜	m^2	0.86	53.170	99.220	121.860
机械	混凝土振捣器 插入式	台班	4.65	0.900	0.900	0.900

工作内容:构件现场搬运、安装。　　　　**计量单位:**$10m^3$

定额编号				4-23	4-24	4-25
项目				预制构件安装		
				过梁	沟盖板	小型构件
基价(元)				**5 161.80**	**6 310.36**	**5 993.60**
其中	人工费(元)			4 985.55	6 166.80	5 788.80
	材料费(元)			176.25	143.56	204.80
	机械费(元)			—	—	—
名称		单位	单价(元)	消耗量		
人工	二类人工	工日	135.00	36.930	45.680	42.880
材料	干混砌筑砂浆 DM M7.5	m^3	413.73	0.426	0.347	0.495

二、钢 筋 工 程

工作内容：钢筋制作、运输、绑扎成型、入模、放垫块、清理模板内杂物。 **计量单位：**t

定额编号				4-26	4-27	4-28	4-29	4-30	4-31
项目				圆钢 HPB300		带肋钢筋 HRB400 以内		带肋钢筋 HRB400 以上	
				直径(mm)					
				14 以内	14 以外	14 以内	14 以外	14 以内	14 以外
基价（元）				**5 390.37**	**5 045.12**	**5 146.50**	**4 869.10**	**5 627.83**	**5 508.29**
其中	人工费（元）			1 111.46	751.01	925.29	795.83	967.95	833.22
	材料费（元）			4 234.26	4 228.17	4 169.61	4 000.23	4 575.85	4 597.02
	机械费（元）			44.65	65.94	51.60	73.04	84.03	78.05
名称		单位	单价(元)	消耗量					
人工	二类人工	工日	135.00	8.233	5.563	6.854	5.895	7.170	6.172
材料	热轧光圆钢筋 HPB300 ϕ10	t	3 981.00	1.040	—	—	—	—	—
	热轧光圆钢筋 HPB300 ϕ18	t	3 981.00	—	1.045	—	—	—	—
	热轧带肋钢筋 HRB400 ϕ10	t	3 938.00	—	—	1.040	—	—	—
	热轧带肋钢筋 HRB400 ϕ18	t	3 759.00	—	—	—	1.045	—	—
	热轧带肋钢筋 HRB500 ϕ10	t	4 328.00	—	—	—	—	1.040	—
	热轧带肋钢筋 HRB500 ϕ18	t	4 328.00	—	—	—	—	—	1.045
	镀锌铁丝 ϕ0.7～1.0	kg	6.74	8.910	3.456	5.640	3.650	5.640	3.650
	电焊条 E43 系列	kg	4.74	2.280	4.560	2.800	5.400	2.800	5.400
	其他材料费	元	1.00	23.160	23.120	22.800	21.880	23.440	24.060
机械	钢筋调直机 14mm	台班	37.97	0.259	0.086	0.292	—	0.663	0.103
	钢筋切断机 40mm	台班	43.28	0.119	0.097	0.119	0.108	0.460	0.113
	钢筋弯曲机 40mm	台班	26.38	0.378	0.248	0.335	0.248	0.471	0.261
	直流弧焊机 32kW	台班	97.11	0.200	0.410	0.250	0.486	0.250	0.511
	对焊机 75kV·A	台班	119.25	—	0.097	—	0.119	—	0.103
	电焊条烘干箱 45cm×35cm×45cm	台班	8.99	0.030	0.061	0.250	0.049	0.250	0.051

工作内容：钢筋制作、运输、绑扎、安装等。 **计量单位：**t

定额编号				4-32
项目				钢筋网片
基价（元）				**5 531.41**
其中	人工费（元）			1 183.68
	材料费（元）			4 163.01
	机械费（元）			184.72
名称		单位	单价(元)	消耗量
人工	二类人工	工日	135.00	8.768
材料	热轧光圆钢筋 HPB300 ϕ6	t	3 981.00	1.040
	其他材料费	元	1.00	22.770
机械	钢筋调直机 14mm	台班	37.97	0.248
	钢筋切断机 40mm	台班	43.28	0.130
	点焊机 长臂 75kV·A	台班	146.78	1.156

工作内容:钢筋连接、挤压、焊接、验收、清理等全部操作过程。 **计量单位:**10 个

定额编号				4-33	4-34
项目				电渣压力焊接	钢筋气压焊接头
基价(元)				**60.28**	**51.32**
其中	人工费(元)			46.98	44.55
	材料费(元)			1.12	5.30
	机械费(元)			12.18	1.47
名称		单位	单价(元)	消耗量	
人工	二类人工	工日	135.00	0.348	0.330
材料	焊剂	kg	3.66	0.160	—
	石棉垫	kg	6.53	0.080	—
	氧气	m^3	3.62	—	0.707
	乙炔气	m^3	8.90	—	0.303
	其他材料费	元	1.00	0.010	0.040
机械	气压焊设备	台班	9.19	—	0.160
	电渣焊机 电流 1 000A	台班	174.04	0.070	—

工作内容:钢筋套丝、连接、验收、清理等全部操作过程。 **计量单位:**10 个

定额编号				4-35	4-36	4-37	4-38
项目				直螺纹钢筋接头		锥螺纹钢筋接头	
				钢筋直径(mm)			
				ϕ22 以内	ϕ22 以外	ϕ22 以内	ϕ22 以外
基价(元)				**114.60**	**140.32**	**114.49**	**138.80**
其中	人工费(元)			74.79	79.38	77.09	80.73
	材料费(元)			33.26	53.15	33.26	53.15
	机械费(元)			6.55	7.79	4.14	4.92
名称		单位	单价(元)	消耗量			
人工	二类人工	工日	135.00	0.554	0.588	0.571	0.598
材料	直螺纹连接套筒 ϕ20	个	1.88	10.100	—	—	—
	直螺纹连接套筒 ϕ28	个	3.84	—	10.100	—	—
	锥螺纹连接套筒 ϕ20	个	1.88	—	—	10.100	—
	锥螺纹连接套筒 ϕ28	个	3.84	—	—	—	10.100
	润滑冷却液	kg	19.47	0.100	0.100	0.100	0.100
	尼龙帽	个	0.60	20.200	20.200	20.200	20.200
	其他材料费	元	1.00	0.200	0.300	0.200	0.300
机械	锥形螺纹车机 45mm	台班	18.23	—	—	0.227	0.270
	螺栓套丝机 39mm	台班	28.85	0.227	0.270	—	—

工作内容：材料运输、预埋铁件或螺栓定位、预埋、安装、焊接固定等。　　**计量单位：**t

定额编号				4-39	4-40
项目				铁件安装	预埋螺栓安装
基价（元）				**9 002.89**	**7 594.20**
其中	人工费（元）			1 231.20	1 231.20
	材料费（元）			7 352.34	5 943.65
	机械费（元）			419.35	419.35
名称		单位	单价（元）	消耗量	
人工	二类人工	工日	135.00	9.120	9.120
材料	铁件 综合	kg	6.90	1 035.000	—
	粗制六角带帽螺栓	kg	5.47	—	1 035.000
	电焊条 E43 系列	kg	4.74	36.000	52.680
	其他材料费	元	1.00	40.200	32.500
机械	交流弧焊机 32kV·A	台班	92.84	4.471	4.471
	电焊条烘干箱 45cm×35cm×45cm	台班	8.99	0.474	0.474

三、模板工程

工作内容：模板及支撑制作、运输、安装、拆除、堆放、刷隔离剂等。　　**计量单位：**$100m^2$

定额编号				4-41	4-42	4-43	4-44
项目				基础			
				垫层	带形基础	独立基础	设备基础
基价（元）				**5 021.53**	**5 712.16**	**5 811.86**	**7 837.48**
其中	人工费（元）			1 947.11	2 898.99	2 924.91	4 956.39
	材料费（元）			2 958.48	2 688.03	2 756.31	2 753.61
	机械费（元）			115.94	125.14	130.64	127.48
名称		单位	单价（元）	消耗量			
人工	二类人工	工日	135.00	14.423	21.474	21.666	36.714
材料	复合模板 综合	m^2	32.33	—	31.550	31.930	33.110
	木模板	m^3	1 445.00	2.000	0.740	0.740	0.670
	钢支撑	kg	3.97	—	47.490	51.810	65.250
	零星卡具	kg	5.88	—	57.200	62.400	62.570
	圆钉	kg	4.74	4.200	4.700	5.600	5.800
	隔离剂	kg	4.67	10.400	10.400	10.400	10.400
	回库维修费	元	1.00	—	3.000	7.000	12.000
机械	载货汽车 4t	台班	369.21	0.200	0.330	0.330	0.330
	木工圆锯机 500mm	台班	27.50	1.531	0.120	0.320	0.205

工作内容:模板及支撑制作、运输、安装、拆除、堆放、刷隔离剂等。 **计量单位:**100m²

定额编号				4-45	4-46	4-47	4-48
项目				矩形柱		异型柱、圆形柱	构造柱
				周长(m)			
				1.2 以内	1.2 以外		
基价(元)				**6 866.97**	**5 765.39**	**14 070.56**	**5 480.38**
其中	人工费(元)			3 472.61	2 975.27	6 365.93	2 709.05
	材料费(元)			3 245.26	2 665.54	7 549.17	2 699.28
	机械费(元)			149.10	124.58	155.46	72.05
	名称	单位	单价(元)	消耗量			
人工	二类人工	工日	135.00	25.723	22.039	47.155	20.067
材料	复合模板 综合	m²	32.33	33.820	32.960	83.930	42.050
	木模板	m³	1 445.00	1.040	0.810	1.930	0.540
	胶合板 δ3	m²	13.10	—	—	103.000	—
	钢支撑	kg	3.97	64.410	50.760	79.730	54.450
	零星卡具	kg	5.88	49.590	9.740	16.600	28.330
	圆钉	kg	4.74	8.500	6.800	22.100	3.500
	对拉螺栓	kg	10.43	—	5.970	9.020	6.070
	螺栓套管	个	0.62	—	9.690	14.630	18.840
	尼龙帽	个	0.60	—	19.380	29.260	37.680
	隔离剂	kg	4.67	10.400	10.400	10.400	10.400
	回库维修费	元	1.00	12.900	10.000	9.400	14.000
机械	汽车式起重机 5t	台班	366.47	0.069	0.060	0.050	0.035
	载货汽车 4t	台班	369.21	0.313	0.260	0.291	0.156
	木工圆锯机 500mm	台班	27.50	0.300	0.240	1.080	0.059

工作内容:模板及支撑制作、运输、安装、拆除、堆放、刷隔离剂等。 **计量单位:**100m²

定额编号				4-49	4-50	4-51	4-52	4-53
项目				梁				
				基础梁	单梁	异型梁	圈梁	过梁
基价(元)				**6 304.80**	**8 065.00**	**8 667.95**	**6 798.38**	**9 128.11**
其中	人工费(元)			2 973.11	4 269.11	4 322.70	3 645.14	5 051.70
	材料费(元)			3 128.92	3 575.17	4 108.55	3 007.26	3 830.75
	机械费(元)			202.77	220.72	236.70	145.98	245.66
	名称	单位	单价(元)	消耗量				
人工	二类人工	工日	135.00	22.023	31.623	32.020	27.001	37.420
材料	复合模板 综合	m²	32.33	31.550	33.360	33.080	39.450	33.110
	木模板	m³	1 445.00	0.790	1.140	1.410	0.640	0.960
	钢支撑	kg	3.97	98.020	90.130	121.180	67.500	147.170
	零星卡具	kg	5.88	82.890	70.900	74.060	78.340	119.850
	圆钉	kg	4.74	6.300	5.500	7.700	6.300	7.500
	隔离剂	kg	4.67	10.400	10.400	10.400	10.400	10.400
	回库维修费	元	1.00	12.400	—	—	—	—
机械	汽车式起重机 5t	台班	366.47	0.090	0.111	0.121	—	—
	载货汽车 4t	台班	369.21	0.430	0.460	0.460	0.360	0.630
	木工圆锯机 500mm	台班	27.50	0.401	0.371	0.819	0.475	0.475

工作内容：模板及支撑制作、运输、安装、拆除、堆放、刷隔离剂等。

计量单位：$100m^2$

定额编号					4-54	4-55	4-56
项目					板	墙	
						厚(mm)	
						100 以内	100 以外
基价（元）					**6 210.77**	**4 619.35**	**5 191.23**
其中	人工费（元）				3 147.12	2 735.51	3 017.79
	材料费（元）				2 872.37	1 818.38	2 065.30
	机械费（元）				191.28	65.46	108.14
	名称		单位	单价(元)	消耗量		
人工	二类人工		工日	135.00	23.312	20.263	22.354
材料	复合模板 综合		m^2	32.33	31.550	31.550	31.550
	木模板		m^3	1 445.00	0.910	0.370	0.490
	钢支撑		kg	3.97	77.920	32.910	38.510
	零星卡具		kg	5.88	24.620	3.430	4.290
	对拉螺栓		kg	10.43	—	2.503	6.370
	螺栓套管		个	0.62	—	7.500	10.300
	尼龙帽		个	0.60	—	15.000	20.600
	圆钉		kg	4.74	4.100	2.400	2.400
	隔离剂		kg	4.67	10.400	10.400	10.400
	回库维修费		元	1.00	15.300	13.200	14.000
机械	汽车式起重机 5t		台班	366.47	0.079	—	0.056
	载货汽车 4t		台班	369.21	0.406	0.170	0.230
	木工圆锯机 500mm		台班	27.50	0.452	0.098	0.098

工作内容：模板及支撑制作、运输、安装、拆除、堆放、刷隔离剂等。

计量单位：$10m^2$

定额编号				4-57	4-58
项目				楼梯	阳台、雨篷
基价（元）				**1 578.51**	**1 312.02**
其中	人工费（元）			1 051.52	696.87
	材料费（元）			512.32	577.27
	机械费（元）			14.67	37.88
	名称	单位	单价(元)	消耗量	
人工	二类人工	工日	135.00	7.789	5.162
材料	复合模板 综合	m^2	32.33	4.454	5.406
	木模板	m^3	1 445.00	0.195	0.202
	钢支撑	kg	3.97	10.522	14.186
	零星卡具	kg	5.88	4.533	7.028
	圆钉	kg	4.74	1.640	1.070
	隔离剂	kg	4.67	1.780	1.690
	回库维修费	元	1.00	2.030	—
机械	汽车式起重机 5t	台班	366.47	—	0.023
	载货汽车 4t	台班	369.21	0.036	0.073
	木工圆锯机 500mm	台班	27.50	0.050	0.091

工作内容:模板及支撑制作、运输、安装、拆除、堆放、刷隔离剂等。 **计量单位**:$100m^2$

定额编号				4-59	4-60	4-61	4-62
项目				栏板	压顶、扶手	檐沟、挑檐	小型构件
基价(元)				**6 842.84**	**9 069.32**	**10 486.84**	**11 285.29**
其中	人工费(元)			4 398.17	4 603.50	5 179.41	5 274.32
	材料费(元)			2 368.21	4 439.81	5 202.92	5 808.41
	机械费(元)			76.46	26.01	104.51	202.56
名称		单位	单价(元)	消耗量			
人工	二类人工	工日	135.00	32.579	34.100	38.366	39.069
材料	复合模板 综合	m^2	32.33	31.550	34.700	67.420	44.380
	木模板	m^3	1 445.00	0.670	2.200	1.280	2.730
	钢支撑	kg	3.97	33.370	—	103.720	30.000
	零星卡具	kg	5.88	28.340	—	95.060	29.030
	圆钉	kg	4.74	3.200	23.700	15.900	23.700
	隔离剂	kg	4.67	10.400	5.700	22.200	5.700
	回库维修费	元	1.00	17.190	—	23.870	—
机械	汽车式起重机 5t	台班	366.47	0.073	—	0.044	—
	载货汽车 4t	台班	369.21	0.123	0.070	0.153	0.260
	木工圆锯机 500mm	台班	27.50	0.156	0.006	1.160	3.875

工作内容:模板及支撑制作、运输、安装、拆除、堆放、刷隔离剂等。 **计量单位**:$100m^2$

定额编号				4-63	4-64
项目				台阶	地沟
基价(元)				**4 455.58**	**3 499.37**
其中	人工费(元)			2 259.50	2 708.37
	材料费(元)			2 142.61	748.58
	机械费(元)			53.47	42.42
名称		单位	单价(元)	消耗量	
人工	二类人工	工日	135.00	16.737	20.062
材料	复合模板 综合	m^2	32.33	29.250	16.600
	木模板	m^3	1 445.00	0.790	0.120
	圆钉	kg	4.74	1.838	3.000
	隔离剂	kg	4.67	10.000	5.200
机械	载货汽车 4t	台班	369.21	0.130	0.100
	木工圆锯机 500mm	台班	27.50	0.199	0.200

注:适用于沟断面小于 $0.4m^2$ 的地沟。

工作内容：模板及支撑制作、运输、安装、拆除、堆放、刷隔离剂等。　　计量单位：100m²

定额编号				4-65	4-66	4-67	4-68
项目				支模超高每增加1m			
				柱	梁	墙	板
基价（元）				**521.60**	**717.98**	**560.36**	**542.48**
其中	人工费（元）			445.50	445.50	465.35	475.20
	材料费（元）			69.27	34.66	56.22	48.35
	机械费（元）			6.83	237.82	38.79	18.93
名称		单位	单价(元)	消耗量			
人工	二类人工	工日	135.00	3.300	3.300	3.447	3.520
材料	木模板	m³	1 445.00	0.037	0.018	—	—
	钢支撑	kg	3.97	3.980	2.180	14.160	12.180
机械	汽车式起重机 5t	台班	366.47	0.003	0.011	0.003	0.011
	载货汽车 4t	台班	369.21	0.015	0.630	0.100	0.030
	木工圆锯机 500mm	台班	27.50	0.007	0.043	0.028	0.139

工作内容：模板及支撑制作、运输、安装、拆除、堆放、刷隔离剂等。　　计量单位：100m²

定额编号				4-69	4-70	4-71
项目				预制构件模板		
				过梁	沟盖板	小型构件
基价（元）				**4 402.27**	**4 841.56**	**6 490.46**
其中	人工费（元）			2 430.00	2 794.50	3 766.50
	材料费（元）			1 787.66	1 862.45	2 539.35
	机械费（元）			184.61	184.61	184.61
名称		单位	单价(元)	消耗量		
人工	二类人工	工日	135.00	18.000	20.700	27.900
材料	复合模板 综合	m²	32.33	26.912	26.912	35.826
	木模板	m³	1 445.00	0.630	0.683	0.952
	圆钉	kg	4.74	1.528	1.149	1.150
机械	载货汽车 4t	台班	369.21	0.500	0.500	0.500

第五章
金属结构工程

说 明

一、本章定额包括金属构件制作、金属构件安装和其他金属构件维修。

二、金属构件制作适用于非工厂制作，钢材及焊条以 Q235B 编制，如设计选用的钢材、焊条等与定额不同时，钢材及焊条材料价格做相应调整，用量不变。金属结构构件如为成品购入构件，则按购入成品价计算，不再套用钢结构制作定额。

三、金属构件安装定额按人力加简易设备安装编制，安装需要单独搭设操作架的，发生时费用另计；当采用机械吊装方案施工时，吊装机械另行计算，安装人工消耗量乘以系数 0.50。

四、金属构件安装不包括拆除旧构件，如拆除旧构件的，按本定额第一章“拆除工程”相应定额子目执行。

五、其他金属构件维修均包括拆旧、更新、安装等工作内容；定额按常规材料考虑，实际选用的材料种类、规格与定额不同时，可换算调整。

六、新做钢扶梯宽度以 1.2m 计算。

七、修理落地“门”型晒衣架的规格为 2.3m×1.6m，围墙修理更换栏杆高度按 1.3m 编制，实际不同时主材用量按实际调整，其余不变。

八、金属构件制作定额已包括除锈、刷防锈底漆一遍，未包括金属构件表面刷防火涂料或饰面油漆，发生时按本定额第十一章相应定额子目执行。

九、金属构件制作、安装项目中已包括了施工企业按照质量验收规范要求所需的磁粉探伤、超声波探伤等常规检测费用。

十、本章定额未涉及的金属结构工程项目，发生时按总说明第七条规定另列项目计算。

工程量计算规则

一、金属构件制作、安装工程量按设计图示尺寸乘以理论质量以“t”计算，不扣除孔眼、切肢、切边的重量，构件端板、加劲板、连接板、隔板和肋板以及依附的牛腿及悬臂梁的质量并入所依附的钢构件工程量内。

二、金属构件安装使用的高强螺栓、剪力栓钉、花篮螺栓按设计图示以“套”计算。

三、新做钢扶梯按踏步数量以“步”计算，钢扶梯平台按投影面积以“m^2”计算。

四、修理钢扶梯旁板按修理要求以延长米计算，调换、拆装踏步按踏步数量以“步”计算，调换平台钢板以“m^2”计算。

五、拆换管子扶手按拆换要求以延长米计算，修接管子栏杆直档、铁栏杆直档以“根”计算。

六、拆换晒衣架按拆换要求以延长米计算；修理落地“门”型晒衣架按“副”计算。

七、新做窗栅以“m^2”计算，围墙栏杆修理按“根”计算。

一、金属构件制作

工作内容:测量、放样、画线、切割、平整、组立、焊接、钻孔、成品校正、除锈、刷防锈底漆、堆放。 计量单位:t

定额编号				5-1	5-2	5-3	5-4
项目				钢柱、钢梁、钢屋架、钢桁架		型钢檩条、支撑、墙架	C、Z型钢檩条
				钢板	型钢		
基价(元)				5 772.70	6 038.83	6 301.67	5 850.56
其中	人工费(元)			1 111.20	1 536.05	1 565.50	841.96
	材料费(元)			4 266.16	4 299.32	4 276.30	4 860.13
	机械费(元)			395.34	203.46	459.87	148.47
名称		单位	单价(元)	消耗量			
人工	三类人工	工日	155.00	7.169	9.910	10.100	5.432
材料	型钢 综合	t	3 836.00	0.113	0.866	0.910	0.011
	镀锌薄钢板 综合	kg	4.46	—	—	—	1 058.000
	中厚钢板 综合	t	3 750.00	0.947	0.194	0.150	0.011
	六角带帽螺栓	kg	5.47	1.740	1.740	1.740	—
	电焊条 E43 系列	kg	4.74	29.330	19.300	19.000	—
	环氧富锌 底漆	kg	13.79	5.120	6.600	5.300	—
	环氧富锌底漆稀释剂	kg	11.210	0.540	0.700	0.550	—
	氧气	m^3	3.62	5.090	4.950	4.400	—
	乙炔气	m^3	8.90	2.210	2.210	1.870	—
	其他材料费	元	1.00	18.150	12.400	11.640	58.000
机械	汽车式起重机 20t	台班	942.85	0.040	0.040	—	—
	门式起重机 10t	台班	447.22	0.360	—	0.160	0.171
	叉式起重机 5t	台班	409.00	0.050	—	—	—
	摇臂钻床 50mm	台班	21.52	0.120	0.120	0.140	0.140
	檩条机(400 以内)40kW	台班	320.00	—	—	—	0.139
	剪板机 40×3 100	台班	374.59	0.030	0.010	0.020	—
	刨边机 12 000mm	台班	342.64	0.030	0.020	0.030	—
	半自动切割机 100mm	台班	92.61	0.100	0.040	—	—
	型钢剪断机 500mm	台班	82.19	0.010	0.080	0.070	—
	喷砂除锈机 $3m^3/min$	台班	36.35	0.300	0.300	0.300	—
	交流弧焊机 42kV·A	台班	129.55	0.500	0.800	2.250	—
	二氧化碳气体保护焊机 250A	台班	56.85	0.360	—	—	—
	电焊条烘干箱 45cm×35cm×45cm	台班	8.99	0.590	0.450	0.890	—
	电动空气压缩机 $10m^3/min$	台班	394.85	0.070	0.060	0.080	—
	其他机械费	元	1.00	12.900	—	19.800	24.500

工作内容:1. 高强螺栓:垫片及螺母配套、对孔、初拧、终拧;
2. 剪力栓钉:定位、瓷环配套、焊接、检验、补位;
3. 花篮螺栓:定位、调整、拧紧。

计量单位:100 套

定额编号				5-5	5-6	5-7
项目				高强螺栓	剪力栓钉	花篮螺栓
基价(元)				**779.51**	**276.09**	**603.05**
其中	人工费(元)			70.53	100.75	70.53
	材料费(元)			703.80	146.28	527.34
	机械费(元)			5.18	29.06	5.18
名称		单位	单价(元)	消耗量		
人工	三类人工	工日	155.00	0.455	0.650	0.455
材料	高强螺栓	套	6.90	102.000	—	—
	花篮螺栓 M12×200	个	5.17	—	—	102.000
	栓钉	套	1.38	—	106.000	—
机械	栓钉焊机	台班	96.85	—	0.300	—
	电动扭力扳手	台班	7.73	0.670	—	0.670

二、金属构件安装

工作内容:测量、定位、场内运输、构件拼装、临时拉固、校正、固定、焊接、补漆、清理等。

计量单位:t

定额编号				5-8	5-9	5-10
项目				金属构件安装		
				钢屋架、钢檩条、钢墙架、钢支撑	钢柱、梁、钢桁架	C、Z 型钢檩条
基价(元)				**1 686.12**	**1 143.15**	**1 260.10**
其中	人工费(元)			1 578.52	1 017.73	1 166.53
	材料费(元)			97.58	106.74	88.56
	机械费(元)			10.02	18.68	5.01
名称		单位	单价(元)	消耗量		
人工	三类人工	工日	155.00	10.184	6.566	7.526
材料	低合金钢焊条 E43 系列	kg	4.74	5.140	2.900	9.650
	金属结构铁件	kg	5.60	2.059	5.098	—
	氧气	m^3	3.62	1.450	0.570	1.120
	乙炔气	m^3	8.90	1.285	0.492	0.985
	其他材料费	元	1.00	45.000	58.000	30.000
机械	交流电焊机 32kV·A	台班	84.92	0.118	0.220	0.059

注:新增建筑钢构件安装采用大型起重设备吊装就位的,起重设备费按措施方案另行计算,人工消耗量乘以系数 0.50。

三、其他金属构件维修

工作内容：测量、放样、下料、焊接、钻孔、成品校正、刷防锈漆、现场运输、拼装、固定、焊接、补漆、清理等。

计量单位：见表

定额编号				5-11	5-12
项目				新做钢扶梯	
				梯段踏步	平台
计量单位				步	m^2
基价（元）				**252.41**	**1 157.64**
其中	人工费（元）			116.25	697.50
	材料费（元）			110.64	374.54
	机械费（元）			25.52	85.60
名称		单位	单价(元)	消耗量	
人工	三类人工	工日	155.00	0.750	4.500
材料	热轧光圆钢筋 HPB300 ϕ22	kg	3.98	1.467	—
	扁钢 Q235B 10×100	kg	3.960	5.330	—
	槽钢 Q235B 8#	kg	4.05	—	42.613
	槽钢 Q235B 16#	kg	3.97	9.679	—
	角钢 Q235B 40×40×4	kg	3.97	4.472	10.442
	花纹钢板 综合	kg	3.66	5.526	35.070
	低合金钢焊条 E43 系列	kg	4.74	0.549	2.880
	环氧富锌 底漆	kg	13.79	0.130	0.477
	环氧富锌底漆稀释剂	kg	11.21	0.004	0.015
	氧气	m^3	3.62	0.112	0.589
	乙炔气	m^3	8.90	0.050	0.260
	其他材料费	元	1.00	2.000	7.300
机械	交流弧焊机 21kV·A	台班	63.33	0.024	0.120
	其他机械费	元	1.00	24.000	78.000

工作内容:拆旧、测量、断料、制作、焊接、刷防锈漆、清理等。　　　　**计量单位**:见表

定额编号				5-13	5-14	5-15	5-16
项目				修理钢扶梯			
				拆换旁板	拆换踏步板	拆装钢踏步	拆换钢板平台
计量单位				m	步	步	m^2
基价(元)				**134.01**	**120.79**	**33.28**	**378.36**
其中	人工费(元)			67.89	77.50	31.00	232.50
	材料费(元)			63.30	41.24	1.35	139.26
	机械费(元)			2.82	2.05	0.93	6.60
名称		单位	单价(元)	消耗量			
人工	三类人工	工日	155.00	0.438	0.500	0.200	1.500
材料	角钢 Q235B 40×40×4	kg	3.97	—	4.472	—	—
	花纹钢板 综合	kg	3.66	—	5.526	—	35.070
	中厚钢板 综合	kg	3.79	15.543	—	—	—
	低合金钢焊条 E43 系列	kg	4.74	0.508	0.327	0.163	1.146
	氧气	m^3	3.62	0.104	0.067	0.033	0.234
	乙炔气	m^3	8.90	0.046	0.030	0.015	0.104
	其他材料费	元	1.00	1.200	1.200	0.320	3.700
机械	交流弧焊机 21kV·A	台班	63.33	0.024	0.015	0.010	0.060
	其他机械费	元	1.00	1.300	1.100	0.300	2.800

工作内容:凿窝脚头、拆旧、测量、断料、制作、焊接、刷防锈漆、清理等。　　　　**计量单位**:见表

定额编号				5-17	5-18	5-19	5-20
项目				拆换管子扶手		修接管子栏杆直档	
				镀锌钢管	焊接钢管	镀锌钢管	焊接钢管
				ϕ50mm 以内		ϕ32mm 以内	
计量单位				m	m	10 根	10 根
基价(元)				**48.38**	**41.25**	**184.43**	**168.61**
其中	人工费(元)			19.38	19.38	145.70	145.70
	材料费(元)			26.79	15.77	34.51	19.79
	机械费(元)			2.21	6.10	4.22	3.12
名称		单位	单价(元)	消耗量			
人工	三类人工	工日	155.00	0.125	0.125	0.940	0.940
材料	低合金钢焊条 E43 系列	kg	4.74	0.127	0.127	0.254	0.254
	氧气	m^3	3.62	0.003	0.003	0.005	0.005
	乙炔气	m^3	8.90	0.002	0.002	0.003	0.003
	碳素结构钢镀锌焊接钢管 *DN*50×3.8	m	22.12	1.160	—	—	—
	碳素结构钢焊接钢管 *DN*50×3.8	m	12.62	—	1.160	—	—
	碳素结构钢镀锌焊接钢管 *DN*32×3.5	m	14.69	—	—	2.230	—
	碳素结构钢焊接钢管 *DN*32×3.5	m	8.09	—	—	—	2.230
	其他材料费	元	1.00	0.500	0.500	0.500	0.500
机械	交流电焊机 32kV·A	台班	84.92	0.006	0.060	0.012	0.012
	其他机械费	元	1.00	1.700	1.000	3.200	2.100

工作内容：凿窝脚头、拆旧、测量、断料、制作、焊接、刷防锈漆、清理等。　　计量单位：10根

定额编号				5-21	5-22	5-23	5-24
项目				修接铁栏杆直挡			
				方钢	圆钢	扁钢	角钢
				16×16	ϕ16	4×40	
基价（元）				**166.84**	**162.48**	**159.64**	**171.23**
其中	人工费（元）			145.70	145.70	145.70	145.70
	材料费（元）			19.35	15.27	12.52	22.58
	机械费（元）			1.79	1.51	1.42	2.95
名称		单位	单价(元)	消耗量			
人工	三类人工	工日	155.00	0.940	0.940	0.940	0.940
材料	方钢 综合	kg	4.05	4.220	—	—	—
	热轧光圆钢筋 综合	kg	3.97	—	3.320	—	—
	扁钢 Q235B 4×40	kg	3.96	—	—	2.650	—
	角钢 Q235B 40×40×4	kg	3.97	—	—	—	5.080
	低合金钢焊条 E43 系列	kg	4.74	0.154	0.121	0.108	0.185
	氧气	m^3	3.62	0.003	—	0.002	0.004
	乙炔气	m^3	8.90	0.002	0.002	0.001	0.002
	其他材料费	元	1.00	1.500	1.500	1.500	1.500
机械	交流电焊机 32kV·A	台班	84.92	0.007	0.006	0.005	0.010
	其他机械费	元	1.00	1.200	1.000	1.000	2.100

工作内容：凿窝脚头、拆旧、测量、断料、制作、焊接、刷防锈漆、清理等。　　计量单位：m

定额编号				5-25	5-26
项目				拆换角钢晒衣架	
				40×4	50×5
基价（元）				**37.00**	**40.65**
其中	人工费（元）			19.38	19.38
	材料费（元）			16.61	20.09
	机械费（元）			1.01	1.18
名称		单位	单价(元)	消耗量	
人工	三类人工	工日	155.00	0.125	0.125
材料	热轧光圆钢筋 综合	kg	3.97	0.147	0.147
	扁钢 Q235B 3×30	kg	4.04	0.371	0.371
	角钢 Q235B 40×40×4	kg	3.97	3.120	—
	角钢 Q235B 50×50×5	kg	3.97	—	3.960
	低合金钢焊条 E43 系列	kg	4.74	0.135	0.166
	其他材料费	元	1.00	1.500	1.500
机械	交流电焊机 32kV·A	台班	84.92	0.006	0.008
	其他机械费	元	1.00	0.500	0.500

工作内容:凿窝脚头、拆旧、修理、取料、焊接、加固、清理等。 **计量单位**:副

定额编号				5-27	5-28
项目				修理落地"门"字形晒衣架	
				不锈钢	镀锌钢管
基价(元)				**105.99**	**142.43**
其中	人工费(元)			62.62	58.13
	材料费(元)			37.44	83.46
	机械费(元)			5.93	0.84
	名称	单位	单价(元)	消耗量	
人工	三类人工	工日	155.00	0.404	0.375
材料	不锈钢管 $\phi32$	m	8.43	3.180	—
	碳素结构钢镀锌焊接钢管 $DN50\times3.8$	m	22.12	—	3.366
	不锈钢焊丝 1.1~3mm	kg	47.41	0.029	—
	低合金钢焊条 E43 系列	kg	4.74	—	0.069
	氩气	m^3	7.00	0.091	—
	氧气	m^3	3.62	—	0.001
	乙炔气	m^3	8.90	—	0.001
	非泵送商品混凝土 C20	m^3	412.00	0.020	0.020
	其他材料费	元	1.00	0.380	0.420
机械	氩弧焊机 500A	台班	97.67	0.030	—
	交流电焊机 32kV·A	台班	84.92	—	0.004
	其他机械费	元	1.00	3.000	0.500

工作内容:测量、取料、断料、电焊、制作、搬运、安装、刷防锈漆、清理等。 **计量单位**:m^2

定额编号				5-29	5-30	5-31
项目				新做窗铁栅		
				$\phi12$ 圆钢直栅	方钢管	不锈钢方管
基价(元)				**124.83**	**274.54**	**214.75**
其中	人工费(元)			71.77	135.16	64.79
	材料费(元)			51.39	133.04	135.38
	机械费(元)			1.67	6.34	14.58
	名称	单位	单价(元)	消耗量		
人工	三类人工	工日	155.00	0.463	0.872	0.418
材料	热轧光圆钢筋 综合	kg	3.97	8.390	—	—
	扁钢 Q235B 3×30	kg	4.04	3.300	—	—
	方钢管 $25\times25\times2.5$	m	8.83	—	13.726	—
	不锈钢管防盗窗	m^2	129.00	—	—	1.010
	镀锌木螺钉 $d2\sim5\times4\sim50$	10 个	0.43	8.240	—	—
	金属膨胀螺栓 $M6\times75$	套	0.21	—	3.150	8.120
	金属膨胀螺栓 M10	套	0.48	—	—	2.889
	电焊条 E43 系列	kg	4.74	0.090	1.433	—
	砂轮片	片	7.08	—	0.337	—
	其他材料费	元	1.00	0.780	2.000	2.000
机械	交流电焊机 32kV·A	台班	84.92	0.002	0.070	0.154
	其他机械费	元	1.00	1.500	0.400	1.500

工作内容：拆换、测量、断料、搬运、焊接安装、刷防锈漆、清理等。　　　　**计量单位**：10 根

定额编号					5-32	5-33
项目					拆换围墙栏杆	
					焊接圆钢	焊接钢管
基价（元）					**156.76**	**178.10**
其中	人工费（元）				128.65	116.25
	材料费（元）				23.36	57.10
	机械费（元）				4.75	4.75
名称			单位	单价(元)	消耗量	
人工	三类人工		工日	155.00	0.830	0.750
材料	扁钢 Q235B 4×40		kg	3.96	2.500	2.500
	热轧光圆钢筋 HPB300 ϕ12		kg	3.980	2.000	—
	碳素结构钢焊接钢管 *DN*25×3.2		m	8.34	—	5.000
	电焊条 E43 系列		kg	4.74	1.073	1.073
	氧气		m^3	3.62	0.023	0.023
	乙炔气		m^3	8.90	0.015	0.015
	其他材料费		元	1.00	0.200	0.200
机械	交流电焊机 32kV·A		台班	84.92	0.050	0.050
	其他机械费		元	1.00	0.500	0.500

第六章
木结构工程

说　明

一、本章包括木屋架维修、屋面木基层维修和其他木构件维修。

二、本章定额木材断面尺寸为净料，表面不刨光编制；如设计要求采用刨光木材，材料价格换算，其他不变。

三、本章定额采用的木材木种，均按一、二类为准；如采用三、四类木种时，木材单价调整，相应定额制作人工和机械消耗量乘以系数1.35。

四、木屋架整修不含木构件、铁件拆换，发生木构件拆换时工程量按实际计量，按拆换木柱相应定额计算，铁件调换按屋架铁箍加固定额计算。屋架跨度以屋架两端上下弦中心线交点之间的长度为准。

五、木屋架整修施工需搭设脚手架的，脚手架另行计算；木屋架采用整体机械吊装方案施工的，吊装机械另行计算。

六、拆换屋面基层按平口屋面板15mm厚确定，实际厚度不同时，材料单价换算，其余不变；屋架剪刀撑3.6m以内按ϕ100mm、3.6m以上按ϕ150mm编制。

七、拆换木构件设计需加骑马钉时人工不变，圆钉不扣，骑马钉材料费按实际计算。

八、拆换木柱按自然层、拆接木柱按不同高度编制，拆换(接)木柱接头采用钢夹板及螺栓紧固方法施工；拆换木梁套用拆换木柱定额。拆换(接)木柱、木梁定额未包括施工临时支撑架，发生时按措施方案另计。

九、封檐板按30mm×150mm编制，设计与定额不同时，板材按比例换算，其余不变。

十、拆换的金属配件均已包括表面刷防锈漆工作；木材面已包含刷防腐油工作，未含木材面防火处理费用，如设计有要求时，按本定额第十一章“油漆、涂料工程”相应定额子目执行。

工程量计算规则

一、整修木屋架或钢木屋架按不同跨度以“榀”计算,屋架整修发生木构件、铁件调换时,工程量按实际计算。

二、拆换屋架夹接、铁箍以“只”计算,拆换剪刀撑以“副”计算。

三、拆换屋面板基层、拆换挂瓦条按设计图示尺寸以“m^2”计算,不扣除屋面烟囱、风帽底座、风道、老虎窗及斜沟等所占面积,老虎窗的出檐部分亦不增加面积。

四、拆换木檩条、维修檩条均按拆换或维修数量以“根”计算。

五、封檐板按拆换要求以延长米计算,博风板按斜长度以“m”计算,每个大刀头增加长度0.5m。

六、拆换木柱实际换柱体积以“m^3”计算;拆接木柱按不同规格及高度以“根”计算,实际换柱规格与定额编制不同时,木材按实际换算,其余不变。

七、拆换老虎窗、小气窗木构架以“只”计算。

八、拆换楼格栅按拆换数量以“m^3”计算。

一、木屋架维修

工作内容：清理木构件表面、杆件拔正、归位、临时拉接、紧固螺栓等工作。　　**计量单位**：榀

定额编号				6-1	6-2	6-3	6-4
项目				整修木屋架或钢木屋架			
				跨度(m)			
				4	8	12	15
基价（元）				**338.70**	**573.18**	**846.67**	**1 032.01**
其中	人工费（元）			325.50	520.80	781.20	937.44
	材料费（元）			13.20	52.38	65.47	94.57
	机械费（元）			—	—	—	—
名称		单位	单价(元)	消耗量			
人工	三类人工	工日	155.00	2.100	3.360	5.040	6.048
材料	圆钉	kg	4.74	0.042	0.080	0.100	0.120
	其他材料费	元	1.00	13.000	52.000	65.000	94.000

工作内容：拆旧、清理、制作、夹接、安装、入墙部分刷防腐油等工作。　　**计量单位**：见表

定额编号				6-5	6-6	6-7	6-8	6-9
项目				拆换屋架夹接		拆换屋架剪刀撑		屋架铁箍加固
				大料头或人字木头		屋架间距		
				木夹板	铁夹板	3.6m 以内	3.6m 以外	
计量单位				只	只	副	副	只
基价（元）				**266.71**	**261.25**	**177.09**	**189.79**	**57.22**
其中	人工费（元）			173.60	173.60	65.10	65.10	18.60
	材料费（元）			93.11	87.65	111.99	124.69	38.62
	机械费（元）			—	—	—	—	—
名称		单位	单价(元)	消耗量				
人工	三类人工	工日	155.00	1.120	1.120	0.420	0.420	0.120
材料	松板枋材	m^3	1 800.00	0.030	0.006	0.060	0.067	0.001
	屋架铁件	kg	6.90	5.400	3.200	0.350	0.350	5.210
	中厚钢板 综合	kg	3.79	—	14.200	—	—	—
	圆钉	kg	4.74	0.200	0.010	0.100	0.100	0.120
	其他材料费	元	1.00	0.900	0.900	1.100	1.200	0.300

二、屋面木基层维修

工作内容:拆旧、清理、制作、安装屋面板、铺油毡、钉顺水条、挂瓦条等工作。　　**计量单位**:100m^2

定额编号				6-10	6-11
项目				拆换屋面板基层	
				有油毡	无油毡
				平口板	
基价(元)				**7 816.88**	**7 364.66**
其中	人工费(元)			610.08	511.50
	材料费(元)			7 206.80	6 853.16
	机械费(元)			—	—
	名称	单位	单价(元)	消耗量	
人工	三类人工	工日	155.00	3.936	3.300
材料	杉格椽	m^3	2 026.00	0.215	0.215
	屋面板	m^2	60.34	105.000	105.000
	板条 1 000×30×8	百根	78.45	1.800	—
	石油沥青油毡 350g	m^2	1.90	110.000	—
	圆钉	kg	4.74	10.400	10.100
	其他材料费	元	1.00	36.000	34.000

注:屋面板按平口板编制,设计采用错口板时,主材价格换算,其余不变。

工作内容:拆旧、清理、制作、安装椽子、钉顺水条、挂瓦条等工作。　　**计量单位**:100m^2

定额编号				6-12	6-13	6-14
项目				椽子基层		混凝土基层
				拆换钉挂瓦条	拆换钉纤维板、挂瓦条	拆换挂瓦条
				无油毡	有油毡	
基价(元)				**2 132.96**	**3 642.30**	**1 332.68**
其中	人工费(元)			407.50	569.47	652.86
	材料费(元)			1 725.46	3 072.83	679.82
	机械费(元)			—	—	—
	名称	单位	单价(元)	消耗量		
人工	三类人工	工日	155.00	2.629	3.674	4.212
材料	杉原木 椽子	m^3	—	(0.500)	(0.500)	—
	松板枋材	m^3	1 800.00	0.698	0.760	—
	杉格椽	m^3	2 026.00	0.217	0.217	0.323
	板条 1 000×30×8	百根	78.45	—	1.818	—
	纤维板 δ3	m^2	8.22	—	106.050	—
	石油沥青油毡 350g	m^2	1.90	—	111.100	—
	圆钉	kg	4.74	5.151	5.959	4.646
	其他材料费	元	1.00	5.000	11.500	3.400

工作内容:1. 拆旧,清理、拆装、木檩条;

2. 维修木檩条、入墙部分刷防腐油。

计量单位:见表

定额编号				6-15	6-16	6-17	6-18
项目				拆装木檩条	接檩条头子		檩条加斜撑木
					铁螺丝连接	圆钉连接	
计量单位				根	只	只	根
基价(元)				**17.56**	**59.91**	**22.76**	**11.09**
其中	人工费(元)			17.36	43.40	11.01	7.29
	材料费(元)			0.20	16.51	11.75	3.80
	机械费(元)			—	—	—	—
名称		单位	单价(元)	消耗量			
人工	三类人工	工日	155.00	0.112	0.280	0.071	0.047
材料	松板枋材	m^3	1 800.00	—	0.006	0.006	0.002
	屋架铁件	kg	6.90	—	0.800	—	—
	圆钉	kg	4.74	0.042	0.040	0.200	0.042

注:拆装木檩条每根按2m/根编制,实际长度不同时按2m/根换算。

工作内容:拆旧、清理、制作、安装封檐板、博风板等工作。

计量单位:100m

定额编号				6-19
项目				拆换封檐板、博风板制作、安装
				板高15cm以内
基价(元)				**1 285.61**
其中	人工费(元)			543.12
	材料费(元)			742.49
	机械费(元)			—
名称		单位	单价(元)	消耗量
人工	三类人工	工日	155.00	3.504
材料	杉板枋材	m^3	1 625.00	0.454
	圆钉	kg	4.74	1.000

三、其他木构件维修

工作内容:拆旧柱、测量、下料、制作、刷防腐油、安装等工作。　　计量单位:m^3

定额编号				6-20	6-21	6-22
项目				拆换原木柱		拆换方木柱
				一层高	二层高	一至二层高
基价(元)				2 755.42	2 786.04	2 957.18
其中	人工费(元)			645.73	676.11	574.59
	材料费(元)			2 109.69	2 109.93	2 382.59
	机械费(元)			—	—	—
名称		单位	单价(元)	消耗量		
人工	三类人工	工日	155.00	4.166	4.362	3.707
材料	杉原木 综合	m^3	1 466.00	1.293	1.293	—
	松板枋材	m^3	1 800.00	—	—	1.175
	屋架铁件	kg	6.90	29.000	29.000	36.500
	圆钉	kg	4.74	0.750	0.800	0.820
	其他材料费	元	1.00	10.500	10.500	11.850

工作内容:锯柱、测量、下料、制作、安装、刷防腐油等工作。　　计量单位:根

定额编号				6-23	6-24	6-25	6-26
项目				拆接木柱			
				圆木直径 200mm		200×200 方木	
				高度 1.5m 以内	高度 2.0m 以内	高度 1.5m 以内	高度 2.0m 以内
基价(元)				120.20	130.47	181.80	219.60
其中	人工费(元)			78.12	78.12	78.12	78.12
	材料费(元)			42.08	52.35	103.68	141.48
	机械费(元)			—	—	—	—
名称		单位	单价(元)	消耗量			
人工	三类人工	工日	155.00	0.504	0.504	0.504	0.504
材料	杉原木 综合	m^3	1 466.00	0.024	0.031	—	—
	松板枋材	m^3	1 800.00	—	—	0.053	0.074
	屋架铁件	kg	6.90	1.000	1.000	1.200	1.200

注:接柱的枋材规格与定额编制不同时,木材材积按实际换算,其余不变。

工作内容：拆旧、搬运、定位、下料、安装、临时支撑、加钉等。　　计量单位：只

定额编号				6-27	6-28	6-29
项目				拆换木构架		
				老虎窗小屋形	老虎窗三角形	检修口
基价（元）				**682.34**	**383.42**	**28.21**
其中	人工费（元）			142.14	106.64	14.42
	材料费（元）			529.70	271.38	13.52
	机械费（元）			10.50	5.40	0.27
名称		单位	单价(元)	消耗量		
人工	三类人工	工日	155.00	0.917	0.688	0.093
材料	松板枋材	m^3	1 800.00	0.290	0.148	0.007
	圆钉	kg	4.74	1.625	1.051	0.195
机械	其他机械费	元	1.00	10.500	5.400	0.270

工作内容：拆旧、清理、下料、制作、安装、入墙部分刷防腐油。　　计量单位：m^3

定额编号				6-30	6-31
项目				拆换楼格栅	
				原木	方木
基价（元）				**2 037.53**	**2 471.52**
其中	人工费（元）			475.70	430.59
	材料费（元）			1 561.83	2 040.93
	机械费（元）			—	—
名称		单位	单价(元)	消耗量	
人工	三类人工	工日	155.00	3.069	2.778
材料	松板枋材	m^3	1 800.00	0.019	1.125
	杉原木 综合	m^3	1 466.00	1.034	—
	圆钉	kg	4.74	0.840	1.220
	其他材料费	元	1.00	7.800	10.150

第七章
门 窗 工 程

说　明

一、本章定额包括门窗维修、门窗部件拆换和五金件拆换。

二、本章定额包括门窗的维修更换，未包括整樘门窗及整扇门窗扇的拆除，如发生整樘门窗及整扇门窗扇的拆除，按本定额第一章“拆除工程”相应定额子目执行，新做整樘门窗及整扇门窗扇制作安装套用《浙江省房屋建筑与装饰工程预算定额》(2018 版)，其中人工消耗量乘以系数 1.10，材料消耗量乘以系数 1.01，机械消耗量乘以系数 1.05。

三、本章的门窗部件拆换和五金件拆换不考虑旧料利用。

四、木门窗部件拆换未含饰面油漆，发生时按本定额第十一章“油漆、涂料工程”相应定额子目执行。

工程量计算规则

一、门窗维修。

1. 木门窗、金属门窗整修按门扇窗扇以“扇”计算。

2. 拆修木门窗、金属门窗、金属纱按门扇窗扇以“扇”计算。

3. 木门窗框加固按数量以“樘”计算。

4. 金属门窗框加固按数量以“樘”计算。

5. 金属门窗焊接按实际焊接位置数量以“处”计算。

二、门窗部件拆换。

1. 木门窗拆换梃、冒头、框按拆换数量以“根”计算,换门芯板按拆换数量以“块”计算。

2. 门窗玻璃拆换按拆换玻璃可视面积以“m^2”计算。

3. 门窗换纱按纱可视面积以“m^2”计算。

三、五金件拆换。

拆换门窗五金按发生数量计算。

一、门 窗 维 修

工作内容:1. 整修:校正归位,拍板修缝,用胶加楔紧固铆及检修中的修复、清理;
2. 拆修:门窗扇拆卸、校正,拍板修缝,用胶加楔紧固铆及检修中的修复、安装;
3. 加固:校正归位,拍板修缝,用胶加楔紧固铆及检修中的修复、清理。

计量单位:见表

定额编号				7-1	7-2	7-3	7-4	7-5
项目				整修		拆修		木门窗框加固
				木门	木窗	木门	木窗	
计量单位				10 扇	10 扇	10 扇	10 扇	10 樘
基价(元)				**215.12**	**123.67**	**258.00**	**146.40**	**198.18**
其中	人工费(元)			204.60	113.15	248.00	136.40	182.75
	材料费(元)			10.52	10.52	10.00	10.00	15.43
	机械费(元)			—	—	—	—	—
名称		单位	单价(元)	消耗量				
人工	三类人工	工日	155.00	1.320	0.730	1.600	0.880	1.179
材料	圆钉 25	kg	4.74	0.110	0.110	—	—	1.030
	防腐油	kg	1.28	—	—	—	—	0.430
	其他材料费	元	1.00	10.000	10.000	10.000	10.000	10.000

工作内容:1. 整修:校正变形,五金配件调整上油,锥丝改孔、清理等;
2. 拆修:拆卸、修理,五金配件调整上油,锥丝改孔,安装、清理等。

计量单位:10 扇

定额编号				7-6	7-7	7-8	7-9	7-10	7-11
项目				整修		拆修			
				金属门	金属窗	金属门	金属窗	金属纱门	金属纱窗
基价(元)				**277.84**	**233.20**	**1 575.62**	**1 395.42**	**702.93**	**605.43**
其中	人工费(元)			267.84	223.20	1 497.15	1 327.89	702.93	605.43
	材料费(元)			10.00	10.00	78.47	67.53	—	—
	机械费(元)			—		—	—	—	—
名称		单位	单价(元)	消耗量					
人工	三类人工	工日	155.00	1.728	1.440	9.659	8.567	4.535	3.906
材料	钢筋 综合	kg	3.04	—	—	21.900	18.300	—	—
	低碳钢焊条 J422 ϕ2.5~3.2	kg	4.74	—	—	0.400	0.400	—	—
	其他材料费	元	1.00	10.000	10.000	10.000	10.000	—	—

工作内容:1. 金属门窗框加固:框修理加固,墙面局部踢凿至重新安装的全部工作内容;
2. 焊接:清理除锈,焊接校正局部热变形及清理焊渣,打磨找平,防锈处理,补漆等工作。 **计量单位**:见表

定额编号				7-12	7-13
项目				金属门窗框加固	金属门窗焊接
计量单位				10 樘	10 处
基价(元)				**354.36**	**213.62**
其中	人工费(元)			245.52	204.60
	材料费(元)			108.84	9.02
	机械费(元)			—	—
	名称	单位	单价(元)	消耗量	
人工	三类人工	工日	155.00	1.584	1.320
材料	钢筋 综合	kg	3.04	30.200	—
	铝合金门窗配件 角码	个	0.45	0.700	—
	低碳钢焊条 综合	kg	6.72	1.000	0.300
	其他材料费	元	1.00	10.000	7.000

二、门窗部件拆换

工作内容:拆卸、更换损坏部件的制作、安装、清理。 **计量单位**:见表

定额编号				7-14	7-15	7-16	7-17	7-18	7-19	7-20	7-21
项目				拆换						木门窗换纱	换门芯板
				木门梃	木窗梃	木门冒头	木窗冒头	木门框	木窗框		
计量单位				10 根	10 根	10 根	10 根	10 个	10 个	10m^2	10 块
基价(元)				**1 356.44**	**1 210.85**	**1 160.56**	**928.42**	**1 691.14**	**1 352.91**	**677.75**	**1 556.48**
其中	人工费(元)			1 176.30	1 096.01	1 069.35	855.45	1 137.55	910.01	506.08	863.51
	材料费(元)			180.14	114.84	91.21	72.97	553.59	442.90	171.67	692.97
	机械费(元)			—	—	—	—	—	—	—	—
	名称	单位	单价(元)	消耗量							
人工	三类人工	工日	155.00	7.589	7.071	6.899	5.519	7.339	5.871	3.265	5.571
材料	杉枋材 门窗料	m^3	1 810.00	0.099	0.063	0.050	0.040	0.303	0.242	0.010	0.380
	铁纱	m^2	12.93	—	—	—	—	—	—	11.800	—
	防腐油	kg	1.28	—	—	—	—	0.220	—	—	—
	聚醋酸乙烯乳液	kg	5.60	—	—	—	—	—	—	—	0.830
	圆钉 25	kg	4.74	0.200	0.170	0.150	0.120	1.030	1.030	0.210	0.110

工作内容:1. 门窗玻璃更换:拆卸清理旧玻璃,安装玻璃,打胶密封等工作;

2. 换纱:拆除旧纱,清理,安装新纱等工作。

计量单位:$10m^2$

定额编号				7-22	7-23	7-24
项目				门窗玻璃更换		金属门窗换纱
				单层玻璃	双层玻璃	
基价(元)				**849.29**	**1 578.10**	**289.28**
其中	人工费(元)			230.33	276.37	136.71
	材料费(元)			618.96	1 301.73	152.57
	机械费(元)			—	—	—
名称		单位	单价(元)	消耗量		
人工	三类人工	工日	155.00	1.486	1.783	0.882
材料	平板玻璃 δ5	m^2	24.14	11.000	—	—
	中空玻璃 5+9A+5	m^2	86.21	—	11.000	—
	铁纱	m^2	12.93	—	—	11.800
	硅酮耐候密封胶	kg	35.80	9.872	9.872	—

注:实际玻璃、纱与定额不同时,主材可换算,其他不变。

三、五金件拆换

工作内容:损坏部件的拆除、安装。

计量单位:10 把

定额编号				7-25	7-26	7-27	7-28	7-29
项目				执手锁		弹子锁	管子拉手	推手板
				单开	双开			
基价(元)				**1 056.31**	**1 860.04**	**598.81**	**424.19**	**389.35**
其中	人工费(元)			272.65	466.24	119.97	84.63	84.63
	材料费(元)			783.66	1 393.80	478.84	339.56	304.72
	机械费(元)			—	—	—	—	—
名称		单位	单价(元)	消耗量				
人工	三类人工	工日	155.00	1.759	3.008	0.774	0.546	0.546
材料	单开执手锁	把	77.59	10.100	—	—	—	—
	双开执手锁	把	138.00	—	10.100	—	—	—
	弹子锁	把	47.41	—	—	10.100	—	—
	管子拉手	把	33.62	—	—	—	10.100	—
	推手板	把	30.17	—	—	—	—	10.100

工作内容:损坏部件的拆卸、安装。 **计量单位:**10 个

定额编号				7-30	7-31	7-32	7-33	7-34	7-35
项目				大门插销		自由门		铁搭扣	底板拉手
				明装	暗装	弹簧合页	地弹簧		
基价(元)				**120.41**	**227.31**	**322.25**	**1 159.10**	**33.96**	**141.34**
其中	人工费(元)			72.54	96.72	192.67	418.97	25.27	104.78
	材料费(元)			47.87	130.59	129.58	740.13	8.69	36.56
	机械费(元)			—	—	—	—	—	—
名称		单位	单价(元)	消耗量					
人工	三类人工	工日	155.00	0.468	0.624	1.243	2.703	0.163	0.676
材料	大门明插销	副	4.74	10.100	—	—	—	—	—
	大门暗插销	副	12.93	—	10.100	—	—	—	—
	弹簧合页	副	12.83	—	—	10.100	—	—	—
	地弹簧	套	73.28	—	—	—	10.100	—	—
	铁搭扣	个	0.86	—	—	—	—	10.100	—
	底板拉手	个	3.62	—	—	—	—	—	10.100

工作内容:损坏部件的拆卸、安装。 **计量单位:**10 个

定额编号				7-36	7-37	7-38	7-39	7-40	7-41
项目				门吸	合页	玻璃门合页	地锁	门轧头	防盗门扣
基价(元)				**104.14**	**105.41**	**122.83**	**1 611.71**	**45.90**	**287.88**
其中	人工费(元)			60.61	96.72	96.72	228.01	42.16	70.22
	材料费(元)			43.53	8.69	26.11	1 383.70	3.74	217.66
	机械费(元)			—	—	—	—	—	—
名称		单位	单价(元)	消耗量					
人工	三类人工	工日	155.00	0.391	0.624	0.624	1.471	0.272	0.453
材料	门磁吸	只	4.31	10.100	—	—	—	—	—
	合页 75 以内	副	1.72	—	5.050	—	—	—	—
	玻璃门合页	副	5.17	—	—	5.050	—	—	—
	地锁	把	137.00	—	—	—	10.100	—	—
	门轧头	只	0.37	—	—	—	—	10.100	—
	防盗门扣	副	21.55	—	—	—	—	—	10.100

工作内容：损坏部件的拆卸、安装。　　计量单位：见表

定额编号				7-42	7-43	7-44
项目				吊装滑动门轨	吊滑轮	门猫眼
计量单位				10m	10 个	10 个
基价（元）				**591.31**	**864.56**	**287.88**
其中	人工费（元）			72.54	59.99	70.22
	材料费（元）			518.77	804.57	217.66
	机械费（元）			—	—	—
名称		单位	单价(元)	消耗量		
人工	三类人工	工日	155.00	0.468	0.387	0.453
材料	吊轨	m	50.86	10.200	—	—
	滑轮	副	79.66	—	10.100	—
	门猫眼	套	21.55	—	—	10.100
	电子锁	把	172.00	—	—	—

工作内容：损坏部件的拆卸、安装。　　计量单位：10 个

定额编号				7-45	7-46	7-47
项目				闭门器		顺位器
				明装	暗装	
基价（元）				**1 030.57**	**1 299.96**	**342.76**
其中	人工费（元）			177.32	446.71	177.32
	材料费（元）			853.25	853.25	165.44
	机械费（元）			—	—	—
名称		单位	单价(元)	消耗量		
人工	三类人工	工日	155.00	1.144	2.882	1.144
材料	闭门器	副	84.48	10.100	10.100	—
	顺位器	套	16.38	—	—	10.100

第八章

屋面及防水工程

说　明

一、本章包括屋面工程、防水工程、其他工程和堵漏工程。

二、屋面的保护层、防水层、保温层、隔离层等为整体拆除时,按本定额第一章拆除章节相应子目,制作安装套用《浙江省房屋建筑与装饰工程预算定额》(2018 版)相应子目,其中人工消耗量乘以系数 1.10,材料消耗量乘以系数 1.01,机械消耗量乘以系数 1.05。

三、除瓦屋面外,屋面或防水层单块修补面积小于 $5m^2$ 时的拆换工程套用本章定额,大于 $5m^2$ 的拆换、拆除工程套用本定额第一章“拆除工程”相应定额子目,安装套用《浙江省房屋建筑与装饰工程预算定额》(2018 版)相应子目,其中人工消耗量乘以系数 1.10,材料消耗量乘以系数 1.01,机械消耗量乘以系数 1.05。

四、拆换是指拆除原有破损部位并修补更换,瓦屋面翻修是指拆卸全部屋面瓦、检查基层、铲除灰皮、更换破碎瓦件、重新铺瓦。

五、屋面工程。

1. 瓦屋面以坡度≤25% 为准,25% <坡度≤45% 的,相应项目的人工消耗量乘以系数 1.30;坡度 > 45% 的,人工消耗量乘以系数 1.43。

2. 细石混凝土防水层定额已综合考虑了滴水线、泛水和伸缩缝翻边等各种加高的工料,但伸缩缝应另列项目计算。使用钢筋网时,执行本定额第四章“混凝土及钢筋混凝土工程”相应定额子目。

3. 细石混凝土防水层定额按非泵送商品混凝土编制,如使用泵送商品混凝土时,除材料换算外相应项目人工消耗量乘系数 0.95。

4. 水泥砂浆保护层定额已综合了预留伸缩缝的工料,掺防水剂时材料费另加。

5. 本定额瓦规格按以下考虑:小青瓦 180 × 170 ~ 180、黏土平瓦 380 ~ 400 × 240、黏土脊瓦 460 × 200;如设计规格不同,瓦的数量按比例调整,其余不变。

6. 瓦的搭接按常规尺寸编制,除小青瓦按 2/3 长度搭接,搭接不同可调整瓦的数量,其余瓦的搭接尺寸均按常规工艺要求综合考虑。

7. 瓦屋面定额未包括木基层,木基层项目执行本定额第六章“木结构工程”相应项目。

8. 瓦屋面翻修中的旧瓦破损率按 30% 计,破损率比例每增减 10% ,定额瓦的用量增减 10% ,其余不变,破损率不足 10% 按 10% 计。

六、防水层工程。

1. 防水层修补除定额规定的工作内容以外,还包括拆除清理破损部位的防水层及清理基层等工作。

2. 平屋面以坡度≤15% 进行编制,15% <坡度≤25% 的,相应项目的人工消耗量乘以系数 1.18;25% <坡度≤45% 的,人工消耗量乘以系数 1.30;坡度 >45% 的,人工消耗量乘以系数 1.43。

3. 定额内已综合连接处边角部位的附加防水层的工料,以及立墙防水层铺贴高度小于 0.5m 的增加工日因素。

4. 屋面防水工程,防水层的立墙高度超过 0.5m 时,其工程量应单独计算面积,按相应的屋面防水定额人工费乘以系数 1.20 调整,材料用量不变。

七、其他工程。

1. 其他工程包括表面处理、板材防水拆换、屋面排水拆换和变形缝与止水带拆换。

2. 变形缝断面或展开尺寸与定额不同时,材料用量按比例换算。

八、堵漏工程。

1. 混凝土裂缝宽度不满 2mm 按 2mm 计算。

2. 孔洞堵漏中孔洞直径不满 10mm 按直径 10mm 计算。

3. 预埋件管件堵漏中预埋件埋深断面面积不满 $25cm^2$ 的按断面面积 $25cm^2$ 计算。

4. 渗透结晶处理是指对细小孔洞、裂缝(纹)的渗漏水处理。

5. 堵漏材料不同时单价换算,用量不变。

工程量计算规则

一、屋面工程。

1. 各种屋面均按实际面积以“m^2”计算(斜屋面按斜面面积计算)。

2. 同一幢房屋的屋面遇有做法不同时,应分别计算面积,执行相应的定额。

3. 瓦屋面修补按实际修补面积计算。

二、防水层工程

1. 防水层按实铺面积以“m^2”计算(斜屋面按斜面面积计算),天沟、挑檐按展开面积以“m^2”计算并入相应防水工程量。防水搭接、拼缝、压边、留槎用量已综合考虑,不另行计算,卷材防水附加层、加强层按设计铺贴尺寸以“m^2”计算。

2. 屋面的女儿墙、伸缩缝和天窗等处的弯起部分。按设计尺寸计算,弯起部分小于500mm时,计入屋面工程量内,弯起部分大于500mm时,按立面防水层计算。

3. 楼地面防水、防潮上翻高度小于300mm时,按展开面积并入平面工程量内计算,高度大于300mm时,上翻高度全部按立面防水层计算。

三、其他工程。

1. 表面处理按实际处理面积以“m^2”计算。

2. 板材防水拆换按实际拆换面积以“m^2”计算。

3. 金属板排水和泛水按延长米乘以展开宽度以“m^2”计算,其他泛水按延长米以“m”计算。

4. 变形缝与止水带(条)按实际拆换长度以“m”计算。

四、堵漏工程。

1. 外墙渗水堵漏按堵漏处理面积以“m^2”计算。

2. 孔洞渗堵漏、预埋件(穿墙管件等)堵漏按实际堵漏数以“个”计算。

3. 基层平面渗漏水治理按实际处理面积以“m^2”计算。

4. 电梯井坑堵漏按电梯井个数以“个”计算。

一、屋 面 工 程

1. 刚性屋面拆换

工作内容:1. 拆除混凝土面层,清理基层,铺混凝土,做分格缝、滴水线、泛水,随捣随抹光及养护;

2. 拆除混凝土板机砖墩,清理基层,做砂浆找平(或做砖墩),安装预制混凝土板,勾缝;

3. 拆除保护层,清理基层,铺水泥砂浆,做分格缝,养护。

计量单位:100m²

定额编号				8-1	8-2	8-3	8-4	8-5	8-6
项目				细石混凝土保护层		预制混凝土板保护层		水泥砂浆保护层	
				厚度(mm)		实铺	架空	厚度(mm)	
				40	每增减 10			20	每增减 10
基价(元)				**5 578.42**	**548.32**	**4 214.32**	**3 189.97**	**2 688.82**	**604.30**
其中	人工费(元)			2 164.19	124.34	3 092.31	2 451.20	1 585.31	124.34
	材料费(元)			2 304.15	422.30	1 095.46	732.57	1 082.96	469.49
	机械费(元)			1 110.08	1.68	26.55	6.20	20.55	10.47
名称		单位	单价(元)	消耗量					
人工	二类人工	工日	135.00	16.031	0.921	22.906	18.157	11.743	0.921
材料	聚乙烯薄膜	m²	0.86	106.050	—	—	—	106.050	—
	混凝土实心砖 240×115×53 MU10	千块	388.00	—	—	—	1.236	—	—
	非泵送商品混凝土 C20	m³	412.00	4.404	1.025	—	—	—	—
	杉板枋材	m³	1 625.00	—	—	—	—	0.020	0.010
	水	m³	4.27	9.736	—	0.939	0.333	11.797	0.303
	木模板	m³	1 445.00	0.061	—	—	—	—	—
	干混地面砂浆 DS M15.0	m³	443.08	0.515	—	—	—	2.040	1.020
	干混砌筑砂浆 DM M10.0	m³	413.73	—	—	2.626	0.596	—	—
	合金钢钻头 一字型	个	8.62	0.130	—	—	—	—	—
	六角空心钢 综合	kg	2.48	2.600	—	—	—	—	—
	高压橡胶风管 φ25	m	12.93	1.400	—	—	—	—	—
	其他材料费	元	1.00	14.920	—	5.000	5.000	5.000	—
机械	干混砂浆罐式搅拌机 20 000L	台班	193.83	0.027	—	0.137	0.032	0.106	0.054
	混凝土振捣器 平板式	台班	12.54	0.638	0.134	—	—	—	—
	内燃空气压缩机 3m³/min	台班	329.10	3.100	—	—	—	—	—
	手持式风动凿岩机	台班	12.36	6.200	—	—	—	—	—

注:预制混凝土薄板的制作、运输另行计算,套用本定额其他章节。

2. 瓦屋面拆换

工作内容:破损屋面拆除,铲除灰皮,更换瓦件,找补抹灰,赶光压实等。 **计量单位:**见表

定额编号				8-7	8-8	8-9	8-10	8-11
项目				小青瓦		黏土平瓦		
				屋面基层			水泥砂浆粘贴	屋脊
				椽子上	水泥砂浆粘贴	杉木条		
计量单位				$100m^2$	$100m^2$	$100m^2$	$100m^2$	100m
基价(元)				**11 529.10**	**15 474.77**	**2 495.15**	**5 105.75**	**1 867.94**
其中	人工费(元)			2 061.18	2 999.70	1 110.78	1 409.67	602.37
	材料费(元)			9 467.92	12 408.20	1 384.37	3 644.52	1 243.47
	机械费(元)			—	66.87	—	51.56	22.10
名称		单位	单价(元)	消耗量				
人工	二类人工	工日	135.00	15.268	22.220	8.228	10.442	4.462
材料	小青瓦 180×170~180	千张	560.00	16.907	16.907	—	—	—
	黏土平瓦 380~400×240	千张	862.00	—	—	1.606	1.606	—
	黏土脊瓦 460×200	千张	1 034.00	—	—	—	—	0.259
	干混地面砂浆 DS M15.0	m^3	443.08	—	6.636	—	5.101	2.202
机械	干混砂浆罐式搅拌机 20 000L	台班	193.83	—	0.345	—	0.266	0.114

3. 瓦屋面翻修

工作内容:屋面部位的翻修,铲除灰皮,更换破碎瓦件,找补抹灰,赶光压实等。 **计量单位:**见表

定额编号				8-12	8-13	8-14	8-15	8-16
项目				小青瓦		黏土平瓦		
				屋面基层			水泥砂浆粘贴	屋脊
				椽子上	水泥砂浆粘贴	杉木条		
计量单位				$100m^2$	$100m^2$	$100m^2$	$100m^2$	100m
基价(元)				**4 784.40**	**6 663.10**	**1 465.25**	**1 271.97**	**963.76**
其中	人工费(元)			1 972.08	2 910.60	1 054.08	137.97	572.27
	材料费(元)			2 812.32	3 685.63	411.17	1 082.44	369.39
	机械费(元)			—	66.87	—	51.56	22.10
名称		单位	单价(元)	消耗量				
人工	二类人工	工日	135.00	14.608	21.560	7.808	1.022	4.239
材料	小青瓦 180×170~180	千张	560.00	5.022	5.022	—	—	—
	黏土平瓦 380~400×240	千张	862.00	—	—	0.477	0.477	—
	黏土脊瓦 460×200	千张	1 034.00	—	—	—	—	0.077
	干混地面砂浆 DS M15.0	m^3	443.08	—	1.971	—	1.515	0.654
机械	干混砂浆罐式搅拌机 20 000L	台班	193.83	—	0.345	—	0.266	0.114

4. 屋面排水层拆换

工作内容: 1. 砂石、陶粒排(蓄)水层:清理基层,铺料,压实;
2. 排水板:拆除破损排水板,清理基层,铺设,收口。

计量单位: 见表

定额编号				8-17	8-18	8-19	8-20
项目				土工布过滤层	排(蓄)水层		
					砂石	陶粒	排水板
计量单位				$100m^2$	$10m^3$	$10m^3$	$100m^2$
基价(元)				**618.50**	**2 291.20**	**2 551.68**	**1 077.10**
其中	人工费(元)			129.33	646.92	517.46	136.08
	材料费(元)			489.17	1 635.72	2 025.66	941.02
	机械费(元)			—	8.56	8.56	—
名称		单位	单价(元)	消耗量			
人工	二类人工	工日	135.00	0.958	4.792	3.833	1.008
材料	土工布	m^2	4.31	113.120	—	—	—
	黄砂 毛砂	t	87.38	—	4.737	—	—
	碎石 综合	t	102.00	—	11.767	—	—
	陶粒	m^3	182.00	—	—	11.130	—
	强力胶	kg	0.78	—	—	—	12.120
	凹凸型排水板	m^2	8.62	—	—	—	108.070
	水	m^3	4.27	—	5.050	—	—
	其他材料费	元	1.00	1.620	—	—	—
机械	混凝土振捣器 平板式	台班	12.54	—	0.683	0.683	—

二、防 水 工 程

1. 刚性防水拆换

工作内容: 铲除砂浆,清理基层,调配砂浆,抹砂浆。

计量单位: $100m^2$

定额编号				8-21	8-22	8-23	8-24
项目				防水砂浆		聚合物水泥防水砂浆	
				平面	立面	厚度(mm)	
						5	每增减1
基价(元)				**2 477.16**	**2 800.27**	**1 198.65**	**201.51**
其中	人工费(元)			1 329.89	1 604.34	577.53	77.09
	材料费(元)			1 126.72	1 174.41	615.89	123.45
	机械费(元)			20.55	21.52	5.23	0.97
名称		单位	单价(元)	消耗量			
人工	二类人工	工日	135.00	9.851	11.884	4.278	0.571
材料	防水剂	kg	3.65	56.560	58.580	—	—
	聚合物胶乳	kg	9.48	—	—	40.804	8.161
	水	m^3	4.27	3.838	3.838	—	—
	干混地面砂浆 DS M15.0	m^3	443.08	2.040	2.131	0.517	0.104
机械	干混砂浆罐式搅拌机 20 000L	台班	193.83	0.106	0.111	0.027	0.005

2. 卷材防水拆换

工作内容：拆除清理破损部位的防水层，清理基层，基底处理及新做防水等全部操作。　　**计量单位**：$100m^2$

定额编号				8-25	8-26	8-27	8-28
项目				改性沥青卷材			
				热熔法一层		热熔法每增一层	
				平面	立面	平面	立面
基价（元）				**3 923.82**	**4 211.27**	**3 090.89**	**3 344.73**
其中	人工费（元）			846.59	1 087.02	280.26	487.08
	材料费（元）			3 077.23	3 124.25	2 810.63	2 857.65
	机械费（元）			—	—	—	—
名称		单位	单价（元）	消耗量			
人工	二类人工	工日	135.00	6.271	8.052	2.076	3.608
材料	弹性体改性沥青防水卷材 3.0mm I G M	m^2	23.28	114.130	116.150	114.130	116.150
	改性沥青嵌缝油膏	kg	7.16	6.037	6.037	5.217	5.217
	冷底子油	kg	5.57	48.965	48.965	—	—
	液化石油气	kg	3.79	27.262	27.262	30.429	30.429
	其他材料费	元	1.00	1.000	1.000	1.000	1.000

工作内容：拆除清理破损部位的防水层，清理基层，基底处理及新做防水等全部操作。　　**计量单位**：$100m^2$

定额编号				8-29	8-30	8-31	8-32
项目				改性沥青自粘卷材			
				自粘法一层		自粘法每增一层	
				平面	立面	平面	立面
基价（元）				**3 546.37**	**3 769.16**	**2 714.01**	**2 908.44**
其中	人工费（元）			791.37	992.39	232.74	405.41
	材料费（元）			2 755.00	2 776.77	2 481.27	2 503.03
	机械费（元）			—	—	—	—
名称		单位	单价（元）	消耗量			
人工	二类人工	工日	135.00	5.862	7.351	1.724	3.003
材料	自粘聚合物改性沥青防水卷材 2.0mm Ⅰ型 N 类	m^2	21.55	115.140	116.150	115.140	116.150
	冷底子油	kg	5.57	48.965	48.965	—	—
	其他材料费	元	1.00	1.000	1.000	—	—

工作内容:拆除清理破损部位的防水层,清理基层,基底处理及新做防水等全部操作。 **计量单位**:100m²

定额编号				8-33	8-34
项目				改性沥青卷材	
				预铺反粘法	
				平面	立面
基价(元)				**4 244.60**	**4 533.07**
其中	人工费(元)			766.80	1 024.79
	材料费(元)			3 477.80	3 508.28
	机械费(元)			—	—
名称		单位	单价(元)	消耗量	
人工	二类人工	工日	135.00	5.680	7.591
材料	聚合物改性沥青聚酯胎预铺防水卷材 4.0mm	m^2	30.17	115.140	116.150
	其他材料费	元	1.00	4.030	4.030

工作内容:拆除清理破损部位的防水层,清理基层,基底处理及新做防水等全部操作。 **计量单位**:100m²

定额编号				8-35	8-36
项目				改性沥青卷材	
				耐根穿刺	
				复合铜胎基	化学阻根
基价(元)				**10 470.97**	**5 165.90**
其中	人工费(元)			889.92	846.59
	材料费(元)			9 581.05	4 319.31
	机械费(元)			—	—
名称		单位	单价(元)	消耗量	
人工	二类人工	工日	135.00	6.592	6.271
材料	弹性体改性沥青防水卷材 耐根穿刺(复合铜胎基)4.0mm	m^2	81.90	115.140	—
	SBS 弹性体改性沥青防水卷材 耐根穿刺(化学阻根) PY 4.0mm	m^2	36.21	—	115.140
	改性沥青嵌缝油膏	kg	7.16	6.037	6.037
	液化石油气	kg	3.79	27.262	27.262
	其他材料费	元	1.00	4.540	3.540

工作内容:拆除清理破损部位的防水层,清理基层,基底处理及新做防水等全部操作。 **计量单位**:100m²

定额编号				8-37	8-38	8-39	8-40
项目				高分子卷材			
				胶粘法一层		胶粘法每增一层	
				平面	立面	平面	立面
基价(元)				**3 532.74**	**3 863.19**	**2 988.82**	**3 206.96**
其中	人工费(元)			896.27	1 205.82	352.35	549.59
	材料费(元)			2 636.47	2 657.37	2 636.47	2 657.37
	机械费(元)			—	—	—	—
名称		单位	单价(元)	消耗量			
人工	二类人工	工日	135.00	6.639	8.932	2.610	4.071
材料	三元乙丙橡胶防水卷材 1.0mm JF1	m^2	20.69	115.140	116.150	115.140	116.150
	FL－15 胶黏剂	kg	15.40	16.443	16.443	16.443	16.443
	其他材料费	元	1.00	1.000	1.000	1.000	1.000

工作内容：拆除清理破损部位的防水层，清理基层，基底处理及新做防水等全部操作。 **计量单位**：$100m^2$

定额编号				8-41	8-42	8-43	8-44
项目				高分子卷材			
				热风焊接胶粘法一层		热风焊接胶粘法每增一层	
				平面	立面	平面	立面
基价（元）				**4 585.97**	**4 913.15**	**3 973.96**	**4 240.79**
其中	人工费（元）			977.13	1 279.67	366.12	608.31
	材料费（元）			3 608.84	3 633.48	3 607.84	3 632.48
	机械费（元）			—	—	—	—
名称		单位	单价(元)	消耗量			
人工	二类人工	工日	135.00	7.238	9.479	2.712	4.506
材料	聚氯乙烯薄膜	m^2	0.86	12.625	12.625	12.625	12.625
	水泥钉	kg	5.60	0.061	0.061	0.061	0.061
	焊丝 $\phi3.2$	kg	10.78	8.585	8.585	8.585	8.585
	聚氯乙烯防水卷材 1.2mm H类	m^2	24.40	115.140	116.150	115.140	116.150
	防水密封胶	支	8.62	15.150	15.150	15.150	15.150
	黏合剂	kg	26.29	20.857	20.857	20.857	20.857
	电	kW·h	0.78	20.200	20.200	20.200	20.200
	其他材料费	元	1.00	1.000	1.000	—	—

工作内容：拆除清理破损部位的防水层，清理基层，基底处理及新做防水等全部操作。 **计量单位**：$100m^2$

定额编号				8-45	8-46	8-47
项目				高分子卷材		
				热风焊接机械固定法一层		耐根穿刺
				平面	立面	化学阻根
基价（元）				**4 048.41**	**4 375.59**	**4 760.57**
其中	人工费（元）			977.13	1 279.67	895.46
	材料费（元）			3 071.28	3 095.92	3 865.11
	机械费（元）			—	—	—
名称		单位	单价(元)	消耗量		
人工	二类人工	工日	135.00	7.238	9.479	6.633
材料	聚氯乙烯薄膜	m^2	0.86	12.625	12.625	—
	U型螺栓 M10×108	套	4.40	2.525	2.525	—
	焊丝 $\phi3.2$	kg	10.78	8.585	8.585	8.585
	聚氯乙烯防水卷材 1.2mm H类	m^2	24.40	115.140	116.150	—
	聚氯乙烯防水卷材 PVC 耐根穿刺(化学阻根) 2.0mm	m^2	26.72	—	—	115.140
	防水密封胶	支	8.62	15.150	15.150	15.150
	黏合剂	kg	26.29	—	—	20.857
	水泥钉	kg	5.60	—	—	0.061
	电	kW·h	0.78	20.200	20.200	20.200
	其他材料费	元	1.00	1.000	1.000	1.000

工作内容:拆除清理破损部位的防水层,清理基层,基底处理及新做防水等全部操作。 **计量单位:**100m²

定额编号				8-48	8-49	8-50	8-51
项目				高分子卷材			
				自粘法一层		自粘法每增一层	
				平面	立面	平面	立面
基价(元)				**3 479.76**	**3 748.44**	**2 781.24**	**3 000.51**
其中	人工费(元)			895.46	1 142.37	299.97	497.48
	材料费(元)			2 584.30	2 606.07	2 481.27	2 503.03
	机械费(元)			—	—	—	—
	名称	单位	单价(元)	消耗量			
人工	二类人工	工日	135.00	6.633	8.462	2.222	3.685
材料	带自粘层聚乙烯高分子卷材 1.2mm	m²	21.55	115.140	116.150	115.140	116.150
	107 胶纯水泥浆	m³	490.56	0.208	0.208	—	—
	其他材料费	元	1.00	1.000	1.000	—	—

工作内容:拆除清理破损部位的防水层,清理基层,基底处理及新做防水等全部操作。 **计量单位:**100m²

定额编号				8-52	8-53
项目				高分子卷材	
				预铺反粘法	
				平面	立面
基价(元)				**3 380.76**	**3 593.54**
其中	人工费(元)			895.46	1 086.48
	材料费(元)			2 485.30	2 507.06
	机械费(元)			—	—
	名称	单位	单价(元)	消耗量	
人工	二类人工	工日	135.00	6.633	8.048
材料	高分子自粘胶膜防水卷材 1.2mm Y P S	m²	21.55	115.140	116.150
	其他材料费	元	1.00	4.030	4.030

3. 涂料防水修补

工作内容:清理基层,调配及涂刷涂料。 **计量单位:**100m²

定额编号				8-54	8-55	8-56	8-57
项目				改性沥青防水涂料			
				厚度(mm)			
				2.0		每增减 0.1	
				平面	立面	平面	立面
基价(元)				**4 644.23**	**5 168.66**	**229.84**	**255.09**
其中	人工费(元)			378.68	606.29	17.28	27.68
	材料费(元)			4 265.55	4 562.37	212.56	227.41
	机械费(元)			—	—	—	—
	名称	单位	单价(元)	消耗量			
人工	二类人工	工日	135.00	2.805	4.491	0.128	0.205
材料	SBS 改性沥青防水涂料 H 型	kg	9.48	448.440	479.750	22.422	23.988
	其他材料费	元	1.00	14.340	14.340	—	—

工作内容:清理基层,调配及涂刷涂料。 **计量单位**:100m²

定额编号				8-58	8-59	8-60	8-61
项目				聚合物水泥防水涂料			
				厚度(mm)			
				1.2		每增 0.1	
				平面	立面	平面	立面
基价(元)				**2 621.38**	**2 899.86**	**186.96**	**205.79**
其中	人工费(元)			358.02	463.19	22.41	28.08
	材料费(元)			2 263.36	2 436.67	164.55	177.71
	机械费(元)			—	—	—	—
名称		单位	单价(元)	消耗量			
人工	二类人工	工日	135.00	2.652	3.431	0.166	0.208
材料	聚合物水泥基复合防水涂料 JS Ⅰ型	kg	8.62	260.883	280.990	19.089	20.616
	水	m^3	4.27	0.049	0.047	0.001	0.001
	其他材料费	元	1.00	14.340	14.340	—	—

工作内容:清理基层,调配及涂刷涂料。 **计量单位**:100m²

定额编号				8-62	8-63	8-64	8-65
项目				水泥基渗透结晶型防水涂料			
				厚度(mm)			
				1.0		每增 0.1	
				平面	立面	平面	立面
基价(元)				**2 223.37**	**2 451.24**	**137.97**	**152.89**
其中	人工费(元)			324.27	401.36	22.41	28.08
	材料费(元)			1 899.10	2 049.88	115.56	124.81
	机械费(元)			—	—	—	—
名称		单位	单价(元)	消耗量			
人工	二类人工	工日	135.00	2.402	2.973	0.166	0.208
材料	水泥基渗透结晶型防水涂料	kg	13.62	138.370	149.440	8.484	9.163
	水	m^3	4.27	0.038	0.038	0.003	0.003
	其他材料费	元	1.00	14.340	14.340	—	—

工作内容:1. 聚氨酯防水涂料:清理基层,调制涂料,涂刷面层;

2. 非固化橡胶沥青:清理基层,细部处理涂刷,涂刷非固化橡胶沥青。

计量单位:$100m^2$

定额编号				8-66	8-67	8-68	8-69	8-70	8-71
项目				聚氨酯防水涂料				非固化橡胶沥青	
				厚度(mm)					
				1.5		每增减 0.1		2.0	每增减 0.1
				平面	立面	平面	立面		
基价(元)				**3 552.43**	**3 892.90**	**232.09**	**250.98**	**2 404.15**	**108.70**
其中	人工费(元)			334.67	508.01	20.39	30.92	378.68	17.28
	材料费(元)			3 217.76	3 384.89	211.70	220.06	2 025.47	91.42
	机械费(元)			—	—	—	—	—	—
名称		单位	单价(元)	消耗量					
人工	二类人工	工日	135.00	2.479	3.763	0.151	0.229	2.805	0.128
材料	单组分聚氨酯防水涂料 I型	kg	13.79	232.300	244.420	15.352	15.958	—	—
	非固化橡胶沥青防水涂料	kg	8.62	—	—	—	—	233.310	10.605
	其他材料费	元	1.00	14.340	14.340	—	—	14.340	—

三、其 他 工 程

1. 表 面 处 理

工作内容:1. 基层表面机械抛丸,清理浮渣,垃圾清运;

2. 隔离层:清除旧隔离层,清理基层,抹纸筋灰或石灰砂浆隔离层;

3. 冷底子油:清理基层,配制涂刷冷底子油;

4. 干铺油毡:拆除旧油毡,清理基层,干铺卷材;

5. 隔热涂料:清理基层,刷涂料。

计量单位:$100m^2$

定额编号				8-72	8-73	8-74	8-75	8-76	8-77
项目				混凝土基面抛丸处理	隔离层	冷底子油		干铺油毡一层	铝基反光隔热涂料
					石灰砂浆	第一遍	每增一遍		涂刷一遍
基价(元)				**485.41**	**967.35**	**458.76**	**352.15**	**364.05**	**309.12**
其中	人工费(元)			209.93	718.74	182.93	143.78	152.96	143.78
	材料费(元)			114.88	220.87	275.83	208.37	211.09	165.34
	机械费(元)			160.60	27.74	—	—	—	—
名称		单位	单价(元)	消耗量					
人工	二类人工	工日	135.00	1.555	5.324	1.355	1.065	1.133	1.065
材料	钢丸	kg	4.74	21.210	—	—	—	—	—
	冷底子油	kg	5.57	—	—	48.965	36.724	—	—
	石油沥青油毡 350g	m^2	1.90	—	—	—	—	111.100	—
	铝基反光隔热涂料	kg	12.93	—	—	—	—	—	12.787
	水	m^3	4.27	—	0.606	—	—	—	—
	石灰砂浆 1:4	m^3	214.00	—	1.020	—	—	—	—
	其他材料费	元	1.00	14.340	—	3.090	3.820	—	—
机械	灰浆搅拌机 200L	台班	154.97	—	0.179	—	—	—	—
	路面抛丸机	台班	436.41	0.368	—	—	—	—	—

2. 板材防水拆换

工作内容：拆除、基层清理，铺设防水层，收口、压条等全部操作。 **计量单位：**100m²

定额编号				8-78	8-79	8-80	8-81
项目				塑料防水板	金属防水板	膨润土防水毯	防水保温一体化板
基价（元）				**4 519.74**	**7 766.16**	**8 057.97**	**14 819.04**
其中	人工费（元）			151.61	151.61	335.21	1 424.39
	材料费（元）			4 368.13	7 614.55	7 722.76	13 394.65
	机械费（元）			—	—	—	—
名称		单位	单价(元)	消耗量			
人工	二类人工	工日	135.00	1.123	1.123	2.483	10.551
材料	金属防水板	m²	60.34	—	108.070	—	—
	无纺土工布	m²	8.62	107.060	107.060	—	—
	圆钉	kg	4.74	—	—	1.101	—
	膨润土防水毯	m²	68.53	—	—	112.615	—
	聚氯乙烯(PVC)防水板 非外露 L类 1.5mm	m²	30.30	108.070	—	—	—
	强力胶	kg	0.78	12.120	12.120	—	—
	不干胶纸	m²	31.94	5.050	5.050	—	—
	防水保温一体化板 50mm	m²	129.00	—	—	—	103.020
	水	m³	4.27	—	—	0.008	—
	107 胶纯水泥浆	m³	490.56	—	—	—	0.208
	其他材料费	元	1.00	—	—	—	3.030

3. 屋面排水拆换

工作内容：1. 泛水：拆除，清理基层，安装金属面板；

2. 沿沟、水管、水斗：拆除，金属板制作安装。 **计量单位：**见表

定额编号				8-82	8-83	8-84	8-85	8-86
项目				铝板	不锈钢板	镀锌钢板		
				泛水			沿沟、水管	水斗
计量单位				100m²	100m²	100m²	100m²	只
基价（元）				**10 158.38**	**13 850.33**	**3 580.51**	**5 555.44**	**43.89**
其中	人工费（元）			1 136.70	1 238.09	1 035.18	2 862.14	27.41
	材料费（元）			9 021.68	12 612.24	2 545.33	2 693.30	16.48
	机械费（元）			—	—	—	—	—
名称		单位	单价(元)	消耗量				
人工	二类人工	工日	135.00	8.420	9.171	7.668	21.201	0.203
材料	铝板 1 200×300×1	m²	82.57	108.070	—	—	—	—
	不锈钢板 304 δ1.0	m²	118.00	—	106.050	—	—	
	镀锌彩钢板 δ0.5	m²	21.55	—	—	106.454	106.858	0.404
	水泥钉	kg	5.60	3.030	3.030	3.030	0.384	0.010
	焊锡	kg	103.00	—	—	2.101	1.818	0.071
	预埋铁件	kg	3.75	—	—	—	49.642	—
	玻璃胶 335g	支	10.34	7.353	7.353	—	—	—
	电	kW·h	0.78	6.848	6.848	—	—	—
	其他材料费	元	1.00	—	—	17.880	14.950	0.400

工作内容:拆换,清理基层,调运砂浆,坐浆,铺小青瓦(或黏土平瓦)。 计量单位:100m

定额编号				8-87	8-88
项目				小青瓦泛水	黏土平瓦泛水
基价(元)				**3 264.28**	**3 822.89**
其中	人工费(元)			1 806.17	1 949.00
	材料费(元)			1 441.83	1 842.30
	机械费(元)			16.28	31.59
名称		单位	单价(元)	消耗量	
人工	二类人工	工日	135.00	13.379	14.437
材料	黏土平瓦 380~400×240	千张	862.00	—	0.518
	小青瓦 180×170~180	千张	560.00	1.273	—
	干混地面砂浆 DS M15.0	m^3	443.08	1.616	3.121
	其他材料费	元	1.00	12.930	12.930
机械	干混砂浆罐式搅拌机 20 000L	台班	193.83	0.084	0.163

4. 变形缝与止水带拆换

工作内容:清除原填缝,清理缝道,调制沥青玛琋脂、油膏,浸木丝板,调制砂浆,填缝。 计量单位:100m

定额编号				8-89	8-90	8-91	8-92	8-93
项目				油浸木丝板	沥青玛琋脂嵌缝	沥青砂浆		建筑油膏
				缝断面(mm^2)				
				25×150	30×150	30×150		30×20
						平面	立面	
基价(元)				**1 197.82**	**1 433.10**	**1 727.12**	**1 912.34**	**884.98**
其中	人工费(元)			694.98	338.58	1 058.27	1 243.49	659.34
	材料费(元)			502.84	1 094.52	668.85	668.85	225.64
	机械费(元)			—	—	—	—	—
名称		单位	单价(元)	消耗量				
人工	二类人工	工日	135.00	5.148	2.508	7.839	9.211	4.884
材料	水泥木丝板 δ25	m^2	9.31	15.685	—	—	—	—
	石油沥青	kg	2.67	129.280	—	—	—	—
	建筑油膏	kg	2.49	—	—	—	—	88.648
	石油沥青玛琋脂	m^3	2 263.90	—	0.465	—	—	—
	石油沥青砂浆 1:2:7	m^3	1 311.80	—	—	0.478	0.478	—
	其他材料费	元	1.00	11.640	41.810	41.810	41.810	4.910

工作内容：清除原填缝，清理缝道，调制沥青玛琋脂、油膏，浸木丝板，调制砂浆，填缝。　　**计量单位**：100m

定额编号				8-94	8-95	8-96	8-97	8-98	8-99
项目				油浸麻丝		聚氨酯密封膏	聚氯乙烯胶泥	泡沫塑料填塞	
				缝断面(mm^2)					
				30×150		20×10	30×20	30×150	
				平面	立面			平面	立面
基价（元）				**1 858.01**	**2 418.26**	**3 074.12**	**1 306.35**	**1 020.16**	**1 413.82**
其中	人工费（元）			1 136.03	1 696.28	1 136.03	908.82	661.91	1 055.57
	材料费（元）			721.98	721.98	1 938.09	397.53	358.25	358.25
	机械费（元）			—	—	—	—	—	—
	名称	单位	单价(元)	消耗量					
人工	二类人工	工日	135.00	8.415	12.565	8.415	6.732	4.903	7.819
材料	石油沥青	kg	2.67	206.040	206.040	—	—	19.190	19.190
	麻丝	kg	2.76	55.550	55.550	—	—	—	—
	无纺涤纶布 130 宽	m	6.55	—	—	30.300	—	—	—
	焦油聚氨酯接缝密封膏 QJC－851	kg	22.07	—	—	60.600	—	—	—
	聚氯乙烯冷底子油	kg	7.87	—	—	—	6.060	—	—
	聚苯乙烯泡沫板	m^3	504.00	—	—	—	—	0.606	0.606
	双组分聚氨酯防水涂料 Ⅰ型	kg	9.48	—	—	41.764	—	—	—
	聚氯乙烯胶泥	kg	4.14	—	—	—	80.295	—	—
	其他材料费	元	1.00	18.540	18.540	6.260	17.420	1.590	1.590

工作内容：拆除，制作盖板，埋木砖，铺设，钉盖板。　　**计量单位**：100m

定额编号				8-100	8-101	8-102	8-103
项目				木板盖板		金属板盖缝	
				缝断面(mm^2)		展开宽度(mm)	
				30×150		590	500
				平面	立面	平面	立面
基价（元）				**1 972.71**	**2 987.46**	**5 614.94**	**4 123.77**
其中	人工费（元）			694.98	1 407.65	2 600.51	1 372.14
	材料费（元）			1 277.73	1 579.81	3 014.43	2 751.63
	机械费（元）			—	—	—	—
	名称	单位	单价(元)	消耗量			
人工	二类人工	工日	135.00	5.148	10.427	19.263	10.164
材料	镀锌薄钢板 δ1.0	m^2	33.58	—	—	60.782	51.510
	圆钉	kg	4.74	—	1.827	2.118	0.710
	焊锡	kg	103.00	—	—	4.105	3.478
	板枋材	m^3	2 069.00	0.603	0.756	0.255	0.306
	防腐油	kg	1.28	6.008	5.454	6.828	3.434
	盐酸	kg	0.82	—	—	0.870	0.742
	XY－508 胶	kg	14.66	1.530	—	—	—
	其他材料费	元	1.00	—	—	3.470	22.210

工作内容:1. 铝合金、不锈钢盖板:制作盖板,埋木砖,铺设,钉盖板;
2. 风琴板:裁剪、制作、安装风琴板。

计量单位:100m

定额编号				8-104	8-105	8-106	8-107	8-108
项目				铝合金盖板		不锈钢盖板		风琴板伸缩缝
				厚度(mm)				200×28×2
				0.8		1.0		
				平面	立面	平面	立面	
基价(元)				**8 748.57**	**8 011.75**	**11 277.02**	**10 154.49**	**6 753.67**
其中	人工费(元)			2 918.16	2 895.35	2 918.16	2 895.35	2 474.82
	材料费(元)			5 830.41	5 116.40	8 358.86	7 259.14	4 278.85
	机械费(元)			—	—	—	—	—
名称		单位	单价(元)	消耗量				
人工	二类人工	工日	135.00	21.616	21.447	21.616	21.447	18.332
材料	铝合金板 δ0.8	m^2	77.59	62.570	53.025	—	—	—
	不锈钢板 304 δ1.0	m^2	118.00	—	—	62.570	53.025	—
	铝合金收口压条	m	4.64	—	—	—	—	212.100
	水泥钉	kg	5.60	—	—	—	—	0.710
	圆钉	kg	4.74	2.118	0.710	2.118	0.710	—
	焊锡	kg	103.00	4.105	3.478	4.105	3.478	—
	板枋材	m^3	2 069.00	0.255	0.306	0.255	0.306	—
	橡胶风琴板 200×28×2	m	31.03	—	—	—	—	106.050
	防腐油	kg	1.28	11.283	5.366	11.283	5.366	—
	盐酸	kg	0.82	0.870	0.742	0.870	0.742	—

工作内容:1. 止水带、止水条:拆除裁剪、制作、安装止水带(条);
2. 止水胶:拆除,清理施工缝,注胶器注胶,成形保护。

计量单位:100m

定额编号				8-109	8-110	8-111
项目				外置式氯丁胶止水带	膨胀止水条	遇水膨胀止水胶
					规格(mm^2)	缝断面(mm^2)
					30×20	20×10
基价(元)				**43 664.20**	**4 597.42**	**1 349.10**
其中	人工费(元)			13 500.00	757.35	534.60
	材料费(元)			30 164.20	3 840.07	814.50
	机械费(元)			—	—	—
名称		单位	单价(元)	消耗量		
人工	二类人工	工日	135.00	100.000	5.610	3.960
材料	环氧胶黏剂	支	85.00	100.000	—	—
	氯丁橡胶片止水带	m	128.00	105.000	—	—
	遇水膨胀止水条 30×20	m	36.21	—	106.050	—
	清洗剂 500mL	瓶	3.74	30.000	—	—
	遇水膨胀止水胶	kg	30.17	—	—	26.866
	氯丁胶黏结剂	kg	12.24	50.000	—	0.323
	WCC 渗透结晶型涂料	kg	30.00	50.000	—	—
	其他材料费	元	1.00	6 000.000	—	—

四、堵 漏 工 程

1. 混凝土裂缝堵漏

工作内容:清理基层,临时封堵,预埋固定注浆嘴,注化学浆液,撤除注浆头,烘干基层,刷砂浆保护层。

计量单位:10m

定额编号				8-112	8-113
项目				聚氨酯注浆	
				宽度2mm	每增加1mm
基价(元)				**2 046.15**	**298.78**
其中	人工费(元)			1 467.45	146.75
	材料费(元)			498.80	148.11
	机械费(元)			79.90	3.92
名称		单位	单价(元)	消耗量	
人工	二类人工	工日	135.00	10.870	1.087
材料	水溶性聚氨酯注浆材料	kg	21.60	7.200	3.600
	无机质水泥堵漏防水材料	kg	3.00	10.200	1.020
	聚合物水泥防水砂浆	kg	1.75	24.200	2.420
	铝质注浆嘴	个	3.50	68.667	13.730
	其他材料费	元	1.00	30.000	15.000
机械	电动灌浆机	台班	26.11	3.060	0.150

2. 孔洞堵漏

工作内容:清理基层,临时封堵,预埋固定注浆嘴,注化学浆液,撤除注浆头,烘干基层,刷砂浆保护层。 **计量单位:**个

定额编号				8-114	8-115
项目				聚氨酯注浆	
				直径10mm	每增加1mm
基价(元)				**152.28**	**14.69**
其中	人工费(元)			110.03	11.07
	材料费(元)			34.94	2.84
	机械费(元)			7.31	0.78
名称		单位	单价(元)	消耗量	
人工	二类人工	工日	135.00	0.815	0.082
材料	水溶性聚氨酯注浆材料	kg	21.60	1.020	0.102
	无机质水泥堵漏防水材料	kg	3.00	1.020	0.102
	聚合物水泥防水砂浆	kg	1.75	0.690	0.072
	铝质注浆嘴	个	3.50	1.040	—
	其他材料费	元	1.00	5.000	0.200
机械	电动灌浆机	台班	26.11	0.280	0.030

3. 预埋管件堵漏

工作内容:清理基层,临时封堵,预埋固定注浆嘴,注化学浆液,撤除注浆头,烘干基层,刷砂浆保护层。 **计量单位**:个

定额编号					8-116	8-117
项目					聚氨酯注浆	
					面积 $25cm^2$	每增加 $5cm^2$
基价(元)					**294.91**	**56.87**
其中	人工费(元)				220.05	44.55
	材料费(元)				66.87	10.31
	机械费(元)				7.99	2.01
名称			单位	单价(元)	消耗量	
人工	二类人工		工日	135.00	1.630	0.330
材料	水溶性聚氨酯注浆材料		kg	21.60	2.000	0.200
	无机质水泥堵漏防水材料		kg	3.00	2.000	0.500
	聚合物水泥防水砂浆		kg	1.75	1.000	0.200
	铝质注浆嘴		个	3.50	3.120	1.040
	其他材料费		元	1.00	5.000	0.500
机械	电动灌浆机		台班	26.11	0.306	0.077

4. 基层面渗漏水堵漏

工作内容:处理并清洗基层,渗漏部位修补并封堵,喷(刷)防水涂料,养护。 **计量单位**:$100m^2$

定额编号				8-118	8-119	8-120	8-121
项目				水泥基渗透结晶			
				厚度 1mm		每增加 0.1mm	
				平面	立面	平面	立面
基价(元)				**2 329.02**	**2 542.02**	**134.80**	**149.08**
其中	人工费(元)			402.98	466.70	20.39	25.52
	材料费(元)			1 926.04	2 075.32	114.41	123.56
	机械费(元)			—	—	—	—
名称		单位	单价(元)	消耗量			
人工	二类人工	工日	135.00	2.985	3.457	0.151	0.189
材料	水泥基渗透结晶型防水涂料	kg	13.62	137.000	147.960	8.400	9.072
	无机质水泥堵漏防水材料	kg	3.00	15.300	15.300	—	—
	其他材料费	元	1.00	14.200	14.200	—	—

5. 电梯井坑堵漏

工作内容:清理基层,临时封堵,注浆堵漏,烘干基层,处理并清洗基层,喷(刷)防水涂料,养护。

计量单位:个

定额编号				8-122	8-123
项目				漏水堵漏	
				底部面积 $3m^2$ 内、四周面积 $7m^2$ 内	底部面积每增加 $1m^2$
基价(元)				**3 590.40**	**1 003.70**
其中	人工费(元)			2 200.50	553.50
	材料费(元)			1 327.24	442.11
	机械费(元)			62.66	8.09
名称		单位	单价(元)	消耗量	
人工	二类人工	工日	135.00	16.300	4.100
材料	水溶性聚氨酯注浆材料	kg	21.60	48.000	16.002
	无机质水泥堵漏防水材料	kg	3.00	10.200	3.400
	水泥基渗透结晶型防水涂料	kg	4.50	6.000	1.998
	铝质注浆嘴	个	3.50	60.240	20.080
	其他材料费	元	1.00	22.000	7.000
机械	电动灌浆机	台班	26.11	2.400	0.310

第九章
保温、隔热工程

说 明

一、本章定额包括墙、柱面保温拆换和屋面保温隔热拆换。

二、墙柱面饰面与保温层的整体拆除套用本定额第一章“拆除工程”相应定额子目，安装套用《浙江省房屋建筑与装饰工程预算定额》(2018 版)相应子目，其中人工消耗量乘以系数 1.10，材料消耗量乘以系数 1.01，机械消耗量乘以系数 1.05。

三、墙柱面或屋面保温单块修补面积小于 $5m^2$ 时的拆换按本章定额执行；大于 $5m^2$ 的拆换，套用《浙江省房屋建筑与装饰工程预算定额》(2018 版)相应子目，其中人工消耗量乘以系数 1.21，材料消耗量乘以系数 1.01，机械消耗量乘以系数 1.05。

四、定额中有拆除内容的均考虑了拆除产生的废料垃圾的分类归集装袋集中堆放，不包括下楼运输费费。

五、其他统一性规定及说明：

1. 保温工程是按标准或常用材料编制的，设计与定额不同时，材料可换算，人工机械不变。

2. 定额中墙面聚苯板厚度按 50mm 计取，实际保温材料厚度与定额不同时，只换算保温材料含量，其他不予调整。

3. 弧形墙墙面保温隔热层，按相应项目的人工消耗量乘以系数 1.15，材料消耗量乘以系数 1.05。

4. 柱面保温根据墙面保温定额项目，人工消耗量乘以系数 1.19，材料消耗量乘以系数 1.04。

5. 保温隔热材料应根据设计规范，必须达到国家规定要求的等级标准。

工程量计算规则

一、墙柱面保温拆换工程量按实际拆换尺寸以面积、体积计算。

二、屋面保温隔热拆换工程量按实际拆换尺寸以面积、体积计算。

一、墙、柱面保温拆换

工作内容：拆除，基层清理，修补墙面，做灰饼（标筋），砂浆调制、运输、抹平，固定安装护角线，清理。

计量单位：100m²

定额编号				9-1	9-2
项目				拆换无机轻集料保温砂浆	
				厚度（mm）	
				25	每增减 5
基价（元）				**4 067.46**	**745.80**
其中	人工费（元）			1 887.13	310.47
	材料费（元）			2 137.87	426.81
	机械费（元）			42.46	8.52
	名称	单位	单价（元）	消耗量	
人工	三类人工	工日	155.00	12.175	2.003
材料	膨胀玻化微珠保温浆料	m³	759.00	2.803	0.561
	水	m³	4.27	0.707	—
	其他材料费	元	1.00	7.370	1.010
机械	灰浆搅拌机 200L	台班	154.97	0.274	0.055

工作内容：拆除，基层清理，修补墙面，黏结砂浆调制，保温板裁割、运输、铺贴，清理。

计量单位：100m²

定额编号				9-3	9-4
项目				泡沫玻璃	聚苯乙烯泡沫板
				厚度（mm）	
				25	30
基价（元）				**4 907.52**	**3 084.09**
其中	人工费（元）			1 143.28	980.84
	材料费（元）			3 761.30	2 100.31
	机械费（元）			2.94	2.94
	名称	单位	单价（元）	消耗量	
人工	三类人工	工日	155.00	7.376	6.328
材料	聚合物黏结砂浆	kg	1.60	329.664	329.664
	聚苯乙烯泡沫板 δ30	m²	15.13	—	103.020
	泡沫玻璃 δ25	m²	31.25	103.020	—
	水	m³	4.27	2.606	2.606
	其他材料费	元	1.00	3.330	3.030
机械	灰浆搅拌机 200L	台班	154.97	0.019	0.019

工作内容:1. 拆除,清理基层,钻孔锚钉,锡纸包裹,铺设保温块料,膨胀螺钉固定;
2. 拆除,清理基层,钻孔锚钉,粘贴保温板、铺网格布、刷界面剂、抹平等全部操作过程。 **计量单位**:100m²

定额编号				9-5	9-6
项目				干铺岩棉板	酚醛保温板
				厚度(mm)	
				50	
基价(元)				**3 669.51**	**7 674.73**
其中	人工费(元)			1 046.56	1 003.16
	材料费(元)			2 622.95	6 668.63
	机械费(元)			—	2.94
名称		单位	单价(元)	消耗量	
人工	三类人工	工日	155.00	6.752	6.472
材料	锡纸	m^2	0.43	157.560	—
	塑料膨胀螺栓	套	0.17	808.000	1 010.000
	聚合物黏结砂浆	kg	1.60	—	329.664
	界面剂	kg	1.73	10.100	—
	聚苯乙烯界面剂	kg	8.62	—	30.300
	岩棉板 δ50	m^3	466.00	5.151	—
	酚醛保温板 δ50	m^2	51.72	—	109.080
	其他材料费	元	1.00	—	66.660
机械	灰浆搅拌机 200L	台班	154.97	—	0.019

工作内容:1. 裁剪、运输、抹抗裂砂浆,铺贴和压嵌网格布并抹平,清理;
2. 裁剪、运输、锚固钢丝网,抹抗裂砂浆并抹平,清理。 **计量单位**:100m²

定额编号				9-7	9-8	9-9
项目				抗裂保护层		
				耐碱玻纤网格布	增加一层网格布	热镀锌钢丝网
				厚度(mm)		
				4	2	8
基价(元)				**2 512.39**	**1 204.29**	**5 037.96**
其中	人工费(元)			1 450.18	611.94	2 394.75
	材料费(元)			1 057.25	589.87	2 633.45
	机械费(元)			4.96	2.48	9.76
名称		单位	单价(元)	消耗量		
人工	三类人工	工日	155.00	9.356	3.948	15.450
材料	抗裂抹面砂浆	kg	1.60	556.308	278.154	1 112.616
	耐碱玻璃纤维网格布	m^2	1.27	118.170	113.827	—
	塑料膨胀螺栓	套	0.17	—	—	618.120
	钢丝网	m^2	6.29	—	—	116.150
	水	m^3	4.27	4.000	0.061	4.121
机械	灰浆搅拌机 200L	台班	154.97	0.032	0.016	0.063

二、屋面保温隔热拆换

工作内容:基层清理,修补屋面,做塌饼(标筋),砂浆调制、运输、找坡抹平,清理。 **计量单位**:$100m^2$

定额编号				9-10	9-11
项目				无机轻集料保温砂浆	
				厚度(mm)	
				30	每增减 5
基价(元)				**3 585.08**	**551.43**
其中	人工费(元)			1 159.09	148.03
	材料费(元)			2 376.71	395.19
	机械费(元)			49.28	8.21
名称		单位	单价(元)	消耗量	
人工	三类人工	工日	155.00	7.478	0.955
材料	膨胀玻化微珠保温浆料	m^3	759.00	3.122	0.520
	水	m^3	4.27	0.949	—
	其他材料费	元	1.00	3.060	0.510
机械	灰浆搅拌机 200L	台班	154.97	0.318	0.053

工作内容:1. 基层清理,保温板裁割、运输、铺贴,清理;

2. 基层清理,保温板裁割,砂浆调制、运输,铺贴,清理。 **计量单位**:$100m^2$

定额编号				9-12	9-13
项目				泡沫玻璃	聚苯乙烯泡沫保温板
				厚度(mm)	
				30	50
基价(元)				**5 059.97**	**3 459.41**
其中	人工费(元)			863.04	580.17
	材料费(元)			4 195.38	2 878.00
	机械费(元)			1.55	1.24
名称		单位	单价(元)	消耗量	
人工	三类人工	工日	155.00	5.568	3.743
材料	聚合物黏结砂浆	kg	1.60	174.804	149.832
	聚苯乙烯泡沫板 δ50	m^2	25.22	—	104.050
	泡沫玻璃 δ30	m^2	37.50	104.050	—
	水	m^3	4.27	2.601	2.591
	其他材料费	元	1.00	2.710	3.060
机械	灰浆搅拌机 200L	台班	154.97	0.010	0.008

工作内容:清理基层,加气混凝土块锯割,铺砌。

计量单位:10m³

定额编号					9-14	9-15
项目					加气混凝土块	
					成品	碎块
基价(元)					**4 041.15**	**2 338.23**
其中	人工费(元)				461.03	368.82
	材料费(元)				3 580.12	1 969.41
	机械费(元)				—	—
名称			单位	单价(元)	消耗量	
人工	二类人工		工日	135.00	3.415	2.732
材料	蒸压砂加气混凝土砌块 B06 A5.0		m³	328.00	10.915	—
	加气混凝土砌块 碎块		m³	197.00	—	9.997

工作内容:1. 清理基层,调制、拌和发泡、找平;
2. 基层清理,混凝土浇捣及浇筑;
3. 清理基层,调制炉(矿)渣、微孔硅酸钙或混合料及铺填、养护。

计量单位:10m³

定额编号				9-16	9-17	9-18	9-19
项目				泡沫混凝土	陶粒混凝土	干铺炉渣	微孔硅酸钙
基价(元)				**2 702.32**	**5 002.65**	**1 543.97**	**5 840.42**
其中	人工费(元)			947.43	1 481.90	276.62	461.03
	材料费(元)			1 632.54	3 380.11	1 267.35	5 379.39
	机械费(元)			122.35	140.64	—	—
名称		单位	单价(元)	消耗量			
人工	二类人工	工日	135.00	7.018	10.977	2.049	3.415
材料	普通硅酸盐水泥 P·O 42.5 综合	kg	0.34	4 202.812	3 111.305	—	—
	塑料薄膜	m²	0.86	—	112.211	—	—
	黄砂 净砂	t	92.23	—	6.937	—	—
	陶粒	m³	182.00	—	8.671	—	—
	炉渣	m³	102.00	—	—	12.425	—
	微孔硅酸钙	m³	517.00	—	—	—	10.405
	发泡剂	kg	8.80	22.442	—	—	—
	水	m³	4.27	1.428	1.836	—	—
机械	水泥发泡机(含传送带)	台班	263.00	0.312	—	—	—
	双锥反转出料混凝土搅拌机 500L	台班	215.37	—	0.653	—	—
	灰浆搅拌机 200L	台班	154.97	0.260	—	—	—

第十章

装 饰 工 程

说　　明

一、本章定额包括楼地面工程、墙面工程、天棚面工程和其他装饰。

二、本章定额拆换(拆粉)除地板面层、成品踢脚线、天棚骨架、其他装饰外,其余适用于单处面积在 $3m^2$ 以内的项目,$3m^2$ 以上的项目按本定额第一章“拆除工程”相应定额子目结合本章相应定额子目执行。

三、本章定额包括修缮周边的常规成品保护,如设计有特殊要求,费用另行计算。

四、本章定额面层材料不同时,按相应定额子目执行。

五、楼地面工程。

1. 木地板安装按成品企口考虑,若实际采用平口板,其人工消耗量乘以系数 0.85。

2. 同一铺贴面上有不同种类、材质的材料,应分别按本章相应定额子目执行。

3. 块料面层包括块料安装的切割,未包括块料磨边及弧形块的切割。如设计要求磨边及弧形块切割的,费用另行计算。

4. 块料面层铺贴,设计有特殊要求的,可根据设计图纸调整定额损耗率。

5. 块料离缝铺贴已综合考虑面砖规格及灰缝大小,实际不同时不做调整。

6. 地板拆换和块料面层拆换子目适用于楼地面、楼梯、台阶、防滑坡道等修缮工程,其中楼梯、台阶、防滑坡道面层子目按楼地面工程相应子目人工消耗量乘以系数 1.30,其余不变。

7. 弧形踢脚线按踢脚线相应子目人工、机械消耗量乘以系数 1.15。

六、墙面工程。

1. 墙面一般抹灰定额子目,除定额另有说明外均按厚度 20mm、三遍抹灰取定考虑。设计抹灰厚度、遍数与定额取定不同时按以下规则调整:

(1)抹灰厚度设计与定额不同时,按每增减 1mm 相应定额进行调整;

(2)当抹灰遍数增加(或减少)一遍时,每 $100m^2$ 另增加(或减少)3.05 工日。

2. 外墙抹灰、女儿墙和阳台栏板的内外侧抹灰均套用墙面一般抹灰相应定额子目人工消耗量乘以系数 1.44。

3. 干粉黏结剂块料铺贴定额中黏结剂的厚度,除石材为 6mm 外,其余均为 4mm。黏结剂厚度设计与定额不同时,黏结剂消耗量按比例调整。

4. 外墙面砖铺贴已综合考虑面砖规格及灰缝大小,实际不同时不做调整。

5. 独立柱(梁)饰面工程按墙面工程相应定额子目套用定额,人工消耗量乘以系数 1.30,其余不变。

七、天棚工程。

1. 设计抹灰砂浆种类、配合比与定额不同时可以换算,砂浆厚度、抹灰遍数与定额不同时不做调整。

2. 楼梯底面抹灰,套用天棚抹灰定额,其中楼梯底面为锯齿形时执行相应定额子目,人工消耗量乘以系数 1.35。

3. 天棚整修子目适用于木龙骨、轻钢龙骨、铝合金龙骨,实际发生时套用同一定额。

八、其他装饰。

1. 装饰线条按成品考虑。

2. 装饰线条(顶角装饰线除外)按直线形在墙面安装考虑。墙面安装弧形装饰线条、天棚面安装直线形、弧形装饰线条,按相应子目乘以系数执行:

(1)墙面安装圆弧形装饰线条,人工消耗量乘以系数 1.20,材料消耗量乘以系数 1.10;
(2)天棚面安装直线型装饰线条,人工消耗量乘以系数 1.34;
(3)天棚面安装圆弧形装饰线条,人工消耗量乘以系数 1.60,材料消耗量乘以系数 1.10;
(4)装饰线条直接安装在金属龙骨上,人工消耗量乘以系数 1.68。

工程量计算规则

一、楼地面工程。

1. 地板工程量按拆换面积以“m^2”计算。

2. 块料工程量按拆换或铺贴面积以“m^2”计算。

3. 石材、瓷砖、防静电板踢脚线工程量按拆换长度乘以高度以“m^2”计算，成品踢脚线工程量按拆换长度以“m”计算。

二、墙面工程。

1. 墙面抹灰工程量按拆粉或新粉面积以“m^2”计算。

2. 内墙面、墙裙抹灰新粉工程量按新粉面积以“m^2”计算，应扣除墙裙、门窗洞口及单个0.3m^2以外的孔洞所占面积，不扣除踢脚线、装饰线以及墙与构件交接处的面积，门窗洞口和孔洞的侧壁面积亦不增加。附墙柱、梁、剁的侧面并入相应的内墙面抹灰工程量内计算。

3. 外墙抹灰工程量按设计图示尺寸面积以“m^2”计算，应扣除门窗洞口、外墙裙（墙面和墙裙抹灰种类相同者合并计算）和单个0.3m^2以外的孔洞所占面积，不扣除装饰线以及墙与构件交接处的面积，门窗洞口和孔洞侧壁面积亦不增加，附墙柱、梁、剁侧面抹灰应并入外墙面抹灰工程量内计算。

4. 块料面层工程量按拆换或铺贴面积以“m^2”计算。

三、天棚面工程。

1. 一般抹灰拆粉工程量按拆粉面积以“m^2”计算。

2. 一般抹灰新粉工程量按新粉面积以“m^2”计算，不扣除间壁墙、剁、柱、附墙烟囱、检查口和管道所占的面积，带梁天棚的梁侧面抹灰并入天棚面积内计算。

3. 板式楼梯底面抹灰工程量按水平投影面积乘以系数1.15计算，锯齿形楼梯底板抹灰面积按水平投影面积乘以系数1.37计算。楼梯底面积包括梯段、休息平台、平台梁、楼梯与楼面板连接梁（无梁连接时算至最上一级踏步边沿加300mm）、宽度500mm以内的楼梯井、单跑楼梯上下平台与楼梯段等宽部分。

4. 天棚吊顶骨架、基层工程量按整修或拆换面积以“m^2”计算。

5. 天棚吊顶面层工程量按拆换或新装面积以“m^2”计算。

四、其他装饰。

1. 装饰线条工程量按拆换长度以“m”计算。

2. 木扶手、金属栏杆扶手工程量按整修长度以“m”计算。

3. 浴帘杆、浴缸拉手、毛巾架、毛巾环、肥皂盒、卫生纸盒、晾衣绳、铝合金风口拆换工程量以“个”计算。

一、楼地面工程

1. 地 板 面 层

工作内容:1. 拆除损坏木地板、清理基层、钉基层板或龙骨、铺设面层、清理;
2. 拆除损坏木地板、清理基层、铺设防潮纸、铺设面层、清理。

计量单位:$100m^2$

定额编号				10-1	10-2	10-3
项目				拆换实木地板		
				铺在细木工板上	铺在木龙骨上(单层)	铺在水泥地面上
基价(元)				**18 307.03**	**21 597.31**	**19 440.03**
其中	人工费(元)			1 786.69	2 814.65	1 573.56
	材料费(元)			16 520.34	18 775.73	17 866.47
	机械费(元)			—	6.93	—
名称		单位	单价(元)	消耗量		
人工	三类人工	工日	155.00	11.527	18.159	10.152
材料	实木地板	m^2	155.00	106.000	106.000	106.000
	杉木枋 30×40	m^3	1 800.00	—	0.378	—
	泡沫防潮纸	m^2	11.29	—	110.000	110.000
	镀锌铁丝 10#	kg	5.38	—	30.130	—
	地板钉	kg	5.60	—	26.780	15.870
	防腐油	kg	1.28	—	16.420	12.000
	棉纱	kg	10.34	1.000	1.000	1.000
	其他材料费	元	1.00	80.000	80.000	80.000
机械	木工圆锯机 500mm	台班	27.50	—	0.252	—

注:实际有利用原有旧地板的,其利用部分工程量套用定额时,人工消耗量乘以系数 1.30,扣除主材消耗量,其余不变。

工作内容:1. 拆除损坏木地板、清理基层、铺设防潮纸(钉龙骨基层)、铺设面层、清理;
2. 拆除损坏防静电活动地板、清理基层、定位、安装支架横梁、铺设面板、清理。 计量单位:100m²

定额编号				10-4	10-5	10-6
项目				拆换木地板		拆换防静电活动地板
				铺在水泥地面上	铺在木龙骨上(单层)	
基价(元)				**18 768.02**	**19 888.68**	**30 641.54**
其中	人工费(元)			1 576.20	2 914.00	3 137.20
	材料费(元)			17 191.82	16 967.75	27 504.34
	机械费(元)			—	6.93	—
名称		单位	单价(元)	消耗量		
人工	三类人工	工日	155.00	10.169	18.800	20.240
材料	长条复合地板	m^2	138.00	106.000	106.000	—
	木质防静电活动地板 600×600×25	m^2	259.00	—	—	106.000
	杉木枋 30×40	m^3	1 800.00	—	0.378	—
	泡沫防潮纸	m^2	11.29	110.000	110.000	—
	胶黏剂 XY518	kg	17.46	70.000	—	—
	镀锌铁丝 10#	kg	5.38	—	30.130	—
	地板钉	kg	5.60	—	26.780	—
	防腐油	kg	1.28	12.000	16.420	—
	棉纱	kg	10.34	1.000	1.000	1.000
	其他材料费	元	1.00	74.020	74.020	40.000
机械	木工圆锯机 500mm	台班	27.50	—	0.252	—

注:1. 实际有利用原有旧地板的,其利用部分工程量套用定额时,人工消耗量乘以系数 1.30,扣除主材消耗量,其余不变;
2. 防静电活动地板材料价格内含支架费用,材质不同可以换算,其余不变。

2. 块 料 面 层

工作内容:1. 拆换:拆除、清理基层、试排弹线、锯板修边、铺抹结合层、铺贴饰面、清理;

2. 铺贴:清理基层、试排弹线、锯板修边、瓷砖浸水、铺抹结合层、铺贴饰面、清理。 **计量单位**:100m²

定额编号				10-7	10-8	10-9
项目				石材楼地面(干混砂浆)		
				拆换		铺贴
				1m² 以内	3m² 以内	
基价(元)				**25 390.36**	**24 182.45**	**21 253.03**
其中	人工费(元)			7 373.04	6 165.13	3 779.52
	材料费(元)			17 996.58	17 996.58	17 452.77
	机械费(元)			20.74	20.74	20.74
名称		单位	单价(元)	消耗量		
人工	三类人工	工日	155.00	47.568	39.775	24.384
材料	天然石材饰面板	m^2	159.00	106.000	106.000	103.000
	干混地面砂浆 DS M15.0	m^3	443.08	1.550	1.550	1.530
	干混地面砂浆 DS M20.0	m^3	443.08	0.520	0.520	0.510
	白色硅酸盐水泥 425# 二级白度	kg	0.59	11.220	11.220	10.200
	纯水泥浆	m^3	430.36	0.102	0.102	0.101
	石料切割锯片	片	27.17	1.520	1.520	0.615
	棉纱	kg	10.34	1.000	1.000	1.000
	水	m^3	4.27	2.600	2.600	2.300
	电	kW·h	0.78	11.180	11.180	11.070
	其他材料费	元	1.00	103.430	103.430	76.900
机械	干混砂浆罐式搅拌机 20 000L	台班	193.83	0.107	0.107	0.107

工作内容:1. 拆换:拆除、清理基层、试排弹线、锯板修边、铺抹结合层、铺贴饰面、清理;

2. 铺贴:清理基层、试排弹线、锯板修边、铺抹结合层、铺贴饰面、清理。 **计量单位**:100m²

定额编号				10-10	10-11	10-12
项目				石材楼地面(黏结剂)		
				拆换		铺贴
				1m² 以内	3m² 以内	
基价(元)				**25 627.76**	**24 435.97**	**20 650.05**
其中	人工费(元)			7 684.90	6 493.11	3 298.40
	材料费(元)			17 942.86	17 942.86	17 351.65
	机械费(元)			—	—	—
名称		单位	单价(元)	消耗量		
人工	三类人工	工日	155.00	49.580	41.891	21.280
材料	天然石材饰面板	m^2	159.00	106.000	106.000	103.000
	石材填缝剂	kg	2.59	11.010	11.010	10.200
	石材黏合剂	kg	1.08	825.000	825.000	768.750
	石料切割锯片	片	27.17	1.520	1.520	0.615
	棉纱	kg	10.34	1.000	1.000	1.000
	水	m^3	4.27	1.300	1.300	1.150
	电	kW·h	0.78	11.180	11.180	11.070
	其他材料费	元	1.00	103.430	103.430	77.390

工作内容:1. 拆换:拆除、清理基层、试排弹线、锯板修边、瓷砖浸水、铺抹结合层、铺贴饰面、清理;

2. 铺贴:清理基层、试排弹线、锯板修边、瓷砖浸水、铺抹结合层、铺贴饰面、清理、勾缝。 **计量单位**:$100m^2$

定额编号				10-13	10-14	10-15	10-16
项目				陶瓷地面砖(干混砂浆)			
				拆换		铺贴	
				$1m^2$ 以内	$3m^2$ 以内	密缝	离缝
基价(元)				**12 510.90**	**11 112.49**	**8 121.84**	**8 084.29**
其中	人工费(元)			7 907.64	6 509.23	3 628.24	3 727.75
	材料费(元)			4 582.52	4 582.52	4 472.86	4 335.80
	机械费(元)			20.74	20.74	20.74	20.74
名称		单位	单价(元)	消耗量			
人工	三类人工	工日	155.00	51.017	41.995	23.408	24.050
材料	陶瓷地砖 综合	m^2	32.76	106.000	106.000	104.000	99.450
	干混地面砂浆 DS M15.0	m^3	443.08	1.550	1.550	1.530	1.530
	干混地面砂浆 DS M20.0	m^3	443.08	0.520	0.520	0.510	0.510
	白色硅酸盐水泥 425# 二级白度	kg	0.59	11.220	11.220	10.200	10.200
	干混地面砂浆 DS M25.0	m^3	460.16	—	—	—	0.027
	石料切割锯片	片	27.17	0.380	0.380	0.300	0.290
	纯水泥浆	m^3	430.36	0.102	0.102	0.101	0.101
	棉纱	kg	10.34	1.000	1.000	1.000	1.000
	水	m^3	4.27	2.600	2.600	2.300	2.300
	电	kW·h	0.78	9.060	9.060	9.060	8.607
	其他材料费	元	1.00	103.430	103.430	77.070	77.270
机械	干混砂浆罐式搅拌机 20 000L	台班	193.83	0.107	0.107	0.107	0.107

注:嵌缝材质按干混地面砂浆 DS M25.0 考虑,嵌缝材料不同时应进行调整换算。

工作内容:1. 拆换:拆除、清理基层、试排弹线、锯板修边、铺抹结合层、铺贴饰面、清理;

2. 铺贴:清理基层、试排弹线、锯板修边、铺抹结合层、铺贴饰面、清理、勾缝。 **计量单位**:$100m^2$

定额编号				10-17	10-18	10-19	10-20
项目				陶瓷地面砖(黏结剂)			
				拆换		铺贴	
				$1m^2$ 以内	$3m^2$ 以内	密缝	离缝
基价(元)				**11 172.76**	**9 891.53**	**6 667.86**	**6 376.76**
其中	人工费(元)			7 321.58	6 040.35	2 962.05	2 814.03
	材料费(元)			3 851.18	3 851.18	3 705.81	3 562.73
	机械费(元)			—	—	—	—
名称		单位	单价(元)	消耗量			
人工	三类人工	工日	155.00	47.236	38.970	19.110	18.155
材料	陶瓷地砖 综合	m^2	32.76	106.000	106.000	104.000	99.450
	陶瓷砖填缝剂	kg	2.59	11.220	11.220	10.200	12.240
	陶瓷砖黏合剂	kg	0.43	495.000	495.000	461.250	461.250
	石料切割锯片	片	27.17	0.380	0.380	0.300	0.290
	棉纱	kg	10.34	1.000	1.000	1.000	1.000
	水	m^3	4.27	1.300	1.300	1.150	1.150
	电	kW·h	0.78	9.060	9.060	9.060	8.607
	其他材料费	元	1.00	103.430	103.430	43.550	44.870

工作内容:1. 拆换:拆除、清理基层、试排弹线、锯板修边、瓷砖浸水、铺抹结合层、铺贴饰面、清理;
2. 铺贴:清理基层、试排弹线、锯板修边、瓷砖浸水、铺抹结合层、铺贴饰面、勾缝、清理。 **计量单位**:100m²

定额编号				10-21	10-22	10-23	10-24
项目				缸砖楼地面(干混砂浆)			
				拆换		铺贴	
				1m² 以内	3m² 以内	勾缝	不勾缝
基价(元)				**10 655.58**	**9 265.23**	**6 232.34**	**6 036.26**
其中	人工费(元)			7 867.03	6 476.68	3 646.22	3 341.03
	材料费(元)			2 767.81	2 767.81	2 565.38	2 674.49
	机械费(元)			20.74	20.74	20.74	20.74
	名称	单位	单价(元)	消耗量			
人工	三类人工	工日	155.00	50.755	41.785	23.524	21.555
材料	缸砖	m²	15.60	106.000	106.000	92.390	103.000
	干混地面砂浆 DS M15.0	m³	443.08	1.560	1.560	1.530	1.530
	干混地面砂浆 DS M20.0	m³	443.08	0.520	0.520	0.510	0.510
	白色硅酸盐水泥 425# 二级白度	kg	0.59	10.200	10.200	10.300	10.200
	干混地面砂浆 DS M25.0	m³	460.16	—	—	0.1	—
	石料切割锯片	片	27.17	0.380	0.380	0.290	0.290
	纯水泥浆	m³	430.36	0.103	0.103	0.101	0.101
	棉纱	kg	10.34	1.000	1.000	2.000	1.000
	水	m³	4.27	2.600	2.600	2.600	2.600
	电	kW·h	0.78	9.060	9.060	9.060	9.060
	其他材料费	元	1.00	103.430	103.430	77.930	77.930
机械	干混砂浆罐式搅拌机 20 000L	台班	193.83	0.107	0.107	0.107	0.107

注:缸砖楼地面铺贴嵌缝材质按干混地面砂浆 DS M 25.0 考虑,嵌缝材料不同时应进行调整换算。

工作内容:1. 拆换:拆除、清理基层、试排弹线、锯板修边、铺抹结合层,铺贴饰面、清理;
2. 铺贴:清理基层、试排弹线、锯板修边、铺抹结合层、铺贴饰面、勾缝、清理。 **计量单位**:100m²

定额编号				10-25	10-26	10-27	10-28
项目				缸砖楼地面(黏结剂)			
				拆换		铺贴	
				1m² 以内	3m² 以内	勾缝	不勾缝
基价(元)				**10 464.69**	**8 961.34**	**4 826.12**	**4 889.36**
其中	人工费(元)			8 432.47	6 929.12	3 044.05	2 946.24
	材料费(元)			2 032.22	2 032.22	1 782.07	1 943.12
	机械费(元)			—	—	—	—
	名称	单位	单价(元)	消耗量			
人工	三类人工	工日	155.00	54.403	44.704	19.639	19.008
材料	缸砖	m²	15.60	106.000	106.000	92.390	103.000
	陶瓷砖填缝剂	kg	2.59	11.220	11.220	12.240	10.200
	陶瓷砖黏合剂	kg	0.43	495.000	495.000	465.860	465.860
	石料切割锯片	片	27.17	0.380	0.380	0.290	0.320
	棉纱	kg	10.34	1.000	1.000	1.000	1.000
	水	t	4.27	1.300	1.300	1.300	1.300
	电	kW·h	0.78	9.060	9.060	9.060	9.060
	其他材料费	元	1.00	103.430	103.430	77.930	77.930

3. 踢 脚 线

工作内容：1. 拆换：拆除、清理基层、试排弹线、锯板修边、瓷砖浸水、铺抹结合层、铺贴饰面、清理；

2. 铺贴：清理基层、试排弹线、锯板修边、瓷砖浸水、铺抹结合层、铺贴饰面、清理。 **计量单位**：$100m^2$

定额编号				10-29	10-30	10-31
项目				石材（干混砂浆）		
				拆换		铺贴
				$1m^2$ 以内	$3m^2$ 以内	
基价（元）				**24 664.93**	**23 562.72**	**22 147.99**
其中	人工费（元）			6 905.72	5 803.51	4 744.71
	材料费（元）			17 748.74	17 748.74	17 392.81
	机械费（元）			10.47	10.47	10.47
名称		单位	单价（元）	消耗量		
人工	三类人工	工日	155.00	44.553	37.442	30.611
材料	天然石材饰面板	m^2	159.00	106.000	106.000	104.000
	干混地面砂浆 DS M15.0	m^3	443.08	1.020	1.020	1.010
	干混地面砂浆 DS M20.0	m^3	443.08	0.520	0.520	0.510
	白色硅酸盐水泥 425# 二级白度	kg	0.59	14.280	14.280	14.280
	纯水泥浆	m^3	430.36	0.102	0.102	0.101
	石料切割锯片	片	27.17	0.804	0.804	0.670
	棉纱	kg	10.34	1.000	1.000	1.000
	水	m^3	4.27	2.200	2.200	2.200
	电	kW·h	0.78	9.060	9.060	9.060
	其他材料费	元	1.00	111.430	111.430	86.430
机械	干混砂浆罐式搅拌机 20 000L	台班	193.83	0.054	0.054	0.054

工作内容：1. 拆换：拆除、清理基层、试排弹线、锯板修边、铺抹结合层、铺贴饰面、清理；

2. 铺贴：清理基层、试排弹线、锯板修边、铺抹结合层、铺贴饰面、清理。 **计量单位**：$100m^2$

定额编号				10-32	10-33	10-34
项目				石材（黏结剂）		
				拆换		铺贴
				$1m^2$ 以内	$3m^2$ 以内	
基价（元）				**24 880.85**	**23 577.30**	**21 885.57**
其中	人工费（元）			5 840.09	4 536.54	3 212.22
	材料费（元）			19 040.76	19 040.76	18 673.35
	机械费（元）			—	—	—
名称		单位	单价（元）	消耗量		
人工	三类人工	工日	155.00	37.678	29.268	20.724
材料	天然石材饰面板	m^2	159.00	106.000	106.000	104.000
	石材填缝剂	kg	2.59	776.440	776.440	768.750
	石材黏合剂	kg	1.08	10.300	10.300	10.300
	白色硅酸盐水泥 425# 二级白度	kg	0.59	14.280	14.280	14.280
	石料切割锯片	片	27.17	0.804	0.804	0.670
	棉纱	kg	10.34	1.000	1.000	1.000
	水	m^3	4.27	1.300	1.300	1.100
	电	kW·h	0.78	9.060	9.060	9.060
	其他材料费	元	1.00	111.430	111.430	86.430

工作内容:1. 拆换:拆除、清理基层、试排弹线、锯板修边、瓷砖浸水、铺抹结合层、铺贴饰面、清理;
2. 铺贴:清理基层、试排弹线、锯板修边、瓷砖浸水、铺抹结合层、铺贴饰面、清理。 **计量单位**:100m²

定额编号				10-35	10-36	10-37
项目				陶瓷地面砖(干混砂浆)		
				拆换		铺贴
				1m² 以内	3m² 以内	
基价(元)				**11 074.89**	**9 990.20**	**8 014.26**
其中	人工费(元)			6 741.42	5 656.73	3 780.76
	材料费(元)			4 323.00	4 323.00	4 223.03
	机械费(元)			10.47	10.47	10.47
	名称	单位	单价(元)	消耗量		
人工	三类人工	工日	155.00	43.493	36.495	24.392
材料	陶瓷地砖 综合	m²	32.76	106.000	106.000	104.000
	干混地面砂浆 DS M15.0	m³	443.08	1.020	1.020	1.010
	干混地面砂浆 DS M20.0	m³	443.08	0.520	0.520	0.510
	白色硅酸盐水泥 425# 二级白度	kg	0.59	14.280	14.280	14.280
	石料切割锯片	片	27.17	0.308	0.308	0.302
	纯水泥浆	m³	430.36	0.102	0.102	0.101
	棉纱	kg	10.34	1.000	1.000	1.000
	水	m³	4.27	2.200	2.200	2.200
	电	kW·h	0.78	4.530	4.530	4.530
	其他材料费	元	1.00	84.140	84.140	59.140
机械	干混砂浆罐式搅拌机 20 000L	台班	193.83	0.054	0.054	0.054

工作内容:1. 拆换:拆除、清理基层、试排弹线、锯板修边、铺抹结合层、铺贴饰面、清理;
2. 铺贴:清理基层、试排弹线、锯板修边、铺抹结合层、铺贴饰面、清理。 **计量单位**:100m²

定额编号				10-38	10-39	10-40
项目				陶瓷地面砖(黏结剂)		
				拆换		铺贴
				1m² 以内	3m² 以内	
基价(元)				**9 254.97**	**8 092.00**	**6 708.29**
其中	人工费(元)			5 433.22	4 270.25	2 981.89
	材料费(元)			3 821.75	3 821.75	3 726.40
	机械费(元)			—	—	—
	名称	单位	单价(元)	消耗量		
人工	三类人工	工日	155.00	35.053	27.550	19.238
材料	陶瓷地砖 综合	m²	32.76	106.000	106.000	104.000
	陶瓷砖填缝剂	kg	2.59	11.010	11.010	10.300
	陶瓷砖黏合剂	kg	0.43	465.860	465.860	461.250
	白色硅酸盐水泥 425# 二级白度	kg	0.59	14.280	14.280	14.280
	石料切割锯片	片	27.17	0.308	0.308	0.302
	棉纱	kg	10.34	1.000	1.000	1.000
	水	m³	4.27	1.300	1.300	1.100
	电	kW·h	0.78	4.530	4.530	4.530
	其他材料费	元	1.00	84.140	84.140	59.140

工作内容：拆除、清理基层、安装踢脚线。　　　　**计量单位**：见表

定额编号				10-41	10-42	10-43	10-44	10-45
项目				拆换成品踢脚线				
				防静电板	木质面层		金属板面层	
					卡扣式	粘贴式	卡扣式	粘贴式
计量单位				$100m^2$	10m	10m	10m	10m
基价（元）				**14 893.80**	**747.75**	**777.92**	**453.88**	**474.78**
其中	人工费（元）			3 709.46	137.95	133.92	153.76	141.21
	材料费（元）			11 184.34	609.80	644.00	300.12	333.57
	机械费（元）			—	—	—	—	—
名称		单位	单价（元）	消耗量				
人工	三类人工	工日	155.00	23.932	0.890	0.864	0.992	0.911
材料	防静电踢脚线	m^2	108.00	103.000	—	—	—	—
	成品木质踢脚线 高80	m	55.17	—	10.600	10.600	—	—
	成品金属踢脚线 高80	m	25.86	—	—	—	10.600	10.600
	胶黏剂 XY502	kg	108.00	—	—	0.400	—	0.400
	棉纱	kg	10.34	1.000	—	—	—	—
	其他材料费	元	1.00	50.000	25.000	16.000	26.000	16.250

注：1. 实际有利用原有旧踢脚线的，其利用部分工程量套用定额时，人工消耗量乘以系数1.20，扣除主材消耗量，其余不变；
2. 成品木踢脚线如材质为硬木，人工消耗量乘以系数1.10。

二、墙面工程

1. 墙面抹灰

（1）一般抹灰

工作内容：1. 拆粉：拆除、清理基层、湿润基层、调运砂浆、分层抹灰、面层压光、清理；
2. 新粉：基层清理、修补堵眼、湿润基层、调运砂浆、分层抹灰、面层压光、清理。　　　　**计量单位**：$100m^2$

定额编号				10-46	10-47	10-48	10-49
项目				干混砂浆			
				拆粉		新粉	
				$1m^2$ 以内	$3m^2$ 以内	14+6	每增减1
基价（元）				**5 717.53**	**4 679.19**	**2 832.52**	**53.19**
其中	人工费（元）			4 579.63	3 541.29	1 740.19	—
	材料费（元）			1 114.25	1 114.25	1 068.68	51.83
	机械费（元）			23.65	23.65	23.65	1.36
名称		单位	单价（元）	消耗量			
人工	三类人工	工日	155.00	29.546	22.847	11.227	—
材料	干混抹灰砂浆 DP M15.0	m^3	446.85	2.340	2.340	2.320	0.116
	水	m^3	4.27	0.790	0.790	0.700	—
	其他材料费	元	1.00	65.250	65.250	29.000	—
机械	干混砂浆罐式搅拌机 20 000L	台班	193.83	0.122	0.122	0.122	0.007

(2)装 饰 抹 灰

工作内容:1. 拆粉:拆除、清理基层、调运砂浆、分层抹灰找平、抹装饰面、勾分格缝、清理;

2. 新粉:基层清理、修补堵眼、调运砂浆、分层抹灰找平、抹装饰面、勾分格缝、清理。 **计量单位**:$100m^2$

定额编号				10-50	10-51	10-52
项目				水刷石		
				拆粉		新粉
				$1m^2$ 以内	$3m^2$ 以内	
基价(元)				**8 724.06**	**7 490.10**	**4 311.32**
其中	人工费(元)			7 580.28	6 346.32	3 214.08
	材料费(元)			1 122.08	1 122.08	1 075.73
	机械费(元)			21.70	21.70	21.51
名称		单位	单价(元)	消耗量		
人工	三类人工	工日	155.00	48.905	40.944	20.736
材料	干混抹灰砂浆 DP M20.0	m^3	446.95	1.311	1.311	1.298
	水泥白石子浆 1:2	m^3	435.67	1.050	1.050	1.040
	水	m^3	4.27	3.190	3.190	3.159
	其他材料费	元	1.00	65.050	65.050	29.000
机械	灰浆搅拌机 200L	台班	154.97	0.055	0.055	0.055
	干混砂浆罐式搅拌机 20 000L	台班	193.83	0.068	0.068	0.067

工作内容:1. 拆粉:拆除、清理基层、调运砂浆、分层抹灰找平、抹装饰面、勾分格缝、清理;

2. 新粉:基层清理、修补堵眼、调运砂浆、分层抹灰找平、抹装饰面、勾分格缝、清理。 **计量单位**:$100m^2$

定额编号				10-53	10-54	10-55
项目				干粘白石子		
				拆粉		新粉
				$1m^2$ 以内	$3m^2$ 以内	
基价(元)				**7 745.13**	**6 700.58**	**3 743.46**
其中	人工费(元)			6 633.54	5 588.99	2 679.64
	材料费(元)			1 091.82	1 091.82	1 044.24
	机械费(元)			19.77	19.77	19.58
名称		单位	单价(元)	消耗量		
人工	三类人工	工日	155.00	42.797	36.058	17.288
材料	干混抹灰砂浆 DP M20.0	m^3	446.95	1.966	1.966	1.947
	白石子 综合	t	187.00	0.770	0.770	0.754
	水	m^3	4.27	0.954	0.954	0.944
	其他材料费	元	1.00	65.050	65.050	29.000
机械	干混砂浆罐式搅拌机 20 000L	台班	193.83	0.102	0.102	0.101

工作内容:1. 拆粉:拆除、清理基层、湿润基层、调运砂浆、分层抹灰找平、抹装饰面、勾分格缝、清理;
2. 新粉:基层清理、修补堵眼、湿润基层、调运砂浆、分层抹灰找平、抹装饰面、勾分格缝、清理。

计量单位:100m²

定额编号				10-56	10-57	10-58
项目				斩假石		
				拆粉		新粉
				1m² 以内	3m² 以内	
基价(元)				**10 256.39**	**8 886.66**	**6 454.49**
其中	人工费(元)			9 238.00	7 868.27	5 482.35
	材料费(元)			996.14	996.14	950.24
	机械费(元)			22.25	22.25	21.90
	名称	单位	单价(元)	消耗量		
人工	三类人工	工日	155.00	59.600	50.763	35.370
材料	干混抹灰砂浆 DP M20.0	m³	446.95	1.400	1.400	1.385
	水泥白石屑浆 1:2	m³	258.85	1.166	1.166	1.154
	水	m³	4.27	0.830	0.830	0.820
	其他材料费	元	1.00	65.050	65.050	29.000
机械	灰浆搅拌机 200L	台班	154.97	0.056	0.056	0.055
	干混砂浆罐式搅拌机 20 000L	台班	193.83	0.070	0.070	0.069

2. 块料面层

(1)石材墙面

工作内容:1. 拆换:拆除、清理净面、刷浆、安铁件、制作安装钢筋、焊接固定、抹黏结层砂浆、钻孔成槽、穿丝固定、调运砂浆、挂贴面层、清理;
2. 铺贴:清理基层、试排弹线、锯板修边、铺抹结合层、挂贴面层、清理。

计量单位:100m²

定额编号				10-59	10-60	10-61
项目				石材(挂贴)		
				拆换		铺贴
				1m² 以内	3m² 以内	
基价(元)				**27 294.87**	**26 512.12**	**23 572.81**
其中	人工费(元)			10 461.73	9 678.98	7 208.28
	材料费(元)			16 802.90	16 802.90	16 334.68
	机械费(元)			30.24	30.24	29.85
	名称	单位	单价(元)	消耗量		
人工	三类人工	工日	155.00	67.495	62.445	46.505
材料	石材(综合)	m²	138.00	106.000	106.000	103.000
	干混抹灰砂浆 DP M20.0	m³	446.95	3.120	3.120	3.090
	白色硅酸盐水泥 425# 二级白度	kg	0.59	15.760	15.760	15.600
	纯水泥浆	m³	430.36	0.102	0.102	0.101
	石料切割锯片	片	27.17	1.530	1.530	1.394
	铜丝	kg	58.45	7.760	7.760	7.760
	金属膨胀螺栓 M8	套	0.31	529.000	529.000	524.000
	棉纱	kg	10.34	1.000	1.000	1.000
	水	m³	4.27	1.420	1.420	1.410
	其他材料费	元	1.00	51.690	51.690	16.690
机械	干混砂浆罐式搅拌机 20 000L	台班	193.83	0.156	0.156	0.154

工作内容:1. 拆换:拆除、清理基层、试排弹线、锯板修边、瓷砖浸水、铺抹结合层、铺贴饰面、清理;
2. 铺贴:清理基层、试排弹线、锯板修边、瓷砖浸水、铺抹结合层、铺贴饰面、清理。 **计量单位**:100m²

定额编号				10-62	10-63	10-64
项目				石材(干混砂浆)		
				拆换		铺贴
				1m² 以内	3m² 以内	
基价(元)				**25 119.87**	**24 241.33**	**21 377.59**
其中	人工费(元)			9 497.78	8 619.24	6 257.97
	材料费(元)			15 615.11	15 615.11	15 112.84
	机械费(元)			6.98	6.98	6.78
名称		单位	单价(元)	消耗量		
人工	三类人工	工日	155.00	61.276	55.608	40.374
材料	石材(综合)	m²	138.00	106.000	106.000	103.000
	干混抹灰砂浆 DP M20.0	m³	446.95	0.680	0.680	0.670
	白色硅酸盐水泥 425# 二级白度	kg	0.59	15.450	15.450	15.450
	纯水泥浆	m³	430.36	0.102	0.102	0.101
	石料切割锯片	片	27.17	1.530	1.530	1.394
	YJ－Ⅲ胶	kg	11.31	46.620	46.620	42.000
	棉纱	kg	10.34	1.000	1.000	1.000
	水	m³	4.27	1.506	1.506	0.939
	其他材料费	元	1.00	44.560	44.560	19.560
机械	干混砂浆罐式搅拌机 20 000L	台班	193.83	0.036	0.036	0.035

工作内容:1. 拆换:拆除、清理基层、试排弹线、锯板修边、铺抹结合层、铺贴饰面、清理;
2. 铺贴:清理基层、试排弹线、锯板修边、铺抹结合层、铺贴饰面、清理。 **计量单位**:100m²

定额编号				10-65	10-66	10-67
项目				石材(黏结剂)		
				拆换		铺贴
				1m² 以内	3m² 以内	
基价(元)				**24 842.08**	**24 176.35**	**21 756.27**
其中	人工费(元)			8 492.92	7 827.19	5 876.05
	材料费(元)			16 349.16	16 349.16	15 880.22
	机械费(元)			—	—	—
名称		单位	单价(元)	消耗量		
人工	三类人工	工日	155.00	54.793	50.498	37.910
材料	石材(综合)	m²	138.00	106.000	106.000	103.000
	白色硅酸盐水泥 425# 二级白度	kg	0.59	15.600	15.600	15.450
	胶黏剂 干粉型	kg	2.24	710.840	710.840	703.800
	石料切割锯片	片	27.17	1.530	1.530	1.394
	棉纱	kg	10.34	1.000	1.000	1.000
	水	m³	4.27	0.750	0.750	0.660
	其他材料费	元	1.00	64.560	64.560	29.560

(2)瓷砖、外墙面砖

工作内容:1.拆换:拆除、清理基层、试排弹线、锯板修边、瓷砖浸水、铺抹结合层、铺贴饰面、清理;

2.铺贴:清理基层、试排弹线、锯板修边、瓷砖浸水、铺抹结合层、铺贴饰面、清理。 **计量单位:**100m²

定额编号				10-68	10-69	10-70
项目				瓷砖(干混砂浆)		
				拆换		铺贴
				1m² 以内	3m² 以内	
基价(元)				**11 689.84**	**10 267.87**	**8 136.65**
其中	人工费(元)			8 567.16	7 145.19	5 109.89
	材料费(元)			3 117.45	3 117.45	3 021.53
	机械费(元)			5.23	5.23	5.23
名称		单位	单价(元)	消耗量		
人工	三类人工	工日	155.00	55.272	46.098	32.967
材料	瓷砖	m²	25.86	106.000	106.000	104.000
	干混抹灰砂浆 DP M20.0	m³	446.95	0.520	0.520	0.510
	白色硅酸盐水泥 425# 二级白度	kg	0.59	20.810	20.810	20.600
	纯水泥浆	m³	430.36	0.110	0.110	0.100
	石料切割锯片	片	27.17	0.237	0.237	0.237
	棉纱	kg	10.34	1.000	1.000	1.000
	水	m³	4.27	0.900	0.900	0.900
	其他材料费	元	1.00	63.640	63.640	28.330
机械	干混砂浆罐式搅拌机 20 000L	台班	193.83	0.027	0.027	0.027

工作内容:1.拆换:拆除、清理基层、试排弹线、锯板修边、铺抹结合层、铺贴饰面、清理;

2.铺贴:清理基层、试排弹线、锯板修边、铺抹结合层、铺贴饰面、清理。 **计量单位:**100m²

定额编号				10-71	10-72	10-73
项目				瓷砖(黏结剂)		
				拆换		铺贴
				1m² 以内	3m² 以内	
基价(元)				**12 879.73**	**11 772.72**	**9 368.71**
其中	人工费(元)			8 664.04	7 557.03	5 259.46
	材料费(元)			4 215.69	4 215.69	4 109.25
	机械费(元)			—	—	—
名称		单位	单价(元)	消耗量		
人工	三类人工	工日	155.00	55.897	48.755	33.932
材料	瓷砖	m²	25.86	106.000	106.000	104.000
	白色硅酸盐水泥 425# 二级白度	kg	0.59	20.810	20.810	20.600
	胶黏剂 干粉型	kg	2.24	642.360	642.360	618.120
	石料切割锯片	片	27.17	0.237	0.237	0.237
	棉纱	kg	10.34	1.000	1.000	1.000
	水	m³	4.27	0.700	0.700	0.700
	其他材料费	元	1.00	3.600	3.600	3.300

工作内容:1. 拆换:拆除、清理基层、试排弹线、锯板修边、瓷砖浸水、铺抹结合层、铺贴饰面、清理;
2. 铺贴:清理基层、试排弹线、锯板修边、铺抹结合层、铺贴饰面、清理。

计量单位:$100m^2$

定额编号				10-74	10-75	10-76
项目				外墙面砖(干混砂浆)		
				拆换		铺贴
				$1m^2$ 以内	$3m^2$ 以内	
基价(元)				**12 027.62**	**10 704.69**	**8 876.56**
其中	人工费(元)			8 522.37	7 199.44	5 501.57
	材料费(元)			3 498.27	3 498.27	3 368.21
	机械费(元)			6.98	6.98	6.78
名称		单位	单价(元)	消耗量		
人工	三类人工	工日	155.00	54.983	46.448	35.494
材料	瓷质外墙砖 50×230	m^2	34.48	88.310	88.310	86.240
	干混抹灰砂浆 DP M20.0	m^3	446.95	0.700	0.700	0.650
	白色硅酸盐水泥 425# 二级白度	kg	0.59	20.810	20.810	20.600
	纯水泥浆	m^3	430.36	0.102	0.102	0.100
	石料切割锯片	片	27.17	0.237	0.237	0.237
	棉纱	kg	10.34	1.000	1.000	1.000
	水	m^3	4.27	0.909	0.909	0.900
	其他材料费	元	1.00	63.640	63.640	28.330
机械	干混砂浆罐式搅拌机 20 000L	台班	193.83	0.036	0.036	0.035

工作内容:1. 拆换:拆除、清理基层、试排弹线、锯板修边、铺抹结合层、铺贴饰面、清理;
2. 铺贴:清理基层、试排弹线、锯板修边、铺抹结合层、铺贴饰面、清理。

计量单位:$100m^2$

定额编号				10-77	10-78	10-79
项目				外墙面砖(黏结剂)		
				拆换		铺贴
				$1m^2$ 以内	$3m^2$ 以内	
基价(元)				**13 753.78**	**12 357.69**	**10 115.15**
其中	人工费(元)			9 112.92	7 716.83	5 635.34
	材料费(元)			4 626.52	4 626.52	4 465.47
	机械费(元)			14.34	14.34	14.34
名称		单位	单价(元)	消耗量		
人工	三类人工	工日	155.00	58.793	49.786	36.357
材料	瓷质外墙砖 50×230	m^2	34.48	88.310	88.310	86.240
	干混抹灰砂浆 DP M20.0	m^3	446.95	0.137	0.137	0.136
	白色硅酸盐水泥 425# 二级白度	kg	0.59	20.810	20.810	20.600
	胶黏剂 干粉型	kg	2.24	636.000	636.000	612.000
	石料切割锯片	片	27.17	0.237	0.237	0.237
	棉纱	kg	10.34	1.000	1.000	1.000
	水	m^3	4.27	0.707	0.707	0.700
	其他材料费	元	1.00	63.640	63.640	28.330
机械	干混砂浆罐式搅拌机 20 000L	台班	193.83	0.074	0.074	0.074

三、天棚面工程

1. 天 棚 抹 灰

工作内容：1. 拆粉：拆除、清理基层、修补堵眼、湿润基层、调运砂浆、分层抹灰、面层压光、清理；
2. 新粉：基层清理、修补堵眼、湿润基层、调运砂浆、分层抹灰、面层压光、清理。　**计量单位**：$100m^2$

定额编号				10-80	10-81	10-82
项目				一般抹灰		
				拆粉		新粉
				$1m^2$ 以内	$3m^2$ 以内	
基价（元）				**4 145.96**	**3 742.19**	**2 191.05**
其中	人工费（元）			3 293.13	2 889.36	1 399.19
	材料费（元）			835.39	835.39	774.61
	机械费（元）			17.44	17.44	17.25
名称		单位	单价(元)	消耗量		
人工	三类人工	工日	155.00	21.246	18.641	9.027
材料	干混抹灰砂浆 DP M15.0	m^3	446.85	1.780	1.780	1.710
	其他材料费	元	1.00	40.000	40.000	10.500
机械	干混砂浆罐式搅拌机 20 000L	台班	193.83	0.090	0.090	0.089

2. 天 棚 吊 顶

(1) 天 棚 骨 架

工作内容:1. 折换:拆除、定位、弹线、找眼、制作安装吊筋、安装龙骨及附件、清理等;
2. 整修:支撑顶棚、加楔钉固、修整吊杆、龙骨、清理等。

计量单位:100m²

定额编号				10-83	10-84	10-85	10-86
项目				方木龙骨	轻钢龙骨(U 型)	铝合金龙骨(T 型)	天棚整修
				拆换			
基价(元)				**5 851.82**	**4 728.65**	**4 813.28**	**976.38**
其中	人工费(元)			2 324.85	3 065.90	2 868.59	948.60
	材料费(元)			3 524.66	1 662.75	1 944.69	27.78
	机械费(元)			2.31	—	—	—
	名称	单位	单价(元)	消耗量			
人工	三类人工	工日	155.00	14.999	19.780	18.507	6.120
材料	杉板枋材	m³	1 625.00	1.820	—	—	—
	轻钢龙骨	m²	12.15	—	104.000	—	—
	铝合金龙骨 T 型不上人型	m²	15.81	—	—	104.000	—
	吊杆	kg	5.17	74.350	37.010	31.916	—
	金属膨胀螺栓 M8×80	套	0.28	71.540	224.290	131.300	—
	合金钢钻头 ϕ8	个	5.34	2.630	2.220	1.300	—
	电焊条 E43 系列	kg	4.74	0.546	0.220	0.220	—
	普碳钢六角螺母 M8	百个	8.36	0.730	2.220	1.300	—
	垫圈	百个	17.24	0.730	4.440	2.600	—
	铁件	kg	3.71	16.540	—	—	—
	圆钉	kg	4.74	8.450	—	—	2.200
	镀锌铁丝 综合	kg	5.40	—	—	—	0.250
	其他材料费	元	1.00	26.000	37.000	35.000	16.000
机械	木工圆锯机 500mm	台班	27.50	0.084	—	—	—

注:1. 实际有利用原有龙骨的,其利用部分工程量套用定额时,人工消耗量乘以系数 1.30,扣除主材消耗量,其余不变;
2. 实际使用整修材料与定额不同时,用量按实际调整,其余不变。

(2) 天 棚 面 层

工作内容:1. 拆除、基层清理、放样、安装面层、清理;
2. 基层清理、放样、安装面层、清理。

计量单位:100m²

定额编号				10-87	10-88	10-89
项目				矿棉板(搁放在 T 型龙骨上)		
				拆换		新装
				1m² 以内	3m² 以内	
基价(元)				**4 559.18**	**4 214.31**	**3 524.68**
其中	人工费(元)			1 745.30	1 400.43	772.52
	材料费(元)			2 813.88	2 813.88	2 752.16
	机械费(元)			—	—	—
	名称	单位	单价(元)	消耗量		
人工	三类人工	工日	155.00	11.260	9.035	4.984
材料	矿棉吸声板	m²	25.86	108.000	108.000	106.000
	其他材料费	元	1.00	21.000	21.000	11.000

工作内容:1. 拆除、基层清理、放样、下料、安装面层、清理;
2. 基层清理、放样、下料、安装面层、清理。

计量单位:100m²

定额编号				10-90	10-91	10-92
项目				石膏板(轻钢龙骨或木龙骨基层)		
				拆换		新装
				1m² 以内	3m² 以内	
基价(元)				**3 750.12**	**3 245.29**	**2 262.29**
其中	人工费(元)			2 573.62	2 068.79	1 110.73
	材料费(元)			1 176.50	1 176.50	1 151.56
	机械费(元)			—	—	—
名称		单位	单价(元)	消耗量		
人工	三类人工	工日	155.00	16.604	13.347	7.166
材料	纸面石膏板 1 200×2 400×9.5	m²	9.48	110.000	110.000	108.000
	自攻螺钉 M4×35	百个	2.89	35.190	35.190	34.850
	其他材料费	元	1.00	32.000	32.000	27.000

注:石膏板安在T型铝合金龙骨上时,扣除自攻螺钉用量。

工作内容:1. 拆除、基层清理、放样、安装面层、清理;
2. 基层清理、放样、安装面层、清理。

计量单位:100m²

定额编号				10-93	10-94	10-95
项目				空腹PVC板		
				拆换		新装
				1m² 以内	3m² 以内	
基价(元)				**5 802.93**	**5 294.53**	**4 594.31**
其中	人工费(元)			2 268.12	1 759.72	1 138.79
	材料费(元)			3 534.81	3 534.81	3 455.52
	机械费(元)			—	—	—
名称		单位	单价(元)	消耗量		
人工	三类人工	工日	155.00	14.633	11.353	7.347
材料	空腹PVC板	m²	31.90	108.000	108.000	106.000
	自攻螺钉 M4×35	百个	2.89	16.820	16.820	16.650
	其他材料费	元	1.00	41.000	41.000	26.000

四、其 他 装 饰

1. 装 饰 线 条

工作内容:拆除、基层清理、定位、弹线、下料、刷胶、安装、清理。　　**计量单位:**100m

定额编号				10-96	10-97	10-98	10-99
项目				拆换 木装饰线条			
				宽度(mm)			
				25 以内	60 以内	100 以内	100 以上
基价(元)				**1 194.00**	**1 544.69**	**3 010.15**	**3 894.11**
其中	人工费(元)			526.07	619.38	694.40	747.41
	材料费(元)			665.24	922.62	2 311.45	3 142.60
	机械费(元)			2.69	2.69	4.30	4.10
名称		单位	单价(元)	消耗量			
人工	三类人工	工日	155.00	3.394	3.996	4.480	4.822
材料	木平面装饰线条 25×10	m	4.84	109.000	—	—	—
	木平面装饰线条 60×15	m	6.68	—	109.000	—	—
	木平面装饰线条 100×20	m	16.81	—	—	109.000	—
	木平面装饰线条 150×20	m	22.84	—	—	—	109.000
	气排钉 L20 2 000 个/盒	盒	4.51	—	—	0.351	0.351
	聚醋酸乙烯乳液	kg	5.60	0.683	1.638	2.730	4.095
	蚊钉 20mm 6 000 个/盒	盒	6.64	0.121	0.121	—	—
	其他材料费	元	1.00	133.050	184.520	462.290	628.520
机械	电动空气压缩机 0.3m^3/min	台班	25.61	0.105	0.105	0.168	0.160

注:实际有利用原有旧装饰线条的,其利用部分工程量套用定额时,人工消耗量乘以系数 1.10,扣除主材消耗量,其余不变。

工作内容:1. 拆除、基层清理、定位、划线、下料、安装;
2. 拆除、基层清理、定位、成槽、穿丝、安装、清理。

计量单位:100m

定额编号				10-100	10-101	10-102	10-103
项目				拆换金属装饰线条		拆换石材装饰线条	
				宽度(mm)		粘贴(mm)	
				20 以内	50 以内		100 以内
基价(元)				**1 028.78**	**1 301.23**	**4 042.31**	**5 922.15**
其中	人工费(元)			641.08	615.97	1 756.31	2 157.45
	材料费(元)			387.70	685.26	2 286.00	3 764.70
	机械费(元)			—	—	—	—
名称		单位	单价(元)	消耗量			
人工	三类人工	工日	155.00	4.136	3.974	11.331	13.919
材料	铝合金压条 16×1.5	m	2.41	109.000	—	—	—
	铝合金压条 50×13	m	4.36	—	109.000	—	—
	石材装饰线条 50	m	17.24	—	—	102.000	—
	石材装饰线条 100	m	28.45	—	—	—	102.000
	镀锌自攻螺钉 ST3×10	个	0.02	420.000	420.000	—	—
	万能胶 环氧树脂	kg	18.97	1.848	3.192	—	—
	石料切割锯片	片	27.17	—	—	1.000	1.800
	白色硅酸盐水泥 425# 二级白度	kg	0.59	—	—	2.470	4.940
	胶黏剂 干粉型	kg	2.24	—	—	0.150	0.520
	棉纱	kg	10.34	—	—	4.000	5.500
	电	kW·h	0.78	5.150	5.150	—	—
	其他材料费	元	1.00	77.540	137.050	457.200	752.940

注:实际有利用原有旧装饰线条的,其利用部分工程量套用定额时,人工消耗量乘以系数 1.10,扣除主材消耗量,其余不变。

工作内容:1. 拆除、清理基层、调运砂浆、安装、擦缝、清理;
2. 拆除、清理基层、定位、安装、清理。

计量单位:100m

定额编号				10-104	10-105	10-106
项目				拆换 瓷砖装饰线条	拆换 镜面玻璃 装饰线条	拆换 聚氯乙烯 装饰线条
基价(元)				**1 417.53**	**1 038.11**	**943.74**
其中	人工费(元)			1 299.37	677.04	416.64
	材料费(元)			118.16	361.07	527.10
	机械费(元)			—	—	—
名称		单位	单价(元)	消耗量		
人工	三类人工	工日	155.00	8.383	4.368	2.688
材料	白瓷砖角线 L200	块	0.16	536.000	—	—
	镜面玻璃 δ5	m^2	43.10	—	5.350	—
	聚氯乙烯阴、阳角线 50×50	m	4.24	—	—	109.000
	白色硅酸盐水泥 325# 二级白度	t	526.00	0.001	—	—
	建筑胶	kg	2.16	0.848	—	—
	玻璃胶 335g	支	10.34	—	10.500	—
	胶带纸 宽 30mm 单面胶	m	0.06	—	78.750	—
	万能胶 环氧树脂	kg	18.97	—	—	2.100
	纯水泥浆	m^3	430.36	0.004	—	—
	水泥砂浆 1:1	m^3	294.20	0.014	—	—
	水泥砂浆 1:3	m^3	238.10	0.055	—	—
	水	m^3	4.27	0.087	—	—
	其他材料费	元	1.00	10.740	17.190	25.100

注:实际有利用原有旧装饰线条的,其利用部分工程量套用定额时,人工消耗量乘以系数 1.10,扣除主材消耗量,其余不变。

2. 木扶手、金属栏杆扶手

工作内容:原有部位归位、加楔钉固、修整劈裂、粘接、清理。

计量单位:10m

定额编号				10-107	10-108
项目				木楼梯扶手	金属栏杆扶手
				整修	
基价(元)				**352.01**	**313.11**
其中	人工费(元)			332.01	293.11
	材料费(元)			20.00	20.00
	机械费(元)			—	—
名称		单位	单价(元)	消耗量	
人工	三类人工	工日	155.00	2.142	1.891
材料	其他材料费	元	1.00	20.000	20.000

注:木楼梯扶手、金属栏杆扶手不包括相应配件更换费用,实际发生时另行计算,其余不变。

3. 其他配件拆换

工作内容：拆除、清理、安装、清理。　　　　计量单位：10个

定额编号				10-109	10-110	10-111	10-112
项目				浴帘杆	浴缸拉手	毛巾架	毛巾环
					不锈钢		
基价（元）				**420.52**	**938.28**	**533.40**	**521.71**
其中	人工费（元）			117.49	61.07	91.61	37.51
	材料费（元）			303.03	877.21	441.79	484.20
	机械费（元）			—	—	—	—
	名称	单位	单价(元)	消耗量			
人工	三类人工	工日	155.00	0.758	0.394	0.591	0.242
材料	铁镀铬帘子杆	根	29.27	10.100	—	—	—
	浴缸拉手	副	86.21	—	10.100	—	—
	不锈钢毛巾架	副	43.10	—	—	10.100	—
	不锈钢毛巾环	套	47.41	—	—	—	10.100
	木螺丝 M4×25	百个	2.93	0.820	—	—	—
	木螺钉	百个	1.81	—	0.820	0.820	0.200
	其他费用	元	1.00	5.000	5.000	5.000	5.000

注：设计使用原有旧材料的，人工消耗量乘以系数1.10，材料消耗量按实调整，其余不变。

工作内容：拆除、清理基层、安装、清理。　　　　计量单位：10个

定额编号				10-113	10-114	10-115	10-116
项目				肥皂盒	卫生纸盒	晾衣绳	铝合金风口
基价（元）				**488.66**	**555.93**	**323.94**	**334.48**
其中	人工费（元）			39.53	70.53	187.86	87.89
	材料费（元）			449.13	485.40	136.08	246.59
	机械费（元）			—	—	—	—
	名称	单位	单价(元)	消耗量			
人工	三类人工	工日	155.00	0.255	0.455	1.212	0.567
材料	肥皂盒 不锈钢	个	43.97	10.100	—	—	—
	卫生纸盒	只	47.41	—	10.100	—	—
	不锈钢壳晾衣绳 长2 600mm	套	11.72	—	—	10.100	—
	铝合金送(回)风口	个	23.92	—	—	—	10.100
	白色硅酸盐水泥 325# 二级白度	kg	0.53	—	1.550	—	—
	木螺钉	百个	1.81	0.020	0.410	—	—
	沉头木螺钉 L35	个	0.03	—	—	63.000	—
	塑料膨胀螺栓	套	0.17	—	—	63.000	—
	电	kW·h	0.78	—	—	0.140	—
	其他费用	元	1.00	5.000	5.000	5.000	5.000

注：实际有利用原有旧材料的，人工消耗量乘以系数1.10，扣除主材消耗量，其余不变。

第十一章
油漆、涂料工程

说　　明

一、本章定额包括木门油漆，木扶手、木线条、木板条油漆，其他木材面油漆，木地板油漆，木材面防火涂料，板面封油刮腻子，金属面油漆，抹灰面油漆，涂料。

二、清理刷漆是指对旧油漆进行局部的铲除，包括清理污迹、再刷漆；翻新是指对旧油漆进行整体的清除，再进行刷漆。涂料章节中翻新定额不包括对旧涂料的清除，发生时套用本定额第一章“拆除工程”相关定额子目。

三、本定额中油漆不分高光、半亚光、亚光，定额已综合考虑。

四、本定额未考虑做美术图案，发生时另行计算。

五、油漆、涂料、刮腻子项目是以遍数不同设置子目，当厚度与定额不同时不做调整。

六、木窗油漆套用木门油漆定额。木门窗、木扶手、木线条等新做油漆套用《浙江省房屋建筑与装饰工程预算定额》(2018 版)相应定额子目。

七、木门、木扶手、木线条、其他木材面、木地板清理刷漆定额已包括修复部分的刮腻子，翻新定额已包括满刮腻子。

八、抹灰面油漆、涂料翻新定额子目均不包括刮腻子，发生时单独套用本章相应定额子目执行。抹灰面清理刷漆、涂料定额子目已经包括腻子的修补。

九、乳胶漆、涂料、批刮腻子定额不分防水、防霉，均套用相应定额子目，材料不同时进行换算，人工不变。

十、调和漆定额按二遍考虑，聚酯清漆、聚酯混漆定额按三遍考虑，硝基清漆、硝基混漆按五遍考虑。设计遍数与定额取定遍数不同时，按每增减一遍定额调整计算。

十一、隔墙、护壁、柱、天棚面层及木地板刷防火涂料，执行其他板材面刷防火涂料相应定额子目。

十二、本定额金属面刷防锈漆按一遍考虑，当设计要求金属面刷两遍防锈漆时，其中人工消耗量乘以系数 1.74，材料消耗量乘以系数 1.90。

十三、质量在 500kg 以内的(钢栅栏门、栏杆、窗栅、钢爬梯、踏步式钢扶梯、轻型屋架、零星铁件)单个小型金属构件，套用相应金属面油漆子目，定额人工消耗量乘以系数 1.15。

十四、单位工程外墙涂料刷涂面积小于 $100m^2$ 时，定额人工消耗量乘以系数 1.10，其余不变。

工程量计算规则

一、楼地面、墙柱面、天棚的喷(刷)涂料、抹灰面油漆、刮腻子、板缝贴胶带点锈其工程量的计算,除本章定额另有规定外,按设计图示尺寸以面积(m^2)计算。

二、混凝土栏杆、花格窗按单面垂直投影面积计算;套用抹灰面油漆时,工程量乘以系数 2.50。

三、木材面油漆、涂料的工程量按下列各表计算方法计算。

套用单层木门定额工程量系数表

定额项目	项目名称	系数	工程量计算规则
单层木门	单层木门	1.00	按门洞口面积
	双层(一板一纱)木门	1.36	
	全玻璃自由门	0.83	
	半截玻璃门	0.93	
	带通风百叶门	1.30	
	厂库大门	1.10	
	带框装饰门(凹凸、带线条)	1.10	
	无框装饰门、成品门	1.10	按门扇面积
单层木窗	木平开窗、木推拉窗、木翻窗	0.70	按窗洞口面积
	木百叶窗	1.05	
	半圆形玻璃窗	0.75	

套用木扶手、木线条定额工程量系数表

定额项目	项目名称	系数	工程量计算规则
木扶手	木扶手(不带栏杆)	1.00	按延长米计算
	木扶手(带栏杆)	2.50	
	封檐板、顺水板	1.70	
木线条	宽度 60mm 以内	1.00	按延长米计算
	宽度 100mm 以内	1.30	

套用其他木材面定额工程量系数表

定额项目	项目名称	系数	工程量计算规则
其他木材面	木板、纤维板、胶合板、吸声板、天棚	1.00	按相应装饰饰面工程量
	带木线的板饰面，墙裙、柱面	1.07	
	窗台板、窗帘箱、门窗套、踢脚板	1.10	
	木方格吊顶天棚	1.30	
	清水板条天棚、檐口	1.20	
	木间壁、木隔断	1.90	
	玻璃间壁露明墙筋	1.65	
	木栅栏、木栏杆(带扶手)	1.82	按单面外围面积计算
	衣柜、壁柜	1.05	按展开面积计算
	屋面板(带檩条)	1.11	斜长×宽
	木屋架	1.79	跨度(长)×中高÷2

套用木地板定额工程量系数表

定额项目	项目名称	系数	工程量计算规则
木地板	木地板	1.00	按地板工程量
	木地板打蜡	1.00	
	木楼梯(不包括底面)	2.30	按水平投影面积计算

四、金属构件油漆或防火涂料应按其展开面积以“m^2”为计量单位套用金属面油漆相应定额。其余构件按下表计算方法计算。

套用单层钢门窗定额工程量系数表

定额项目	项目名称	系数	工程量计算规则
钢门窗	单层钢门窗	1.00	按门窗洞口面积
	双层(一玻一纱)钢门窗	1.48	
	钢百叶门	2.74	
	半截钢百叶门	2.22	
	满钢门或包铁皮门	1.63	
	钢折门	2.30	
	半玻钢板门或有亮钢板门	1.00	
	单层钢门窗带铁栅	1.94	
	钢栅栏门	1.10	
	射线防护门	2.96	按框(扇)外围面积
	厂库平开、推拉门	1.70	
	铁丝网大门	0.81	
	间壁	1.85	按面积计算
	平板屋面	0.74	斜长×宽
	瓦垄板屋面	0.89	
	排水、伸缩缝盖板	0.78	展开面积
	窗栅	1.00	

金属面油漆、涂料项目,其工程量按设计图示尺寸以展开面积计算,以下构件可参考下表中相应的系数,将质量(t)折算为面积(m^2)。

质量折算面积参考系数表

项目		系数
1	钢栅栏门、栏杆、窗栅	64.98
2	钢平台、钢走道	35.60
3	钢楼梯、钢爬梯	44.84
4	踏步式钢楼梯	39.90
5	现场制作钢构件	56.60
6	零星铁件	58.00

五、木材面防火涂料、防腐涂料。

1. 木龙骨刷防火、防腐涂料按设计图示饰面尺寸以面积(m^2)计算,扣除门窗洞口及单个面积0.3m^2以外的孔洞所占的面积。

2. 基层板刷防火、防腐涂料按实际涂刷面积计算。

一、木门油漆

1.聚酯漆

工作内容:1.清理刷漆:受损漆面铲除、清洗污迹、刮腻子、打磨、刷漆等全部过程;
2.翻新:铲除旧漆面、清理、刮腻子、打磨、刷漆等全部过程。

计量单位:100m²

定额编号				11-1	11-2	11-3	11-4	11-5	11-6
项目				单层木门					
				聚酯清漆			聚酯混漆		
				清理刷漆	翻新(三遍)	每增减一遍	清理刷漆	翻新(三遍)	每增减一遍
基价(元)				**4 132.49**	**5 930.68**	**1 107.82**	**4 517.45**	**6 357.26**	**1 275.44**
其中	人工费(元)			3 068.54	3 884.30	730.67	3 068.54	3 884.30	730.67
	材料费(元)			1 063.95	2 046.38	377.15	1 448.91	2 472.96	544.77
	机械费(元)			—	—	—	—	—	—
	名称	单位	单价(元)	消耗量					
人工	三类人工	工日	155.00	19.797	25.060	4.714	19.797	25.060	4.714
材料	钢丝棉	卷	10.50	—	10.000	—	—	10.000	—
	木砂纸	张	1.03	56.043	65.933	6.060	56.386	66.337	6.060
	大白粉	kg	0.34	9.994	18.857	—	—	—	—
	石膏粉	kg	0.68	2.837	5.353	—	2.698	5.090	—
	聚氨酯漆稀释剂	kg	12.07	4.260	4.484	2.242	5.114	5.383	2.687
	聚酯清漆	kg	16.81	50.322	62.903	20.220	—	—	—
	聚酯色漆	kg	20.69	—	—	—	60.390	75.487	24.270
	清油	kg	14.22	1.901	3.586	—	0.937	1.768	—
	色粉	kg	3.19	2.248	4.242	—	—	—	—
	熟桐油	kg	11.17	3.684	6.959	—	2.329	4.394	—
	脱漆剂	kg	7.62	—	64.000	—	—	64.000	—
	溶剂油	kg	2.29	3.212	6.060	—	4.395	8.292	—
	汽油 综合	kg	6.12	—	10.000	—	—	10.000	—
	其他材料费	元	1.00	20.860	46.880	3.950	28.400	27.280	3.950

2. 硝 基 漆

工作内容:1. 清理刷漆:受损漆面铲除、清洗污迹、刮腻子、打磨、刷漆等全部过程;

2. 翻新:铲除旧漆面、清理、刮腻子、打磨、刷漆等全部过程。

计量单位:100m²

定额编号				11-7	11-8	11-9	11-10	11-11	11-12
项目				单层木门					
				硝基清漆			硝基混漆		
				清理刷漆	翻新(五遍)	每增减一遍	清理刷漆	翻新(五遍)	每增减一遍
基价(元)				**6 534.34**	**8 610.43**	**1 151.95**	**6 573.80**	**8 642.35**	**1 157.94**
其中	人工费(元)			4 532.67	5 673.00	730.67	4 532.67	5 673.00	730.67
	材料费(元)			2 001.67	2 937.43	421.28	2 041.13	2 969.35	427.27
	机械费(元)			—	—	—	—	—	—
名称		单位	单价(元)	消耗量					
人工	三类人工	工日	155.00	29.243	36.600	4.714	29.243	36.600	4.714
材料	钢丝棉	卷	10.50	—	10.000	—	—	10.000	—
	木砂纸	张	1.03	74.896	88.113	8.080	74.896	88.113	8.080
	大白粉	kg	0.34	44.790	56.550	—	44.790	56.550	—
	石膏粉	kg	0.68	0.678	0.848	—	0.678	0.848	—
	漆片 各种规格	kg	38.79	0.257	0.313	—	0.257	0.313	—
	硝基清漆	kg	19.83	35.060	43.178	8.636	—	—	—
	硝基色漆	kg	14.29	—	—	—	36.328	45.410	9.080
	色粉	kg	3.19	3.360	4.242	—	—	—	—
	脱漆剂	kg	7.62	—	64.000	—	—	64.000	—
	硝基漆稀释剂 信那水	kg	13.79	81.870	86.183	17.241	98.240	103.414	20.685
	汽油 综合	kg	6.12	—	10.000	—	—	10.000	—
	酒精 工业用99.5%	kg	7.07	1.096	1.384	—	1.096	1.384	—
	催干剂	kg	16.38	—	0.500	—	—	0.500	—
	骨胶	kg	11.21	1.414	1.768	—	1.414	1.768	—
	其他材料费	元	1.00	40.320	64.840	3.950	40.870	79.990	3.950

3. 调　和　漆

工作内容:1. 清理刷漆:受损漆面铲除、清洗污迹、刮腻子、打磨、刷漆等全部过程;
2. 翻新:铲除旧漆面、清理、刮腻子、打磨、刷漆等全部过程。

计量单位:$100m^2$

定额编号				11-13	11-14	11-15
项目				单层木门		
				调和漆		
				清理刷漆	底油一遍、刮腻子、翻新(二遍)	每增加一遍
基价(元)				**3 742.92**	**5 479.12**	**1 000.30**
其中	人工费(元)			3 137.20	4 128.58	643.25
	材料费(元)			605.72	1 350.54	357.05
	机械费(元)			—	—	—
名称		单位	单价(元)	消耗量		
人工	三类人工	工日	155.00	20.240	26.636	4.150
材料	钢丝棉	卷	10.50	—	8.900	—
	木砂纸	张	1.03	43.911	51.660	—
	石膏粉	kg	0.68	4.128	5.090	—
	调和漆	kg	11.21	17.608	22.230	—
	无光调和漆	kg	13.79	20.168	25.210	25.210
	清油	kg	14.22	1.431	1.768	—
	熟桐油	kg	11.17	3.165	4.293	—
	脱漆剂	kg	7.62	—	56.200	—
	溶剂油	kg	2.29	6.276	8.292	—
	汽油 综合	kg	6.12	—	10.000	—
	其他材料费	元	1.00	12.110	22.050	9.400

二、木扶手、木线条、木板条油漆

1. 木扶手油漆

(1)聚　酯　漆

工作内容:1. 清理刷漆:受损漆面铲除、清洗污迹、刮腻子、打磨、刷漆等全部过程;
2. 翻新:铲除旧漆面、清理、刮腻子、打磨、刷漆等全部过程。

计量单位:100m

定额编号				11-16	11-17	11-18	11-19	11-20	11-21
项目				木扶手					
				聚酯清漆			聚酯混漆		
				清理刷漆	翻新（三遍）	每增减一遍	清理刷漆	翻新（三遍）	每增减一遍
基价（元）				**919.88**	**1 562.61**	**231.59**	**962.81**	**1 616.30**	**247.98**
其中	人工费（元）			812.98	1 354.70	195.46	821.04	1 368.34	195.46
	材料费（元）			106.90	207.91	36.13	141.77	247.96	52.52
	机械费（元）			—	—	—	—	—	—
	名称	单位	单价(元)	消耗量					
人工	三类人工	工日	155.00	5.245	8.740	1.261	5.297	8.828	1.261
材料	钢丝棉	卷	10.50	—	1.100	—	—	1.100	—
	木砂纸	张	1.03	6.344	7.464	—	6.344	7.464	—
	大白粉	kg	0.34	1.446	1.808	—	—	—	—
	石膏粉	kg	0.68	0.417	0.515	—	0.388	0.485	—
	聚氨酯漆稀释剂	kg	12.07	0.364	0.434	0.212	0.440	0.525	0.263
	聚酯清漆	kg	16.81	4.824	6.030	1.970	—	—	—
	聚酯色漆	kg	20.69	—	—	—	5.786	7.232	2.363
	清油	kg	14.22	0.274	0.343	—	0.138	0.172	—
	色粉	kg	3.19	0.323	0.404	—	—	—	—
	熟桐油	kg	11.17	0.534	0.667	—	0.331	0.414	—
	脱漆剂	kg	7.62	—	7.000	—	—	7.000	—
	溶剂油	kg	2.29	0.469	0.586	—	0.638	0.798	—
	汽油 综合	kg	6.12	—	1.100	—	—	1.100	—
	其他材料费	元	1.00	2.140	6.070	0.460	2.830	3.460	0.460

(2)硝　基　漆

工作内容:1. 清理刷漆:受损漆面铲除、清洗污迹、刮腻子、打磨、刷漆等全部过程;

2. 翻新:铲除旧漆面、清理、刮腻子、打磨、刷漆等全部过程。　　**计量单位**:100m

定额编号				11-22	11-23	11-24	11-25	11-26	11-27
项目				木扶手					
				硝基清漆			硝基混漆		
				清理刷漆	翻新（五遍）	每增减一遍	清理刷漆	翻新（五遍）	每增减一遍
基价（元）				**1 441.02**	**2 393.85**	**235.87**	**1 445.30**	**2 398.66**	**236.47**
其中	人工费（元）			1 248.99	2 095.76	195.46	1 248.99	2 095.76	195.46
	材料费（元）			192.03	298.09	40.41	196.31	302.90	41.01
	机械费（元）			—	—	—	—	—	—
名称		单位	单价(元)	消耗量					
人工	三类人工	工日	155.00	8.058	13.521	1.261	8.058	13.521	1.261
材料	钢丝棉	卷	10.50	—	1.100	—	—	1.100	—
	木砂纸	张	1.03	8.070	9.494	0.808	8.070	9.494	0.808
	大白粉	kg	0.34	4.230	5.424	—	4.230	5.424	—
	石膏粉	kg	0.68	0.063	0.081	—	0.063	0.081	—
	漆片 各种规格	kg	38.79	0.024	0.030	—	0.024	0.030	—
	硝基清漆	kg	19.83	3.354	4.141	0.828	—	—	—
	硝基色漆	kg	14.29	—	—	—	3.542	4.373	0.869
	色粉	kg	3.19	0.315	0.404	—	—	—	—
	脱漆剂	kg	7.62	—	7.000	—	—	7.000	—
	硝基漆稀释剂 信那水	kg	13.79	7.849	8.262	1.646	9.413	9.908	1.980
	汽油 综合	kg	6.12	—	1.100	—	—	1.100	—
	酒精 工业用99.5%	kg	7.07	0.104	0.131	—	0.104	0.131	—
	骨胶	kg	11.21	0.086	0.172	—	0.040	0.172	—
	其他材料费	元	1.00	3.850	13.430	0.460	3.980	16.460	0.460

(3)调 和 漆

工作内容:1. 清理刷漆:受损漆面铲除、清洗污迹、刮腻子、打磨、刷漆等全部过程;
2. 翻新:铲除旧漆面、清理、刮腻子、打磨、刷漆等全部过程。

计量单位:100m

定额编号				11-28	11-29	11-30
项目				木扶手		
				调和漆		
				清理刷漆	翻新(二遍)	每增加一遍
基价(元)				**829.23**	**1 196.39**	**202.72**
其中	人工费(元)			777.95	1 058.03	168.18
	材料费(元)			51.28	138.36	34.54
	机械费(元)			—	—	—
名称		单位	单价(元)	消耗量		
人工	三类人工	工日	155.00	5.019	6.826	1.085
材料	钢丝棉	卷	10.50	—	1.100	—
	木砂纸	张	1.03	3.983	4.686	—
	石膏粉	kg	0.68	0.374	0.485	—
	调和漆	kg	11.21	1.470	2.131	—
	无光调和漆	kg	13.79	1.666	2.414	2.414
	清油	kg	14.22	0.111	0.172	—
	熟桐油	kg	11.17	0.304	0.414	—
	脱漆剂	kg	7.62	—	6.200	—
	溶剂油	kg	2.29	0.642	0.798	—
	汽油 综合	kg	6.12	—	0.900	—
	其他材料费	元	1.00	1.030	2.830	1.250

2. 木线条、木板条油漆

(1)聚 酯 漆

工作内容:1. 清理刷漆:受损漆面铲除、清洗污迹、刮腻子、打磨、刷漆等全部过程;

2. 翻新:铲除旧漆面、清理、刮腻子、打磨、刷漆等全部过程。 **计量单位**:100m

定额编号				11-31	11-32	11-33	11-34	11-35	11-36
项目				木线条、木板条					
				聚酯清漆			聚酯混漆		
				清理刷漆	翻新(三遍)	每增减一遍	清理刷漆	三遍	每增减一遍
基价(元)				**443.79**	**749.20**	**110.84**	**460.02**	**771.00**	**116.66**
其中	人工费(元)			406.41	677.35	98.27	410.44	684.17	98.27
	材料费(元)			37.38	71.85	12.57	49.58	86.83	18.39
	机械费(元)			—	—	—	—	—	—
	名称	单位	单价(元)	消耗量					
人工	三类人工	工日	155.00	2.622	4.370	0.634	2.648	4.414	0.634
材料	钢丝棉	卷	10.50	—	0.385	—	—	0.385	—
	木砂纸	张	1.03	2.224	2.616	—	2.224	2.616	—
	大白粉	kg	0.34	0.509	0.636	—	—	—	—
	石膏粉	kg	0.68	0.146	0.182	—	0.138	0.172	—
	聚氨酯漆稀释剂	kg	12.07	0.122	0.152	0.071	0.146	0.182	0.091
	聚酯清漆	kg	16.81	1.689	2.111	0.687	—	—	
	聚酯色漆	kg	20.69	—	—	—	2.028	2.535	0.828
	清油	kg	14.22	0.097	0.121	—	0.049	0.061	—
	色粉	kg	3.19	0.113	0.141	—	—	—	—
	熟桐油	kg	11.17	0.186	0.232	—	0.113	0.141	
	脱漆剂	kg	7.62	—	2.450	—	—	2.450	—
	溶剂油	kg	2.29	0.162	0.202	—	0.226	0.283	—
	汽油 综合	kg	6.12	—	0.385	—	—	0.385	—
	其他材料费	元	1.00	0.760	1.200	0.160	1.000	1.210	0.160

(2)硝 基 漆

工作内容:1. 清理刷漆:受损漆面铲除、清洗污迹、刮腻子、打磨、刷漆等全部过程;

2. 翻新:铲除旧漆面、清理、刮腻子、打磨、刷漆等全部过程。

计量单位:100m

定额编号				11-37	11-38	11-39	11-40	11-41	11-42
项目				木线条、木板条					
				硝基清漆			硝基混漆		
				清理刷漆	翻新(五遍)	每增减一遍	清理刷漆	翻新(五遍)	每增减一遍
基价(元)				**723.79**	**1 194.22**	**112.47**	**725.02**	**1 195.72**	**112.53**
其中	人工费(元)			653.95	1 089.81	98.27	653.95	1 089.81	98.27
	材料费(元)			69.84	104.41	14.20	71.07	105.91	14.26
	机械费(元)			—	—	—	—	—	—
名称		单位	单价(元)	消耗量					
人工	三类人工	工日	155.00	4.219	7.031	0.634	4.219	7.031	0.634
材料	钢丝棉	卷	10.50	—	0.385	—	—	0.385	—
	木砂纸	张	1.03	2.825	3.323	0.283	2.285	3.323	0.283
	大白粉	kg	0.34	1.481	1.899	—	1.481	1.899	—
	石膏粉	kg	0.68	0.023	0.030	—	0.023	0.030	—
	漆片 各种规格	kg	38.79	0.080	0.010	—	0.080	0.010	—
	硝基清漆	kg	19.83	1.163	1.454	0.293	—	—	—
	硝基色漆	kg	14.29	—	—	—	1.235	1.525	0.303
	色粉	kg	3.19	0.110	0.141	—	—	—	—
	脱漆剂	kg	7.62	—	2.450	—	—	2.450	—
	硝基漆稀释剂 信那水	kg	13.79	2.745	2.889	0.576	3.291	3.464	0.687
	汽油 综合	kg	6.12	—	0.385	—	—	0.385	—
	酒精 工业用99.5%	kg	7.07	0.041	0.050	—	0.041	0.050	—
	骨胶	kg	11.21	0.031	0.061	—	0.031	0.061	—
	其他材料费	元	1.00	1.400	4.710	0.160	1.430	5.770	0.160

(3)调　和　漆

工作内容:1. 清理刷漆:受损漆面铲除、清洗污迹、刮腻子、打磨、刷漆等全部过程;

2. 翻新:铲除旧漆面、清理、刮腻子、打磨、刷漆等全部过程。　　**计量单位**:100m

定额编号				11-43	11-44	11-45
项目				木线条、木板条		
				调和漆		
				清理刷漆	翻新(二遍)	每增加一遍
基价(元)				**288.41**	**418.76**	**71.02**
其中	人工费(元)			270.32	370.30	58.90
	材料费(元)			18.09	48.46	12.12
	机械费(元)			—	—	—
名称		单位	单价(元)	消耗量		
人工	三类人工	工日	155.00	1.744	2.389	0.380
材料	钢丝棉	卷	10.50	—	0.385	—
	木砂纸	张	1.03	1.394	1.640	—
	石膏粉	kg	0.68	0.133	0.172	—
	调和漆	kg	11.21	0.515	0.747	—
	无光调和漆	kg	13.79	0.580	0.848	0.848
	清油	kg	14.22	0.039	0.061	—
	熟桐油	kg	11.17	0.121	0.141	—
	脱漆剂	kg	7.62	—	2.170	—
	溶剂油	kg	2.29	0.228	0.283	—
	汽油 综合	kg	6.12	—	0.315	—
	其他材料费	元	1.00	0.360	0.990	0.430

三、其他木材面油漆

1. 聚 酯 漆

工作内容:1. 清理刷漆:受损漆面铲除、清洗污迹、刮腻子、打磨、刷漆等全部过程;
2. 翻新:铲除旧漆面、清理、刮腻子、打磨、刷漆等全部过程。

计量单位:100m²

定额编号				11-46	11-47	11-48	11-49	11-50	11-51
项目				其他木材面					
				聚酯清漆			聚酯混漆		
				清理刷漆	翻新(三遍)	每增减一遍	清理刷漆	翻新(三遍)	每增减一遍
基价(元)				**2 398.55**	**3 750.59**	**716.93**	**2 595.95**	**3 971.16**	**801.36**
其中	人工费(元)			1 827.45	2 732.65	529.48	1 837.06	2 739.16	529.48
	材料费(元)			571.10	1 017.94	187.45	758.89	1 232.00	271.88
	机械费(元)			—	—	—	—	—	—
	名称	单位	单价(元)	消耗量					
人工	三类人工	工日	155.00	11.790	17.630	3.416	11.852	17.672	3.416
材料	钢丝棉	卷	10.50	—	4.800	—	—	4.800	—
	木砂纸	张	1.03	31.430	36.976	—	31.430	36.976	—
	大白粉	kg	0.34	7.477	9.231	—	—	—	—
	石膏粉	kg	0.68	2.185	2.697	—	2.078	2.565	—
	聚氨酯漆稀释剂	kg	12.07	1.855	2.262	1.131	2.228	2.717	1.353
	聚酯清漆	kg	16.81	26.005	31.714	10.191	—	—	—
	聚酯色漆	kg	20.69	—	—	—	31.200	38.057	12.231
	清油	kg	14.22	1.464	1.808	—	0.720	0.889	—
	色粉	kg	3.19	1.734	2.141	—	—	—	—
	熟桐油	kg	11.17	2.839	3.505	—	1.750	2.161	—
	脱漆剂	kg	7.62	—	30.700	—	—	30.700	—
	溶剂油	kg	2.29	2.479	3.060	—	3.387	4.181	—
	汽油 综合	kg	6.12	—	4.500	—	—	4.500	—
	其他材料费	元	1.00	11.430	23.900	2.490	15.140	13.750	2.490

2.硝 基 漆

工作内容:1. 清理刷漆:受损漆面铲除、清洗污迹、刮腻子、打磨、刷漆等全部过程;

2. 翻新:铲除旧漆面、清理、刮腻子、打磨、刷漆等全部过程。

计量单位:$100m^2$

定额编号				11-52	11-53	11-54	11-55	11-56	11-57
项目				其他木材面					
				硝基清漆			硝基混漆		
				清理刷漆	翻新(五遍)	每增减一遍	清理刷漆	翻新(五遍)	每增减一遍
基价(元)				**3 663.57**	**5 469.98**	**741.30**	**3 688.60**	**5 476.91**	**744.17**
其中	人工费(元)			2 665.07	3 977.61	528.55	2 665.07	3 977.61	528.55
	材料费(元)			998.50	1 492.37	212.75	1 023.53	14 99.30	215.62
	机械费(元)			—	—	—	—	—	—
名称		单位	单价(元)	消耗量					
人工	三类人工	工日	155.00	17.194	25.662	3.410	17.194	25.662	3.410
材料	钢丝棉	卷	10.50	—	5.400	—	—	5.400	—
	木砂纸	张	1.03	37.945	44.642	4.040	37.945	44.642	4.040
	大白粉	kg	0.34	14.256	28.512	—	14.256	28.512	—
	石膏粉	kg	0.68	0.331	0.424	—	0.331	0.424	—
	漆片 各种规格	kg	38.79	0.130	0.162	—	0.130	0.162	—
	硝基清漆	kg	19.83	17.630	21.766	4.353	—	—	—
	硝基色漆	kg	14.29	—	—	—	18.449	22.776	4.555
	色粉	kg	3.19	1.070	2.141	—	—	—	—
	脱漆剂	kg	7.62	—	34.800	—	—	34.800	—
	硝基漆稀释剂 信那水	kg	13.79	41.277	43.450	8.686	49.538	52.146	10.433
	汽油 综合	kg	6.12	—	5.200	—	—	5.200	—
	酒精 工业用99.5%	kg	7.07	0.349	0.697	—	0.349	0.697	—
	骨胶	kg	11.21	0.445	0.889	—	0.445	0.889	—
	其他材料费	元	1.00	19.620	23.900	2.490	20.110	23.900	2.500

3.调　和　漆

工作内容:1. 清理刷漆:受损漆面铲除、清洗污迹、刮腻子、打磨、刷漆等全部过程;
2. 翻新:铲除旧漆面、清理、刮腻子、打磨、刷漆等全部过程。

计量单位:100m²

定额编号				11-58	11-59	11-60
项目				其他木材面		
				调和漆		
				清理刷漆	翻新(二遍)	每增加一遍
基价(元)				**1 813.34**	**3 044.06**	**633.29**
其中	人工费(元)			1 543.80	2 375.07	452.14
	材料费(元)			269.54	668.99	181.15
	机械费(元)			—	—	—
名称		单位	单价(元)	消耗量		
人工	三类人工	工日	155.00	9.960	15.323	2.917
材料	钢丝棉	卷	10.50	—	4.300	—
	木砂纸	张	1.03	22.020	25.907	—
	石膏粉	kg	0.68	2.027	2.565	—
	调和漆	kg	11.21	7.623	11.211	—
	无光调和漆	kg	13.79	8.640	12.706	12.706
	清油	kg	14.22	0.791	0.889	—
	熟桐油	kg	11.17	1.523	2.161	—
	脱漆剂	kg	7.62	—	27.100	—
	溶剂油	kg	2.29	3.187	4.181	—
	汽油 综合	kg	6.12	—	4.500	—
	其他材料费	元	1.00	5.320	14.120	5.930

四、木地板油漆

工作内容:1. 清理刷漆:受损漆面铲除、清洗污迹、刮腻子、打磨、刷漆等全部过程;
2. 翻新:铲除旧漆面、清理、刮腻子、打磨、刷漆等全部过程。

计量单位:100m^2

定额编号				11-61	11-62	11-63	11-64	11-65	11-66
项目				水晶漆			聚酯漆		
				清理刷漆	翻新(三遍)	每增减一遍	清理刷漆	翻新(三遍)	每增减一遍
基价(元)				**3 515.33**	**4 300.91**	**748.85**	**2 469.02**	**3 059.20**	**572.68**
其中	人工费(元)			2 267.81	2 519.84	470.43	2 010.97	2 234.48	413.54
	材料费(元)			1 247.52	1 781.07	278.42	458.05	824.72	159.14
	机械费(元)			—	—	—	—	—	—
	名称	单位	单价(元)	消耗量					
人工	三类人工	工日	155.00	14.631	16.257	3.035	12.974	14.416	2.668
材料	钢丝棉	卷	10.50	—	4.100	—	—	4.100	—
	木砂纸	张	1.03	19.574	23.028	—	19.574	23.028	—
	大白粉	kg	0.34	4.848	6.060	—	5.757	7.201	—
	石膏粉	kg	0.68	11.312	14.140	—	11.312	14.140	—
	酚醛清漆	kg	10.34	3.232	4.040	—	3.474	4.343	—
	聚酯清漆	kg	16.81	—	—	—	21.089	26.361	8.484
	漆片 各种规格	kg	38.79	12.120	15.150	—	—	—	—
	水晶地板漆 S961	kg	23.24	28.579	35.724	11.484	—	—	—
	色粉	kg	3.19	0.081	0.101	—	0.404	0.505	—
	松香水	kg	4.74	1.616	2.020	—	1.616	2.020	—
	脱漆剂	kg	7.62	—	21.100	—	—	21.100	—
	溶剂油	kg	2.29	4.202	5.252	—	4.363	5.454	—
	汽油 综合	kg	6.12	—	3.500	—	—	3.500	—
	二甲苯	kg	6.03	1.293	1.616	0.303	1.535	1.919	1.131
	其他材料费	元	1.00	24.950	29.090	9.700	9.620	40.400	9.700

工作内容:1. 清理刷漆:受损漆面铲除、清洗污迹、刮腻子、打磨、刷漆等全部过程;
2. 翻新:铲除旧漆面、清理、刮腻子、打磨、刷漆等全部过程;
3. 打蜡:清扫、磨砂纸、打蜡等全过程。

计量单位:100m^2

定额编号				11-67	11-68	11-69	11-70
项目				地板漆			木地板打蜡
				清理刷漆	翻新(三遍)	每增减一遍	一遍
基价(元)				**2 269.14**	**2 784.04**	**504.97**	**456.02**
其中	人工费(元)			2 019.96	2 244.40	415.40	406.41
	材料费(元)			249.18	539.64	89.57	49.61
	机械费(元)			—	—	—	—
	名称	单位	单价(元)	消耗量			
人工	三类人工	工日	155.00	13.032	14.480	2.680	2.622
材料	钢丝棉	卷	10.50	—	4.100	—	—
	棉花	kg	22.84	—	—	—	0.101
	豆包布	m	2.93	—	—	—	0.051
	木砂纸	张	1.03	17.045	20.503	—	—
	石膏粉	kg	0.68	1.786	2.232	—	—
	木地板漆	kg	11.72	17.687	22.109	7.363	—
	熟桐油	kg	11.17	1.511	1.889	—	—
	脱漆剂	kg	7.62	—	21.100	—	—
	溶剂油	kg	2.29	0.590	0.737	—	—
	汽油 综合	kg	6.12	—	3.500	—	—
	地板蜡	kg	9.91	—	—	—	3.535
	其他材料费	元	1.00	4.890	9.850	3.280	12.120

五、木材面防火涂料

工作内容:清理基层、刷防火涂料等全过程。

计量单位:100m^2

定额编号				11-71	11-72	11-73	11-74	11-75	11-76
项目				地板基层防火涂料				其他板材面防火涂料	
				木龙骨		木龙骨带毛地板		二遍	每增减一遍
				二遍	每增减一遍	二遍	每增减一遍		
基价(元)				**1 018.33**	**474.47**	**1 771.57**	**827.12**	**753.26**	**352.67**
其中	人工费(元)			685.72	301.32	1 175.21	516.46	489.49	215.14
	材料费(元)			332.61	173.15	596.36	310.66	263.77	137.53
	机械费(元)			—	—	—	—	—	—
	名称	单位	单价(元)	消耗量					
人工	三类人工	工日	155.00	4.424	1.944	7.582	3.332	3.158	1.388
材料	防火涂料	kg	13.36	24.291	12.777	43.561	22.927	19.271	10.151
	溶剂油	kg	2.29	1.293	—	2.313	—	1.020	—
	其他材料费	元	1.00	5.120	2.450	9.090	4.360	3.970	1.910

工作内容:清理基层、刷防火涂料等全过程。　　　　**计量单位**:100m²

定额编号				11-77	11-78	11-79	11-80	11-81	11-82
项目				墙、柱面木龙骨防火涂料		天棚骨架防火涂料			
						圆木骨架		方木骨架	
				二遍	每增减一遍	二遍	每增减一遍	二遍	每增减一遍
基价（元）				**1 051.52**	**474.37**	**1 565.63**	**761.33**	**1 631.45**	**799.26**
其中	人工费（元）			805.85	346.27	1 167.31	555.52	1 219.23	584.66
	材料费（元）			245.67	128.10	398.32	205.81	412.22	214.60
	机械费（元）			—	—	—	—	—	—
	名称	单位	单价(元)	消耗量					
人工	三类人工	工日	155.00	5.199	2.234	7.531	3.584	7.866	3.772
材料	防火涂料	kg	13.36	17.938	9.454	28.583	15.049	30.088	15.837
	溶剂油	kg	2.29	0.950	—	2.576	—	1.596	—
	其他材料费	元	1.00	3.850	1.790	10.550	4.760	6.590	3.020

六、板面封油刮腻子

工作内容:1. 清理基层、刮腻子、打磨或点锈、刷防腐油。　　　　**计量单位**:100m²

定额编号				11-83	11-84	11-85	11-86
项目				清油封底	板缝贴胶带、点锈	防腐油一遍	
						板材面	木龙骨
基价（元）				**387.95**	**454.16**	**280.11**	**426.46**
其中	人工费（元）			207.24	227.23	242.27	389.98
	材料费（元）			180.71	226.93	37.84	36.48
	机械费（元）			—	—	—	—
	名称	单位	单价(元)	消耗量			
人工	三类人工	工日	155.00	1.337	1.466	1.563	2.516
材料	木砂纸	张	1.03	—	80.800	—	—
	聚醋酸乙烯乳液	kg	5.60	—	7.070	—	—
	嵌缝膏	kg	2.76	—	1.970	—	—
	防腐油	kg	1.28	—	—	24.745	23.988
	清油	kg	14.22	11.110	—	—	—
	贴缝网带	m	0.50	—	124.634	—	—
	其他材料费	元	1.00	22.730	36.360	6.170	5.780

七、金属面油漆

工作内容:除锈除漆、清理、刮腻子、刷漆等全过程。 计量单位:100m²

定额编号				11-87	11-88	11-89	11-90	11-91	11-92
项目				钢门窗					
				防锈漆一遍	防火漆二遍	醇酸漆		银粉漆	
						二遍	每增减一遍	二遍	每增减一遍
基价(元)				**882.65**	**1 695.20**	**1 801.61**	**826.91**	**1 791.82**	**829.64**
其中	人工费(元)			754.54	1 032.92	1 451.42	652.86	1 290.38	579.86
	材料费(元)			128.11	662.28	350.19	174.05	501.44	249.78
	机械费(元)			—	—	—	—	—	—
名称		单位	单价(元)	消耗量					
人工	三类人工	工日	155.00	4.868	6.664	9.364	4.212	8.325	3.741
材料	醇酸磁漆	kg	15.52	—	—	21.351	10.676	—	—
	醇酸漆稀释剂	kg	6.90	—	—	1.172	0.586	—	—
	银粉漆	kg	12.93	—	—	—	—	25.907	12.948
	钢结构防火漆	kg	24.85	—	21.139	—	—	—	—
	钢结构防火漆稀释剂	kg	21.72	—	4.333	—	—	—	—
	红丹防锈漆	kg	6.90	16.685	—	—	—	—	—
	清油	kg	14.22	—	2.323	—	—	10.443	5.222
	溶剂油	kg	2.29	0.869	—	—	—	2.576	1.283
	成品腻子粉	kg	0.86	2.000	2.000	2.000	—	2.000	—
	其他材料费	元	1.00	9.270	8.110	9.020	4.320	10.340	5.170

工作内容:除锈除漆、清理、刮腻子、刷漆等全过程。 计量单位:100m²

定额编号				11-93	11-94	11-95	11-96	11-97
项目				金属面				
				防锈漆	醇酸漆		银粉漆	
				一遍	二遍	每增减一遍	二遍	每增减一遍
基价(元)				**816.60**	**1 666.59**	**859.04**	**1 658.06**	**827.48**
其中	人工费(元)			697.97	1 342.61	697.97	1 194.12	596.44
	材料费(元)			118.63	323.98	161.07	463.94	231.04
	机械费(元)			—	—	—	—	—
名称		单位	单价(元)	消耗量				
人工	三类人工	工日	155.00	4.503	8.662	4.503	7.704	3.848
材料	醇酸磁漆	kg	15.52	—	19.746	9.878	—	—
	醇酸漆稀释剂	kg	6.90	—	1.081	0.546	—	—
	银粉漆	kg	12.93	—	—	—	23.967	11.979
	红丹防锈漆	kg	6.90	15.433	—	—	—	—
	清油	kg	14.22	—	—	—	9.656	4.828
	溶剂油	kg	2.29	0.808	—	—	2.384	1.182
	成品腻子粉	kg	0.86	2.000	2.000	—	2.000	—
	其他材料费	元	1.00	8.570	8.340	4.000	9.560	4.790

工作内容:除锈除漆、清理、刮腻子、刷漆、刷涂料等全过程。 **计量单位**:100m^2

定额编号				11-98	11-99	11-100
项目				金属面		
				环氧富锌 防锈漆一遍	防火涂料	
					耐火极限 1.00h	耐火极限 每增0.50h
基价(元)				**1 160.16**	**4 027.56**	**1 431.82**
其中	人工费(元)			768.03	1 436.85	539.09
	材料费(元)			392.13	2 590.71	892.73
	机械费(元)			—	—	—
	名称	单位	单价(元)	消耗量		
人工	三类人工	工日	155.00	4.955	9.270	3.478
材料	坏氧富锌 底漆	kg	13.79	26.008	—	—
	环氧富锌底漆稀释剂	kg	11.21	1.303	—	—
	钢结构防火漆	kg	24.85	—	88.062	30.300
	钢结构防火漆稀释剂	kg	21.72	—	18.180	6.262
	成品腻子粉	kg	0.86	2.000	—	—
	其他材料费	元	1.00	17.150	7.500	3.760

八、抹灰面油漆

工作内容:1. 清理刷漆:受损漆面铲除、清洗污迹、刮腻子、打磨、刷漆等全部过程;

2. 翻新:清除旧漆面、清理基层、刮腻子、打磨、刷漆等全部过程。

计量单位:100m²

定额编号				11-101	11-102	11-103	11-104	11-105
项目				调和漆			耐磨漆	
				墙、柱、天棚面等			地面	
				清理刷漆	翻新(二遍)	每增减一遍	翻新(三遍)	每增减一遍
基价(元)				**1 477.30**	**1 681.03**	**529.72**	**2 622.12**	**244.60**
其中	人工费(元)			1 232.41	1 126.85	398.51	1 961.22	176.86
	材料费(元)			244.89	554.18	131.21	660.90	67.74
	机械费(元)			—	—	—	—	—
名称		单位	单价(元)	消耗量				
人工	三类人工	工日	155.00	7.951	7.270	2.571	12.653	1.141
材料	钢丝棉	卷	10.50	—	6.000	—	6.000	—
	木砂纸	张	1.03	10.389	3.419	—	—	—
	普通硅酸盐水泥 P·O 52.5 综合	kg	0.39	—	—	—	75.144	—
	KCM 清漆	kg	17.24	—	—	—	4.747	3.535
	KCM 色漆	kg	18.97	—	—	—	12.120	—
	调和漆	kg	11.21	3.252	9.363	—	—	—
	无光调和漆	kg	13.79	3.745	9.363	9.363	—	—
	成品腻子粉	kg	0.86	100.000	—	—	—	—
	清油	kg	14.22	0.969	1.566	—	—	—
	熟桐油	kg	11.17	0.038	2.202	—	—	—
	脱漆剂	kg	7.62	—	17.500	—	17.500	—
	溶剂油	kg	2.29	3.837	6.201	—	—	—
	汽油 综合	kg	6.12	—	2.200	—	2.200	—
	二甲苯	kg	6.03	—	—	—	2.004	1.111
	洗衣粉	kg	8.62	3.740	4.400	—	4.400	—
	107 胶	kg	1.72	—	—	—	32.312	—
	水	m³	4.27	0.014	—	—	—	—
	其他材料费	元	1.00	4.800	7.780	2.090	4.440	0.100

工作内容：1. 清理刷漆：原漆膜局部铲除、清洗污迹至油漆成活全部操作过程；
2. 翻新：原旧漆膜清除至油漆成活全部操作过程。

计量单位：100m

定　额　编　号				11-106	11-107
项　　目				耐磨漆	
				踢脚线	
				翻新(三遍)	每增减一遍
基　价　(元)				**491.62**	**127.53**
其中	人　工　费　(元)			361.15	118.11
	材　料　费　(元)			130.47	9.42
	机　械　费　(元)			—	—
名　称		单位	单价(元)	消　耗　量	
人工	三类人工	工日	155.00	2.330	0.762
材料	钢丝棉	卷	10.50	1.800	—
	普通硅酸盐水泥 P·O 52.5 综合	kg	0.39	8.484	—
	KCM 清漆	kg	17.24	0.707	0.505
	KCM 色漆	kg	18.97	1.717	—
	脱漆剂	kg	7.62	5.250	—
	汽油 综合	kg	6.12	0.660	—
	二甲苯	kg	6.03	0.202	0.101
	洗衣粉	kg	8.62	1.320	—
	107 胶	kg	1.72	3.636	—
	其他材料费	元	1.00	0.610	0.100

九、涂　　料

工作内容：1. 清理刷漆：原乳胶漆或涂料局部铲除、清洗污迹、刷乳胶漆或涂料全部操作过程；
2. 翻新：清理基层、刷乳胶漆或涂料、打磨等全过程。

计量单位：$100m^2$

定　额　编　号				11-108	11-109	11-110	11-111	11-112	11-113
项　　目				乳胶漆			涂料		
				墙、柱、天棚面					
				清理刷漆	翻新(二遍)	每增减一遍	清理刷涂料	翻新(二遍)	每增减一遍
基　价　(元)				**1 273.21**	**1 177.47**	**582.66**	**927.76**	**682.33**	**256.44**
其中	人　工　费　(元)			879.01	702.46	351.23	803.68	627.75	233.59
	材　料　费　(元)			394.20	475.01	231.43	124.08	54.58	22.85
	机　械　费　(元)			—	—	—	—	—	—
名　称		单位	单价(元)	消　耗　量					
人工	三类人工	工日	155.00	5.671	4.532	2.266	5.185	4.050	1.507
材料	木砂纸	张	1.03	10.807	20.200	4.747	5.000	8.080	3.535
	乳胶漆	kg	15.52	18.633	29.128	14.564	—	—	—
	成品腻子粉	kg	0.86	105.000	—	—	105.000	—	—
	普通内墙涂料 803 型	kg	1.03	—	—	—	23.080	36.077	18.039
	熟桐油	kg	11.17	—	—	—	0.330	0.636	—
	水	m^3	4.27	0.014	—	—	0.014	—	—
	其他材料费	元	1.00	3.520	2.140	0.510	1.110	1.990	0.630

工作内容:1. 清理刷漆:原乳胶漆局部铲除、清洗污迹、刷乳胶漆全部操作过程;
2. 翻新:清理基层、刷乳胶漆、打磨等全过程。 **计量单位**:100m

定额编号				11-114	11-115	11-116	11-117	11-118	11-119
项目				乳胶漆					
				线条宽(cm 以内)					
				8		12		18	
				清理刷漆	翻新	清理刷漆	翻新	清理刷漆	翻新
基价(元)				**163.15**	**169.40**	**209.06**	**205.41**	**287.32**	**272.24**
其中	人工费(元)			116.72	108.97	144.00	121.52	194.68	153.76
	材料费(元)			46.43	60.43	65.06	83.89	92.64	118.48
	机械费(元)			—	—	—	—	—	—
名称		单位	单价(元)	消耗量					
人工	三类人工	工日	155.00	0.753	0.703	0.929	0.784	1.256	0.992
材料	木砂纸	张	1.03	1.717	2.020	1.717	2.020	1.717	2.020
	乳胶漆	kg	15.52	2.398	3.747	3.361	5.252	4.783	7.474
	成品腻子粉	kg	0.86	8.080	—	12.120	—	18.180	—
	水	m^3	4.27	0.009	—	0.012	—	0.017	—
	其他材料费	元	1.00	0.460	0.200	0.650	0.300	0.930	0.400

工作内容:1. 清理刷涂料:原涂料局部铲除、清洗污迹、刷涂料全部操作过程;
2. 翻新:清理基层、刷涂料、打磨等全过程。 **计量单位**:100m

定额编号				11-120	11-121	11-122	11-123	11-124	11-125
项目				涂料					
				线条宽(cm 以内)					
				8		12		18	
				清理刷涂料	翻新	清理刷涂料	翻新	清理刷涂料	翻新
基价(元)				**119.71**	**109.04**	**150.10**	**121.72**	**205.00**	**154.02**
其中	人工费(元)			105.87	97.34	131.29	108.66	178.72	137.49
	材料费(元)			13.84	11.70	18.81	13.06	26.28	16.53
	机械费(元)			—	—	—	—	—	—
名称		单位	单价(元)	消耗量					
人工	三类人工	工日	155.00	0.683	0.628	0.847	0.701	1.153	0.887
材料	木砂纸	张	1.03	1.531	1.801	1.709	2.010	2.162	2.544
	成品腻子粉	kg	0.86	8.080	—	12.120	—	18.180	—
	普通内墙涂料 803 型	kg	1.03	4.149	8.388	5.252	9.362	6.666	11.851
	熟桐油	kg	11.17	0.077	0.099	0.087	0.110	0.110	0.139
	水	m^3	4.27	0.015	—	0.017	—	0.022	—
	其他材料费	元	1.00	0.120	0.100	0.170	0.120	0.230	0.150

工作内容：清理、修补基层、拌合腻子、刮腻子、磨砂皮等。　　**计量单位：**100m²

定额编号				11-126	11-127	11-128	11-129	11-130
项目				批刮腻子(满刮两遍)			每增减一遍腻子	线条批刮腻子
				混凝土面	抹灰面	石膏板或其他基层板面		
计量单位				$100m^2$	$100m^2$	$100m^2$	$100m^2$	100m
基价（元）				**1 390.43**	**1 263.47**	**1 048.08**	**522.27**	**203.40**
其中	人工费（元）			1 091.20	990.30	818.40	409.51	179.18
	材料费（元）			299.23	273.17	229.68	112.76	24.22
	机械费（元）			—	—	—	—	—
	名称	单位	单价(元)	消耗量				
人工	三类人工	工日	155.00	7.040	6.389	5.280	2.642	1.156
材料	木砂纸	张	1.03	10.100	10.100	10.100	3.030	2.020
	基膜(丙烯酸乳液)	kg	10.34	—	—	—	—	—
	成品腻子粉	kg	0.86	333.300	303.000	252.500	126.250	25.250
	水	m^3	4.27	0.040	0.040	0.025	0.013	0.005
	其他材料费	元	1.00	2.020	2.020	2.020	1.010	0.400

注：如采用其他腻子时材料单价换算。

工作内容：清理基层、喷(刷)涂料等全过程。　　**计量单位：**100m²

定额编号				11-131	11-132	11-133	11-134
项目				外墙涂料			
				丙烯酸涂料	弹性涂料	仿石型涂料	氟碳涂料
基价（元）				**1 989.34**	**2 739.17**	**7 351.87**	**3 869.65**
其中	人工费（元）			1 076.94	1 598.67	1 913.17	2 063.83
	材料费（元）			912.40	1 140.50	5 438.70	1 805.82
	机械费（元）			—	—	—	—
	名称	单位	单价(元)	消耗量			
人工	三类人工	工日	155.00	6.948	10.314	12.343	13.315
材料	弹性涂料底涂	kg	7.76	—	10.400	—	—
	弹性涂料面涂	kg	15.52	—	20.800	—	—
	弹性涂料中涂	kg	10.34	—	69.340	—	—
	固底漆稀释剂	kg	18.97	—	—	—	1.240
	水泥基层腻子	kg	1.47	—	—	—	23.180
	外墙封固底漆	kg	7.76	—	—	—	20.600
	外墙氟碳漆	kg	56.03	—	—	—	25.750
	仿石型外墙涂料骨架	kg	5.17	—	—	900.000	—
	仿石型外墙涂料罩面	kg	15.52	—	—	50.000	—
	聚氨酯丙烯酸外墙涂料	kg	19.40	46.000	—	—	—
	外墙氟碳漆稀释剂	kg	81.03	—	—	—	1.550
	其他材料费	元	1.00	20.000	20.000	9.700	20.000

第十二章
室 外 工 程

说　　明

一、本章定额包括室外地坪、室外排水、其他项目。

二、本章定额适用于一般工业与民用建筑的厂区、小区及房屋附属工程，超出上述范围套用《浙江省市政工程预算定额》(2018 版)、《浙江省市政设施养护维修定额》(2018 版)等其他相应定额子目。

三、管道维修定额包括了旧管拆换，不包括土方的开挖、回填等内容，发生时按本定额第二章相应定额子目执行。

四、升降窨井定额，砖砌壁厚按 1 砖厚考虑，设计壁厚不同时，材料消耗量按墙厚比例调整，其余不变。

五、窨井混凝土盖板调换定额，盖板按成品购买考虑。

六、明沟维修定额适用于与墙脚相连的明沟，包括破损沟体拆除及修复，实际不同时不做调整。

七、台阶修补定额未考虑面层铺贴，发生时分别按本定额第十章相应定额子目执行。

工程量计算规则

一、地坪翻铺按图示尺寸以“m^2”计算,不扣除 0.5m^2 以内各类检查井所占面积。

二、排水管道维修工程量按图示尺寸以延长米计算,管道铺设方向窨井内空尺寸小于 500mm 时不扣窨井所占长度,大于 500mm 时,按井壁内空尺寸扣除窨井所占长度。

三、升降窨井工程量按窨井个数以“只”计算。

四、拆换窨井盖板工程量按盖板体积以“m^3”计算。

五、明沟维修工程量按图示尺寸以延长米计算。

六、台阶修补按修补部位的水平投影面积以“m^2”计算。如台阶与平台相连,平台面积在 10m^2 以内时按台阶计算,平台面积在 10m^2 以上时,平台按楼地面工程计算套用相应定额,工程量以最上一级 300mm 处为分界。

一、室外地坪

工作内容:拆除、清理、放线、运料、铺设(贴)面层、擦缝、勾缝及清理。 **计量单位:**100m²

定额编号					12-1	12-2	12-3
项目					拆换地坪块		翻铺草皮砖
					砂结合层	水泥砂浆结合层	
基价(元)					**11 466.60**	**13 442.79**	**4 953.23**
其中	人工费(元)				1 140.48	2 864.70	2 217.11
	材料费(元)				10 326.12	10 554.44	2 707.76
	机械费(元)				—	23.65	28.36
名称			单位	单价(元)	消耗量		
人工	二类人工		工日	135.00	8.448	21.220	16.423
材料	黄砂 毛砂		t	87.38	8.238	—	—
	草皮砖		m²	18.97	—	—	101.300
	地坪块		m²	94.83	101.300	101.300	—
	干混地面砂浆 DS M20.0		m³	443.08	—	2.130	—
	干硬水泥砂浆 1:3		m³	244.35	—	—	3.195
	其他材料费		元	1.00	—	4.400	5.400
机械	干混砂浆罐式搅拌机 20 000L		台班	193.83	—	0.122	—
	灰浆搅拌机 200L		台班	154.97	—	—	0.183

注:1. 铺地坪砖、草皮砖采用不同材料时,材料单价换算,其余不变;
2. 地坪块下砂结合层或砂浆结合层的厚度分别按 60mm 或 20mm 考虑,设计不同时,结合层材料用量按比例调整,其余不变;
3. 草皮砖结合层的厚度按 30mm 考虑,设计不同时,结合层材料用量按比例调整,其余不变。

二、室外排水

1.管道维修

工作内容:拆旧管、挂线、成品管材管件场内运输、铺设。 **计量单位:**100m

定额编号				12-4	12-5	12-6
项目				硬塑料管		
				管径(mm)		
				150	200	300
基价(元)				**665.92**	**881.69**	**1 753.25**
其中	人工费(元)			436.86	507.74	588.87
	材料费(元)			229.06	373.95	1 164.38
	机械费(元)			—	—	
名称		单位	单价(元)	消耗量		
人工	二类人工	工日	135.00	3.236	3.761	4.362
材料	硬塑料管	m	—	(101.950)	(101.950)	(101.950)
	橡胶圈 *DN*150	个	12.07	18.182	—	—
	橡胶圈 *DN*200	个	19.83	—	18.182	—
	橡胶圈 *DN*300	个	63.36	—	—	18.182
	其他材料费	元	1.00	9.600	13.400	12.370

2. 升 降 窨 井

工作内容：挖土、拆除、清理、运制砂浆及混凝土、砌筑、粉刷、回填、夯实、安放井圈盖、清理。 **计量单位**：只

定额编号				12-7	12-8	12-9	12-10	12-11	12-12
项目				窨井(内径周长:2m 以内)			窨井(内径周长:2.6m 以内)		
				升高20cm以内	降低20cm以内	增减10cm	升高20cm以内	降低20cm以内	增减10cm
基价(元)				**175.76**	**96.59**	**63.41**	**224.58**	**123.76**	**72.52**
其中	人工费(元)			121.50	84.65	35.10	157.95	110.03	38.61
	材料费(元)			53.68	11.75	27.92	66.05	13.54	33.52
	机械费(元)			0.58	0.19	0.39	0.58	0.19	0.39
名称		单位	单价(元)	消耗量					
人工	二类人工	工日	135.00	0.900	0.627	0.260	1.170	0.815	0.286
材料	混凝土实心砖 240×115×53 MU10	千块	388.00	0.076	—	0.039	0.093	—	0.047
	干混抹灰砂浆 DP M15.0	m^3	446.85	0.026	0.026	0.013	0.030	0.030	0.015
	干混砌筑砂浆 DM M5.0	m^3	397.23	0.030	—	0.016	0.040	—	0.020
	107 胶纯水泥浆	m^3	490.56	0.001	—	0.001	0.001	—	0.001
	水	m^3	4.27	0.015	0.007	0.008	0.019	0.008	0.010
	其他材料费	元	1.00	0.100	0.100	0.100	0.100	0.100	0.100
机械	干混砂浆罐式搅拌机 20 000L	台班	193.83	0.003	0.001	0.002	0.003	0.001	0.002

注：井盖座如发生调换则另行计取费用。

3. 拆换窨井盖板

工作内容：拆除、清理、安装成品井圈盖、清理。 **计量单位**：$10m^3$

定额编号				12-13	12-14
项目				成品预制盖板(内径周长)	
				2m 以内	2.6m 以内
基价(元)				**3 511.57**	**3 186.36**
其中	人工费(元)			2 537.60	2 537.19
	材料费(元)			958.85	639.09
	机械费(元)			15.12	10.08
名称		单位	单价(元)	消耗量	
人工	二类人工	工日	135.00	18.797	18.794
材料	预制混凝土盖板	m^3	—	(10.130)	(10.130)
	水	m^3	4.27	0.513	0.342
	干混抹灰砂浆 DP M20.0	m^3	446.95	2.111	1.407
	其他材料费	元	1.00	13.150	8.770
机械	干混砂浆罐式搅拌机 20 000L	台班	193.83	0.078	0.052

注：预制混凝土盖板包括成品井圈。

三、其 他 项 目

工作内容：1. 拆除破损沟体、铺垫层、调制砂浆、砌筑、抹灰、混凝土浇捣、养护、清理；
2. 拆除破损沟体、铺垫层、调制砂浆、砌筑、抹灰、清理。

计量单位：10m

定额编号				12-15	12-16
项目				明沟维修	
				混凝土	砖砌
基价（元）				**724.63**	**701.51**
其中	人工费（元）			319.55	232.74
	材料费（元）			355.47	434.24
	机械费（元）			49.61	34.53
名称		单位	单价(元)	消耗量	
人工	二类人工	工日	135.00	2.367	1.724
材料	非泵送商品混凝土 C15	m^3	399.00	0.596	0.404
	混凝土实心砖 240×115×53 MU10	千块	388.00	—	0.263
	碎石 综合	t	102.00	0.566	0.707
	水	m^3	4.27	0.505	0.606
	干混砌筑砂浆 DM M5.0	m^3	397.23	—	0.172
	干混抹灰砂浆 DP M20.0	m^3	446.95	0.061	0.061
	六角空心钢 综合	kg	2.48	0.014	0.010
	木模板	m^3	1 445.00	0.020	—
	圆钉	kg	4.74	0.202	—
	合金钢钻头 一字型	个	8.62	0.010	0.006
	高压橡胶风管 ϕ25	m	12.93	0.002	0.002
	其他材料费	元	1.00	0.510	0.610
机械	手持式风动凿岩机	台班	12.36	0.263	0.179
	木工圆锯机 500mm	台班	27.50	0.063	—
	内燃空气压缩机 $3m^3$/min	台班	329.10	0.130	0.088
	混凝土振捣器 平板式	台班	12.54	0.101	0.067
	干混砂浆罐式搅拌机 20 000L	台班	193.83	0.003	0.013

工作内容:1. 拆除破损处、清理、调制砂浆、砌砖、抹灰、清理;
2. 拆除破损处、清理、模板制作安装、混凝土浇捣、养护、清理。

计量单位:$10m^2$

定额编号					12-17	12-18
项目					台阶修补	
					砖砌	混凝土
基价(元)					**2 706.30**	**2 430.86**
其中	人工费(元)				1 162.49	1 067.99
	材料费(元)				1 531.99	1 352.66
	机械费(元)				11.82	10.21
名称			单位	单价(元)	消耗量	
人工	二类人工		工日	135.00	8.611	7.911
材料	塑料薄膜		m^2	0.86	—	16.800
	碎石 综合		t	102.00	2.411	2.812
	混凝土实心砖 240×115×53 MU10		千块	388.00	1.964	—
	非泵送商品混凝土 C15		m^3	399.00	—	2.116
	水		m^3	4.27	0.600	0.600
	木模板		m^3	1 445.00	—	0.051
	纯水泥浆		m^3	430.36	—	0.020
	干混抹灰砂浆 DP M15.0		m^3	446.85	1.167	0.272
	其他材料费		元	1.00	—	0.700
机械	干混砂浆罐式搅拌机 20 000L		台班	193.83	0.061	0.015
	木工圆锯机 500mm		台班	27.50	—	0.189
	混凝土振捣器 平板式		台班	12.54	—	0.168

第十三章
地基及基础加固工程

说　明

一、本章定额包括锚杆静压桩和室内抗浮锚杆制作、安装。

二、本章定额均未考虑土方开挖、土方回填及土方运输等项目，发生时按本定额第二章“土方工程”相应定额子目执行。

三、混凝土锚杆静压桩实际采用成品预制桩时，其单价按成品价格考虑。

四、反力架锚杆后成孔埋设是指在原基础或承台表面钻孔埋设反力架锚杆，预先埋设是指在新建基础或承台内预先埋设反力架锚杆。

五、反力架锚杆埋设定额中反力架锚杆按照 M27 钢锚杆考虑，埋设深度为 300mm。设计反力架锚杆直径和埋设深度与定额不同时，反力架锚杆按设计规格调整，人工、机械及硫黄胶泥消耗量按埋设深度比例调整。反力架锚杆交叉连接钢筋的制作、安装费用已包括在封桩定额内，不再另行计算。

六、锚杆静压桩开凿压桩孔按设计注明的桩截面周长及基础厚度套用定额。基础厚度指压桩孔穿透部分基础混凝土的厚度，不包括各类垫层厚度。基础凿除后废渣外运费用另计。

七、遇开凿压桩孔后原基础钢筋割断需要复原的，复原费用已包含在相应定额中。

八、现场预制锚杆静压桩的钢筋按本定额第四章相应定额子目执行。

九、锚杆静压桩压桩按桩径及单桩竖向承载力不同套用相应定额，压桩定额中已综合了接桩所需的压桩机台班。当设计桩长在 12m 以内时，压桩定额人工消耗量和机械消耗量乘以系数 1.25；设计桩长在 30m 以上时，压桩定额人工消耗量和机械消耗量乘以系数 0.85。

十、锚杆静压桩发生送桩时，按相应压桩定额的人工及机械消耗量乘以系数 1.20，其余不变。

十一、锚杆静压桩接桩，按桩径不同套用相应定额。

十二、由于设计要求或地质条件原因导致锚杆静压桩需截桩时，截除部分桩体压桩费用不计，但锚杆桩的材料费用不扣。

十三、锚杆静压桩设计采用预加载封桩时，按单桩竖向承载力和桩径不同分别套用相应定额。封桩孔基础厚度按 800mm 编制，设计与定额不同时，混凝土含量按比例调整。预加载封桩是指在千斤顶不卸载条件下进行封桩，当封桩混凝土达到设计强度后，方可卸载。

十四、封桩中突出基础部分的桩帽按本定额第四章“混凝土及钢筋混凝土工程”相应定额子目执行。

十五、预制混凝土锚杆桩及钢管静压桩场内运输按本定额第十六章“其他加固工程”相应定额子目执行。

十六、锚杆静压桩未包含引孔费用，若在沉桩时遇孤石、障碍物、难以穿越的夹层而需采用引孔，发生的费用另行计算。

十七、室内抗浮锚杆中锚杆接头、套筒发生时，按本定额第四章“混凝土及钢筋混凝土工程”相关说明及定额子目另行计算。

工程量计算规则

一、锚杆静压桩。

1. 反力架锚杆埋设按反力架锚杆数量以“根”计算。

2. 混凝土基础开凿压桩孔按设计图示以“个”计算。

3. 锚杆静压桩制桩按设计桩长(包括桩尖)乘以桩截面积以体积“m^3” 计算,钢管桩制作以设计桩长乘单位理论质量的桩实际重量按“t”计算。

4. 锚杆静压桩预制模板面积按每根桩计算一根桩侧面面积加两个端截面面积之和乘以系数1.25,再乘以桩根数计取;若分段预制,则按段计算模板面积。

5. 锚杆静压桩压桩、钢管桩压桩按设计压入基础的桩长(包括桩尖)按延长米以“m”计算。

6. 锚杆静压桩送桩深度按设计桩顶标高至打桩前的原地面(承台面)标高另加0.5m,分不同深度以长度“m”计算。

7. 锚杆静压桩接桩和孔内截桩按其数量以“个”计算。

8. 锚杆静压钢管桩混凝土灌芯,按设计桩长(包括桩尖)乘以填芯截面积以体积“m^3”计算。

9. 锚杆静压桩封桩分不预加载封桩和预加载封桩,按其数量以“个”计算。

二、室内抗浮锚杆。

1. 锚杆钻孔、孔内注浆按设计图示入土长度以“m”计算,成孔入岩增加费按实际入岩石层深度以“m”计算。

2. 锚杆类别分普通钢筋锚杆、精轧螺纹钢锚杆和钢绞线锚杆,按设计长度乘以单位理论质量以“t”计算。

3. 锚板制作、安装按设计图示以理论质量“t”计算。

4. 锚杆张拉锁定按设计图示以“根”计算。

5. 泄水孔开孔、泄水孔制作与安装、泄水孔封孔按设计图示以“个”计算。

一、锚杆静压桩

1. 反力架锚杆埋设

工作内容：1. 后成孔埋设：基础表面清洗、放线定位、人工凿洞、残渣清理归土、清孔、反力架锚杆制作、灌注胶结材料、埋设、连接钢筋制作安装；

2. 预先埋设：反力架锚杆制作、预埋、连接钢筋制作安装。　　**计量单位**：10 根

定额编号				13-1	13-2
项目				反力架锚杆埋设	
				后成孔埋设	预先埋设
基价（元）				**713.52**	**549.09**
其中	人工费（元）			283.50	145.80
	材料费（元）			318.89	310.56
	机械费（元）			111.13	92.73
名称		单位	单价(元)	消耗量	
人工	二类人工	工日	135.00	2.100	1.080
材料	热轧光圆钢筋 综合	kg	3.97	—	1.250
	反力架锚杆 M27	套	28.00	10.200	10.200
	硫黄胶泥	kg	1.74	7.640	—
	其他材料费	元	1.00	20.000	20.000
机械	气腿式风动凿岩机	台班	13.62	0.450	—
	交流弧焊机 32kV·A	台班	92.84	—	0.945
	电动空气压缩机 $6m^3/min$	台班	224.45	0.450	—
	其他机械费	元	1.00	4.000	5.000

2. 开凿压桩孔

工作内容：基础表面清洗、切割钢筋、放线定位、人工风镐凿洞(钻芯机钻孔洞)、残渣清理归土。　　**计量单位**：10 个

定额编号				13-3	13-4	13-5
项目				基础开凿压桩孔 截面周长(mm)		
				800 以内		
				基础厚度(mm)		
				400 以内	600 以内	600 以上每增 100
基价（元）				**1 028.61**	**2 270.58**	**570.20**
其中	人工费（元）			182.52	458.33	115.70
	材料费（元）			66.09	379.00	95.40
	机械费（元）			780.00	1 433.25	359.10
名称		单位	单价(元)	消耗量		
人工	二类人工	工日	135.00	1.352	3.395	0.857
材料	取芯机钻头 ϕ146	支	130.00	—	2.700	0.680
	氧气	m^3	3.62	3.540	—	—
	乙炔气	m^3	8.90	2.840	—	—
	其他材料费	元	1.00	28.000	28.000	7.000
机械	气腿式风动凿岩机	台班	13.62	2.990	—	—
	混凝土钻孔取芯机	台班	350.00	—	4.095	1.026
	钢筋切断机 40mm	台班	43.28	1.575	—	—
	电动空气压缩机 $6m^3/min$	台班	224.45	2.990	—	—

工作内容:基础表面清洗、切割钢筋、放线定位、人工风镐凿洞(钻芯机钻孔洞)、残渣清理归土。 **计量单位:**10 个

定额编号				13-6	13-7	13-8
项目				基础开凿压桩孔 截面周长(mm)		
				1 000 以内		
				基础厚度(mm)		
				400 以内	600 以内	600 以上每增 100
基价(元)				**1 471.21**	**3 265.13**	**847.48**
其中	人工费(元)			259.61	654.48	164.03
	材料费(元)			94.33	560.00	170.00
	机械费(元)			1 117.27	2 050.65	513.45
名称		单位	单价(元)	消耗量		
人工	二类人工	工日	135.00	1.923	4.848	1.215
材料	取芯机钻头 ϕ146	支	130.00	—	4.000	1.000
	氧气	m^3	3.62	5.050	—	—
	乙炔气	m^3	8.90	4.050	—	—
	其他材料费	元	1.00	40.000	40.000	40.000
机械	气腿式风动凿岩机	台班	13.62	4.284	—	—
	混凝土钻孔取芯机	台班	350.00	—	5.859	1.467
	钢筋切断机 40mm	台班	43.28	2.250	—	—
	电动空气压缩机 $6m^3/min$	台班	224.45	4.284	—	—

工作内容:基础表面清洗、切割钢筋、放线定位、人工风镐凿洞(钻芯机钻孔洞)、残渣清理归土。 **计量单位:**10 个

定额编号				13-9	13-10	13-11
项目				基础开凿压桩孔 截面周长(mm)		
				1 200 以内		
				基础厚度(mm)		
				400 以内	600 以内	600 以上每增 100
基价(元)				**2 059.34**	**4 570.30**	**1 143.97**
其中	人工费(元)			363.96	916.65	229.77
	材料费(元)			132.06	784.00	196.00
	机械费(元)			1 563.32	2 869.65	718.20
名称		单位	单价(元)	消耗量		
人工	二类人工	工日	135.00	2.696	6.790	1.702
材料	取芯机钻头 ϕ146	支	130.00	—	5.600	1.400
	氧气	m^3	3.62	7.070	—	—
	乙炔气	m^3	8.90	5.670	—	—
	其他材料费	元	1.00	56.000	56.000	14.000
机械	气腿式风动凿岩机	台班	13.62	5.994	—	—
	混凝土钻孔取芯机	台班	350.00	—	8.199	2.052
	钢筋切断机 40mm	台班	43.28	3.150	—	—
	电动空气压缩机 $6m^3/min$	台班	224.45	5.994	—	—

工作内容：基础表面清洗、切割钢筋、放线定位、人工风镐凿洞（钻芯机钻孔洞）、残渣清理归土。　**计量单位：**10 个

定额编号				13-12	13-13	13-14
项目				基础开凿压桩孔 截面周长（mm）		
				1 400 以内		
				基础厚度（mm）		
				400 以内	600 以内	600 以上每增 100
基价（元）				**2 668.17**	**5 822.47**	**1 469.25**
其中	人工费（元）			469.53	1 151.82	294.30
	材料费（元）			169.79	982.00	252.00
	机械费（元）			2 028.85	3 688.65	922.95
名称		单位	单价（元）	消耗量		
人工	二类人工	工日	135.00	3.478	8.532	2.180
材料	取芯机钻头 $\phi146$	支	130.00	—	7.000	1.800
	氧气	m^3	3.62	9.090	—	—
	乙炔气	m^3	8.90	7.290	—	—
	其他材料费	元	1.00	72.000	72.000	18.000
机械	气腿式风动凿岩机	台班	13.62	7.704	—	—
	混凝土钻孔取芯机	台班	350.00	—	10.539	2.637
	钢筋切断机 40mm	台班	43.28	4.500	—	—
	电动空气压缩机 $6m^3/min$	台班	224.45	7.704	—	—

工作内容：基础表面清洗、切割钢筋、放线定位、人工风镐凿洞（钻芯机钻孔洞）、残渣清理归土。　**计量单位：**10 个

定额编号				13-15	13-16	13-17
项目				基础开凿压桩孔 截面周长（mm）		
				1 600 以内		
				基础厚度（mm）		
				400 以内	600 以内	600 以上每增 100
基价（元）				**3 238.08**	**7 127.16**	**1 797.10**
其中	人工费（元）			575.10	1 439.51	361.40
	材料费（元）			207.55	1 180.00	308.00
	机械费（元）			2 455.43	4 507.65	1 127.70
名称		单位	单价（元）	消耗量		
人工	二类人工	工日	135.00	4.260	10.663	2.677
材料	取芯机钻头 $\phi146$	支	130.00	—	8.400	2.200
	氧气	m^3	3.62	11.120	—	—
	乙炔气	m^3	8.90	8.910	—	—
	其他材料费	元	1.00	88.000	88.000	22.000
机械	气腿式风动凿岩机	台班	13.62	9.414	—	—
	混凝土钻孔取芯机	台班	350.00	—	12.879	3.222
	钢筋切断机 40mm	台班	43.28	4.950	—	—
	电动空气压缩机 $6m^3/min$	台班	224.45	9.414	—	—

3.制　　桩

(1)混凝土桩

工作内容:水平运输、浇捣、养护等。　　　　**计量单位**:$10m^3$

定额编号				13-18	13-19	13-20	13-21	13-22
项目				锚杆静压桩制桩				
				桩断面尺寸(mm×mm)				
				200×200	250×250	300×300	350×350	400×400
基价(元)				**7 012.27**	**6 703.96**	**6 551.79**	**6 392.65**	**6 211.86**
其中	人工费(元)			2 314.98	2 006.37	1 851.66	1 697.22	1 514.16
	材料费(元)			4 687.12	4 688.78	4 692.00	4 687.98	4 690.70
	机械费(元)			10.17	8.81	8.13	7.45	7.00
	名称	单位	单价(元)	消耗量				
人工	二类人工	工日	135.00	17.148	14.862	13.716	12.572	11.216
材料	金属周转材料	kg	3.95	2.500	2.400	2.300	2.200	2.000
	塑料薄膜	m^2	0.86	35.300	37.680	41.890	45.530	49.610
	非泵送商品混凝土 C30	m^3	438.00	10.500	10.500	10.500	10.500	10.500
	水	m^3	4.27	6.532	6.532	6.532	4.950	4.950
	其他材料费	元	1.00	20.000	20.000	20.000	20.000	20.000
机械	混凝土振捣器 插入式	台班	4.65	2.187	1.895	1.749	1.603	1.505

工作内容:模板制作、安装、拆除、维护、整理、堆放及场内外运输,模板黏结物及模内杂物清理、刷隔离剂等。　　　　**计量单位**:$100m^2$

定额编号				13-23
项目				锚杆静压桩预制模板
基价(元)				**6 700.19**
其中	人工费(元)			4 544.37
	材料费(元)			1 888.27
	机械费(元)			267.55
	名称	单位	单价(元)	消耗量
人工	二类人工	工日	135.00	33.662
材料	零星卡具	kg	5.88	16.510
	圆钉	kg	4.74	2.210
	模板嵌缝料	kg	1.42	6.500
	隔离剂	kg	4.67	13.000
	钢支撑	kg	3.97	65.130
	钢模板	kg	5.96	49.700
	木模板	m^3	1 445.00	0.800
机械	汽车式起重机 5t	台班	366.47	0.089
	载货汽车 4t	台班	369.21	0.317
	木工圆锯机 500mm	台班	27.50	4.287

注:若施工实际采用预制桩时,如需新建地膜按《浙江省房屋建筑与装饰工程预算定额》(2018 版)中相应子目另行计算。

(2)钢　管　桩

工作内容：场内运输、卸料、绑扎吊装、校正、焊接及超探检验、固定、零星除锈、补漆、清理等。　　**计量单位：**t

定　额　编　号					13-24	13-25	13-26
项　　目					钢管桩制作		
					桩径(mm)		
					219	325	480
基　价　(元)					**5 711.79**	**6 017.31**	**6 374.60**
其中	人　工	费　(元)			970.65	1 096.20	1 259.55
	材　料	费　(元)			4 457.17	4 600.17	4 745.90
	机　械	费　(元)			283.97	320.94	369.15
名　称			单位	单价(元)	消　耗　量		
人工	二类人工		工日	135.00	7.190	8.120	9.330
材料	金属周转材料		kg	3.95	25.560	28.250	32.070
	电焊条		kg	4.31	14.330	15.370	16.850
	钢管		t	3 879.00	1.010	1.010	1.010
	环氧富锌 底漆		kg	13.79	19.652	25.320	30.690
	环氧富锌底漆稀释剂		kg	11.21	3.930	5.690	7.360
	氧气		m^3	3.62	8.210	11.650	14.930
	乙炔气		m^3	8.90	1.260	2.370	3.110
	其他材料费		元	1.00	20.670	28.330	41.360
机械	风割机		台班	90.00	0.154	0.261	0.313
	交流弧焊机 42kV·A		台班	129.55	2.085	2.296	2.632

4.压　　桩

(1)混 凝 土 桩

工作内容：场内供桩、准备压桩机具、调向、移动压桩机具、吊装定位、校正、压桩。　　**计量单位：**10m

定　额　编　号					13-27	13-28	13-29
项　　目					单桩竖向承载力 500kN 以内		
					桩断面尺寸(mm×mm)		
					200×200	250×250	300×300
基　价　(元)					**526.16**	**640.90**	**810.20**
其中	人　工	费　(元)			244.35	308.48	406.35
	材　料	费　(元)			57.29	60.02	64.90
	机　械	费　(元)			224.52	272.40	338.95
名　称			单位	单价(元)	消　耗　量		
人工	二类人工		工日	135.00	1.810	2.285	3.010
材料	钢丝绳 综合		kg	6.45	0.010	0.020	0.030
	金属周转材料		kg	3.95	1.090	1.560	2.080
	镀锌铁丝 8#		kg	6.55	0.080	0.110	0.120
	电焊条 E43 系列		kg	4.74	0.320	0.450	0.680
	垫木		m^3	2 328.00	0.010	0.010	0.010
	其他材料费		元	1.00	27.600	27.600	29.200
机械	液压压桩器 100t 千斤顶		台班	123.81	0.450	0.567	0.747
	载货汽车 4t		台班	369.21	0.081	0.090	0.099
	电动葫芦－单速 2t		台班	23.79	0.909	1.125	1.503
	高压油泵 80MPa		台班	184.68	0.635	0.770	0.943

工作内容:场内供桩、准备压桩机具、调向、移动压桩机具、吊装定位、校正、压桩。 **计量单位**:10m

定额编号				13-30	13-31
项目				单桩竖向承载力 1 000kN 以内	
				桩断面尺寸(mm×mm)	
				250×250	300×300
基价(元)				**734.97**	**955.98**
其中	人工费(元)			351.54	473.31
	材料费(元)			62.83	68.25
	机械费(元)			320.60	414.42
	名称	单位	单价(元)	消耗量	
人工	二类人工	工日	135.00	2.604	3.506
材料	钢丝绳 综合	kg	6.45	0.030	0.040
	金属周转材料	kg	3.95	1.640	2.190
	镀锌铁丝 8#	kg	6.55	0.150	0.160
	电焊条 E43 系列	kg	4.74	0.610	0.910
	垫木	m^3	2 328.00	0.010	0.010
	其他材料费	元	1.00	29.000	30.700
机械	高吨位液压压桩器 200t 千斤顶	台班	184.84	0.648	0.864
	载货汽车 4t	台班	369.21	0.081	0.099
	电动葫芦-单速 2t	台班	23.79	0.648	0.864
	高压油泵 80MPa	台班	184.68	0.842	1.070

工作内容:场内供桩、准备压桩机具、调向、移动压桩机具、吊装定位、校正、压桩。 **计量单位**:10m

定额编号				13-32	13-33
项目				单桩竖向承载力 1 200kN 以内	
				桩断面尺寸(mm×mm)	
				300×300	350×350
基价(元)				**1 188.26**	**1 349.26**
其中	人工费(元)			551.21	588.87
	材料费(元)			102.00	124.09
	机械费(元)			535.05	636.30
	名称	单位	单价(元)	消耗量	
人工	二类人工	工日	135.00	4.083	4.362
材料	钢丝绳 综合	kg	6.45	0.060	0.080
	金属周转材料	kg	3.95	2.350	2.490
	镀锌铁丝 8#	kg	6.55	0.180	0.210
	电焊条 E43 系列	kg	4.74	1.140	1.370
	垫木	m^3	2 328.00	0.023	0.031
	其他材料费	元	1.00	32.200	33.700
机械	高吨位液压压桩器 200t 千斤顶	台班	184.84	1.008	1.062
	载货汽车 4t	台班	369.21	0.162	0.212
	电动葫芦-单速 2t	台班	23.79	0.477	0.603
	高压油泵 80MPa	台班	184.68	1.503	1.881

工作内容：场内供桩、准备压桩机具、调向、移动压桩机具、吊装定位、校正、压桩。　　**计量单位：**10m

定额编号				13-34	13-35
项目				单桩竖向承载力 1 500kN 以内	
				桩断面尺寸（mm×mm）	
				350×350	400×400
基价（元）				**1 675.66**	**2 055.49**
其中	人工费（元）			626.54	664.20
	材料费（元）			143.15	175.37
	机械费（元）			905.97	1 215.92
	名称	单位	单价（元）	消耗量	
人工	二类人工	工日	135.00	4.641	4.920
材料	钢丝绳 综合	kg	6.45	0.110	0.150
	金属周转材料	kg	3.95	2.560	2.990
	镀锌铁丝 8#	kg	6.55	0.250	0.284
	电焊条 E43 系列	kg	4.74	1.630	1.850
	垫木	m^3	2 328.00	0.038	0.049
	其他材料费	元	1.00	34.500	37.890
机械	高吨位液压压桩器 300t 千斤顶	台班	265.12	1.125	1.647
	载货汽车 4t	台班	369.21	0.275	0.356
	电动葫芦－单速 2t	台班	23.79	0.387	0.612
	高压油泵 80MPa	台班	184.68	2.691	3.429

（2）钢管桩

工作内容：场内供桩、准备压桩机具、调向、移动压桩机具、吊装定位、校正、压桩。　　**计量单位：**10m

定额编号				13-36	13-37	13-38
项目				单桩竖向承载力 1 000kN 以内		
				桩径（mm）		
				219	325	480
基价（元）				**949.27**	**1 255.24**	**1 506.81**
其中	人工费（元）			450.63	607.77	729.41
	材料费（元）			75.39	96.06	116.19
	机械费（元）			423.25	551.41	661.21
	名称	单位	单价（元）	消耗量		
人工	二类人工	工日	135.00	3.338	4.502	5.403
材料	钢丝绳 综合	kg	6.45	0.036	0.048	0.058
	金属周转材料	kg	3.95	1.968	2.628	3.150
	镀锌铁丝 8#	kg	6.55	0.180	0.221	0.265
	电焊条 E43 系列	kg	4.74	0.732	1.092	1.310
	垫木	m^3	2 328.00	0.012	0.018	0.022
	其他材料费	元	1.00	34.800	36.840	44.210
机械	高吨位液压压桩器 200t 千斤顶	台班	184.84	0.855	1.140	1.368
	载货汽车 4t	台班	369.21	0.107	0.131	0.156
	电动葫芦－单速 2t	台班	23.79	0.855	1.140	1.368
	高压油泵 80MPa	台班	184.68	1.112	1.436	1.723

工作内容:场内供桩、准备压桩机具、调向、移动压桩机具、吊装定位、校正、压桩。 **计量单位:**10m

定额编号				13-39	13-40	13-41
项目				单桩竖向承载力 2 000kN 以内		
				桩径(mm)		
				219	325	480
基价(元)				**1 108.79**	**1 469.35**	**1 811.36**
其中	人工费(元)			463.19	624.78	749.52
	材料费(元)			75.39	96.06	116.19
	机械费(元)			570.21	748.51	945.65
名称		单位	单价(元)	消耗量		
人工	二类人工	工日	135.00	3.431	4.628	5.552
材料	钢丝绳 综合	kg	6.45	0.036	0.048	0.058
	金属周转材料	kg	3.95	1.968	2.628	3.150
	镀锌铁丝 8#	kg	6.55	0.180	0.221	0.265
	电焊条 E43 系列	kg	4.74	0.732	1.092	1.310
	垫木	m^3	2 328.00	0.012	0.018	0.022
	其他材料费	元	1.00	34.800	36.840	44.210
机械	高吨位液压压桩器 400t 千斤顶	台班	385.00	0.855	1.140	1.492
	载货汽车 4t	台班	369.21	0.097	0.119	0.142
	电动葫芦-单速 2t	台班	23.79	0.778	1.037	1.244
	高压油泵 80MPa	台班	184.68	1.011	1.305	1.566

工作内容:场内供桩、准备压桩机具、调向、移动压桩机具、吊装定位、校正、压桩。 **计量单位:**10m

定额编号				13-42	13-43	13-44
项目				单桩竖向承载力 3 000kN 以内		
				桩径(mm)		
				219	325	480
基价(元)				**1 437.53**	**1 908.06**	**2 357.46**
其中	人工费(元)			509.49	687.29	824.45
	材料费(元)			75.41	96.06	116.19
	机械费(元)			852.63	1 124.71	1 416.82
名称		单位	单价(元)	消耗量		
人工	二类人工	工日	135.00	3.774	5.091	6.107
材料	钢丝绳 综合	kg	6.45	0.036	0.048	0.058
	金属周转材料	kg	3.95	1.968	2.628	3.150
	镀锌铁丝 8#	kg	6.55	0.180	0.221	0.265
	电焊条 E43 系列	kg	4.74	0.736	1.092	1.310
	垫木	m^3	2 328.00	0.012	0.018	0.022
	其他材料费	元	1.00	34.800	36.840	44.210
机械	高吨位液压压桩器 600t 千斤顶	台班	550.00	1.112	1.482	1.940
	载货汽车 4t	台班	369.21	0.097	0.119	0.142
	电动葫芦-单速 2t	台班	23.79	0.778	1.037	0.344
	高压油泵 80MPa	台班	184.68	1.011	1.305	1.566

5. 接　桩

(1) 混 凝 土 桩

工作内容：准备工具、桩顶垫平、硫黄胶泥熬制、灌注胶泥、接桩。　　**计量单位：**10 个

定额编号				13-45	13-46	13-47	13-48	13-49
项目				硫黄胶泥接桩				
				桩断面尺寸（mm×mm）				
				200×200	250×250	300×300	350×350	400×400
基价（元）				**389.00**	**433.33**	**483.02**	**583.86**	**631.56**
其中	人工费（元）			246.11	272.43	300.11	327.65	355.32
	材料费（元）			142.89	160.90	182.91	256.21	276.24
	机械费（元）			—	—	—	—	—
名称		单位	单价(元)	消耗量				
人工	二类人工	工日	135.00	1.823	2.018	2.223	2.427	2.632
材料	圆钉	kg	4.74	0.440	0.440	0.440	0.560	0.560
	硫黄胶泥	kg	1.74	44.977	55.327	67.977	79.852	91.362
	垫木	m^3	2 328.00	0.020	0.020	0.020	0.040	0.040
	隔离剂	kg	4.67	0.210	0.210	0.210	0.320	0.320
	其他材料费	元	1.00	15.000	15.000	15.000	20.000	20.000

工作内容：准备工具、桩顶垫平、焊接。　　**计量单位：**10 个

定额编号				13-50	13-51	13-52	13-53	13-54
项目				焊接接桩				
				桩断面尺寸（mm×mm）				
				200×200	250×250	300×300	350×350	400×400
基价（元）				**655.56**	**721.27**	**1 177.88**	**1 631.88**	**2 096.83**
其中	人工费（元）			335.21	375.44	556.20	735.75	921.51
	材料费（元）			230.11	253.08	412.79	568.59	729.97
	机械费（元）			90.24	92.75	208.89	327.54	445.35
名称		单位	单价(元)	消耗量				
人工	二类人工	工日	135.00	2.483	2.781	4.120	5.450	6.826
材料	角钢 Q235B 综合	kg	3.97	44.111	49.740	82.460	112.180	141.320
	电焊条 E43 系列	kg	4.74	4.640	4.770	11.060	17.350	26.990
	其他材料费	元	1.00	33.000	33.000	33.000	41.000	41.000
机械	交流弧焊机 32kV·A	台班	92.84	0.972	0.999	2.250	3.528	4.797

(2)钢 管 桩

工作内容:准备工具、桩顶垫平、焊接。 **计量单位:**10 个

定额编号				13-55	13-56	13-57
项目				焊接接桩		
				桩径(mm)		
				219	325	480
基 价 (元)				**1 144.60**	**1 575.24**	**1 949.00**
其中	人工费 (元)			620.60	928.26	1 089.45
	材料费 (元)			275.30	347.35	397.52
	机械费 (元)			248.70	299.63	462.03
名称		单位	单价(元)	消耗量		
人工	二类人工	工日	135.00	4.597	6.876	8.070
材料	角钢 Q235B 综合	kg	3.97	52.360	69.170	78.750
	电焊条 E43 系列	kg	4.74	6.210	7.330	9.890
	其他材料费	元	1.00	38.000	38.000	38.000
机械	风割机	台班	90.00	0.792	0.970	1.059
	交流弧焊机 32kV·A	台班	92.84	1.911	2.287	3.950

6. 截桩、灌芯

(1)截 桩

工作内容:放截桩标高线、截桩、人工清平桩头、桩头运至场内指定地点。 **计量单位:**10 个

定额编号				13-58	13-59	13-60	13-61	13-62
项目				截桩				
				桩断面尺寸 (mm × mm)				
				200 × 200	250 × 250	300 × 300	350 × 350	400 × 400
基 价 (元)				**1 289.81**	**1 503.68**	**1 727.58**	**2 139.27**	**2 382.98**
其中	人工费 (元)			1 069.74	1 258.07	1 446.39	1 809.14	1 988.69
	材料费 (元)			4.40	4.84	5.28	5.98	6.47
	机械费 (元)			215.67	240.77	275.91	324.15	387.82
名称		单位	单价(元)	消耗量				
人工	二类人工	工日	135.00	7.924	9.319	10.714	13.401	14.731
材料	其他材料费	元	1.00	4.400	4.840	5.280	5.980	6.470
机械	气腿式风动凿岩机	台班	13.62	0.855	0.918	1.125	1.404	1.629
	电动空气压缩机 $6m^3/min$	台班	224.45	0.909	1.017	1.161	1.359	1.629

注:截除混凝土桩头,如发生外运,费用另行计算。

(2)灌　　芯

工作内容:桩孔内吸水、清洗孔壁、灌注混凝土、浇捣、养护。　　　　**计量单位**:10m³

定额编号				13-63
项目				钢管桩混凝土灌芯
基价(元)				**6 857.40**
其中	人工费(元)			2 243.70
	材料费(元)			4 613.70
	机械费(元)			—
名称		单位	单价(元)	消耗量
人工	二类人工	工日	135.00	16.620
材料	非泵送商品混凝土 C30	m³	438.00	10.500
	水	m³	4.27	3.000
	其他材料费	元	1.00	1.890

7. 封　　桩

(1)混凝土桩

工作内容:千斤顶卸载、拆除压桩架、焊接钢筋、清除残渣、灌注混凝土、浇密捣实。　　　　**计量单位**:10 个

定额编号				13-64	13-65	13-66
项目				不预加载封桩		
				桩断面尺寸(mm×mm)		
				200×200	250×250	300×300
基价(元)				**868.05**	**1 059.89**	**1 254.02**
其中	人工费(元)			449.42	531.09	571.32
	材料费(元)			416.87	526.37	680.19
	机械费(元)			1.76	2.43	2.51
名称		单位	单价(元)	消耗量		
人工	二类人工	工日	135.00	3.329	3.934	4.232
材料	热轧光圆钢筋 综合	kg	3.97	25.440	25.440	32.190
	非泵送商品混凝土 C30	m³	438.00	0.640	0.890	1.180
	水	m³	4.27	1.300	1.300	1.300
	其他材料费	元	1.00	30.000	30.000	30.000
机械	混凝土振捣器 插入式	台班	4.65	0.378	0.522	0.540

工作内容:放置垫块、安装不卸载封桩装置、拧紧下螺母、卸下千斤顶及反力架、焊交叉钢筋、抽干压桩孔内积水、浇筑封桩混凝土

计量单位:10 个

定额编号				13-67	13-68
项目				预加载封桩 桩断面尺寸(mm×mm)	
				200×200	
				单桩竖向承载力	
				500kN 以内	1 000kN 以内
基价(元)				**5 205.83**	**5 440.20**
其中	人工费(元)			1 468.94	1 468.94
	材料费(元)			1 590.27	1 577.59
	机械费(元)			2 146.62	2 393.67
名称		单位	单价(元)	消耗量	
人工	二类人工	工日	135.00	10.881	10.881
材料	热轧光圆钢筋 综合	kg	3.97	25.440	25.440
	型钢 综合	kg	3.84	209.100	209.100
	中厚钢板 综合	kg	3.79	76.870	76.870
	金属周转材料	kg	3.95	15.790	12.580
	非泵送商品混凝土 C30	m^3	438.00	0.640	0.640
	水	m^3	4.27	0.540	0.540
	其他材料费	元	1.00	50.000	50.000
机械	立式油压千斤顶 100t	台班	10.22	189.000	—
	立式油压千斤顶 200t	台班	11.52	—	189.000
	高压油泵 80MPa	台班	184.68	1.125	1.125
	混凝土振捣器 插入式	台班	4.65	0.693	0.693
	其他机械费	元	1.00	4.050	5.400

工作内容：放置垫块、安装不卸载封桩装置、拧紧下螺母、卸下千斤顶及反力架、焊交叉钢筋、抽干压桩孔内积水、浇筑封桩混凝土。

计量单位：10 个

定额编号				13-69	13-70	13-71	13-72
项目				预加载封桩 桩断面尺寸（mm × mm）			
				250 × 250		300 × 300	
				单桩竖向承载力			
				500kN 以内	1 000kN 以内		1 200kN 以内
基价（元）				**5 576.22**	**5 810.59**	**6 891.43**	**8 012.37**
其中	人工费（元）			1 730.03	1 730.03	2 028.92	2 028.92
	材料费（元）			1 700.37	1 687.69	2 010.98	1 998.82
	机械费（元）			2 145.82	2 392.87	2 851.53	3 984.63
名称		单位	单价（元）	消耗量			
人工	二类人工	工日	135.00	12.815	12.815	15.029	15.029
材料	热轧光圆钢筋 综合	kg	3.97	25.440	25.440	29.320	29.320
	型钢 综合	kg	3.84	209.100	209.100	247.320	247.320
	中厚钢板 综合	kg	3.79	76.870	76.870	80.320	80.320
	金属周转材料	kg	3.95	15.790	12.580	18.390	15.310
	非泵送商品混凝土 C30	m^3	438.00	0.890	0.890	1.140	1.140
	水	m^3	4.27	0.680	0.680	0.820	0.820
	其他材料费	元	1.00	50.000	50.000	65.000	65.000
机械	立式油压千斤顶 100t	台班	10.22	189.000	—	—	—
	立式油压千斤顶 200t	台班	11.52	—	189.000	225.000	—
	立式油压千斤顶 300t	台班	16.55	—	—	—	225.000
	高压油泵 80MPa	台班	184.68	1.125	1.125	1.359	1.359
	混凝土振捣器 插入式	台班	4.65	0.522	0.522	0.387	0.387
	其他机械费	元	1.00	4.050	5.400	6.750	8.100

工作内容:放置垫块、安装不卸载封桩装置、拧紧下螺母、卸下千斤顶及反力架、焊交叉钢筋、抽干压桩孔内积水、浇筑封桩混凝土。

计量单位:10 个

定额编号				13-73	13-74	13-75
项目				预加载封桩 桩断面尺寸(mm×mm)		
				350×350		400×400
				单桩竖向承载力		
				1 200kN 以内	1 500kN 以内	
基价(元)				**8 622.69**	**8 847.47**	**9 170.92**
其中	人工费(元)			2 268.68	2 268.68	2 578.77
	材料费(元)			2 326.98	2 326.98	2 241.41
	机械费(元)			4 027.03	4 251.81	4 350.74
名称		单位	单价(元)	消耗量		
人工	二类人工	工日	135.00	16.805	16.805	19.102
材料	热轧光圆钢筋 综合	kg	3.97	33.180	33.180	37.190
	型钢 综合	kg	3.84	285.810	285.810	226.110
	中厚钢板 综合	kg	3.79	84.770	84.770	89.210
	金属周转材料	kg	3.95	21.150	21.150	18.360
	非泵送商品混凝土 C30	m^3	438.00	1.390	1.390	1.630
	水	m^3	4.27	0.960	0.960	1.390
	其他材料费	元	1.00	80.000	80.000	95.000
机械	立式油压千斤顶 300t	台班	16.55	225.000	238.500	238.500
	高压油泵 80MPa	台班	184.68	1.584	1.584	2.106
	混凝土振捣器 插入式	台班	4.65	0.279	0.279	0.243
	其他机械费	元	1.00	9.450	10.800	13.500

(2)钢管桩

工作内容:千斤顶卸载、拆除压桩架、焊接钢筋、清除残渣、灌注混凝土、浇密捣实。

计量单位:10 个

定额编号				13-76	13-77	13-78
项目				不预加载封桩 桩径(mm)		
				219	325	480
基价(元)				**1 105.99**	**1 455.97**	**1 898.73**
其中	人工费(元)			839.57	1 011.56	1 207.71
	材料费(元)			264.85	442.29	688.30
	机械费(元)			1.57	2.12	2.72
名称		单位	单价(元)	消耗量		
人工	二类人工	工日	135.00	6.219	7.493	8.946
材料	热轧光圆钢筋 综合	kg	3.97	19.160	22.310	26.150
	非泵送商品混凝土 C30	m^3	438.00	0.420	0.795	1.320
	水	m^3	4.27	1.130	1.290	1.480
机械	混凝土振捣器 插入式	台班	4.65	0.337	0.455	0.584

工作内容：放置垫块、安装不卸载封桩装置、拧紧下螺母、卸下千斤顶及反力架、焊交叉钢筋、抽干压桩孔内积水、浇筑封桩混凝土。

计量单位：10 个

定额编号					13-79	13-80	13-81
项目					预加载封桩 桩径 219mm		
					单桩竖向承载力		
					1 000kN 以内	2 000kN 以内	3 000kN 以内
基价（元）					**6 191.65**	**8 393.05**	**11 699.29**
其中	人工费（元）				1 903.10	1 903.10	1 903.10
	材料费（元）				1 866.47	1 866.47	1 866.47
	机械费（元）				2 422.08	4 623.48	7 929.72
名称		单位	单价(元)		消耗量		
人工	二类人工	工日	135.00		14.097	14.097	14.097
材料	热轧光圆钢筋 综合	kg	3.97		27.980	27.980	27.980
	型钢 综合	kg	3.84		230.010	230.010	230.010
	中厚钢板 综合	kg	3.79		84.560	84.560	84.560
	金属周转材料	kg	3.95		13.840	13.840	13.840
	非泵送商品混凝土 C30	m^3	438.00		0.979	0.979	0.979
	水	m^3	4.27		0.748	0.748	0.748
	其他材料费	元	1.00		65.000	65.000	65.000
机械	立式油压千斤顶 200t	台班	11.52		189.000	—	—
	高压油泵 80MPa	台班	184.68		1.238	1.238	1.238
	立式油压千斤顶 600t	台班	27.48		—	—	279.000
	立式油压千斤顶 500t	台班	17.34		—	252.000	—
	混凝土振捣器 插入式	台班	4.65		0.574	0.574	0.574
	其他机械费	元	1.00		13.500	22.500	31.500

工作内容:放置垫块、安装不卸载封桩装置、拧紧下螺母、卸下千斤顶及反力架、焊交叉钢筋、抽干压桩孔内积水、浇筑封桩混凝土。

计量单位:10 个

定额编号				13-82	13-83	13-84
项目				预加载封桩 桩径 325mm		
				单桩竖向承载力		
				1 000kN 以内	2 000kN 以内	3 000kN 以内
基价(元)				**6 591.42**	**8 792.82**	**12 099.06**
其中	人工费(元)			2 093.31	2 093.31	2 093.31
	材料费(元)			2 053.41	2 053.41	2 053.41
	机械费(元)			2 444.70	4 646.10	7 952.34
名称		单位	单价(元)	消耗量		
人工	二类人工	工日	135.00	15.506	15.506	15.506
材料	热轧光圆钢筋 综合	kg	3.97	30.780	30.780	30.780
	型钢 综合	kg	3.84	253.010	253.010	253.010
	中厚钢板 综合	kg	3.79	93.020	93.020	93.020
	金属周转材料	kg	3.95	15.220	15.220	15.220
	非泵送商品混凝土 C30	m^3	438.00	1.081	1.081	1.081
	水	m^3	4.27	0.823	0.823	0.823
	其他材料费	元	1.00	70.000	70.000	70.000
机械	立式油压千斤顶 200t	台班	11.52	189.000	—	—
	高压油泵 80MPa	台班	184.68	1.359	1.359	1.359
	立式油压千斤顶 600t	台班	27.48	—	—	279.000
	立式油压千斤顶 500t	台班	17.34	—	252.000	—
	混凝土振捣器 插入式	台班	4.65	0.632	0.632	0.632
	其他机械费	元	1.00	13.500	22.500	31.500

工作内容：放置垫块、安装不卸载封桩装置、拧紧下螺母、卸下千斤顶及反力架、焊交叉钢筋、抽干压桩孔内积水、浇筑封桩混凝土。

计量单位：10 个

定额编号				13-85	13-86	13-87
项目				预加载封桩 桩径 480mm		
				单桩竖向承载力		
				1 000kN 以内	2 000kN 以内	3 000kN 以内
基价（元）				**7 168.76**	**9 370.16**	**12 676.40**
其中	人工费（元）			2 407.05	2 407.05	2 407.05
	材料费（元）			2 291.60	2 291.60	2 291.60
	机械费（元）			2 470.11	4 671.51	7 977.75
名称		单位	单价(元)	消耗量		
人工	二类人工	工日	135.00	17.830	17.830	17.830
材料	热轧光圆钢筋 综合	kg	3.97	35.400	35.400	35.400
	型钢 综合	kg	3.84	278.300	278.300	278.300
	中厚钢板 综合	kg	3.79	102.320	102.320	102.320
	金属周转材料	kg	3.95	16.740	16.740	16.740
	非泵送商品混凝土 C30	m^3	438.00	1.243	1.243	1.243
	水	m^3	4.27	0.946	0.946	0.946
	其他材料费	元	1.00	80.000	80.000	80.000
机械	立式油压千斤顶 200t	台班	11.52	189.000	—	—
	高压油泵 80MPa	台班	184.68	1.495	1.495	1.495
	立式油压千斤顶 600t	台班	27.48	—	—	279.000
	立式油压千斤顶 500t	台班	17.34	—	252.000	—
	混凝土振捣器 插入式	台班	4.65	0.695	0.695	0.695
	其他机械费	元	1.00	13.500	22.500	31.500

二、室内抗浮锚杆制作、安装

1. 钻孔、注浆

工作内容:1. 锚杆钻孔:孔点测定,钻孔机具安装,移动和拆除,钻孔,清除孔内余土,安装拔出防护套管,搭拆操作平台;

2. 锚杆孔内注浆:三级搅拌系统拌制灰浆、注浆。

计量单位:10m

定额编号				13-88	13-89	13-90
项目				锚杆钻孔	入岩增加费	锚杆孔内注浆
基价(元)				**548.34**	**840.21**	**610.73**
其中	人工费(元)			155.52	345.60	193.73
	材料费(元)			3.70	17.30	356.62
	机械费(元)			389.12	477.31	60.38
名称		单位	单价(元)	消耗量		
人工	二类人工	工日	135.00	1.152	2.560	1.435
材料	金属周转材料	kg	3.95	0.936	4.380	—
	非泵送商品混凝土 C25	m^3	421.00	—	—	0.216
	高压胶管 ϕ25	m	18.97	—	—	1.185
	麻袋布 宽 600	m	2.50	—	—	12.000
	水泥砂浆 1:1	m^3	294.20	—	—	0.451
	其他材料费	元	1.00	—	—	80.520
机械	锚杆钻孔机 MGL135	台班	454.58	0.856	1.050	—
	灰浆搅拌机 200L	台班	154.97	—	—	0.298
	液压注浆泵 HYB50/50-1 型	台班	75.11	—	—	0.189

注:孔内取土产生的建筑垃圾转运、外运按相应子目另行计算。

2. 制作、安装

工作内容:钢筋除锈、防锈,调直切断,焊接(定位钢筋),成型,包裹;锚杆穿入孔内,就位,固定,安装端头套管、垫板锚具。

计量单位:t

定额编号				13-91	13-92	13-93
项目				锚杆制作、安装		
				普通钢筋	精轧螺纹钢	钢绞线
基价(元)				**5 274.69**	**7 090.79**	**6 910.39**
其中	人工费(元)			950.00	950.00	950.00
	材料费(元)			4 290.26	6 106.36	5 925.96
	机械费(元)			34.43	34.43	34.43
名称		单位	单价(元)	消耗量		
人工	二类人工	工日	135.00	7.037	7.037	7.037
材料	热轧带肋钢筋 HRB400 综合	t	3 849.00	1.100	—	—
	精轧螺纹钢筋	t	5 500.00	—	1.100	—
	钢绞线 综合	t	5 336.00	—	—	1.100
	电焊条 E55 系列	kg	10.34	4.000	4.000	4.000
	其他材料费	元	1.00	15.000	15.000	15.000
机械	钢筋切断机 40mm	台班	43.28	0.285	0.285	0.285
	交流弧焊机 32kV·A	台班	92.84	0.238	0.238	0.238

注:锚杆接头、套筒发生时,按本定额第四章中相应子目另行计算。

3. 张拉和锁定

工作内容：1. 锚板制作安装：钢梁反力架制作安装使用、固定，安装端头套管、垫板锚具；

2. 锚杆张拉锁定：锚杆张拉与锁定(含永久锚具安装)。　　**计量单位**：见表

定额编号				13-94	13-95
项目				锚板制作、安装	锚杆张拉、锁定
计量单位				t	10根
基价(元)				**6 033.88**	**965.16**
其中	人工费(元)			1 397.25	627.62
	材料费(元)			4 576.04	218.17
	机械费(元)			60.59	119.37
	名称	单位	单价(元)	消耗量	
人工	二类人工	工日	135.00	10.350	4.649
材料	中厚钢板 综合	t	3 750.00	1.080	—
	铁件	kg	3.71	19.300	—
	连接器(锚具) ϕ25	套	15.54	—	10.500
	电焊条 E55 系列	kg	10.34	8.710	—
	防锈漆 C53－1	kg	14.05	24.910	—
	其他材料费	元	1.00	14.390	55.000
机械	预应力钢筋拉伸机 650kN	台班	24.94	—	1.580
	半自动切割机 100mm	台班	92.61	0.162	—
	高压油泵 80MPa	台班	184.68	—	0.433
	交流弧焊机 32kV·A	台班	92.84	0.491	—

4. 地下室泄水孔制作、安装

工作内容：放线定位、凿洞成孔、废料清理，泄水孔制安，浇筑封孔混凝土。　　**计量单位**：10个

定额编号				13-96	13-97	13-98
项目				泄水孔开孔	泄水孔制作、安装	泄水孔封孔
基价(元)				**850.31**	**675.15**	**1 625.31**
其中	人工费(元)			295.65	250.02	924.75
	材料费(元)			117.16	425.13	700.56
	机械费(元)			437.50	—	—
	名称	单位	单价(元)	消耗量		
人工	二类人工	工日	135.00	2.190	1.852	6.850
材料	取芯机钻头 ϕ146	支	130.00	0.632	—	—
	非泵送商品混凝土 C30	m^3	438.00	—	—	1.089
	膨胀剂	kg	2.76	—	—	50.210
	引水管 $D=100$mm	个	35.25	—	10.500	—
	其他材料费	元	1.00	35.000	55.000	85.000
机械	混凝土钻孔取芯机	台班	350.00	1.250	—	—

注：本定额不含泄、排水费用，发生时按相应机械设备台班另行计算。

第十四章
砌体加固工程

说　明

一、本章定额包括砌体补强及修复、墙面加固、砌体裂缝压力灌浆。

二、建筑物砌筑工程基础与上部结构的划分：基础与墙身使用同一种材料时，以设计室内地面为界（有地下室者，以地下室室内设计地面为界），以下为基础，以上为墙（身）；基础与墙身使用不同材料时，位于设计室内地面高度小于或等于 300mm 时，以不同材料为分界线，高度大于 300mm 时，以设计室内地面为分界线。

三、本章定额中砖的用量按标准砖规格（240mm × 115mm × 53mm）编制的，实际规格与定额不同时，砖及砌筑砂浆用量应做调整，其余用量不变；定额所列砌筑砂浆种类和强度等级，如设计与定额不同时，应做换算。

四、砖墙不分内外墙及墙体厚度，均执行同一定额。

五、砖基础、砖墙、砖柱适用于加固工程中因设计或施工需要必须临时拆除，待施工完毕后再进行原位复原的砌体。

六、加固网片按钢筋绑扎网片编制，因定尺长度产生的搭接已在定额损耗内综合考虑，不再另行计算。墙体钢筋网加固所需的墙体开孔及穿墙钢筋费用已包括在定额中，不另行计算。

七、砌体钢筋网水泥砂浆粉刷厚度定额按 40mm 考虑，抹灰遍数五遍。设计厚度与定额不同时，按每增减 5mm 调整。

八、砌体裂缝压力灌浆如采用灌缝胶的，按本定额第十五章“混凝土及钢筋混凝土加固工程”中混凝土裂缝处理相应定额子目执行，灌浆液调配费用已在定额中综合考虑。

工程量计算规则

一、砌体补强及修复。

1. 砖砌体补强及修复工程量按图示体积以“m^3”计算,应扣除门窗洞口、每个面积在 0.3m^2 以上的孔洞所占的体积,以及嵌入墙内的钢筋混凝土柱、梁、圈梁、挑梁、过梁和止水翻边的体积,不扣除伸入的梁头、垫块所占的体积。

2. 遇柱、梁等加固工作面需要砌体必须临时拆除的,其拆除宽度设计有明确要求的按设计要求,设计无明确要求时,按需加固构件完成面外边线每边各加 500mm 计算。

二、墙面加固。

1. 钢筋网按设计图示按钢筋长度、数量乘以钢筋理论质量以“t”计算。

2. 钢丝网按设计要求按面积以“m^2”计算。

3. 钢筋网水泥砂浆粉刷、碳纤维网格均按设计图示尺寸以“m^2”计算,如设计双面加固,工程量为两面面积之和。砖墙面剔灰缝按灰缝长度以“m”计算。

4. 喷射砂浆按设计加固面积以“m^2”计算。

三、砌体裂缝压力灌浆。

砌体裂缝压力灌浆按裂缝长度以“m”计算。

一、砌体补强及修复

工作内容：调制砂浆、水平运砂浆，水平运输砖、砌砖。 **计量单位：**$10m^3$

定额编号				14-1	14-2	14-3
项目				砖砌体补强及修复		
				砖基础	砖墙	砖柱
基价（元）				**5 818.18**	**6 161.49**	**6 669.14**
其中	人工费（元）			2 005.16	2 313.63	2 776.28
	材料费（元）			3 757.39	3 790.68	3 835.68
	机械费（元）			55.63	57.18	57.18
名称		单位	单价(元)	消耗量		
人工	二类人工	工日	135.00	14.853	17.138	20.565
材料	混凝土实心砖 240×115×53 MU10	千块	388.00	6.600	6.610	6.790
	水	m^3	4.27	1.000	1.100	1.100
	干混砌筑砂浆 DM M7.5	m^3	414.00	—	2.950	2.890
	干混砌筑砂浆 DM M10.0	m^3	414.00	2.880	—	—
机械	灰浆搅拌机 200L	台班	154.97	0.3591	0.369	0.369

二、墙面加固

工作内容：1. 制作钢筋网及拉结件或拉结筋、绑扎、钻孔、安装；

2. 拼装网片、整形、张拉、锚固。 **计量单位：**见表

定额编号				14-4	14-5
项目				钢筋网(绑扎)	钉钢丝网
计量单位				t	$100m^2$
基价（元）				**6 449.90**	**1 422.90**
其中	人工费（元）			2 028.78	720.63
	材料费（元）			4 323.28	702.27
	机械费（元）			97.84	—
名称		单位	单价(元)	消耗量	
人工	二类人工	工日	135.00	15.028	5.338
材料	热轧光圆钢筋 综合	t	3 966.00	1.040	—
	圆钉	kg	4.74	—	0.500
	电钻钻头 12mm	支	18.00	2.940	—
	镀锌铁丝 22#	kg	6.55	16.140	—
	钢丝网	m^2	6.29	—	110.000
	其他材料费	元	1.00	40.000	8.000
机械	电动卷扬机－单筒慢速 50kN	台班	186.39	0.297	—
	钢筋切断机 40mm	台班	43.28	0.414	—
	钢筋调直机 $\phi40$	台班	35.45	0.693	—

工作内容:1. 拼装网片、整形、锚固;
2. 放线、定位、剔灰缝、清理。

计量单位:见表

定额编号				14-6	14-7
项目				碳纤维网格	砖墙面剔灰缝
计量单位				$10m^2$	100m
基价(元)				**2 428.47**	**1 022.63**
其中	人工费(元)			1 143.72	1 022.63
	材料费(元)			1 280.41	—
	机械费(元)			4.34	—
	名称	单位	单价(元)	消耗量	
人工	二类人工	工日	135.00	8.472	7.575
材料	碳纤维网格	m^2	120.00	10.500	—
	聚合物黏结砂浆	kg	1.60	11.700	—
	水	m^3	4.27	0.396	—
机械	灰浆搅拌机 200L	台班	154.97	0.028	—

工作内容:1. 配制砂浆、填埋锚固钢筋孔洞、抹面、养护;
2. 工作面清洗、上料搅拌、捣运、喷射、养护。

计量单位:$100m^2$

定额编号				14-8	14-9	14-10	14-11
项目				砌体钢筋网水泥砂浆粉刷(mm)		喷射砂浆(mm)	
				厚度 40	每增减 5	厚度 30	每增减 5
基价(元)				**5 658.91**	**577.34**	**5 101.36**	**749.24**
其中	人工费(元)			3 479.13	312.02	2 662.90	185.38
	材料费(元)			2 103.07	256.95	2 025.61	508.81
	机械费(元)			76.71	8.37	412.85	55.05
	名称	单位	单价(元)	消耗量			
人工	三类人工	工日	155.00	22.446	2.013	17.180	1.196
材料	普通硅酸盐水泥 P·O 42.5 综合	kg	0.34	—	—	1 155.000	192.500
	黄砂 净砂	t	92.23	—	—	7.200	1.350
	高压橡胶皮管	m	25.00	—	—	19.000	6.000
	水	m^3	4.27	1.600	0.200	0.200	0.200
	干混抹灰砂浆 DP M10.0	m^3	430.00	4.740	0.590	—	—
	纯水泥浆	m^3	430.36	0.100	—	—	—
	其他材料费	元	1.00	15.000	2.400	493.000	168.000
机械	砂浆喷射机 $3m^3/h$	台班	44.75	—	—	4.320	0.600
	灰浆搅拌机 200L	台班	154.97	0.495	0.054	0.495	0.054
	电动空气压缩机 $0.6m^3/min$	台班	33.06	—	—	4.320	0.600

三、砌体裂缝压力灌浆

工作内容：清灰、调浆拌浆、灌浆嘴定位、灌浆、清理。　　　　**计量单位**：100m

定额编号				14-12	14-13	14-14
项目				砌体裂缝压力灌浆		
				聚乙烯醇溶液(108胶)水泥聚合浆	聚醋酸乙烯乳液水泥聚合浆	水玻璃水泥聚合浆
基价（元）				**11 787.73**	**8 411.35**	**7 946.35**
其中	人工费（元）			4 423.14	5 296.32	5 296.32
	材料费（元）			6 911.98	2 700.13	2 235.13
	机械费（元）			452.61	414.90	414.90
名称		单位	单价(元)	消耗量		
人工	二类人工	工日	135.00	32.764	39.232	39.232
材料	注胶嘴	个	6.00	300.000	300.000	300.000
	普通硅酸盐水泥 P·O 42.5 综合	kg	0.34	420.000	900.000	500.000
	黄砂 净砂	t	92.23	0.300	0.600	0.600
	聚醋酸乙烯乳液	kg	5.60	—	60.000	—
	聚乙烯醇	kg	9.48	500.000	—	—
	硅酸钠 水玻璃	kg	0.70	—	—	10.000
	水	m^3	4.27	0.200	0.500	0.500
	水泥砂浆 1:2	m^3	268.85	0.300	0.300	0.300
	其他材料费	元	1.00	120.000	120.000	120.000
机械	其他机械费	元	1.00	452.610	414.900	414.900

第十五章
混凝土及钢筋混凝土加固工程

说　　明

一、本章定额包括现浇混凝土，模板工程，钢筋制作、安装，包（粘）钢加固，碳纤维粘贴加固，基层糙面、裂缝处理。

二、定额中所有混凝土均按非泵送商品混凝土编制，如实际采用高强灌浆料时套用相应定额，除相应材料换算外，人工消耗量乘以系数 1.10。编制预算时，如灌浆料用量设计或产品无明确规定，按 $2.4t/m^3$ 确定。实际采用泵送商品混凝土时，除混凝土价格换算外，浇捣人工消耗量乘以系数 0.85，其余不变。实际采用现场搅拌混凝土时，混凝土价格按附录一“砂浆、混凝土强度等级配合比”换算，其余不变，现场搅拌费套用第四章相应定额，工程量为混凝土消耗量。

三、构件截面增大适用于在保留原混凝土结构的基础上外包混凝土，混凝土消耗量定额中已包括因原结构表面混凝土凿毛所需填平补齐的用量。

四、叠合加厚板适用于在原板下加混凝土层加固，置换板适用于原板拆除后重新浇筑混凝土板。

五、现浇混凝土模板按照不同构件分别单独列项，定额未注明模板类型的，均按木模考虑定额对模板的组成规格、比例、支撑方式及复合木模的材质等均已综合考虑。

六、混凝土柱、梁、墙截面增大模板，定额中未考虑植筋螺杆拉结费用，发生时套用相应定额计算。对于植筋螺杆工程量，施工组织设计无明确规定时，可按以下规则确定：

1. 柱增大后单侧截面长（宽）度大于 0.8m 时，设置 $\phi12$ 植筋螺杆，竖向间距 0.8m；
2. 梁宽度增大时，每侧加宽面设置 $\phi12$ 植筋螺杆，水平间距 0.8m，竖向间距 0.6m 且不少于 1 根；
3. 墙体加厚时，每侧墙面设置 $\phi12$ 植筋螺杆，水平间距 0.8m，竖向间距 0.6m；
4. 植筋螺杆植入深度按 $10d$ 考虑，植入的钢筋按 $\phi12$ 全螺杆考虑，长度按 500mm 考虑。

七、定额中新、旧钢筋焊接适用于新加钢筋和原结构钢筋之间的连接，或因工艺需要造成的必须切断原有钢筋，施工后又重新焊接的情况。

八、结构植钢筋定额不包括钢筋费用，钢筋按钢筋工程相应定额执行。结构植钢筋、植化学锚栓如为垂直向上方向钻孔时，人工消耗量和机械消耗量乘以系数 1.10。

九、钢筋植入深度按 $20d$ 考虑，钻孔孔径按下表取定。植入深度、钻孔孔径超过定额取定标准的，定额按比例调整。

钻孔孔径取定表（mm）

钢筋直径 d	钻孔直径 d	钢筋直径 d	钻孔直径 d
8	12	18	22
10	14	20	25
12	16	22	28
14	18	25	32
16	20	28	36

十、本定额中碳纤维布及粘钢加固是以梁、板底面施工编制的，如遇梁、板顶面粘贴，按定额人工消耗量乘以系数 0.80。

十一、粘贴加固用的钢板厚度按 5mm 考虑。实际施工中，设计与定额不同时，钢板消耗量按比例调整。

十二、碳纤维布、钢板加固的定额工作内容中仅包括被加固构件表面的清理和打磨,如需剔除保护层或进行表面缺陷修复等,发生时另行计算。

十三、混凝土表面凿毛是指将混凝土表面凿去风化酥松层、碳化锈裂层及严重污蚀层,直至完全露出坚实的基层为止,并在此基层上凿毛,使其表面平整凹凸差大于或等于 4mm。

十四、剔除旧混凝土保护层至露筋是指将原混凝土表面保护层全部凿除至露出原主筋及箍筋。

十五、上述十三、十四条中如遇原有装饰面层者,装饰面层的拆除工作另按相应定额计算。

十六、因梁、柱加固需要,在拆除原有墙体用作施工工作面时,所挖除的墙面及墙体复原的工程量,按修缮定额中相应拆墙定额子目乘以系数 1.80,砖墙恢复套用砌墙定额子目,其中人工消耗量乘以系数 1.20。对于施工工作面,图纸或施工组织设计无明确规定时,可按 500mm 确定。

工程量计算规则

一、混凝土各类构件的工程量均按图示尺寸以实体积计算，不扣除混凝土内钢筋、预埋铁件所占的体积及墙、板单个面积在 $0.3m^2$ 以内的孔洞所占的体积。

二、现浇混凝土构件。

1. 扩大基础。

按设计图示需增厚（或增宽、增高、增长）乘以截面积以“m^3”计算。

2. 柱。

（1）按设计图示需浇捣截面积乘以柱体高度以“m^3”计算。

（2）框架柱的柱高，按基础顶面或楼板上表面至上层楼板的下表面计算。

（3）托换柱的柱高，按基础顶面或楼面至框架梁、连梁、圈梁的底标高计算。

（4）依附于柱上的“牛腿”与柱整体浇捣时，并入柱内计算；增设“牛腿”单独浇捣的，单独列项计算。

3. 梁。

（1）按设计图示需浇捣截面积乘以梁长以“m^3”计算。

（2）梁与混凝土柱、墙交接时，梁长按柱与柱、柱与墙或墙与墙间的净距离计算。

（3）次梁与主梁交接时，次梁长度按主梁间净距离计算。

（4）梁与砖墙或砖柱交接时，深入墙内的梁头、现浇梁垫体积并入梁体积内计算。

（5）梁底增大截面因混凝土灌注及浇捣所需增加的工程量并入梁体积内计算，详见图 3－9。

（6）托换梁按新托换后净截面体积以“m^3”计算，梁加腋、梁托均按新增加的截面体积以“m^3”计算。

4. 墙。

按图示墙体厚度乘以需浇捣的面积以“m^3”计算。双面加固时，按双面工程量计算。

5. 板。

（1）按图示需浇捣板厚乘以实际浇捣面积以“m^3”计算。

（2）板与梁或圈梁交接时，板算至梁侧面。

（3）伸入墙内的板头并入板体积内计算。

三、现浇混凝土构件模板。

1. 现浇混凝土构件模板工程量除另有说明外，均按混凝土与模板接触面的面积以“m^2”计算。

2. 混凝土墙、板上单孔面积在 $0.3m^2$ 以内的孔洞不予扣除，洞侧壁模板也不另行增加；单孔面积在 $0.3m^2$ 以上的孔洞应予以扣除，洞侧壁模板面积并入相应墙、板模板工程量之内计算。

3. 柱增大截面模板工程量。

（1）四面增大截面。

按增大后的柱外围混凝土截面乘以柱高以“m^2”为单位计算，详见四面增大截面柱支模图，图中 $\phi12$ 植筋螺栓仅当增大后截面长（宽）度大于 0.8m 时设置。

（2）单面、双面及三面增大截面。

按增大面外围混凝土长度加非增大面每侧各 0.2m，乘以柱高“m^2”计算，分别详见三面、两面、单面增大截面柱支模图。

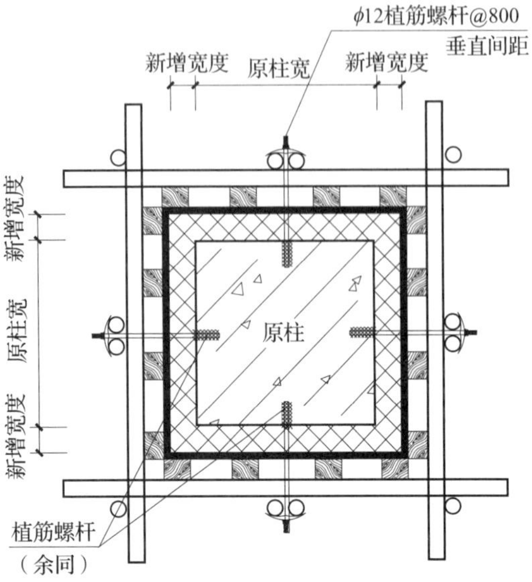

四面增大截面柱支模图

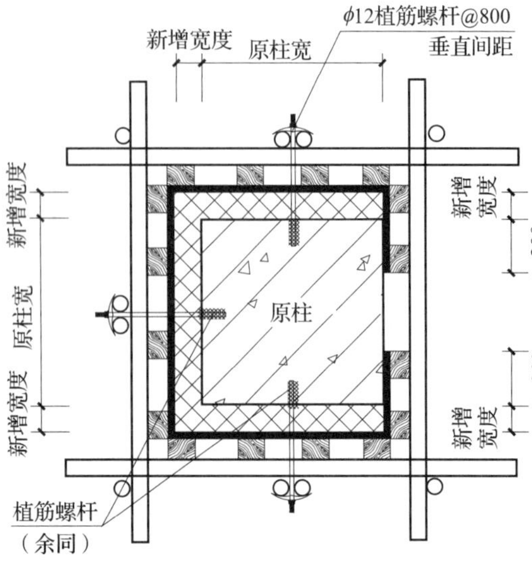

三面增大截面柱支模图

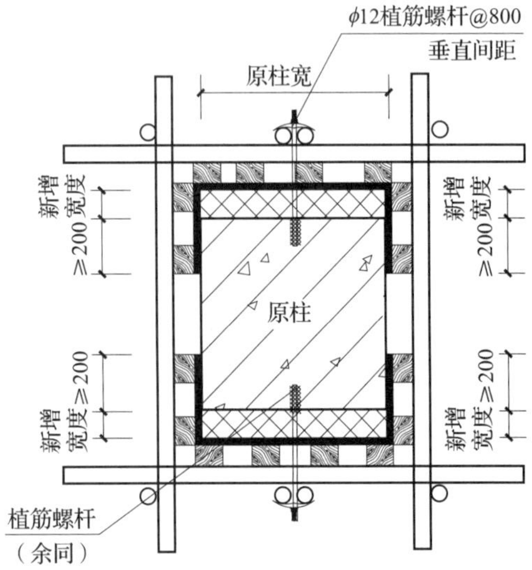

两面增大截面柱支模图

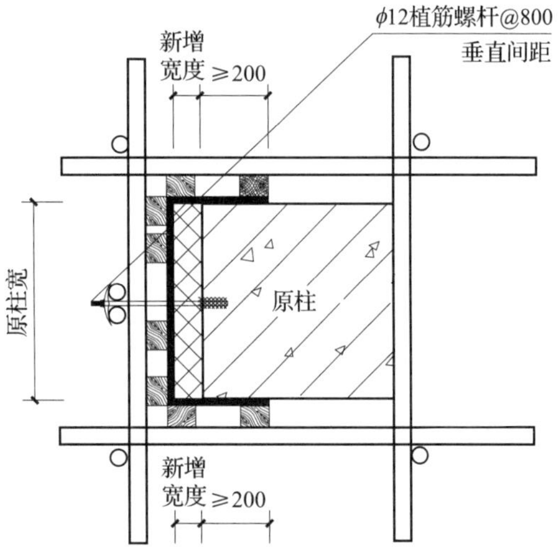

单面增大截面柱支模图

4. 梁增大截面模板工程量。

(1)三面增大截面。

按增大后的梁外围混凝土截面净周长乘以梁长以“m^2”为单位计算,详见三面增大截面梁支模图。

(2)梁底及单侧增大截面。

按增大面外围混凝土长度加原梁侧面上翻0.1m后乘以梁长以“m^2”为单位计算,详见梁底及单侧增大截面梁支模图。

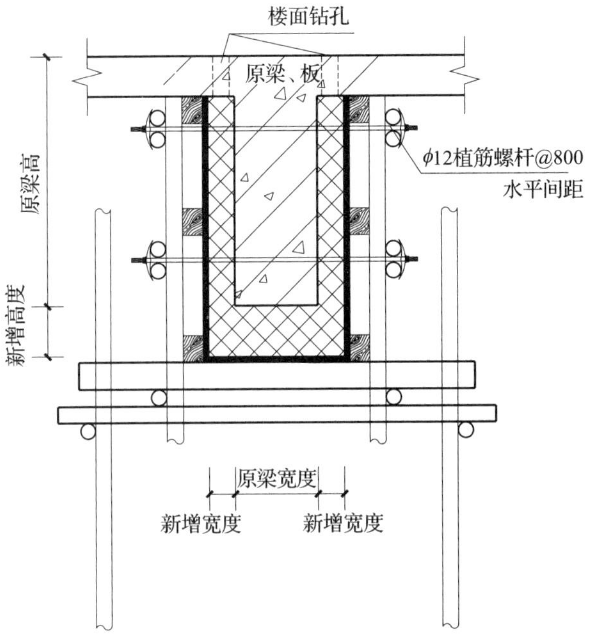

三面增大截面梁支模图

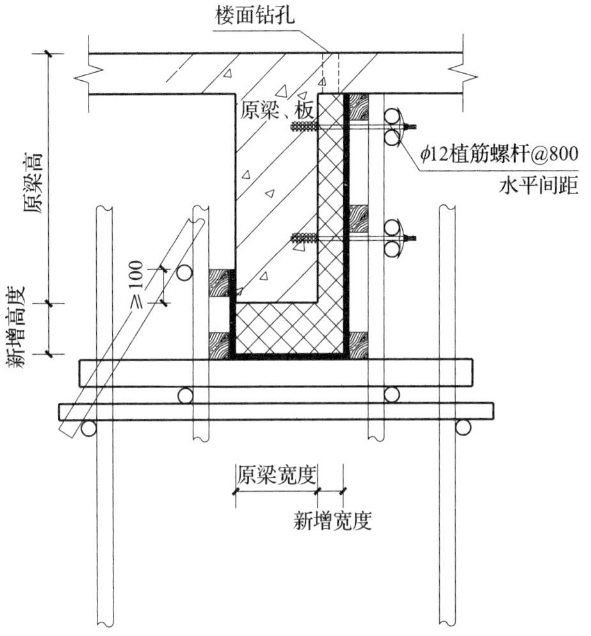

梁底及单侧增大截面梁支模图

(3)单侧或两侧增大截面。

按增大面外围混凝土长度加原梁底宽度后乘以梁长以“m^2”为单位计算，详见单侧增大截面梁支模图、双侧增大截面梁支模图。

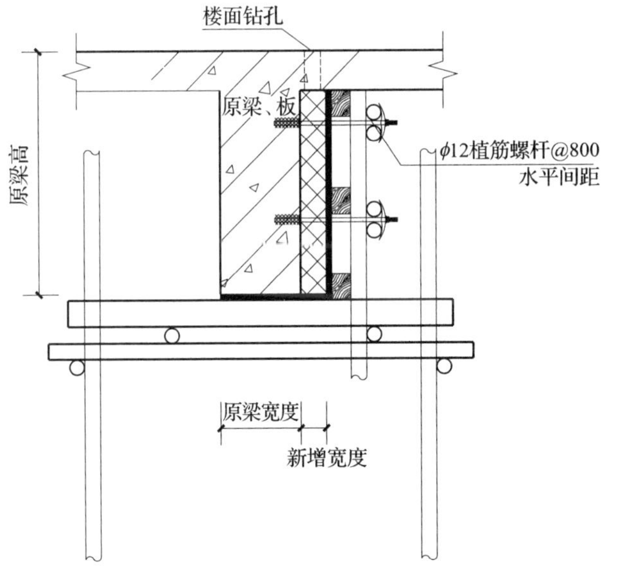

单侧增大截面梁支模图

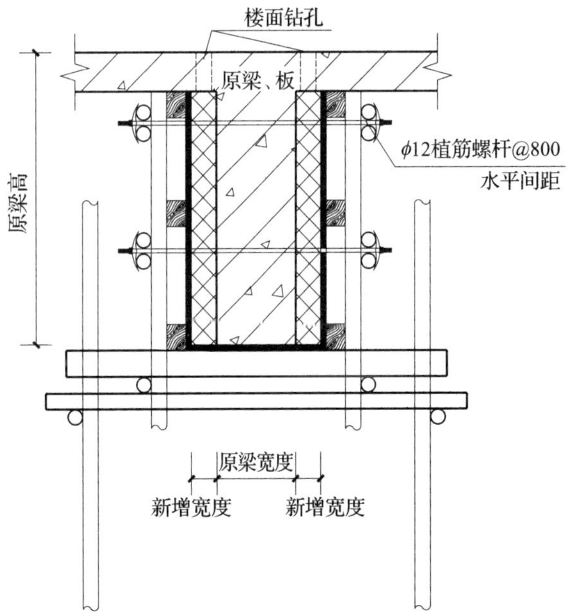

双侧增大截面梁支模图

(4)梁底增大截面。

按增大面外围混凝土尺寸加原梁侧面上翻高度后乘以梁长以“m^2”计算，其中单侧浇捣口上翻高度按平均0.15m计算，详见梁底增大截面梁支模图。

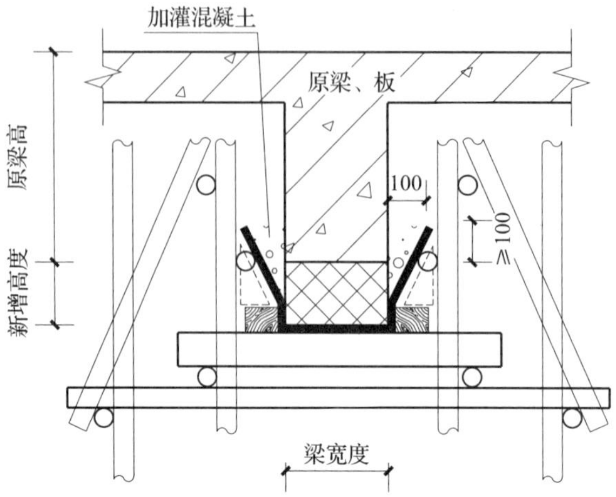

梁底增大截面梁支模图

(5)墙增大截面模板工程量。

按增大后混凝土与模板的接触面积以"m^2"为单位计算,详见单面增大截面墙支模图。

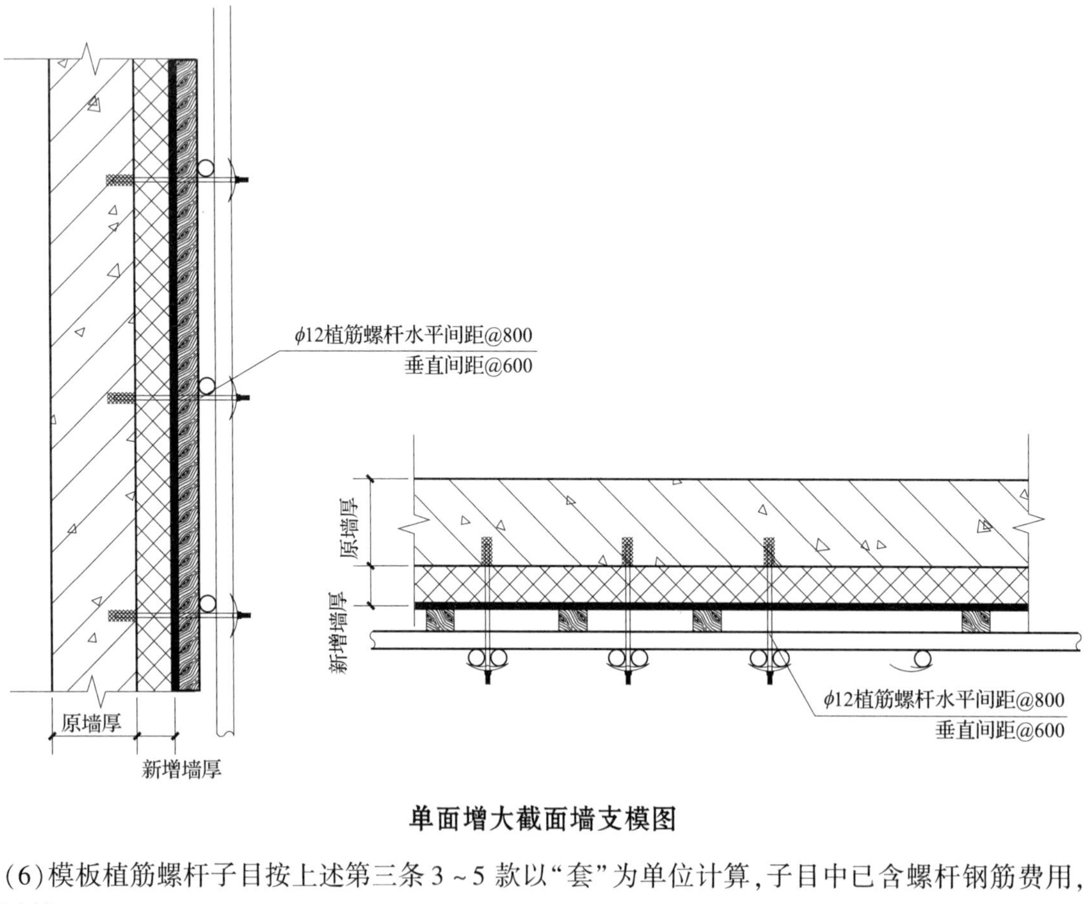

单面增大截面墙支模图

(6)模板植筋螺杆子目按上述第三条 3 ~ 5 款以"套"为单位计算,子目中已含螺杆钢筋费用,不再另行计算。

四、钢筋工程。

1. 加固梁底筋预紧连接按设计需预紧连接的加固梁底主筋连筋数量以"根"计算。
2. 新、旧钢筋焊接子目按设计接头数量以"个"计算。
3. 钢绞线网片按设计图示尺寸以"m^2"计算。

4. 结构植钢筋、锚栓应按其直径不同以"根"及"套"计算。植筋钢筋按钢筋工程有关规则进行计算,并按其植筋数量增加搭接个数。

5. 在植筋过程中,当植筋深度达不到设计要求时,在端头增加钢垫板,以满足钢筋锚固要求。植筋工程量按实际植筋深度换算,钢垫板锚固以"套"计算。

五、外包钢加固按图示尺寸以质量计算,钢板为多边形的按矩形计算,不扣除孔眼、切肢、切边、切角的质量。

六、粘钢加固按按粘贴面积以"m^2"计算。

七、粘贴碳纤维加固定额按图示尺寸加搭接面积以"m^2"为单位计算,搭接长度设计无明确规定的,按环向搭接200mm、竖向搭接50mm计算。

八、包钢基层灌注胶(浆)按钢构件与混凝土接触面积以"m^2"计算。加固封边按混凝土与钢构件边缘的相交线之和以"m"计算。

九、构件混凝土面剔除、凿毛基层混凝土和基层表面阻锈按所需处理构件表面积以"m^2"计算。

十、当设计要求梁、柱截面增大、新增箍筋需与原箍筋焊接时,剔除混凝土露出箍筋工程量按需增大的两侧面搭接边长+正面边长乘以延长米,以"m^2"计算。

十一、混凝土表面阻锈按构件需阻锈的实际面积以"m^2"计算。

十二、构件裂缝处理按构件单面裂缝长度之和以"m"计算。

一、现浇混凝土

1. 混凝土基础

工作内容:基层清理、水平运输、浇捣、养护。　　　　计量单位:$10m^3$

定额编号					15-1
项目					混凝土基础 扩大
基价(元)					**7 926.29**
其中	人工费(元)				2 797.07
	材料费(元)				5 125.96
	机械费(元)				3.26
名称		单位	单价(元)		消耗量
人工	二类人工	工日	135.00		20.719
材料	草袋	m^2	3.62		6.080
	非泵送商品混凝土 C30	m^3	438.00		11.500
	水	m^3	4.27		15.680
机械	混凝土振捣器 插入式	台班	4.65		0.702

2. 混凝土柱

工作内容:基层清理、水平运输、浇捣、养护。　　　　计量单位:$10m^3$

定额编号				15-2	15-3	15-4
项目				原柱增大截面	托换柱	梁、柱接头加牛腿
基价(元)				**10 608.38**	**12 729.98**	**9 055.53**
其中	人工费(元)			5 336.96	6 404.27	4 398.17
	材料费(元)			5 265.90	6 319.08	4 650.24
	机械费(元)			5.52	6.63	7.12
名称		单位	单价(元)	消耗量		
人工	二类人工	工日	135.00	39.533	47.439	32.579
材料	草袋	m^2	3.62	2.400	2.880	—
	非泵送商品混凝土 C30	m^3	438.00	11.800	14.160	10.500
	水	m^3	4.27	20.800	24.960	12.000
机械	混凝土振捣器 插入式	台班	4.65	1.188	1.426	1.531

3. 混凝土梁

工作内容：基层清理、水平运输、浇捣、养护。　　计量单位：$10m^3$

定额编号				15-5	15-6	15-7	15-8	15-9
项目				原梁增大截面	增设混凝土梁 板下增梁	托换梁	梁加腋	梁托
基价（元）				**10 564.55**	**8 298.15**	**9 957.74**	**9 745.43**	**9 478.81**
其中	人工费（元）			5 252.45	3 581.82	4 298.13	5 074.92	4 808.30
	材料费（元）			5 306.58	4 711.27	5 653.53	4 663.05	4 663.05
	机械费（元）			5.52	5.06	6.08	7.46	7.46
名称		单位	单价(元)	消耗量				
人工	二类人工	工日	135.00	38.907	26.532	31.838	37.592	35.617
材料	草袋	m^2	3.62	10.240	8.320	9.984	—	—
	非泵送商品混凝土 C30	m^3	438.00	11.800	10.500	12.600	10.500	10.500
	水	m^3	4.27	23.680	19.240	23.088	15.000	15.000
机械	混凝土振捣器 插入式	台班	4.65	1.188	1.089	1.307	1.604	1.604

4. 混凝土墙

工作内容：基层清理、水平运输、浇捣、养护。　　计量单位：$10m^3$

定额编号				15-10	15-11
项目				原墙面包混凝土	置换混凝土墙
基价（元）				**9 738.25**	**9 182.57**
其中	人工费（元）			4 581.77	4 485.92
	材料费（元）			5 150.96	4 691.59
	机械费（元）			5.52	5.06
名称		单位	单价(元)	消耗量	
人工	二类人工	工日	135.00	33.939	33.229
材料	草袋	m^2	3.62	3.360	2.730
	非泵送商品混凝土 C30	m^3	438.00	11.500	10.500
	水	m^3	4.27	23.840	19.370
机械	混凝土振捣器 插入式	台班	4.65	1.188	1.089

5.混 凝 土 板

工作内容:基层清理、水平运输、浇捣、养护。

计量单位:$10m^3$

定额编号				15-12
项目				下叠合加厚板
基价(元)				**6 469.59**
其中	人工费(元)			1 642.01
	材料费(元)			4 819.07
	机械费(元)			8.51
	名称	单位	单价(元)	消耗量
人工	二类人工	工日	135.00	12.163
材料	草袋	m^2	3.62	29.510
	非泵送商品混凝土 C30	m^3	438.00	10.500
	水	m^3	4.27	26.520
机械	混凝土振捣器 平板式	台班	12.54	0.495
	混凝土振捣器 插入式	台班	4.65	0.495

二、模 板 工 程

1.垫层、基础模板

工作内容:模板制作、安装、拆除、维护、整理、堆放及场内外运输,模板黏结物及模内杂物清理、刷隔离剂等。

计量单位:$100m^2$

定额编号				15-13	15-14
项目				混凝土基础	
				扩大	增设
基价(元)				**6 824.96**	**5 430.95**
其中	人工费(元)			3 949.83	2 693.12
	材料费(元)			2 773.03	2 635.73
	机械费(元)			102.10	102.10
	名称	单位	单价(元)	消耗量	
人工	二类人工	工日	135.00	29.258	19.949
材料	零星卡具	kg	5.88	25.968	21.099
	尼龙帽	个	0.60	139.200	113.100
	圆钉	kg	4.74	20.480	16.640
	镀锌铁丝 22#	kg	6.55	0.288	0.234
	复合硅酸盐水泥 P·C 32.5R 综合	kg	0.32	11.200	9.100
	黄砂 净砂	t	92.23	0.027	0.022
	隔离剂	kg	4.67	16.000	13.000
	钢支撑	kg	3.97	45.216	36.738
	草板纸 80#	张	2.67	48.000	39.000
	复合模板 综合	m^2	32.33	34.160	34.160
	木模板	m^3	1 445.00	0.648	0.648
	回库维修费	元	1.00	8.640	7.020
机械	汽车式起重机 5t	台班	366.47	0.045	0.045
	载货汽车 4t	台班	369.21	0.223	0.223
	木工圆锯机 500mm	台班	27.50	0.119	0.119

2.柱　模　板

工作内容:模板制作、安装、拆除、维护、整理、堆放及场内外运输,模板黏结物及模内杂物清理、刷隔离剂等。

计量单位:100m^2

定额编号				15-15	15-16	15-17	15-18
项目				原柱截面增大	托换柱	梁、柱接头加牛腿(腋)	柱支模超高每增加1m
基价(元)				**8 709.92**	**10 435.00**	**8 573.97**	**628.66**
其中	人工费(元)			5 712.53	6 855.03	5 370.71	286.47
	材料费(元)			2 850.64	3 403.72	3 129.51	335.36
	机械费(元)			146.75	176.25	73.75	6.83
名称		单位	单价(元)	消耗量			
人工	二类人工	工日	135.00	42.315	50.778	39.783	2.122
材料	零星卡具	kg	5.88	62.608	72.130	—	—
	圆钉	kg	4.74	20.032	24.038	48.180	1.092
	镀锌铁丝 12#	kg	5.38	—	—	32.593	—
	嵌缝料	kg	1.42	—	—	11.000	—
	隔离剂	kg	4.67	16.000	19.200	11.000	—
	钢支撑	kg	3.97	68.656	82.390	—	2.535
	草板纸 80#	张	2.67	48.000	57.600	—	—
	复合模板 综合	m^2	32.33	30.660	36.792	—	5.432
	木模板	m^3	1 445.00	0.623	0.748	1.840	0.100
	回库维修费	元	1.00	20.640	24.770	—	—
机械	汽车式起重机 5t	台班	366.47	0.068	0.082	—	0.003
	载货汽车 4t	台班	369.21	0.310	0.372	0.178	0.015
	木工圆锯机 500mm	台班	27.50	0.268	0.322	0.292	0.007

注:附墙构造柱模板套原柱截面扩大模板定额。

3. 梁 模 板

工作内容:模板制作、安装、拆除、维护、整理、堆放及场内外运输,模板黏结物及模内杂物清理、刷隔离剂等。

计量单位:$100m^2$

定额编号				15-19	15-20	15-21
项目				原梁截面增大	增设梁 板下增梁	托换梁
基价(元)				**7 963.88**	**8 585.63**	**10 302.17**
其中	人工费(元)			4 278.69	5 134.05	6 160.73
	材料费(元)			3 468.27	3 234.66	3 881.56
	机械费(元)			216.92	216.92	259.88
	名称	单位	单价(元)	消耗量		
人工	二类人工	工日	135.00	31.694	38.030	45.635
材料	零星卡具	kg	5.88	73.344	59.592	71.510
	尼龙帽	个	0.60	59.200	48.100	57.720
	圆钉	kg	4.74	22.144	17.992	21.590
	镀锌铁丝 22#	kg	6.55	0.288	0.234	0.281
	复合硅酸盐水泥 P·C 32.5R 综合	kg	0.32	11.200	9.100	10.920
	黄砂 净砂	t	92.23	0.027	0.022	0.026
	隔离剂	kg	4.67	16.000	13.000	15.600
	钢支撑	kg	3.97	110.592	89.856	107.827
	草板纸 80#	张	2.67	48.000	39.000	46.800
	复合模板 综合	m^2	32.33	34.323	34.323	41.188
	木模板	m^3	1 445.00	0.770	0.770	0.924
	回库维修费	元	1.00	24.320	19.760	23.710
机械	汽车式起重机 5t	台班	366.47	0.110	0.110	0.131
	载货汽车 4t	台班	369.21	0.451	0.451	0.541
	木工圆锯机 500mm	台班	27.50	0.367	0.367	0.441

注:斜梁坡度大于 10°时,人工消耗量乘以系数 1.15,支撑消耗量乘以系数 1.20,其他不变。

工作内容:模板制作、安装、拆除、维护、整理、堆放及场内外运输,模板黏结物及模内杂物清理、刷隔离剂等。

计量单位:$100m^2$

定额编号				15-22	15-23	15-24
项目				梁加腋	梁托	梁支模超高每增加 1m
基价(元)				**7 866.82**	**7 102.22**	**751.94**
其中	人工费(元)			4 365.23	3 928.64	484.79
	材料费(元)			3 398.98	3 070.97	247.20
	机械费(元)			102.61	102.61	19.95
	名称	单位	单价(元)	消耗量		
人工	二类人工	工日	135.00	32.335	29.101	3.591
材料	圆钉	kg	4.74	13.123	13.123	0.741
	镀锌铁丝 22#	kg	6.55	0.198	0.198	—
	复合硅酸盐水泥 P·C 32.5R 综合	kg	0.32	2.200	2.200	—
	黄砂 净砂	t	92.23	0.004	0.004	—
	隔离剂	kg	4.67	11.000	11.000	—
	钢支撑	kg	3.97	—	—	8.606
	木模板	m^3	1 445.00	2.272	2.045	0.145
机械	汽车式起重机 5t	台班	366.47	—	—	0.011
	载货汽车 4t	台班	369.21	0.212	0.212	0.040
	木工圆锯机 500mm	台班	27.50	0.885	0.885	0.042

4. 墙　模　板

工作内容: 模板制作、安装、拆除、维护、整理、堆放及场内外运输,模板黏结物及模内杂物清理、刷隔离剂等。

计量单位: $100m^2$

定额编号				15-25	15-26	15-27
项目				原墙面包混凝土	增厚混凝土墙	墙支模超高每增加 1m
基价(元)				**6 742.98**	**5 358.29**	**624.35**
其中	人工费(元)			4 233.74	3 048.17	286.47
	材料费(元)			2 412.58	2 213.46	330.84
	机械费(元)			96.66	96.66	7.04
名称		单位	单价(元)	消耗量		
人工	二类人工	工日	135.00	31.361	22.579	2.122
材料	零星卡具	kg	5.88	63.840	51.870	—
	尼龙帽	个	0.60	99.200	80.600	—
	六角带帽螺栓 综合	kg	5.47	8.656	7.033	—
	圆钉	kg	4.74	28.400	23.075	0.793
	隔离剂	kg	4.67	16.000	13.000	—
	钢支撑	kg	3.97	55.696	45.253	2.483
	草板纸 80#	张	2.67	48.000	39.000	—
	复合模板 综合	m^2	32.33	33.507	33.507	5.432
	木模板	m^3	1 445.00	0.185	0.185	0.098
	回库维修费	元	1.00	21.120	17.160	—
机械	汽车式起重机 5t	台班	366.47	0.056	0.056	0.003
	载货汽车 4t	台班	369.21	0.199	0.199	0.014
	木工圆锯机 500mm	台班	27.50	0.097	0.097	0.028

5. 板　模　板

工作内容:模板制作、安装、拆除、维护、整理、堆放及场内外运输,模板黏结物及模内杂物清理、刷隔离剂等。

计量单位:$100m^2$

定额编号				15-28	15-29
项目				下叠合板支模	板支模超高每增加1m
基价(元)				**6 618.19**	**675.53**
其中	人工费(元)			3 554.82	367.20
	材料费(元)			2 894.75	285.00
	机械费(元)			168.62	23.33
名称		单位	单价(元)	消耗量	
人工	二类人工	工日	135.00	26.332	2.720
材料	零星卡具	kg	5.88	66.021	—
	圆钉	kg	4.74	10.712	4.186
	镀锌铁丝 22#	kg	6.55	0.257	—
	复合硅酸盐水泥 P·C 32.5R 综合	kg	0.32	2.600	—
	黄砂 净砂	t	92.23	0.005	—
	隔离剂	kg	4.67	13.000	—
	钢支撑	kg	3.97	57.704	9.282
	草板纸 80#	张	2.67	39.000	—
	复合模板 综合	m^2	32.33	34.150	—
	木模板	m^3	1 445.00	0.647	0.158
	回库维修费	元	1.00	19.890	—
机械	汽车式起重机 5t	台班	366.47	0.078	0.011
	载货汽车 4t	台班	369.21	0.346	0.042
	木工圆锯机 500mm	台班	27.50	0.447	0.138

6. 模板植筋螺杆

工作内容:定位、开孔、安装、固定。

计量单位:10套

定额编号				15-30
项目				模板植筋螺杆
基价(元)				**241.68**
其中	人工费(元)			54.68
	材料费(元)			171.97
	机械费(元)			15.03
名称		单位	单价(元)	消耗量
人工	二类人工	工日	135.00	0.405
材料	模板植筋螺杆	套	15.00	10.200
	电钻钻头 16mm	支	36.00	0.250
	结构植筋胶	kg	30.00	0.199
	其他材料费	元	1.00	4.000
机械	电锤	台班	6.92	0.240
	电动空气压缩机 $1m^3/min$	台班	48.22	0.240
	其他机械费	元	1.00	1.800

三、钢筋制作、安装

1.普 通 钢 筋

工作内容:角钢支架制作、与梁底筋焊接、对拉螺杆预紧、主筋焊接。　**计量单位:**10 根

定 额 编 号				15-31
项 目				加固梁底筋预紧连接增加费
基 价 (元)				**489.51**
其中	人 工 费 (元)			306.05
	材 料 费 (元)			135.00
	机 械 费 (元)			48.46
名 称		单位	单价(元)	消 耗 量
人工	二类人工	工日	135.00	2.267
材料	角钢 Q235B 综合	kg	3.97	21.690
	对拉螺栓	kg	10.43	1.350
	电焊条 E43 系列	kg	4.74	6.500
	其他材料费	元	1.00	4.000
机械	交流弧焊机 32kV·A	台班	92.84	0.522

2.新、旧钢筋焊接

工作内容:旧混凝土保护层凿除、连接点清理、钢筋整形、除锈、焊接、节点处理。　**计量单位:**10 个

定 额 编 号				15-32	15-33	15-34
项 目				新、旧钢筋焊接		
				ϕ12 以内	ϕ20 以内	ϕ20 以上
基 价 (元)				**12.75**	**44.80**	**50.89**
其中	人 工 费 (元)			5.81	18.90	23.76
	材 料 费 (元)			0.81	2.04	3.27
	机 械 费 (元)			6.13	23.86	23.86
名 称		单位	单价(元)	消 耗 量		
人工	二类人工	工日	135.00	0.043	0.140	0.176
材料	电焊条 E43 系列	kg	4.74	0.170	0.430	0.690
机械	交流弧焊机 32kV·A	台班	92.84	0.066	0.257	0.257

3. 钢绞线网片

工作内容:1. 放线定位、钻孔、挂铆钉、裁剪网片;

2. 网片安装、整形、张拉、锚固。

计量单位:100m²

定额编号				15-35
项目				钢绞线网片
基价(元)				**18 624.15**
其中	人工费(元)			2 007.59
	材料费(元)			16 510.00
	机械费(元)			106.56
名称		单位	单价(元)	消耗量
人工	二类人工	工日	135.00	14.871
材料	钢绞线 锚栓	个	1.15	400.000
	钢绞线 网片	m^2	145.00	110.000
	其他材料费	元	1.00	100.000
机械	电锤	台班	6.92	15.399

4. 植钢筋、化学锚栓

(1)结构植筋

工作内容:定位、钻孔、清孔、配胶、注胶、植入、养护。

计量单位:10 根

定额编号				15-36	15-37	15-38	15-39	15-40
项目				植筋钢筋规格				
				$\phi8$	$\phi10$	$\phi12$	$\phi14$	$\phi16$
基价(元)				**74.56**	**90.77**	**137.68**	**161.00**	**237.00**
其中	人工费(元)			49.82	61.29	89.78	106.11	168.08
	材料费(元)			9.56	14.30	24.97	31.96	45.99
	机械费(元)			15.18	15.18	22.93	22.93	22.93
名称		单位	单价(元)	消耗量				
人工	二类人工	工日	135.00	0.369	0.454	0.665	0.786	1.245
材料	结构植筋胶	kg	30.00	0.192	0.285	0.399	0.532	0.683
	电钻钻头 12mm	支	18.00	0.100	—	—	—	—
	电钻钻头 14mm	支	25.00	—	0.150	—	—	—
	电钻钻头 16mm	支	36.00	—	—	0.250	—	—
	电钻钻头 18mm	支	40.00	—	—	—	0.300	—
	电钻钻头 20mm	支	43.00	—	—	—	—	0.500
	其他材料费	元	1.00	2.000	2.000	4.000	4.000	4.000
机械	电锤	台班	6.92	0.300	0.300	0.480	0.480	0.480
	电动空气压缩机 $1m^3/min$	台班	48.22	0.225	0.225	0.360	0.360	0.360
	其他机械费	元	1.00	2.250	2.250	2.250	2.250	2.250

注:本子目适用于后置结构构件,结构植筋不适用于新建工程的构造植筋。

工作内容：定位、钻孔、清孔、配胶、注胶、植入、养护。 **计量单位：**10 根

定额编号					15-41	15-42	15-43	15-44	15-45
项目					植筋钢筋规格				
					ϕ18	ϕ20	ϕ22	ϕ25	ϕ28
基价（元）					**319.38**	**380.59**	**415.62**	**604.69**	**847.73**
其中	人工费（元）				224.51	259.47	275.81	404.73	546.08
	材料费（元）				58.15	84.40	103.09	146.01	247.76
	机械费（元）				36.72	36.72	36.72	53.95	53.95
名称			单位	单价（元）	消耗量				
人工	二类人工		工日	135.00	1.663	1.922	2.043	2.998	4.045
材料	结构植筋胶		kg	30.00	0.855	1.336	1.959	2.947	4.259
	电钻钻头 25mm		支	57.00	0.500	—	—	—	—
	电钻钻头 28mm		支	64.00	—	0.630	0.630	—	—
	电钻钻头 32mm		支	80.00	—	—	—	0.670	—
	电钻钻头 36mm		支	116.00	—	—	—	—	1.000
	其他材料费		元	1.00	4.000	4.000	4.000	4.000	4.000
机械	电锤		台班	6.92	0.800	0.800	0.800	1.200	1.200
	电动空气压缩机 1m³/min		台班	48.22	0.600	0.600	0.600	0.900	0.900
	其他机械费		元	1.00	2.250	2.250	2.250	2.250	2.250

注：本子目适用于后置结构构件，结构植筋不适用于新建工程的构造植筋。

工作内容：基层清理、凿毛、构件表面打磨、钢板裁剪、打孔、配胶、涂胶、粘贴、焊接或铁楔紧固。 **计量单位：**10 套

定额编号				15-46
项目				钢垫板锚固
基价（元）				**241.94**
其中	人工费（元）			150.66
	材料费（元）			66.21
	机械费（元）			25.07
名称		单位	单价（元）	消耗量
人工	二类人工	工日	135.00	1.116
材料	中厚钢板 综合	kg	3.71	8.007
	电焊条 E43 系列	kg	4.74	0.190
	结构植筋胶	kg	30.00	1.020
	其他材料费	元	1.00	5.000
机械	交流弧焊机 32kV·A	台班	92.84	0.270

(2)植化学锚栓

工作内容:定位、钻孔、清孔、安装。　　　　**计量单位:**10套

定额编号				15-47	15-48	15-49	15-50	15-51
项目				植化学锚栓规格				
				M10	M12	M16	M20	M24
基价(元)				**93.96**	**134.14**	**231.82**	**428.42**	**661.57**
其中	人工费(元)			51.44	84.11	125.69	242.46	314.96
	材料费(元)			33.35	35.90	92.00	161.15	321.80
	机械费(元)			9.17	14.13	14.13	24.81	24.81
名称		单位	单价(元)	消耗量				
人工	二类人工	工日	135.00	0.381	0.623	0.931	1.796	2.333
材料	含胶化学锚栓 M10	套	3.25	10.200	—	—	—	—
	含胶化学锚栓 M12	套	3.50	—	10.200	—	—	—
	含胶化学锚栓 M16	套	9.00	—	—	10.200	—	—
	含胶化学锚栓 M20	套	15.75	—	—	—	10.200	—
	含胶化学锚栓 M24	套	31.50	—	—	—	—	10.200
	其他材料费	元	1.00	0.200	0.200	0.200	0.500	0.500
机械	电锤	台班	6.92	0.150	0.240	0.240	0.401	0.401
	电动空气压缩机 $1m^3/min$	台班	48.22	0.150	0.240	0.240	0.401	0.401
	其他机械费	元	1.00	0.900	0.900	0.900	2.700	2.700

四、包(粘)钢加固

1. 外包钢加固

工作内容:基面清理、凿毛、放样、划线、打磨、裁料、平整、折弯、打孔、拼装、焊接、校正。　　**计量单位:**t

定额编号				15-52	15-53
项目				包钢加固	
				角钢	钢板
基价(元)				**8 663.20**	**9 241.13**
其中	人工费(元)			3 244.73	4 055.94
	材料费(元)			4 652.48	4 419.20
	机械费(元)			765.99	765.99
名称		单位	单价(元)	消耗量	
人工	二类人工	工日	135.00	24.035	30.044
材料	角钢 Q235B 综合	t	3 966.00	1.080	—
	中厚钢板 综合	t	3 750.00	—	1.080
	六角带帽螺栓 综合	kg	5.47	23.538	23.538
	电焊条 E43 系列	kg	4.74	34.938	34.938
	氧气	m^3	3.62	7.988	7.988
	乙炔气	m^3	8.90	3.475	3.475
	其他材料费	元	1.00	15.000	15.000
机械	摇臂钻床 50mm	台班	21.52	0.124	0.124
	剪板机 40×3 100	台班	374.59	0.102	0.102
	刨边机 12 000mm	台班	342.64	0.113	0.113
	型钢剪断机 500mm	台班	82.19	0.023	0.023
	型钢矫正机 60×800	台班	67.49	0.023	0.023
	交流弧焊机 32kV·A	台班	92.84	7.077	7.077
	电焊条烘干箱 45cm×35cm×45cm	台班	8.99	0.405	0.405
	电动空气压缩机 $1m^3/min$	台班	48.22	0.068	0.068
	其他机械费	元	1.00	19.000	19.000

注:包钢加固需注胶、封边的,另行计算。

2.粘 钢 加 固

工作内容:基面清理、凿毛、构件表面打磨、钢板裁剪、折弯、打孔、配胶、涂胶、粘贴。 **计量单位:**10m²

定额编号					15-54	15-55
项目					粘贴钢板(mm)	
					宽度 100 以内	宽度 100 以上
基价(元)					**9 250.13**	**8 718.53**
其中	人工费(元)				3 580.07	3 068.42
	材料费(元)				5 101.37	5 081.42
	机械费(元)				568.69	568.69
名称		单位	单价(元)		消耗量	
人工	二类人工	工日	135.00		26.519	22.729
材料	型钢 综合	t	3 836.00		0.432	0.432
	六角带帽螺栓	kg	5.47		23.583	23.593
	角磨片 φ25	片	4.14		7.988	7.988
	结构胶	kg	40.00		75.500	75.000
	丙酮	kg	8.16		30.900	30.900
	其他材料费	元	1.00		10.000	10.000
机械	角向磨光机	台班	34.20		3.942	3.942
	剪板机 40×3 100	台班	374.59		0.918	0.918
	其他机械费	元	1.00		90.000	90.000

3.注浆、注胶

工作内容:基面清理及干燥等处理、机具配置、准备,配、调、注(浆)胶料,工作面清理,固化养护。 **计量单位:**见表

定额编号				15-56	15-57	15-58
项目				包钢基层灌注浆料		封边
				乳胶水泥浆	灌注胶	
计量单位				10m²		10m
基价(元)				**2 212.13**	**6 437.53**	**93.85**
其中	人工费(元)			1 990.44	859.41	26.06
	材料费(元)			173.91	5 530.34	67.79
	机械费(元)			47.78	47.78	—
名称		单位	单价(元)	消耗量		
人工	二类人工	工日	135.00	14.744	6.366	0.193
材料	灌注胶	kg	45.00	—	118.800	—
	普通硅酸盐水泥 P·O 42.5 综合	kg	0.34	89.200	—	112.520
	乳胶	kg	5.60	1.250	—	1.580
	丙酮	kg	8.16	—	5.900	—
	氧气	m³	3.62	10.000	10.000	—
	水	m³	4.27	0.090	—	0.160
	其他材料费	元	1.00	100.000	100.000	20.000
机械	电动灌浆机	台班	26.11	1.830	1.830	—

五、碳纤维粘贴加固

工作内容:基面清理、磨圆角、刷底胶,材料裁剪,配胶,涂胶、粘贴。　　**计量单位**:$10m^2$

定额编号				15-59	15-60	15-61	15-62
项目				粘贴碳纤维布(mm)			
				柱、墙面			
				单层		每增加一层	
				宽度150以内	宽度150以上	宽度150以内	宽度150以上
基价(元)				**3 784.13**	**3 627.96**	**1 914.18**	**1 868.19**
其中	人工费(元)			1 368.63	1 286.15	603.86	575.37
	材料费(元)			2 280.68	2 206.99	1 310.32	1 292.82
	机械费(元)			134.82	134.82	—	—
	名称	单位	单价(元)	消耗量			
人工	二类人工	工日	135.00	10.138	9.527	4.473	4.262
材料	碳纤维胶	kg	35.00	33.610	31.930	10.100	9.600
	碳纤维布 $200g/m^2$	m^2	80.00	10.500	10.500	10.500	10.500
	角磨片 $\phi25$	片	4.14	8.880	8.200	—	—
	丙酮	kg	8.16	19.310	17.830	10.640	10.640
	其他材料费	元	1.00	70.000	70.000	30.000	30.000
机械	角向磨光机	台班	34.20	3.942	3.942	—	—

注:柱、墙面粘贴碳纤维布宽幅设计无明确规定的,按500mm计。

工作内容:基面清理、磨圆角、刷底胶,材料裁剪,配胶,涂胶、粘贴。　　**计量单位**:$10m^2$

定额编号				15-63	15-64	15-65	15-66	15-67
项目				粘贴碳纤维布(mm)				砂面处理
				梁、板底面				
				单层		每增加一层		
				宽度150以内	宽度150以上	宽度150以内	宽度150以上	
基价(元)				**3 899.38**	**3 757.75**	**1 978.03**	**1 934.36**	**216.95**
其中	人工费(元)			1 440.45	1 353.78	635.85	605.48	8.10
	材料费(元)			2 324.11	2 269.15	1 342.18	1 328.88	208.85
	机械费(元)			134.82	134.82	—	—	—
	名称	单位	单价(元)	消耗量				
人工	二类人工	工日	135.00	10.670	10.028	4.710	4.485	0.060
材料	碳纤维胶	kg	35.00	34.990	33.770	10.910	10.530	5.730
	碳纤维布 $200g/m^2$	m^2	80.00	10.500	10.500	10.500	10.500	—
	角磨片 $\phi25$	片	4.14	11.250	8.290	—	—	—
	黄砂 净砂	t	92.23	—	—	—	—	0.090
	丙酮	kg	8.16	17.510	17.510	11.070	11.070	—
	其他材料费	元	1.00	70.000	70.000	30.000	30.000	—
机械	角向磨光机	台班	34.20	3.942	3.942	—	—	—

六、基层糙面、裂缝处理

1. 旧混凝土剔除及凿毛

工作内容:放线、定位、凿(剔)旧混凝土、工作面清理、垃圾归堆。 **计量单位:**100m²

定额编号				15-68	15-69	15-70
项目				剔除旧混凝土至露筋		
				平面	立面	顶面
基价(元)				**4 351.48**	**3 908.49**	**5 069.12**
其中	人工费(元)			3 139.29	2 578.77	3 363.80
	材料费(元)			390.31	390.31	390.31
	机械费(元)			821.88	939.41	1 315.01
名称		单位	单价(元)	消耗量		
人工	二类人工	工日	135.00	23.254	19.102	24.917
材料	转子	只	280.00	1.015	1.015	1.015
	轴承 203	个	10.34	3.120	3.120	3.120
	刨刀片	片	3.50	11.100	11.100	11.100
	其他材料费	元	1.00	35.000	35.000	35.000
机械	电刨	台班	45.66	18.000	20.574	28.800

工作内容:放线、定位、凿(剔)旧混凝土、工作面清理、垃圾归堆。 **计量单位:**100m²

定额编号				15-71	15-72	15-73
项目				旧混凝土表面凿毛		
				平面	立面	顶面
基价(元)				**3 872.64**	**3 515.24**	**4 555.98**
其中	人工费(元)			2 660.45	2 185.52	2 850.66
	材料费(元)			390.31	390.31	390.31
	机械费(元)			821.88	939.41	1 315.01
名称		单位	单价(元)	消耗量		
人工	二类人工	工日	135.00	19.707	16.189	21.116
材料	转子	只	280.00	1.015	1.015	1.015
	轴承 203	个	10.34	3.120	3.120	3.120
	刨刀片	片	3.50	11.100	11.100	11.100
	其他材料费	元	1.00	35.000	35.000	35.000
机械	电刨	台班	45.66	18.000	20.574	28.800

工作内容：放线、定位、凿（剔）旧混凝土、工作面清理、垃圾归堆。　　计量单位：100m²

定额编号				15-74
项目				梁头、柱头、混凝土面修整
基价（元）				**6 203.45**
其中	人工费（元）			3 414.96
	材料费（元）			44.00
	机械费（元）			2 744.49
名称		单位	单价（元）	消耗量
人工	二类人工	工日	135.00	25.296
材料	六角空心钢 综合	kg	2.48	9.400
	合金钢钻头 一字型	个	8.62	0.600
	高压橡胶风管 φ25	m	12.93	1.200
机械	手持式风动凿岩机	台班	12.36	15.480
	内燃空气压缩机 $3m^3/min$	台班	329.10	7.758

2. 阻　锈

工作内容：基层清理、清洗、除锈及湿润，涂刷阻锈剂。　　计量单位：100m²

定额编号				15-75
项目				混凝土表面阻锈
基价（元）				**7 292.80**
其中	人工费（元）			1 522.80
	材料费（元）			5 770.00
	机械费（元）			—
名称		单位	单价（元）	消耗量
人工	二类人工	工日	135.00	11.280
材料	阻锈剂	kg	90.00	63.000
	其他材料费	元	1.00	100.000

3. 裂缝处理

工作内容：剔缝、磨缝边、清缝、安注胶器、封缝、调胶注胶。　　计量单位：100m

定额编号				15-76	15-77	15-78
项目				裂缝封闭	裂缝注胶	
				裂缝宽度（mm）		
				0.2 以内	0.5 以内	2 以内
基价（元）				**3 698.37**	**12 000.64**	**14 340.64**
其中	人工费（元）			2 438.37	4 374.14	4 374.14
	材料费（元）			1 260.00	7 626.50	9 966.50
	机械费（元）			—	—	—
名称		单位	单价（元）	消耗量		
人工	二类人工	工日	135.00	18.062	32.401	32.401
材料	树脂密封胶	kg	32.00	30.000	57.000	57.000
	微细逢灌注胶	kg	45.00	—	33.000	85.000
	低压灌注器	套	10.50	—	335.000	335.000
	其他材料费	元	1.00	300.000	800.000	800.000

第十六章
其他加固工程

说　　明

一、本章定额包括加固前卸载支撑、锚杆静压桩场内运输、结构拆除、钻(凿)孔。

二、卸载支撑定额适用于柱、梁等受力构件加固前的临时卸荷处理,不适用于置(托)换式加固。定额按常规施工工艺编制,仅适用于编制预算,结算时则应按经审核的施工方案及现场签证进行计算。

三、结构拆除定额中已包括不损伤原有结构所引起的功效降低的因素,但对原有结构采取保护措施的应另行计算。定额中已包括拆除材料水平运输距离在30m以内的清理和堆放,超出部分以及发生垂直运输费用的,应另行计算。

四、涉及钢筋混凝土柱、梁、墙、板加固工程的替(置)换拆除,在发生时按本章混凝土结构拆除定额乘以系数3.50。

五、若设计图纸及方案要求需要采用静力切割的,结构拆除按静力切割子目执行。定额按切割钢筋混凝土构件编制,若实际为切割素混凝土构件的,定额中切割锯片消耗量乘以系数0.60,实际为切割砖砌体的,定额中切割锯片消耗量乘以系数0.30,其余不做调整。

六、砖墙、混凝土墙和混凝土楼板面钻孔按定额取定厚度及孔径综合考虑,钻孔深度及孔径在定额子目取值范围内的则不调整,钻孔深度及孔径超过定额取值范围的,定额按比例调整。

七、砖墙面凿销键孔子目已包括了销键孔开凿后堵孔的工作内容。

八、对拆除后的旧料的回收、利用,发承包双方应在施工合同中予以约定。

九、拆除的建筑垃圾装袋费用、下楼垂直运输费用和废料(渣土)外运费用均未考虑,发生时另行计算。

工程量计算规则

一、卸载支撑。

1. 柱加固卸载支撑按单层卸载加固柱数量以“根”计算。

2. 梁加固卸载支撑按卸载加固梁设计布置的支撑数量以“套”计算。

二、锚杆静压桩场内运输。

锚杆静压桩场内运输按临时堆放场地至施工现场堆放使用地点的中心距离计算。临时堆放场地为预制、加工场地,或因场地狭小、运输车辆无法到达施工现场堆放处而导致的临时堆放处。

三、结构拆除。

1. 加固所需的钢筋混凝土拆除按拆除的实体积以“m^3” 计算。

2. 静力切割的按切割构件的断面积以“m^2”计算。如混凝土块切割后由于体积过大还需破碎的,按拆除混凝土相应定额子目乘以系数 0.80。

四、钻(凿)孔。

1. 墙体、楼板钻(凿)孔按实际数量以“个”计算。

2. 砖墙面凿销键孔按实际数量以“个”计算。

一、加固前卸载支撑

1. 柱加固前卸载支撑

工作内容：卸载方案设计，材料运输，搭设、拆除支撑，安全监测，拆除后堆放。　　**计量单位：**根

定额编号				16-1	16-2	16-3	16-4
项目				承受上部荷载层数			
				≤3层	≤6层	≤9层	>9层
基价（元）				**3 948.30**	**6 643.09**	**12 090.88**	**22 544.60**
其中	人工费（元）			851.04	1 242.41	2 124.50	2 572.83
	材料费（元）			3 004.56	5 261.18	9 784.58	19 651.37
	机械费（元）			92.70	139.50	181.80	320.40
名称		单位	单价(元)	消耗量			
人工	二类人工	工日	135.00	6.304	9.203	15.737	19.058
材料	型钢 综合	kg	3.84	60.000	80.000	108.000	144.000
	垫木	m^3	2 328.00	0.080	0.120	0.160	0.160
	脚手架钢管	kg	3.62	35.200	26.000	24.000	23.600
	卸载设备摊销费	元	1.00	1 500.000	3 500.000	7 000.000	14 000.000
	卸载措施费	元	1.00	700.000	800.000	1 600.000	4 300.000
	监测	元	1.00	100.000	120.000	150.000	180.000
	其他材料费	元	1.00	160.500	160.500	160.500	160.500
机械	其他机械费	元	1.00	92.700	139.500	181.800	320.400

2. 梁加固前卸载支撑

工作内容：卸载方案设计，材料运输，搭设、拆除支撑，安全监测，拆除后堆放。　　**计量单位：**套

定额编号				16-5
项目				梁加固卸载支撑
基价（元）				**945.46**
其中	人工费（元）			335.34
	材料费（元）			560.62
	机械费（元）			49.50
名称		单位	单价(元)	消耗量
人工	二类人工	工日	135.00	2.484
材料	型钢 综合	kg	3.84	12.000
	垫木	m^3	2 328.00	0.040
	脚手架钢管	kg	3.62	8.680
	卸载设备摊销费	元	1.00	240.000
	卸载措施费	元	1.00	100.000
	其他材料费	元	1.00	50.000
机械	其他机械费	元	1.00	49.500

二、锚杆静压桩场内运输

人力水平运输锚杆静压桩

工作内容:装运、卸料。 **计量单位:**见表

定额编号				16-6	16-7	16-8	16-9
项目				预制方桩		钢管桩	
				双轮车运输			
				运距 50m	运距 500m 内每增加 50m	运距 50m	运距 500m 内每增加 50m
计量单位				$10m^3$		10t	
基价(元)				**612.09**	**305.24**	**306.05**	**152.69**
其中	人工费(元)			612.09	305.24	306.05	152.69
	材料费(元)			—	—	—	—
	机械费(元)			—	—	—	—
名称		单位	单价(元)	消耗量			
人工	二类人工	工日	135.00	4.534	2.261	2.267	1.131

三、结构拆除

工作内容:拆除,废料整理、堆放。 **计量单位:**$10m^3$

定额编号				16-10
项目				混凝土结构拆除
基价(元)				**5 560.83**
其中	人工费(元)			3 815.24
	材料费(元)			48.60
	机械费(元)			1 696.99
名称		单位	单价(元)	消耗量
人工	二类人工	工日	135.00	28.261
材料	其他材料费	元	1.00	48.600
机械	手持式风动凿岩机	台班	12.36	13.613
	电动空气压缩机 $6m^3/min$	台班	224.45	6.811

工作内容：放线、定位、安装（拆除）机械、切割。

计量单位：$10m^2$

定额编号				16-11
项目				钢筋混凝土静力切割
基价（元）				**8 302.35**
其中	人工费（元）			2 700.95
	材料费（元）			3 492.70
	机械费（元）			2 108.70
名称		单位	单价（元）	消耗量
人工	二类人工	工日	135.00	20.007
材料	水	m^3	4.27	10.000
	切割锯片 ϕ1 000	片	2 100.00	1.500
	其他材料费	元	1.00	300.000
机械	LP32/TS32 墙锯系统 43kW	台班	639.00	3.300

四、钻（凿）孔

工作内容：放线定位，安装（拆除）机械，钻孔、清孔。

计量单位：10 个

定额编号				16-12	16-13	16-14
项目				砖墙钻孔（240mm 以内）		
				孔径（mm）		
				20 以内	40 以内	100 以内
基价（元）				**55.59**	**86.88**	**214.26**
其中	人工费（元）			49.41	74.52	185.49
	材料费（元）			2.58	6.96	3.65
	机械费（元）			3.60	5.40	25.12
名称		单位	单价（元）	消耗量		
人工	二类人工	工日	135.00	0.366	0.552	1.374
材料	电钻钻头	支	43.00	0.060	—	—
	电钻钻头	支	116.00	—	0.060	—
	合金钢钻头 ϕ100	个	60.78	—	—	0.060
机械	其他机械费	元	1.00	3.600	5.400	25.120

工作内容:放线定位,安装(拆除)机械,钻孔、清孔。　　　　**计量单位:**10 个

定额编号				16-15	16-16	16-17
项目				混凝土墙钻孔(墙厚 240mm 以内)		
				孔径(mm)		
				20 以内	40 以内	100 以内
基价(元)				**89.86**	**142.22**	**490.29**
其中	人工费(元)			74.52	110.97	444.42
	材料费(元)			6.88	18.56	10.33
	机械费(元)			8.46	12.69	35.54
名称		单位	单价(元)	消耗量		
人工	二类人工	工日	135.00	0.552	0.822	3.292
材料	电钻钻头	支	43.00	0.160	—	—
	电钻钻头	支	116.00	—	0.160	—
	合金钢钻头 ϕ100	个	60.78	—	—	0.170
机械	其他机械费	元	1.00	8.460	12.690	35.540

工作内容:放线定位,安装(拆除)机械,钻孔、清孔。　　　　**计量单位:**10 个

定额编号				16-18	16-19	16-20
项目				混凝土楼板钻孔(板厚 150mm 以内)		
				孔径(mm)		
				20 以内	40 以内	100 以内
基价(元)				**67.40**	**107.68**	**367.99**
其中	人工费(元)			55.89	84.24	333.45
	材料费(元)			5.16	13.92	7.90
	机械费(元)			6.35	9.52	26.64
名称		单位	单价(元)	消耗量		
人工	二类人工	工日	135.00	0.414	0.624	2.470
材料	电钻钻头	支	43.00	0.120	—	—
	电钻钻头	支	116.00	—	0.120	—
	合金钢钻头 ϕ100	个	60.78	—	—	0.130
机械	其他机械费	元	1.00	6.350	9.520	26.640

工作内容:放线定位、人工凿洞、修边、垃圾清理,清理、湿润、搅拌砂浆、埋杆、堵孔、养护。　　　　**计量单位:**10 个

定额编号				16-21	16-22
项目				砖墙凿销键孔凿洞	
				孔洞尺寸(mm)	
				200×200 以内	300×300 以内
基价(元)				**388.20**	**458.20**
其中	人工费(元)			341.01	357.21
	材料费(元)			47.19	100.99
	机械费(元)			—	—
名称		单位	单价(元)	消耗量	
人工	二类人工	工日	135.00	2.526	2.646
材料	干混抹灰砂浆 DP M5.0	m^3	413.85	0.100	0.230
	其他材料费	元	1.00	5.800	5.800

第十七章
电　气　工　程

说　明

一、本章定额包括配管工程,配线工程,桥架、母线槽及电缆工程,电器照明工程,电气设备工程。

二、本章定额内容适用于房屋维修项目中10kV以下变配电设备及线路安装、电气照明器具、防雷及接地装置安装、配管配线、电气调整试验等安装工程。

三、有关说明:

1.电气工程的整体破坏性拆除费用由甲乙双方自行约定。

2.零星破坏性拆除费用执行《浙江省通用安装工程预算定额》(2018版)相应安装子目,按人工费及机械费之和乘以系数0.20,不计材料费。

3.修缮工程中电气工程的新装项目执行《浙江省通用安装工程预算定额》(2018版)相应安装子目,人工、机械乘以系数1.20,材料费乘以系数1.05,主材不变。

4.拆换是指安装方式不变,单纯的拆旧换新;拆装是指原有设备及线路拆下经清理后重新安装。本章定额未列项的拆换项目按零星破坏性拆除+新装项目执行。

四、除本章定额说明以外,其他说明均执行《浙江省通用安装工程预算定额》(2018版)定额说明。

工程量计算规则

一、配管敷设根据配管材质与直径区别敷设位置、敷设方式，按延长米数量以“m”为计量单位。计算长度时，不扣除管路中间的接线箱、接线盒、灯头盒、开关盒、插座盒、管件等所占长度。

二、金属软管敷设根据金属管直径及每根长度，按延长米数量以“m”为计量单位。

三、线槽敷设根据线槽材质与规格，按延长米数量以“m”为计量单位。计算长度时，不扣除管路中间的接线箱、接线盒、灯头盒、开关盒、插座盒、管件等所占长度。

四、接线箱根据箱体半周长以“个”为计量单位。

五、电线敷设根据导线材质与截面面积，按延长米数量以“m”为计量单位；电缆敷设根据电缆规格，按延长米数量以“m”为计量单位；电线及电缆的预留长度参照《浙江省通用安装工程预算定额》(2018 版)执行。

六、电缆桥架安装根据桥架规格按延长米数量以“m”为计量单位。

七、低压(电压等级≤380V)封闭式插接母线槽，根据每相电流容量，按轴线延长米长度以“m”为计量单位。母线槽及母线槽专用配件按照安装数量计算主材费。分线箱、始端箱根据电流容量以“台”为计量单位。

八、开关、按钮根据安装形式与种类、开关极数及单控与双控以“套”为计量单位。

九、普通灯具根据灯具种类、规格以“套”为计量单位。

一、配 管 工 程

工作内容：折旧、测位、划线、断管、配管、固定、接地。　　　　**计量单位：**10m

定额编号				17-1	17-2	17-3	17-4	17-5	17-6
项目				拆换可挠金属套管(吊顶内敷设)					
				规格(#)					
				10	12	15	17	24	30
基价（元）				**75.63**	**80.75**	**84.20**	**87.84**	**88.17**	**96.06**
其中	人工费（元）			55.22	58.05	59.94	63.05	66.15	69.53
	材料费（元）			20.41	22.70	24.26	24.79	22.02	26.53
	机械费（元）			—	—	—	—	—	—
名称		单位	单价(元)	消耗量					
人工	二类人工	工日	135.00	0.409	0.430	0.444	0.467	0.490	0.515
材料	可挠性金属套管	m	—	(10.800)	(10.800)	(10.800)	(10.800)	(10.800)	(10.800)
	镀锌铁丝 $\phi1.2\sim1.8$	kg	5.78	0.044	0.044	0.044	0.044	0.044	0.044
	半圆头螺钉 M6～8×12～30	10个	2.59	0.870	0.870	0.870	0.870	0.925	0.925
	镀锌自攻螺钉 ST4～6×20～35	10个	0.60	0.374	0.374	0.374	0.374	—	—
	木螺钉 $d4\times65$	10个	0.78	1.255	1.255	1.255	1.255	0.639	0.639
	塑料胀管 $\phi6\sim8$	个	0.04	13.323	13.323	13.323	13.323	6.783	6.783
	冲击钻头 $\phi6\sim8$	个	4.48	0.088	0.088	0.088	0.088	0.044	0.044
	钢锯条	条	2.59	—	0.121	0.121	0.121	0.121	0.121
	焊锡膏	kg	31.03	0.011	0.011	0.011	0.011	0.011	0.011
	锡基钎料	kg	41.38	0.022	0.022	0.022	0.022	0.022	0.022
	接地卡子 综合	个	0.48	3.634	3.634	3.634	3.634	3.634	3.634
	铜芯塑料绝缘线 BVR4	m	2.16	0.440	0.440	0.440	0.440	0.495	0.495
	可挠金属套管护口 BP－10	个	0.17	1.740	—	—	—	—	—
	可挠金属套管护口 BP－12	个	0.43	—	1.740	—	—	—	—
	可挠金属套管护口 BP－15	个	0.86	—	—	1.740	—	—	—
	可挠金属套管护口 BP－17	个	0.86	—	—	—	1.740	—	—
	可挠金属套管护口 BP－24	个	0.86	—	—	—	—	1.740	—
	可挠金属套管护口 BP－30	个	0.86	—	—	—	—	—	1.740
	可挠金属套管接头 KS－10	个	1.99	1.850	—	—	—	—	—
	可挠金属套管接头 KS－12	个	2.66	—	1.850	—	—	—	—
	可挠金属套管接头 KS－15	个	2.81	—	—	1.850	—	—	—
	可挠金属套管接头 KS－17	个	2.96	—	—	—	1.850	—	—
	可挠金属套管接头 KS－24	个	3.43	—	—	—	—	1.850	—
	可挠金属套管接头 KS－30	个	4.56	—	—	—	—	—	1.850
	可挠金属套管卡子 SP－10	个	0.30	24.951	—	—	—	—	—
	可挠金属套管卡子 SP－12	个	0.31	—	24.951	—	—	—	—
	可挠金属套管卡子 SP－15	个	0.33	—	—	24.951	—	—	—
	可挠金属套管卡子 SP－17	个	0.34	—	—	—	24.951	—	—
	可挠金属套管卡子 SP－24	个	0.37	—	—	—	—	15.647	—
	可挠金属套管卡子 SP－30	个	0.52	—	—	—	—	—	15.647
	其他材料费	元	1.00	0.360	0.400	0.430	0.440	0.390	0.470

工作内容:拆旧、量尺寸、断管、连接接头、钻孔、攻丝、固定、接地。 **计量单位**:m

定额编号					17-7	17-8	17-9	17-10	17-11	17-12
项目					拆换金属软管(每根长≤0.5m)					
					内径(mm)					
					16	20	25	32	40	50
基价(元)					**14.18**	**17.64**	**20.37**	**23.09**	**33.14**	**36.48**
其中	人工费(元)				10.13	12.15	12.83	13.91	15.80	17.96
	材料费(元)				4.05	5.49	7.54	9.18	17.34	18.52
	机械费(元)				—	—	—	—	—	—
	名称		单位	单价(元)	消耗量					
人工	二类人工		工日	135.00	0.075	0.090	0.095	0.103	0.117	0.133
材料	金属软管		m	—	(1.030)	(1.030)	(1.030)	(1.030)	(1.030)	(1.030)
	金属软管接头 DN15		个	0.79	5.038	—	—	—	—	—
	金属软管接头 DN20		个	1.07	—	5.038	—	—	—	—
	金属软管接头 DN25		个	1.47	—	—	5.038	—	—	—
	金属软管接头 DN32		个	1.79	—	—	—	5.038	—	—
	金属软管接头 DN40		个	3.38	—	—	—	—	5.038	—
	金属软管接头 DN50		个	3.61	—	—	—	—	—	5.038
	其他材料费		元	1.00	0.070	0.100	0.130	0.160	0.310	0.330

工作内容:拆旧、量尺寸、断管、连接接头、钻孔、攻丝、固定、接地。 **计量单位**:m

定额编号					17-13	17-14	17-15	17-16	17-17	17-18
项目					拆换金属软管(每根长≤1m)					
					内径(mm)					
					16	20	25	32	40	50
基价(元)					**9.12**	**11.73**	**13.47**	**14.97**	**21.22**	**23.40**
其中	人工费(元)				6.75	8.51	9.05	9.59	11.07	12.56
	材料费(元)				2.37	3.22	4.42	5.38	10.15	10.84
	机械费(元)				—	—	—	—	—	—
	名称		单位	单价(元)	消耗量					
人工	二类人工		工日	135.00	0.050	0.063	0.067	0.071	0.082	0.093
材料	金属软管		m	—	(1.030)	(1.030)	(1.030)	(1.030)	(1.030)	(1.030)
	金属软管接头 DN15		个	0.79	2.949	—	—	—	—	—
	金属软管接头 DN20		个	1.07	—	2.949	—	—	—	—
	金属软管接头 DN25		个	1.47	—	—	2.949	—	—	—
	金属软管接头 DN32		个	1.79	—	—	—	2.949	—	—
	金属软管接头 DN40		个	3.38	—	—	—	—	2.949	—
	金属软管接头 DN50		个	3.61	—	—	—	—	—	2.949
	其他材料费		元	1.00	0.040	0.060	0.080	0.100	0.180	0.190

工作内容：拆旧、量尺寸、断管、连接接头、钻孔、攻丝、固定、接地。 **计量单位**：m

定额编号				17-19	17-20	17-21	17-22	17-23	17-24
项目				拆换金属软管(每根长＞1m)					
				内径(mm)					
				16	20	25	32	40	50
基价(元)				**6.71**	**7.92**	**9.35**	**10.85**	**14.91**	**17.00**
其中	人工费(元)			3.78	4.19	4.59	5.13	5.54	6.75
	材料费(元)			2.93	3.73	4.76	5.72	9.37	10.25
	机械费(元)			—	—	—	—	—	—
名称		单位	单价(元)	消耗量					
人工	二类人工	工日	135.00	0.028	0.031	0.034	0.038	0.041	0.05
材料	金属软管	m	—	(1.030)	(1.030)	(1.030)	(1.030)	(1.030)	(1.030)
	铜芯塑料绝缘线 BVR4	m	2.16	0.588	0.683	0.778	0.912	1.064	1.253
	金属软管接头 DN15	个	0.79	2.041	—	—	—	—	—
	金属软管接头 DN20	个	1.07	—	2.041	—	—	—	—
	金属软管接头 DN25	个	1.47	—	—	2.041	—	—	—
	金属软管接头 DN32	个	1.79	—	—	—	2.041	—	—
	金属软管接头 DN40	个	3.38	—	—	—	—	2.041	—
	金属软管接头 DN50	个	3.61	—	—	—	—	—	2.041
	其他材料费	元	1.00	0.050	0.070	0.080	0.100	0.170	0.180

工作内容：拆旧、锯槽、划线、定位、打眼槽体清扫、本体固定、配件安装、接地跨接。 **计量单位**：m

定额编号				17-25	17-26	17-27
项目				拆换金属线槽		
				宽+高(mm)		
				≤50	≤80	≤120
基价(元)				**10.82**	**12.98**	**16.49**
其中	人工费(元)			8.37	10.53	14.04
	材料费(元)			2.45	2.45	2.45
	机械费(元)			—	—	—
名称		单位	单价(元)	消耗量		
人工	二类人工	工日	135.00	0.062	0.078	0.104
材料	金属线槽	m	—	(1.030)	(1.030)	(1.030)
	半圆头镀锌螺栓 M2～5×15～50	10个	1.72	0.661	0.661	0.661
	铜芯塑料绝缘线 BVR6	m	3.45	0.281	0.281	0.281
	铜接地端子带螺栓 DT－6	个	2.59	0.116	0.116	0.116
	其他材料费	元	1.00	0.040	0.040	0.040

工作内容:拆旧、锯槽、测位、打眼、埋螺钉、线槽安装。 计量单位:m

定额编号				17-28	17-29	17-30	17-31
项目				拆换塑料线槽			
				宽+高(mm)			
				≤50	≤80	≤120	≤180
基价(元)				**10.01**	**12.16**	**15.60**	**18.32**
其中	人工费(元)			7.97	9.99	13.37	15.93
	材料费(元)			2.04	2.17	2.23	2.39
	机械费(元)			—	—	—	—
名称		单位	单价(元)	消耗量			
人工	二类人工	工日	135.00	0.059	0.074	0.099	0.118
材料	塑料线槽	m	—	(1.050)	(1.050)	(1.050)	(1.050)
	塑料线槽配件 线槽断面周长 120 以内	个	2.59	0.771	—	—	—
	塑料线槽配件 线槽断面周长 170 以内	个	3.45	—	0.617	—	—
	塑料线槽配件 线槽断面周长 260 以内	个	4.74	—	—	0.462	—
	塑料线槽配件 线槽断面周长 360 以内	个	6.90	—	—	—	0.341
	其他材料费	元	1.00	0.040	0.040	0.040	0.040

二、配线工程

工作内容:拆旧、穿引线、扫管、涂滑石粉、穿线、编号、焊接包头。 计量单位:10m

定额编号				17-32	17-33	17-34	17-35
项目				拆换塑料铝芯线			
				导线截面(mm^2)			
				≤2.5	≤6	≤16	≤35
基价(元)				**5.77**	**6.99**	**9.56**	**12.57**
其中	人工费(元)			5.67	6.89	9.45	12.42
	材料费(元)			0.10	0.10	0.11	0.15
	机械费(元)			—	—	—	—
名称		单位	单价(元)	消耗量			
人工	二类人工	工日	135.00	0.042	0.051	0.070	0.092
材料	铝芯塑料绝缘线	m	—	(10.500)	(10.500)	(10.500)	(10.500)
	钢丝 ϕ1.2~1.8	kg	5.27	0.009	0.009	0.011	0.012
	电气绝缘胶带 18mm×10m×0.13mm	卷	2.59	0.022	0.022	0.022	0.033

工作内容：折旧、穿引线、扫管、涂滑石粉、穿线、编号、焊接包头。　　计量单位：10m

定额编号				17-36	17-37	17-38	17-39
项目				拆换塑料铝芯线			
				导线截面（mm^2）			
				≤70	≤120	≤185	≤240
基价（元）				**22.86**	**28.36**	**53.32**	**89.81**
其中	人工费（元）			22.55	27.95	52.79	89.24
	材料费（元）			0.31	0.41	0.53	0.57
	机械费（元）			—	—	—	—
名称		单位	单价（元）	消耗量			
人工	二类人工	工日	135.00	0.167	0.207	0.391	0.661
材料	铝芯塑料绝缘线	m	—	(10.500)	(10.400)	(10.400)	(10.400)
	钢丝 φ1.2～1.8	kg	5.27	0.021	0.022	0.029	0.031
	电气绝缘胶带 18mm×10m×0.13mm	卷	2.59	0.077	0.110	0.143	0.154
	其他材料费	元	1.00	—	0.010	0.010	0.010

工作内容：折旧、穿引线、扫管、涂滑石粉、穿线、编号、焊接包头。　　计量单位：10m

定额编号				17-40	17-41	17-42	17-43
项目				拆换塑料铜芯线			
				导线截面（mm^2）			
				≤2.5	≤6	≤16	≤35
基价（元）				**6.32**	**7.19**	**9.70**	**12.86**
其中	人工费（元）			6.08	6.89	9.32	12.42
	材料费（元）			0.24	0.30	0.38	0.44
	机械费（元）			—	—	—	—
名称		单位	单价（元）	消耗量			
人工	二类人工	工日	135.00	0.045	0.051	0.069	0.092
材料	铜芯塑料绝缘线	m	—	(10.500)	(10.500)	(10.500)	(10.500)
	钢丝 φ1.2～1.8	kg	5.27	0.008	0.008	0.011	0.012
	电气绝缘胶带 18mm×10m×0.13mm	卷	2.59	0.077	0.099	0.121	0.143
	其他材料费	元	1.00	—	—	0.010	0.010

工作内容:拆旧、穿引线、扫管、涂滑石粉、穿线、编号、焊接包头。 **计量单位**:10m

定额编号				17-44	17-45	17-46	17-47
项目				拆换塑料铜芯线			
				导线截面(mm^2)			
				≤70	≤120	≤185	≤240
基价(元)				**24.04**	**30.04**	**53.49**	**89.98**
其中	人工费(元)			23.49	29.43	52.79	89.24
	材料费(元)			0.55	0.61	0.70	0.74
	机械费(元)			—	—	—	—
名称		单位	单价(元)	消耗量			
人工	二类人工	工日	135.00	0.174	0.218	0.391	0.661
材料	铜芯塑料绝缘线	m	—	(10.500)	(10.500)	(10.500)	(10.500)
	钢丝 ϕ1.2~1.8	kg	5.27	0.021	0.022	0.029	0.030
	电气绝缘胶带 18mm×10m×0.13mm	卷	2.59	0.165	0.187	0.209	0.220
	其他材料费	元	1.00	0.010	0.010	0.010	0.010

工作内容:拆旧、穿引线、扫管、涂滑石粉、穿线、编号、焊接包头。 **计量单位**:10m

定额编号				17-48	17-49	17-50
项目				拆换多芯软导线(二芯)		
				单芯导线截面(mm^2)		
				≤1	≤2.5	≤4
基价(元)				**7.84**	**8.17**	**10.63**
其中	人工费(元)			7.29	7.56	9.99
	材料费(元)			0.55	0.61	0.64
	机械费(元)			—	—	—
名称		单位	单价(元)	消耗量		
人工	二类人工	工日	135.00	0.054	0.056	0.074
材料	铜芯多股绝缘电线 rvs-0.5	m	—	(10.800)	(10.800)	(10.800)
	钢丝 ϕ1.2~1.8	kg	5.27	0.008	0.008	0.009
	电气绝缘胶带 18mm×10m×0.13mm	卷	2.59	0.099	0.121	0.132
	其他材料费	元	1.00	0.250	0.250	0.250

工作内容：折旧、穿引线、扫管、涂滑石粉、穿线、编号、焊接包头。　　**计量单位**：10m

定额编号				17-51	17-52	17-53
项目				拆换多芯软导线(四芯)		
				单芯导线截面(mm^2)		
				≤1	≤2.5	≤4
基价(元)				**9.47**	**9.80**	**13.09**
其中	人工费(元)			8.78	9.05	12.29
	材料费(元)			0.69	0.75	0.80
	机械费(元)			—	—	—
名称		单位	单价(元)	消耗量		
人工	二类人工	工日	135.00	0.065	0.067	0.091
材料	铜芯多股绝缘电线 rvs－0.5	m	—	(10.800)	(10.800)	(10.800)
	钢丝 ϕ1.2～1.8	kg	5.27	0.008	0.008	0.009
	电气绝缘胶带 18mm×10m×0.13mm	卷	2.59	0.154	0.176	0.187
	其他材料费	元	1.00	0.250	0.250	0.270

工作内容：折旧、穿引线、扫管、涂滑石粉、穿线、编号、焊接包头。　　**计量单位**：10m

定额编号				17-54	17-55	17-56
项目				拆换多芯软导线(八芯)		
				单芯导线截面(mm^2)		
				≤1	≤2.5	≤4
基价(元)				**12.22**	**12.76**	**16.71**
其中	人工费(元)			11.34	11.75	15.66
	材料费(元)			0.88	1.01	1.05
	机械费(元)			—	—	—
名称		单位	单价(元)	消耗量		
人工	二类人工	工日	135.00	0.084	0.087	0.116
材料	铜芯多股绝缘电线 rvs－0.5	m	—	(10.800)	(10.800)	(10.800)
	钢丝 ϕ1.2～1.8	kg	5.27	0.008	0.008	0.009
	电气绝缘胶带 18mm×10m×0.13mm	卷	2.59	0.220	0.264	0.275
	其他材料费	元	1.00	0.270	0.280	0.290

工作内容:拆旧、穿引线、扫管、涂滑石粉、穿线、编号、焊接包头。 **计量单位**:10m

定额编号				17-57	17-58	17-59
项目				拆换多芯软导线(十六芯)		
				单芯导线截面(mm^2)		
				≤1	≤1.5	≤2.5
基价(元)				**15.90**	**16.28**	**20.45**
其中	人工费(元)			14.72	14.99	19.04
	材料费(元)			1.18	1.29	1.41
	机械费(元)			—	—	—
名称		单位	单价(元)	消耗量		
人工	二类人工	工日	135.00	0.109	0.111	0.141
材料	铜芯多股绝缘电线 rvs-0.5	m	—	(10.800)	(10.800)	(10.800)
	钢丝 ϕ1.2~1.8	kg	5.27	0.008	0.008	0.008
	电气绝缘胶带 18mm×10m×0.13mm	卷	2.59	0.330	0.374	0.418
	其他材料费	元	1.00	0.280	0.280	0.290

工作内容:拆旧、穿引线、扫管、涂滑石粉、穿线、编号、焊接包头。 **计量单位**:10m

定额编号				17-60	17-61	17-62
项目				拆换电视线	拆换电话线	拆换电脑线
基价(元)				**34.08**	**18.96**	**24.63**
其中	人工费(元)			34.02	18.90	24.57
	材料费(元)			0.06	0.06	0.06
	机械费(元)			—	—	—
名称		单位	单价(元)	消耗量		
人工	二类人工	工日	135.00	0.252	0.140	0.182
材料	电话线	m	—	—	(10.250)	—
	双绞线缆	m	—	—	—	(10.250)
	同轴电缆	m	—	(10.250)	—	—
	钢丝 ϕ1.2~1.8	kg	5.27	0.011	0.011	0.011

三、桥架、母线槽及电缆工程

工作内容：拆旧、组对、焊接或螺栓固定，弯头、三通或四通、盖板、隔板、附件安装，接地跨接，桥架修理。**计量单位**：m

定额编号				17-63	17-64	17-65	17-66
项目				拆换槽式桥架			
				宽+高(mm)			
				≤200	≤600	≤1 000	≤1 500
基价（元）				**19.17**	**45.53**	**80.20**	**110.33**
其中	人工费（元）			14.85	39.56	68.18	93.56
	材料费（元）			3.88	4.06	4.21	4.54
	机械费（元）			0.44	1.91	7.81	12.23
名称		单位	单价(元)	消耗量			
人工	二类人工	工日	135.00	0.110	0.293	0.505	0.693
材料	电缆桥架 综合	m	—	(1.010)	(1.010)	(1.010)	(1.010)
	低碳钢焊条 综合	kg	6.72	—	0.009	0.024	0.044
	砂轮片 ϕ100	片	4.31	0.001	0.002	0.003	0.003
	砂轮片 ϕ400	片	21.55	0.001	0.002	0.003	0.004
	酚醛防锈漆	kg	6.90	0.009	0.013	0.018	0.026
	汽油 综合	kg	6.12	0.007	0.018	0.035	0.062
	铜芯塑料绝缘线 BVR6	m	3.45	0.198	0.198	0.166	0.150
	铜接地端子带螺栓 DT-6	个	2.59	1.155	1.155	1.155	1.155
	其他材料费	元	1.00	0.070	0.070	0.070	0.080
机械	砂轮切割机 ϕ400	台班	26.83	0.001	0.001	0.003	0.004
	汽车式起重机 16t	台班	875.04	—	—	0.004	0.008
	载货汽车 8t	台班	411.20	0.001	0.004	0.008	0.009
	直流弧焊机 20kW	台班	78.72	—	0.003	0.012	0.018

工作内容:拆旧、组对、焊接或螺栓固定,弯头、三通或四通、盖板、隔板、附件安装,接地跨接,桥架修理。 **计量单位**:m

定额编号				17-67	17-68	17-69	17-70
项目				拆换梯式桥架 宽+高(mm)			
				≤200	≤500	≤1000	≤1500
基价(元)				**16.88**	**33.85**	**69.76**	**99.29**
其中	人工费(元)			12.56	28.35	58.86	81.68
	材料费(元)			3.88	4.00	4.21	4.86
	机械费(元)			0.44	1.50	6.69	12.75
	名称	单位	单价(元)	消耗量			
人工	二类人工	工日	135.00	0.093	0.210	0.436	0.605
材料	电缆桥架 综合	m	—	(1.010)	(1.010)	(1.010)	(1.010)
	低碳钢焊条 综合	kg	6.72	—	0.014	0.025	0.058
	砂轮片 φ100	片	4.31	0.001	0.001	0.002	0.002
	砂轮片 φ400	片	21.55	0.001	0.001	0.003	0.012
	酚醛防锈漆	kg	6.90	0.009	0.011	0.018	0.026
	汽油 综合	kg	6.12	0.007	0.009	0.035	0.070
	铜芯塑料绝缘线 BVR6	m	3.45	0.198	0.198	0.166	0.150
	铜接地端子带螺栓 DT-6	个	2.59	1.155	1.155	1.155	1.155
	其他材料费	元	1.00	0.070	0.070	0.070	0.090
机械	砂轮切割机 φ400	台班	26.83	0.001	0.001	0.001	0.003
	汽车式起重机 16t	台班	875.04	—	—	0.004	0.008
	载货汽车 8t	台班	411.20	0.001	0.003	0.005	0.009
	直流弧焊机 20kW	台班	78.72	—	0.003	0.014	0.025

工作内容:拆旧、组对、焊接或螺栓固定,弯头、三通或四通、盖板、隔板、附件安装,接地跨接,桥架修理。 **计量单位**:m

定额编号				17-71	17-72	17-73	17-74	17-75
项目				拆换托盘式桥架 宽+高(mm)				
				≤200	≤600	≤800	≤1200	≤1500
基价(元)				**18.15**	**42.73**	**58.16**	**79.42**	**105.71**
其中	人工费(元)			13.91	36.72	49.14	66.83	88.83
	材料费(元)			3.80	3.87	4.41	4.25	4.53
	机械费(元)			0.44	2.14	4.61	8.34	12.35
	名称	单位	单价(元)	消耗量				
人工	二类人工	工日	135.00	0.103	0.272	0.364	0.495	0.658
材料	电缆桥架 综合	m	—	(1.010)	(1.010)	(1.010)	(1.010)	(1.010)
	低碳钢焊条 综合	kg	6.72	—	—	0.011	0.022	0.035
	砂轮片 φ100	片	4.31	0.001	0.001	0.001	0.002	0.002
	砂轮片 φ400	片	21.55	—	—	0.018	0.004	0.006
	酚醛防锈漆	kg	6.90	0.004	0.009	0.013	0.022	0.026
	汽油 综合	kg	6.12	0.004	0.009	0.018	0.044	0.070
	铜芯塑料绝缘线 BVR6	m	3.45	0.198	0.198	0.194	0.150	0.150
	铜接地端子带螺栓 DT-6	个	2.59	1.155	1.155	1.155	1.155	1.155
	其他材料费	元	1.00	0.070	0.070	0.080	0.080	0.080
机械	砂轮切割机 φ400	台班	26.83	0.001	0.001	0.001	0.030	0.036
	汽车式起重机 16t	台班	875.04	—	0.001	0.003	0.005	0.007
	载货汽车 8t	台班	411.20	0.001	0.003	0.004	0.005	0.008
	直流弧焊机 20kW	台班	78.72	—	—	0.004	0.014	0.025

工作内容：拆旧、开盘、检查、架盘、敷设、锯断、排列、整理、固定、收盘、临时封头、挂牌。　　**计量单位**：10m

定额编号				17-76	17-77	17-78	17-79	17-80	17-81
项目				拆换电力电缆					
				截面 mm^2 以下					
				35	70	120	185	240	400
基价（元）				**65.00**	**109.81**	**133.57**	**175.08**	**213.76**	**305.08**
其中	人工费（元）			59.67	96.66	118.13	136.22	166.59	233.15
	材料费（元）			4.30	4.90	5.13	10.47	11.13	15.14
	机械费（元）			1.03	8.25	10.31	28.39	36.04	56.79
名称		单位	单价(元)	消耗量					
人工	二类人工	工日	135.00	0.442	0.716	0.875	1.009	1.234	1.727
材料	电力电缆	m	—	(10.100)	(10.100)	(10.100)	(10.100)	(10.100)	(10.100)
	橡胶垫 δ2	m^2	30.17	0.006	0.006	0.006	0.006	0.006	0.009
	镀锌铁丝	kg	6.55	0.028	0.035	0.040	0.041	0.046	0.059
	合金钢钻头 φ10	个	5.60	0.014	0.012	0.012	—	—	—
	镀锌六角带帽螺栓 M10×100 内 2 平 1 弹	10套	5.50	—	—	—	0.339	0.414	0.528
	镀锌六角带帽螺栓 M8×100 内 2 平 1 弹	10套	3.35	0.269	0.269	0.269	—	—	—
	汽油 综合	kg	6.12	0.066	0.075	0.084	0.088	0.092	0.128
	镀锌电缆卡子 2×35	套	0.97	2.059	—	—	—	—	—
	镀锌电缆卡子 3×35	套	1.17	—	1.962	1.962	—	—	—
	镀锌电缆卡子 3×100	套	3.51	—	—	—	1.883	1.883	2.636
	标志牌 塑料扁形	个	0.26	0.528	0.528	0.528	0.528	0.528	0.739
	其他材料费	元	1.00	0.420	0.630	0.770	0.870	1.060	1.350
机械	汽车式起重机 8t	台班	648.48	0.001	0.008	0.010	—	—	—
	汽车式起重机 10t	台班	709.76	—	—	—	0.026	0.0323	0.052
	载货汽车 5t	台班	382.30	0.001	0.008	0.010	0.026	0.033	0.052

工作内容:拆旧、开箱检查、接头清洗处理、绝缘测试、吊装就位、母线槽连接、配件连接、固定、接地、补漆。

计量单位:10m

定额编号				17-82	17-83	17-84	17-85	17-86	17-87
项目				拆换低压封闭式插接母线槽					
				每相电流(A)					
				≤400	≤800	≤1250	≤2000	≤4000	≤5000
基价(元)				**481.71**	**603.20**	**737.65**	**1 000.51**	**1 295.19**	**1 554.33**
其中	人工费(元)			263.25	351.14	438.89	658.26	895.32	1 087.83
	材料费(元)			114.40	121.32	150.24	184.83	215.78	244.57
	机械费(元)			104.06	130.74	148.52	157.42	184.09	221.93
名称		单位	单价(元)	消耗量					
人工	二类人工	工日	135.00	1.950	2.601	3.251	4.876	6.632	8.058
材料	母线槽	m	—	(10.000)	(10.000)	(10.000)	(10.000)	(10.000)	(10.000)
	镀锌铁丝 ϕ2.0~4.0	kg	5.01	0.264	0.264	0.264	0.264	0.264	0.264
	镀锌扁钢 综合	kg	3.93	2.904	4.048	10.560	18.480	25.520	31.064
	低碳钢焊条 综合	kg	6.72	1.760	1.760	1.760	1.936	1.936	2.358
	尼龙砂轮片 ϕ400	片	8.19	0.088	0.220	0.308	0.396	0.466	0.572
	铁砂布 $0^{\#}$~$2^{\#}$	张	1.03	0.880	1.760	2.200	2.640	3.520	4.400
	酚醛调和漆	kg	11.29	0.114	0.141	0.176	0.220	0.264	0.326
	汽油 综合	kg	6.12	0.378	0.378	0.458	0.458	0.458	0.554
	电力复合脂	kg	17.24	0.088	0.088	0.132	0.132	0.176	0.211
	铜芯塑料绝缘线 BVR35	m	19.83	2.147	2.147	2.147	2.147	2.147	2.147
	铜接线端子 DT-35	个	4.31	8.932	8.932	8.932	8.932	8.932	8.932
	其他材料费	元	1.00	2.020	2.150	2.660	3.270	3.820	4.320
机械	弧焊机 综合	台班	66.69	1.027	1.027	1.027	1.027	1.027	1.261
	电动卷扬机-单筒慢速 10kN	台班	171.01	0.208	0.364	0.468	0.520	0.676	0.806

四、电器照明工程

工作内容:拆旧、检查清理、测位、划线、打眼、清扫盒子、缠钢丝弹簧垫、装开关和按钮、接线、装盖、埋塑料胀管。

计量单位:10 套

定额编号				17-88	17-89	17-90	17-91	17-92
项目				拆装拉线开关	拆装跷板暗开关			
					单控 ≤3 联	单控 ≤6 联	双控 ≤3 联	双控 ≤6 联
基价(元)				**142.69**	**140.42**	**151.93**	**145.16**	**156.51**
其中	人工费(元)			114.75	132.30	135.00	135.00	137.70
	材料费(元)			27.94	8.12	16.93	10.16	18.81
	机械费(元)			—	—	—	—	—
名称		单位	单价(元)	消耗量				
人工	二类人工	工日	135.00	0.850	0.980	1.000	1.000	1.020
材料	塑料台	个	1.21	14.175	—	—	—	—
	木螺钉 d2~4×6~65	个	0.07	56.700	—	—	—	—
	塑料胀管 ϕ6~8	个	0.04	14.850	—	—	—	—
	冲击钻头 ϕ6~8	个	4.48	0.095	—	—	—	—
	铜芯塑料绝缘线 BV2.5	m	1.29	4.118	6.183	12.893	7.736	14.324
	其他材料费	元	1.00	0.490	0.140	0.300	0.180	0.330

工作内容:拆旧、检查清理、测位、划线、打眼、清扫盒子、缠钢丝弹簧垫、装开关和按钮、接线、装盖、埋塑料胀管。

计量单位:10 套

定额编号					17-93	17-94	17-95
项目					拆装按钮	拆装密封开关	拆装声控延时开关
基价(元)					**125.07**	**194.62**	**153.42**
其中	人工费(元)				114.75	185.49	143.10
	材料费(元)				10.32	9.13	10.32
	机械费(元)				—	—	—
名称			单位	单价(元)	消耗量		
人工	二类人工		工日	135.00	0.850	1.374	1.060
材料	半圆头镀锌螺栓 M2～5×15～50		10 个	1.72	2.808	—	2.808
	铜芯塑料绝缘线 BV2.5		m	1.29	4.118	6.953	4.118
	其他材料费		元	1.00	0.180	0.160	0.180

工作内容:拆旧、检查清理、测位、划线、打眼、埋塑料胀管、装插座、接线、装盖。

计量单位:10 套

定额编号					17-96	17-97	17-98	17-99	17-100	17-101
项目					拆装单项插座		拆装单相带接地插座		拆装三相带接地插座	
					电流(A)					
					≤16	≤30	≤16	≤30	≤16	≤30
基价(元)					**180.96**	**183.52**	**183.67**	**187.51**	**186.37**	**191.48**
其中	人工费(元)				174.69	174.69	174.69	174.69	174.69	174.69
	材料费(元)				6.27	8.83	8.98	12.82	11.68	16.79
	机械费(元)				—	—	—	—	—	—
名称			单位	单价(元)	消耗量					
人工	二类人工		工日	135.00	1.294	1.294	1.294	1.294	1.294	1.294
材料	冲击钻头 ϕ6～8		个	4.48	0.189	0.189	0.189	0.189	0.189	0.189
	铜芯塑料绝缘线 BV2.5		m	1.29	4.118	—	6.183	—	8.235	—
	铜芯塑料绝缘线 BV4		m	1.90	—	4.118	—	6.183	—	8.235
	其他材料费		元	1.00	0.110	0.160	0.160	0.230	0.210	0.300

工作内容:拆旧、检查清理、检查、测位、划线、清扫盒子、缠钢丝弹簧垫、接线、焊接包头、安装、调试等。

计量单位:10 套

定额编号					17-102	17-103	17-104	17-105
项目					拆装须刨插座 ≤15A	拆装钥匙取电器	拆装电视插座	拆装电话插座
基价(元)					**178.63**	**139.75**	**178.63**	**178.63**
其中	人工费(元)				170.51	131.63	170.51	170.51
	材料费(元)				8.12	8.12	8.12	8.12
	机械费(元)				—	—	—	—
名称			单位	单价(元)	消耗量			
人工	二类人工		工日	135.00	1.263	0.975	1.263	1.263
材料	铜芯塑料绝缘线 BV2.5		m	1.29	6.183	6.183	6.183	6.183
	其他材料费		元	1.00	0.140	0.140	0.140	0.140

工作内容:拆旧、检查清理、测定、划线、打眼、埋塑料膨胀管、灯具安装、接线、接焊包头、接地。 **计量单位**:套

定额编号				17-106	17-107	17-108
项目				拆装吸顶灯具		
				灯罩直径(mm)		
				250	350	500
基价(元)				**34.03**	**35.11**	**35.11**
其中	人工费(元)			32.40	32.40	32.40
	材料费(元)			1.63	2.71	2.71
	机械费(元)			—	—	—
	名称	单位	单价(元)	消耗量		
人工	二类人工	工日	135.00	0.240	0.240	0.240
材料	木螺钉 d2 ~4 ×6 ~65	个	0.07	5.616	5.616	5.616
	塑料胀管 ϕ6 ~8	个	0.04	5.940	5.940	5.940
	冲击钻头 ϕ6 ~8	个	4.48	0.038	0.038	0.038
	铜芯塑料绝缘线 BV2.5	m	1.29	0.618	1.443	1.443
	其他材料费	元	1.00	0.030	0.050	0.050

工作内容:拆旧、检查清理、测定、划线、打眼、埋塑料膨胀管、上塑料圆台、灯具组装、吊链加工、接线、焊接包头、接地等。 **计量单位**:套

定额编号				17-109	17-110	17-111	17-112	17-113	17-114
项目				拆装软线吊灯	拆装吊链灯	拆装防水吊灯	拆装普通壁灯	拆装防水灯头	拆装座灯头
基价(元)				**23.79**	**38.32**	**20.71**	**32.01**	**18.30**	**15.30**
其中	人工费(元)			14.04	30.38	14.04	30.38	12.69	14.04
	材料费(元)			9.75	7.94	6.67	1.63	5.61	1.26
	机械费(元)			—	—	—	—	—	—
	名称	单位	单价(元)	消耗量					
人工	二类人工	工日	135.00	0.104	0.225	0.104	0.225	0.094	0.104
材料	木螺钉 d2 ~4 ×6 ~65	个	0.07	4.212	4.212	4.212	5.616	4.212	4.212
	塑料胀管 ϕ6 ~8	个	0.04	1.485	1.485	1.485	5.940	1.485	1.485
	冲击钻头 ϕ6 ~8	个	4.48	0.009	0.009	0.009	0.038	0.009	0.009
	铜芯塑料绝缘线 BV2.5	m	1.29	0.412	0.412	0.412	0.618	0.412	0.412
	铜芯橡皮绝缘线 BXH 2 ×23/0.15	m	2.59	2.749	2.061	1.581	—	1.650	—
	塑料吊线盒	个	0.86	1.418	1.418	1.418	—	—	—
	塑料圆台	块	0.22	1.418	1.418	1.418	—	1.418	1.418
	其他材料费	元	1.00	0.170	0.140	0.120	0.030	0.100	0.020

工作内容：拆旧、检查清理、测定、划线、打眼、埋螺栓、灯具拼装固定、挂装饰部件、灯具安装、焊接包头等。

计量单位：套

定额编号				17-115	17-116	17-117	17-118
项目				拆装标志、诱导装饰灯具			
				吸顶式	吊杆式	墙壁式	嵌入式
基价（元）				**34.84**	**44.20**	**34.92**	**41.05**
其中	人工费（元）			33.62	39.56	33.62	39.42
	材料费（元）			1.22	4.64	1.30	1.63
	机械费（元）			—	—	—	—
名称		单位	单价(元)	消耗量			
人工	二类人工	工日	135.00	0.249	0.293	0.249	0.292
材料	木螺钉 $d2\sim4\times6\sim65$	个	0.07	2.808	5.616	2.808	—
	塑料胀管 $\phi6\sim8$	个	0.04	2.970	5.940	2.970	—
	冲击钻头 $\phi6\sim8$	个	4.48	0.019	0.038	0.038	—
	铜芯塑料绝缘线 BV2.5	m	1.29	0.618	0.618	0.618	1.237
	铜芯橡皮绝缘线 BX 3×2.5	m	4.31	—	0.687	—	—
	其他材料费	元	1.00	0.020	0.080	0.020	0.030

工作内容：拆旧、检查清理、测定、划线、打眼、埋螺栓、灯具拼装固定、挂装饰部件、灯具安装、焊接包头等。

计量单位：套

定额编号				17-119	17-120	17-121	17-122
项目				拆装点光源艺术装饰灯具			
				吸顶式	嵌入式筒灯(直径)		
					$\phi75$	$\phi150$	$\phi250$
基价（元）				**26.20**	**35.24**	**37.40**	**41.72**
其中	人工费（元）			24.98	34.43	36.59	40.91
	材料费（元）			1.22	0.81	0.81	0.81
	机械费（元）			—	—	—	—
名称		单位	单价(元)	消耗量			
人工	二类人工	工日	135.00	0.185	0.255	0.271	0.303
材料	木螺钉 $d2\sim4\times6\sim65$	个	0.07	2.808	—	—	—
	塑料胀管 $\phi6\sim8$	个	0.04	2.970	—	—	—
	冲击钻头 $\phi6\sim8$	个	4.48	0.019	—	—	—
	铜芯塑料绝缘线 BV2.5	m	1.29	0.618	0.618	0.618	0.618
	其他材料费	元	1.00	0.020	0.010	0.010	0.010

工作内容:拆旧、检查清理、测定、划线、打眼、埋螺栓、灯具拼装固定、挂装饰部件、灯具安装、焊接包头等。

计量单位:套

定额编号				17-123	17-124	17-125	17-126
项目				拆装点光源艺术装饰灯具			
				嵌入式灯			
				单头斗胆灯	双头斗胆灯	三头斗胆灯	四头斗胆灯
基价(元)				**44.96**	**55.79**	**62.08**	**66.62**
其中	人工费(元)			44.15	54.81	61.02	65.48
	材料费(元)			0.81	0.98	1.06	1.14
	机械费(元)			—	—	—	—
名称		单位	单价(元)	消耗量			
人工	二类人工	工日	135.00	0.327	0.406	0.452	0.485
材料	铜芯塑料绝缘线 BV2.5	m	1.29	0.618	0.742	0.804	0.866
	其他材料费	元	1.00	0.010	0.020	0.020	0.020

工作内容:拆旧、检查清理、测定、划线、打眼、埋螺栓、灯具拼装固定、挂装饰部件、灯具安装、焊接包头等。

计量单位:见表

定额编号				17-127	17-128	17-129
项目				拆装点光源艺术装饰灯具		
				吸顶式射灯	滑轨式射灯	滑轨
计量单位				套		m
基价(元)				**16.21**	**11.34**	**20.94**
其中	人工费(元)			14.99	11.34	18.90
	材料费(元)			1.22	—	2.04
	机械费(元)			—	—	—
名称		单位	单价(元)	消耗量		
人工	二类人工	工日	135.00	0.111	0.084	0.140
材料	射灯滑轨	m	—	—	—	(1.010)
	木螺钉 $d2\sim4\times6\sim65$	个	0.07	2.808	—	2.808
	塑料胀管 $\phi6\sim8$	个	0.04	2.970	—	2.970
	冲击钻头 $\phi6\sim8$	个	4.48	0.019	—	0.019
	铜芯塑料绝缘线 BV2.5	m	1.29	0.618	—	1.237
	其他材料费	元	1.00	0.020	—	0.040

工作内容:拆旧、检查清理、测位、划线、打眼、埋塑料膨胀管、上塑料圆台(木台)、吊链、吊管加工、灯具组装、接线、接焊包头。

计量单位:套

定额编号				17-130	17-131	17-132	17-133	17-134	17-135
项目				拆装荧光灯具					
				吊链式	吊管式				
				单管	双管	三管	单管	双管	三管
基价(元)				**44.01**	**51.30**	**55.49**	**34.12**	**41.41**	**48.04**
其中	人工费(元)			27.81	35.10	39.29	27.81	35.10	39.29
	材料费(元)			16.20	16.20	16.20	6.31	6.31	8.75
	机械费(元)			—	—	—	—	—	—
	名称	单位	单价(元)	消耗量					
人工	二类人工	工日	135.00	0.206	0.260	0.291	0.206	0.260	0.291
材料	灯具吊杆 $\phi15$	根	—	—	—	—	(2.040)	(2.040)	(2.040)
	木螺钉 $d2\sim4\times6\sim65$	个	0.07	8.424	8.424	8.424	8.424	8.424	8.424
	塑料胀管 $\phi6\sim8$	个	0.04	2.970	2.970	2.970	2.970	2.970	2.970
	吊盒	个	1.12	2.754	2.754	2.754	—	—	—
	冲击钻头 $\phi6\sim8$	个	4.48	0.019	0.019	0.019	0.019	0.019	0.019
	瓜子灯链 大号	m	1.29	4.091	4.091	4.091	—	—	—
	铜芯塑料绝缘线 BV2.5	m	1.29	0.618	0.618	0.618	3.711	3.711	5.566
	铜芯橡皮绝缘线 BXH 2×23/0.15	m	2.59	2.061	2.061	2.061	—	—	—
	塑料圆台	块	0.22	2.835	2.835	2.835	2.835	2.835	2.835
	其他材料费	元	1.00	0.290	0.290	0.290	0.110	0.110	0.150

工作内容:拆旧、检查清理、测位、划线、打眼、埋塑料膨胀管、上塑料圆台(木台)、吊链、吊管加工、灯具组装、接线、接焊包头。

计量单位:套

定额编号				17-136	17-137	17-138
项目				拆装荧光灯具		
				吸顶式		
				单管	双管	三管
基价(元)				**32.41**	**40.10**	**44.56**
其中	人工费(元)			30.11	37.80	42.26
	材料费(元)			2.30	2.30	2.30
	机械费(元)			—	—	—
	名称	单位	单价(元)	消耗量		
人工	二类人工	工日	135.00	0.223	0.280	0.313
材料	木螺钉 $d2\sim4\times6\sim65$	个	0.07	2.808	2.808	2.808
	塑料胀管 $\phi6\sim8$	个	0.04	2.970	2.970	2.970
	冲击钻头 $\phi6\sim8$	个	4.48	0.019	0.019	0.019
	铜芯塑料绝缘线 BV2.5	m	1.29	1.443	1.443	1.443
	其他材料费	元	1.00	0.040	0.040	0.040

工作内容:拆旧、检查清理、测位、划线、打眼、埋塑料膨胀管、上塑料圆台(木台)、吊链、吊管加工、灯具组装、接线、接焊包头。 **计量单位:**套

定额编号				17-139	17-140	17-141	17-142
项目				拆装荧光灯具			
				嵌入式			
				单管	双管	三管	四管
基价(元)				**32.06**	**39.75**	**44.29**	**61.43**
其中	人工费(元)			30.11	37.80	42.26	59.40
	材料费(元)			1.95	1.95	2.03	2.03
	机械费(元)			—	—	—	—
名称		单位	单价(元)	消耗量			
人工	二类人工	工日	135.00	0.223	0.280	0.313	0.440
材料	冲击钻头 ϕ10	个	4.14	0.015	0.015	0.031	0.031
	铜芯塑料绝缘线 BV2.5	m	1.29	1.443	1.443	1.443	1.443
	其他材料费	元	1.00	0.030	0.030	0.040	0.040

工作内容:拆旧、检查清理、侧位、划线、打眼、固定吊钩、安装调速开关、接焊包头、开关接线、调试。 **计量单位:**台

定额编号				17-143	17-144	17-145	17-146
项目				拆装风扇			
				吊风扇	壁扇	排气扇	吊扇带灯
基价(元)				**66.54**	**72.72**	**58.35**	**119.71**
其中	人工费(元)			59.67	70.74	56.70	112.73
	材料费(元)			6.87	1.98	1.65	6.98
	机械费(元)			—	—	—	—
名称		单位	单价(元)	消耗量			
人工	二类人工	工日	135.00	0.442	0.524	0.420	0.835
材料	金属膨胀螺栓 M8	套	0.31	4.131	4.131	—	4.131
	木螺钉 $d2\sim4\times6\sim65$	个	0.07	—	—	5.670	—
	塑料胀管 $\phi6\sim8$	个	0.04	—	—	5.940	—
	风扇吊钩	个	3.45	1.377	—	—	1.377
	冲击钻头 $\phi6\sim8$	个	4.48	—	—	0.030	—
	冲击钻头 ϕ10	个	4.14	0.028	0.028	—	0.028
	铜芯塑料绝缘线 BV2.5	m	1.29	0.554	0.440	0.659	0.554
	其他材料费	元	1.00	0.010	0.010	0.030	0.120

工作内容：拆旧、检查清理、检查、测位、划线、清扫盒子、缠钢丝弹簧垫、接线、焊接包头、安装、调试等。

计量单位：10 套

定额编号				17-147	17-148
项目				拆装空调温控开关	拆装请勿打扰灯
基价（元）				**438.55**	**147.34**
其中	人工费（元）			415.80	132.30
	材料费（元）			22.75	15.04
	机械费（元）			—	—
名称		单位	单价(元)	消耗量	
人工	二类人工	工日	135.00	3.080	0.980
材料	半圆头镀锌螺栓 M2～5×15～50	个	0.17	28.080	28.080
	锡基钎料	kg	41.38	0.014	—
	塑料软管 De40	m	1.53	0.405	—
	铜芯塑料绝缘线 BV2.5	m	1.29	10.314	6.183
	其他材料费	元	1.00	3.470	2.290

五、电气设备工程

工作内容：拆旧、检查清理、测定、打孔、固定、接线、开关及机构调整、接地。

计量单位：台

定额编号				17-149	17-150	17-151	17-152	17-153	17-154
项目				拆装成套配电箱					
				落地式	悬挂式				
					半周长 0.5m	半周长 1.0m	半周长 1.5m	半周长 2.5m	半周长 3.0m
基价（元）				**651.65**	**233.77**	**282.65**	**356.16**	**450.73**	**571.04**
其中	人工费（元）			511.11	211.41	253.53	324.00	394.20	496.80
	材料费（元）			37.02	22.36	29.12	32.16	47.19	63.04
	机械费（元）			103.52	—	—	—	9.34	11.20
名称		单位	单价(元)	消耗量					
人工	二类人工	工日	135.00	3.786	1.566	1.878	2.400	2.920	3.680
材料	镀锌扁钢 综合	kg	3.93	2.430	—	—	—	1.620	1.620
	金属膨胀螺栓 M8	套	0.31	—	5.508	5.508	5.508	8.262	8.262
	冲击钻头 $\phi10$	个	4.14	—	0.038	0.038	0.038	0.038	0.038
	低碳钢焊条 J422 综合	kg	4.74	0.243	—	—	—	0.162	0.162
	焊锡丝 综合	kg	86.21	0.203	0.054	0.076	0.086	0.108	0.108
	平垫铁 综合	kg	3.78	0.405	0.162	0.162	0.162	0.216	0.259
	酚醛调和漆 各色	kg	11.29	0.068	0.032	0.032	0.032	0.054	0.065
	醇酸防锈漆 C53－1	kg	6.90	0.027	0.018	—	0.011	0.022	0.026
	电力复合脂	kg	17.24	0.054	0.043	0.043	0.043	0.043	0.043
	自粘性塑料带 20mm×20m	卷	3.02	0.270	0.108	0.108	0.162	0.216	0.259
	塑料管综合	kg	9.72	0.405	0.140	0.162	0.194	0.270	0.324
	硬铜绞线 TJ－2.5－4	m	1.72	—	3.383	6.067	6.978	8.986	13.910
	铜接线端子 DT－6	个	2.24	—	2.741	2.741	2.741	2.741	5.481
	其他材料费	元	1.00	0.650	0.400	0.510	0.570	0.830	1.110
机械	弧焊机 综合	台班	66.69	0.155	—	—	—	0.140	0.168
	汽车式起重机 8t	台班	648.48	0.101	—	—	—	—	—
	载货汽车 4t	台班	369.21	0.075	—	—	—	—	—

工作内容:拆旧、检查清理、安装、接线、接地。　　　　**计量单位**:个

定额编号				17-155	17-156	17-157
项目				拆装自动空气开关		
				DZ 装置式	DW 万能式	微型空气开关(卡插式)
基价(元)				**146.83**	**443.60**	**16.25**
其中	人工费(元)			138.51	408.51	15.39
	材料费(元)			8.32	25.09	0.86
	机械费(元)			—	10.00	—
名称		单位	单价(元)	消耗量		
人工	二类人工	工日	135.00	1.026	3.026	0.114
材料	镀锌扁钢 4×25	kg	4.50	—	1.015	—
	橡胶护套圈 $\phi6\sim32$	只	0.17	6.480	—	2.700
	镀锌六角螺栓带螺母、2 平 1 弹 M10×100 内	10 套	11.03	0.554	0.675	—
	电焊条	kg	4.31	—	0.108	—
	铁砂布 0# ~2#	张	1.03	0.540	0.540	0.068
	汽油 综合	kg	6.12	—	0.216	—
	电力复合脂	kg	17.24	0.032	0.054	0.014
	裸铜线 $10mm^2$	kg	50.00	—	0.054	—
	铜接线端子 DT-10	个	2.59	—	2.741	—
	其他材料费	元	1.00	—	—	0.090
机械	弧焊机 综合	台班	66.69	—	0.150	—

工作内容:拆旧、检查清理、安装、接线、接地。　　　　**计量单位**:个

定额编号				17-158	17-159	17-160	17-161	17-162	17-163
项目				拆装刀型开关					
				手柄式	操作机构式	带熔断器式	铁壳开关	胶盖闸刀开关	
								单相	三相
基价(元)				**214.30**	**287.04**	**207.36**	**108.13**	**25.02**	**34.83**
其中	人工费(元)			207.90	277.16	198.18	83.16	22.14	30.51
	材料费(元)			6.40	9.88	9.18	20.24	2.88	4.32
	机械费(元)			—	—	—	4.73	—	—
名称		单位	单价(元)	消耗量					
人工	二类人工	工日	135.00	1.540	2.053	1.468	0.616	0.164	0.226
材料	镀锌扁钢 综合	kg	3.93	—	—	—	0.405	—	—
	白布	kg	11.64	0.405	0.675	0.675	0.405	0.135	0.203
	木螺钉 $d4\times65$	个	0.08	—	—	—	5.616	2.808	2.808
	低碳钢焊条 综合	kg	6.72	—	—	—	0.054	—	—
	铁砂布 0# ~2#	张	1.03	1.080	1.350	0.675	—	—	—
	电力复合脂	kg	17.24	0.027	0.027	0.027	0.027	0.014	0.027
	熔丝 30~40A	条	0.56	—	—	—	4.050	—	—
	保险丝 10A	轴	7.33	—	—	—	—	0.108	0.162
	硬铜绞线 TJ-10	kg	43.10	—	—	—	0.068	—	—
	铜接线端子 DT-10	个	2.59	—	—	—	2.741	—	—
	其他材料费	元	1.00	0.110	0.170	0.160	0.360	0.050	0.080
机械	弧焊机 综合	台班	66.69	—	—	—	0.071	—	—

工作内容：拆旧、检查清理、安装、接线、接地。　　　　**计量单位**：个

定额编号				17-164	17-165	17-166
项目				拆装组合控制开关		
				普通型	防爆型	万能转换开关
基价（元）				**43.10**	**76.32**	**112.36**
其中	人工费（元）			41.58	62.37	110.84
	材料费（元）			1.52	12.02	1.52
	机械费（元）			—	1.93	—
名称		单位	单价(元)	消耗量		
人工	二类人工	工日	135.00	0.308	0.462	0.821
材料	镀锌扁钢 综合	kg	3.93	—	0.405	—
	白布	kg	11.64	0.068	0.135	0.068
	低碳钢焊条 综合	kg	6.72	—	0.068	—
	铁砂布 0#～2#	张	1.03	0.675	0.675	0.675
	硬铜绞线 TJ－6	kg	50.00	—	0.027	—
	铜接线端子 DT－6	个	2.24	—	2.741	—
	其他材料费	元	1.00	0.030	0.210	0.030
机械	弧焊机 综合	台班	66.69	—	0.029	—

工作内容：拆旧、检查清理、安装、接线、接地。　　　　**计量单位**：个

定额编号				17-167	17-168	17-169	17-170	17-171
项目				拆装漏电保护开关				
				单式			组合式(回路个数)	
				单极	三极	四极	≤10	≤20
基价（元）				**27.07**	**34.05**	**50.94**	**210.65**	**309.68**
其中	人工费（元）			26.33	33.21	47.12	206.55	304.97
	材料费（元）			0.74	0.84	3.82	4.10	4.71
	机械费（元）			—	—	—	—	—
名称		单位	单价(元)	消耗量				
人工	二类人工	工日	135.00	0.195	0.246	0.349	1.530	2.259
材料	钢锯条	条	2.59	0.054	0.086	1.080	1.080	1.296
	铁砂布 0#～2#	张	1.03	0.540	0.540	0.864	1.080	1.080
	塑料软管 De40	m	1.53	0.022	0.032	0.043	0.076	0.108
	其他材料费	元	1.00	0.010	0.010	0.070	0.070	0.080

工作内容:拆旧、检查清理、安装、接线、接地。　　计量单位:个

定额编号				17-172	17-173	17-174	17-175	17-176
项目				拆装熔断器			拆装限位开关	
				瓷插螺旋式	管式	防爆式	普通式	防爆式
基价(元)				**24.56**	**101.30**	**55.76**	**103.80**	**134.02**
其中	人工费(元)			20.79	97.07	41.58	83.16	110.84
	材料费(元)			3.77	4.23	13.25	15.91	18.45
	机械费(元)			—	—	0.93	4.73	4.73
	名称	单位	单价(元)	消耗量				
人工	二类人工	工日	135.00	0.154	0.719	0.308	0.616	0.821
材料	热轧普碳高速盘条 HPB300 综合	kg	3.97	—	—	0.230	—	—
	镀锌扁钢 综合	kg	3.93	—	—	—	0.945	1.485
	石棉橡胶板 δ1.5	m^2	11.43	0.014	—	—	—	—
	白布	kg	11.64	0.068	0.068	0.068	0.203	0.203
	低碳钢焊条 综合	kg	6.72	—	—	0.054	0.203	0.257
	焊锡膏	kg	31.03	0.014	0.014	0.014	—	—
	焊锡丝 综合	kg	86.21	0.020	0.034	0.027	—	—
	保险丝 10A	轴	7.33	0.081	—	—	—	—
	硬铜绞线 TJ-6	kg	50.00	—	—	0.041	0.041	0.041
	铜接线端子 DT-6	个	2.24	—	—	2.741	2.741	2.741
	其他材料费	元	1.00	0.070	0.070	0.230	0.280	0.330
机械	弧焊机 综合	台班	66.69	—	—	0.014	0.071	0.071

工作内容:拆旧、检查清理、测位、划线、打眼、固定变压器、接线、接地、埋螺栓。　　计量单位:台

定额编号				17-177	17-178	17-179
项目				拆装安全变压器		
				容量 ≤500V·A	容量 ≤1 000V·A	容量 ≤3 000V·A
基价(元)				**51.55**	**54.25**	**69.51**
其中	人工费(元)			49.95	52.65	67.91
	材料费(元)			1.60	1.60	1.60
	机械费(元)			—	—	—
	名称	单位	单价(元)	消耗量		
人工	二类人工	工日	135.00	0.370	0.390	0.503
材料	沉头螺钉 M6×55~65	个	0.07	5.508	5.508	5.508
	硬铜绞线 TJ-2.5-4	m	1.72	0.689	0.689	0.689
	其他材料费	元	1.00	0.030	0.030	0.030

工作内容：拆旧、检查清理、测位、划线、打眼、固定变压器、接线、接地、埋螺栓。　　**计量单位：**个

定额编号				17-180	17-181	17-182
项目				拆装测量表计	拆装继电器	拆装辅助电压互感器
基价（元）				**44.27**	**56.72**	**119.37**
其中	人工费（元）			38.48	50.76	116.37
	材料费（元）			5.79	5.96	3.00
	机械费（元）			—	—	—
名称		单位	单价(元)	消耗量		
人工	二类人工	工日	135.00	0.285	0.376	0.862
材料	沉头螺钉 M6×55～65	个	0.07	5.508	5.508	5.508
	钢锯条	条	2.59	—	—	0.675
	焊锡膏	kg	31.03	0.014	0.014	—
	焊锡丝 综合	kg	86.21	0.041	0.041	—
	铁砂布 0#～2#	张	1.03	0.135	0.027	—
	电力复合脂	kg	17.24	0.014	0.014	0.027
	塑料软管 De40	m	1.53	0.540	0.675	—
	异型塑料管 ϕ2.5～5	m	0.94	0.135	0.203	—
	标志牌 塑料扁形	个	0.26	—	—	1.350
	其他材料费	元	1.00	0.100	0.110	0.050

第十八章
通风空调工程

说 明

一、本章定额包括空调器、风机盘管、通风机、通风管道部件。

二、本章定额内容适用于房屋维修项目中的通风空调设备等工程。

三、其他说明：

1. 通风工程的整体破坏性拆除费用由甲乙双方自行约定。

2. 零星破坏性拆除费用执行《浙江省通用安装工程预算定额》(2018 版)相应定额子目，按人工费及机械费之和乘以系数 0.20，不计材料费。

3. 修缮工程中通风工程的新装项目执行《浙江省通用安装工程预算定额》(2018 版)相应定额子目，人工、机械消耗量乘以系数 1.20，材料费乘以系数 1.05，主材不变。

4. 拆换是指安装方式不变，单纯的拆旧换新；拆装是指原有设备及线路拆下经清理后重新安装。本章定额未列项的拆换项目按零星破坏性拆除加新装项目执行。

四、除本章定额说明以外，其他说明均执行《浙江省通用安装工程预算定额》(2018 版)定额说明。

工程量计算规则

一、整体式空调机组、空调器以“台”为计量单位。
二、风机盘管以“台”为计量单位。
三、通风机安装依据不同形式、规格以“台”为计量单位。
四、通风管道部件以“个”为计量单位。

一、空 调 器

1. 拆换整体式空调机组(吊式)

工作内容:拆旧、开箱检查设备、附件、吊装、找平、找正、螺栓固定、单机试运转。 **计量单位:**台

定额编号				18-1	18-2	18-3	18-4
项目				制冷量(kW)			
				30	80	150	150 以上
基价(元)				**256.56**	**443.07**	**576.51**	**632.75**
其中	人工费(元)			245.84	361.13	458.19	501.26
	材料费(元)			6.82	7.48	7.92	8.25
	机械费(元)			3.90	74.46	110.40	123.24
名称		单位	单价(元)	消耗量			
人工	二类人工	工日	135.00	1.821	2.675	3.394	3.713
材料	空调器	台(套)	—	(1.000)	(1.000)	(1.000)	(1.000)
	其他材料费	元	1.00	6.820	7.480	7.920	8.250
机械	电动卷扬机 - 单筒慢速 30kN	台班	177.60	—	0.390	0.585	0.650
	其他机械费	元	1.00	3.900	5.200	6.500	7.800

2. 拆装整体式空调机组(吊式)

工作内容:拆旧、检查清理、附件、吊装、找平、找正、螺栓固定、单机试运转。 **计量单位:**台

定额编号				18-5	18-6	18-7	18-8
项目				制冷量(kW)			
				30	80	150	150 以上
基价(元)				**364.01**	**610.94**	**791.58**	**868.37**
其中	人工费(元)			351.14	515.84	654.48	716.04
	材料费(元)			8.37	9.18	9.72	10.13
	机械费(元)			4.50	85.92	127.38	142.20
名称		单位	单价(元)	消耗量			
人工	二类人工	工日	135.00	2.601	3.821	4.848	5.304
材料	其他材料费	元	1.00	8.370	9.180	9.720	10.130
机械	电动卷扬机 - 单筒慢速 30kN	台班	177.60	—	0.450	0.675	0.750
	其他机械费	元	1.00	4.500	6.000	7.500	9.000

3. 拆换整体式空调机组(落地)

工作内容:拆旧、开箱检查设备、附件、底座螺栓、就位、找平、找正、灌浆、螺栓固定、单机试运转。 **计量单位:**台

定额编号				18-9	18-10	18-11	18-12
项目				制冷量(kW)			
				220	350	500	500 以上
基价(元)				**1 074.02**	**1 410.88**	**1 782.36**	**2 110.55**
其中	人工费(元)			1 001.03	1 319.76	1 663.20	1 963.44
	材料费(元)			19.71	24.52	39.24	53.87
	机械费(元)			53.28	66.60	79.92	93.24
名称		单位	单价(元)	消耗量			
人工	二类人工	工日	135.00	7.415	9.776	12.320	14.544
材料	空调器	台(套)	—	(1.000)	(1.000)	(1.000)	(1.000)
	混凝土 C15	m^3	349.00	0.041	0.054	0.095	0.135
	其他材料费	元	1.00	5.400	5.670	6.080	6.750
机械	电动卷扬机-单筒慢速 30kN	台班	177.60	0.300	0.375	0.450	0.525

4. 拆装整体式空调机组(落地)

工作内容:拆旧、检查清理、附件、底座螺栓、就位、找平、找正、灌浆、螺栓固定、单机试运转。 **计量单位:**台

定额编号				18-13	18-14	18-15	18-16
项目				制冷量(kW)			
				220	350	500	500 以上
基价(元)				**1 074.02**	**1 410.88**	**1 782.36**	**2 110.55**
其中	人工费(元)			1 001.03	1 319.76	1 663.20	1 963.44
	材料费(元)			19.71	24.52	39.24	53.87
	机械费(元)			53.28	66.60	79.92	93.24
名称		单位	单价(元)	消耗量			
人工	二类人工	工日	135.00	7.415	9.776	12.320	14.544
材料	混凝土 C15	m^3	349.00	0.041	0.054	0.095	0.135
	其他材料费	元	1.00	5.400	5.670	6.080	6.750
机械	电动卷扬机-单筒慢速 30kN	台班	177.60	0.300	0.375	0.450	0.525

5. 拆换空调器

工作内容：拆旧、开箱检查设备、附件、安装、找平、找正、垫垫、灌浆、螺栓固定、单机试运转。　　**计量单位**：台

定额编号				18-17	18-18	18-19	18-20
项目				分体式			窗式
				墙上安装	落地安装	吸顶安装	
基价（元）				**207.57**	**234.42**	**259.54**	**100.06**
其中	人工费（元）			203.72	231.12	255.69	98.96
	材料费（元）			3.85	3.30	3.85	1.10
	机械费（元）			—	—	—	—
名称		单位	单价(元)	消耗量			
人工	二类人工	工日	135.00	1.509	1.712	1.894	0.733
材料	空调器	台(套)	—	(1.000)	(1.000)	(1.000)	(1.000)
	其他材料费	元	1.00	3.850	3.300	3.850	1.100

6. 拆装空调器

工作内容：拆旧、检查清理、附件、安装、找平、找正、垫垫、灌浆、螺栓固定、单机试运转。　　**计量单位**：台

定额编号				18-21	18-22	18-23	18-24
项目				分体式			窗式
				墙上安装	落地安装	吸顶安装	
基价（元）				**295.79**	**334.26**	**370.04**	**142.70**
其中	人工费（元）			291.06	330.21	365.31	141.35
	材料费（元）			4.73	4.05	4.73	1.35
	机械费（元）			—	—	—	—
名称		单位	单价(元)	消耗量			
人工	二类人工	工日	135.00	2.156	2.446	2.706	1.047
材料	其他材料费	元	1.00	4.730	4.050	4.730	1.350

7. 拆换组合式空调机组

工作内容:拆旧、开箱、检查设备及附件、就位、连接、上螺栓、找正、找平、固定、外表污物清理。 **计量单位:**台

定额编号				18-25	18-26	18-27	18-28
项目				风量(m³/h)			
				≤10 000	≤30 000	≤60 000	≤100 000
基价(元)				**596.79**	**2 082.07**	**4 938.81**	**8 706.22**
其中	人工费(元)			545.94	2 013.53	4 807.35	8 536.86
	材料费(元)			6.77	13.54	23.99	47.55
	机械费(元)			44.08	55.00	107.47	121.81
名称		单位	单价(元)	消耗量			
人工	二类人工	工日	135.00	4.044	14.915	35.610	63.236
材料	空调器	台(套)	—	(1.000)	(1.000)	(1.000)	(1.000)
	煤油	kg	3.79	0.891	2.629	5.313	11.363
	其他材料费	元	1.00	3.390	3.580	3.850	4.480
机械	电动卷扬机 - 单筒快速 10kN	台班	172.88	0.259	0.238	0.221	0.204
	电动卷扬机 - 单筒慢速 30kN	台班	177.60	—	0.078	0.390	0.078
	电动卷扬机 - 单筒慢速 50kN	台班	186.39	—	—	—	0.390

8. 拆装组合式空调机组

工作内容:拆旧、检查清理、就位、连接、上螺栓、找正、找平、固定、外表污物清理。 **计量单位:**台

定额编号				18-29	18-30	18-31	18-32
项目				风量(m³/h)			
				≤10 000	≤30 000	≤60 000	≤100 000
基价(元)				**839.04**	**2 956.46**	**7 021.03**	**12 394.64**
其中	人工费(元)			779.90	2 876.31	6 867.59	12 195.63
	材料费(元)			8.31	16.62	29.44	58.35
	机械费(元)			50.83	63.53	124.00	140.66
名称		单位	单价(元)	消耗量			
人工	二类人工	工日	135.00	5.777	21.306	50.871	90.338
材料	煤油	kg	3.79	1.094	3.227	6.521	13.946
	其他材料费	元	1.00	4.160	4.390	4.730	5.490
机械	电动卷扬机 - 单筒快速 10kN	台班	172.88	0.294	0.275	0.255	0.236
	电动卷扬机 - 单筒慢速 30kN	台班	177.60	—	0.090	0.450	0.090
	电动卷扬机 - 单筒慢速 50kN	台班	186.39	—	—	—	0.450

二、风 机 盘 管

1. 拆换风机盘管

工作内容：拆旧、开箱检查设备、附件、试压、底座螺栓、打膨胀螺栓、制作安装吊架、胀塞、上螺栓、吊装、找平、找正、加垫、螺栓固定。

计量单位：台

定额编号				18-33	18-34	18-35	18-36
项目				拆换风机盘管			
				落地式	吊顶式	壁挂式	卡式嵌入式
基价（元）				**81.77**	**190.36**	**81.79**	**182.33**
其中	人工费（元）			66.69	136.62	68.18	138.78
	材料费（元）			7.67	37.61	6.20	36.14
	机械费（元）			7.41	16.13	7.41	7.41
名称		单位	单价(元)	消耗量			
人工	二类人工	工日	135.00	0.494	1.012	0.505	1.028
材料	风机盘管	台	—	(1.000)	(1.000)	(1.000)	(1.000)
	热轧光圆钢筋 HPB300 综合	kg	3.98	—	2.805	—	3.086
	角钢 Q235B 综合	kg	3.97	—	3.861	—	3.210
	聚氯乙烯薄膜	kg	12.07	0.099	0.099	0.099	0.099
	镀锌弹簧垫圈 M10	个	0.04	—	4.664	—	4.664
	镀锌垫圈 M10	个	0.12	—	9.328	—	9.328
	镀锌六角螺母 M10	10个	1.29	—	1.399	—	1.399
	金属膨胀螺栓 M10	10套	4.83	0.458	0.458	—	0.458
	塑料膨胀螺栓	套	0.17	—	—	4.576	—
	聚酯乙烯泡沫塑料	kg	18.62	0.099	0.099	0.099	0.099
	其他材料费	元	1.00	2.420	2.760	2.380	2.750
机械	弧焊机 综合	台班	66.69	—	0.130	—	—
	电动卷扬机－单筒快速 5kN	台班	157.60	0.047	0.047	0.047	0.047
	台式钻床 16mm	台班	3.90	—	0.013	—	—

2. 拆装风机盘管

工作内容:拆旧、检查清理、试压、底座螺栓、打膨胀螺栓、胀塞、上螺栓、吊装、找平、找正、加垫、螺栓固定。

计量单位:台

定额编号				18-37	18-38	18-39	18-40
项目				拆装风机盘管			
				落地式	吊顶式	壁挂式	卡式嵌入式
基价(元)				**113.25**	**259.96**	**113.47**	**251.20**
其中	人工费(元)			95.31	195.21	97.34	198.32
	材料费(元)			9.43	46.18	7.62	44.37
	机械费(元)			8.51	18.57	8.51	8.51
	名称	单位	单价(元)	消耗量			
人工	二类人工	工日	135.00	0.706	1.446	0.721	1.469
材料	热轧光圆钢筋 HPB300 综合	kg	3.98	—	3.443	—	3.787
	角钢 Q235B 综合	kg	3.97	—	4.739	—	3.939
	聚氯乙烯薄膜	kg	12.07	0.122	0.122	0.122	0.122
	镀锌弹簧垫圈 M10	个	0.04	—	5.724	—	5.724
	镀锌垫圈 M10	个	0.12	—	11.448	—	11.448
	镀锌六角螺母 M10	10个	1.29	—	1.717	—	1.717
	金属膨胀螺栓 M10	10套	4.83	0.562	0.562	—	0.562
	塑料膨胀螺栓	套	0.17	—	—	5.616	—
	聚酯乙烯泡沫塑料	kg	18.62	0.122	0.122	0.122	0.122
	其他材料费	元	1.00	2.970	3.390	2.920	3.380
机械	弧焊机 综合	台班	66.69	—	0.150	—	—
	电动卷扬机-单筒快速 5kN	台班	157.60	0.054	0.054	0.054	0.054
	台式钻床 16mm	台班	3.90	—	0.015	—	—

三、通 风 机

1. 拆换离心式通风机(落地)

工作内容:拆旧、开箱检查设备、附件、底座螺栓、就位、找平、找正、垫垫、灌浆、螺栓固定、单机试运行。 计量单位:台

定额编号				18-41	18-42	18-43	18-44	18-45
项目				拆换离心式通风机				
				6#	12#	20#	25#	25#以上
基价(元)				**282.16**	**1 423.87**	**3 387.92**	**3 581.81**	**4 157.32**
其中	人工费(元)			243.81	1 287.09	3 175.74	3 333.83	3 849.53
	材料费(元)			38.35	133.87	205.68	239.60	296.67
	机械费(元)			—	2.91	6.50	8.38	11.12
	名称	单位	单价(元)	消耗量				
人工	二类人工	工日	135.00	1.806	9.534	23.524	24.695	28.515
材料	通风机	台	—	(1.000)	(1.000)	(1.000)	(1.000)	(1.000)
	煤油	kg	3.79	0.743	1.485	2.970	3.850	4.950
	黄干油 钙基酯	kg	9.05	0.396	0.495	0.990	1.045	1.100
	铸铁垫板	kg	5.17	3.861	21.384	28.512	34.265	41.179
	混凝土 C15	m^3	349.00	0.030	0.030	0.099	0.099	0.142
	其他材料费	元	1.00	1.520	2.740	3.510	3.850	5.500
机械	电动卷扬机-单筒慢速 10kN	台班	171.01	—	0.017	0.038	0.049	0.065

2. 拆装离心式通风机(落地)

工作内容:拆旧、检查清理、附件、底座螺栓、就位、找平、找正、垫垫、灌浆、螺栓固定、单机试运行。　　**计量单位**:台

定额编号				18-46	18-47	18-48	18-49	18-50
项目				拆装离心式通风机				
				6#	12#	20#	25#	25#以上
基价(元)				**395.08**	**2 006.14**	**4 796.94**	**5 066.52**	**5 876.18**
其中	人工费(元)			348.30	1 838.70	4 536.81	4 762.53	5 499.36
	材料费(元)			46.78	164.02	252.61	294.24	363.99
	机械费(元)			—	3.42	7.52	9.75	12.83
名称		单位	单价(元)	消耗量				
人工	二类人工	工日	135.00	2.580	13.620	33.606	35.278	40.736
材料	煤油	kg	3.79	0.911	1.823	3.645	4.725	6.075
	黄干油 钙基酯	kg	9.05	0.486	0.608	1.215	1.283	1.350
	铸铁垫板	kg	5.17	4.739	26.244	34.992	42.053	50.537
	混凝土 C15	m^3	349.00	0.036	0.036	0.122	0.122	0.174
	其他材料费	元	1.00	1.860	3.360	4.310	4.730	6.750
机械	电动卷扬机-单筒慢速 10kN	台班	171.01	—	0.020	0.044	0.057	0.075

3. 拆换离心式通风机(吊式)

工作内容:拆旧、开箱检查设备、附件、吊装、找平、找正、垫垫、螺栓固定、单机试运行。　　**计量单位**:台

定额编号				18-51	18-52	18-53	18-54
项目				拆换离心式通风机			
				4#	8#	16#	22#
基价(元)				**104.73**	**911.87**	**3 309.60**	**4 884.27**
其中	人工费(元)			102.47	898.02	3 283.61	4 840.29
	材料费(元)			2.26	10.94	21.54	35.60
	机械费(元)			—	2.91	4.45	8.38
名称		单位	单价(元)	消耗量			
人工	二类人工	工日	135.00	0.759	6.652	24.323	35.854
材料	通风机	台	—	(1.000)	(1.000)	(1.000)	(1.000)
	煤油	kg	3.79	—	0.743	1.980	3.850
	黄干油 钙基酯	kg	9.05	—	0.396	0.693	1.045
	其他材料费	元	1.00	2.260	4.540	7.760	11.550
机械	电动卷扬机-单筒慢速 10kN	台班	171.01	—	0.017	0.026	0.049

4. 拆装离心式通风机(吊式)

工作内容:拆旧、检查清理、附件、吊装、找平、找正、垫垫、螺栓固定、单机试运行。 计量单位:台

定额编号				18-55	18-56	18-57	18-58
项目				拆装离心式通风机			
				4#	8#	16#	22#
基价(元)				**149.11**	**1 299.62**	**4 722.41**	**6 968.15**
其中	人工费(元)			146.34	1 282.77	4 690.85	6 914.70
	材料费(元)			2.77	13.43	26.43	43.70
	机械费(元)			—	3.42	5.13	9.75
名称		单位	单价(元)	消耗量			
人工	二类人工	工日	135.00	1.084	9.502	34.747	51.220
材料	煤油	kg	3.79	—	0.911	2.430	4.725
	黄干油 钙基酯	kg	9.05	—	0.486	0.851	1.283
	其他材料费	元	1.00	2.770	5.580	9.520	14.180
机械	电动卷扬机-单筒慢速 10kN	台班	171.01	—	0.020	0.030	0.057

5. 拆换轴流式、斜流式、混流式通风机(落地)

工作内容:拆旧、开箱检查设备、附件、底座螺栓、就位、找平、找正、垫垫、灌浆、螺栓固定、单机试运行。 计量单位:台

定额编号				18-59	18-60	18-61	18-62	18-63
项目				拆换轴流式、斜流式、混流式通风机				
				5#	7#	10#	16#	20#
基价(元)				**129.75**	**174.10**	**574.51**	**1 277.56**	**1 963.92**
其中	人工费(元)			125.69	167.13	560.52	1 248.35	1 922.13
	材料费(元)			4.06	4.06	11.08	24.76	35.29
	机械费(元)			—	2.91	2.91	4.45	6.50
名称		单位	单价(元)	消耗量				
人工	二类人工	工日	135.00	0.931	1.238	4.152	9.247	14.238
材料	通风机	台	—	(1.000)	(1.000)	(1.000)	(1.000)	(1.000)
	混凝土 C15	m^3	349.00	0.010	0.010	0.030	0.069	0.099
	其他材料费	元	1.00	0.570	0.570	0.610	0.680	0.740
机械	电动卷扬机-单筒慢速 10kN	台班	171.01	—	0.017	0.017	0.026	0.038

6. 拆装轴流式、斜流式、混流式通风机(落地)

工作内容:拆旧、检查清理、附件、底座螺栓、就位、找平、找正、垫垫、灌浆、螺栓固定、单机试运行。　　**计量单位**:台

定额编号				18-64	18-65	18-66	18-67	18-68
项目				拆装轴流式、斜流式、混流式通风机				
				5#	7#	10#	16#	20#
基价(元)				**184.44**	**246.99**	**817.54**	**1 818.99**	**2 796.77**
其中	人工费(元)			179.55	238.68	800.82	1 783.35	2 745.77
	材料费(元)			4.89	4.89	13.30	30.51	43.48
	机械费(元)			—	3.42	3.42	5.13	7.52
名称		单位	单价(元)	消耗量				
人工	二类人工	工日	135.00	1.330	1.768	5.932	13.210	20.339
材料	混凝土 C15	m^3	349.00	0.012	0.012	0.036	0.085	0.122
	其他材料费	元	1.00	0.700	0.700	0.740	0.840	0.900
机械	电动卷扬机-单筒慢速 10kN	台班	171.01	—	0.020	0.020	0.030	0.044

7. 拆换轴流式、斜流式、混流式通风机(吊式)

工作内容:拆旧、开箱检查设备、附件、吊装、找平、找正、垫垫、灌浆、螺栓固定、单机试运行。　　**计量单位**:台

定额编号				18-69	18-70	18-71	18-72
项目				拆换轴流式、斜流式、混流式通风机			
				5#	7#	10#	16#
基价(元)				**199.52**	**291.97**	**938.82**	**1 975.37**
其中	人工费(元)			196.16	283.50	927.05	1 957.64
	材料费(元)			3.36	5.56	8.86	13.28
	机械费(元)			—	2.91	2.91	4.45
名称		单位	单价(元)	消耗量			
人工	二类人工	工日	135.00	1.453	2.100	6.867	14.501
材料	通风机	台	—	(1.000)	(1.000)	(1.000)	(1.000)
	其他材料费	元	1.00	3.360	5.560	8.860	13.280
机械	电动卷扬机-单筒慢速 10kN	台班	171.01	—	0.017	0.017	0.026

8. 拆装轴流式、斜流式、混流式通风机(吊式)

工作内容:拆旧、检查清理、附件、吊装、找平、找正、垫垫、灌浆、螺栓固定、单机试运行。 计量单位:台

定额编号				18-73	18-74	18-75	18-76
项目				拆装轴流式、斜流式、混流式通风机			
				5#	7#	10#	16#
基价(元)				**284.38**	**415.24**	**1 338.64**	**2 818.08**
其中	人工费(元)			280.26	405.00	1 324.35	2 796.66
	材料费(元)			4.12	6.82	10.87	16.29
	机械费(元)			—	3.42	3.42	5.13
名称		单位	单价(元)	消耗量			
人工	二类人工	工日	135.00	2.076	3.000	9.810	20.716
材料	其他材料费	元	1.00	4.120	6.820	10.870	16.290
机械	电动卷扬机-单筒慢速 10kN	台班	171.01	—	0.020	0.020	0.030

四、通风管道部件

1. 碳钢调节阀

工作内容:拆旧、检查清理、量孔、钻孔、对口、校正、垫垫、加垫、上螺栓、紧固、试动。 计量单位:个

定额编号				18-77	18-78	18-79	18-80	18-81
项目				拆装风管蝶阀 周长(mm)				
				≤800	≤1 600	≤2 400	≤3 200	≤4 000
基价(元)				**35.59**	**53.33**	**90.40**	**120.65**	**162.91**
其中	人工费(元)			29.43	42.12	72.90	98.01	134.46
	材料费(元)			5.98	7.72	12.20	15.66	18.68
	机械费(元)			0.18	3.49	5.30	6.98	9.77
名称		单位	单价(元)	消耗量				
人工	二类人工	工日	135.00	0.218	0.312	0.540	0.726	0.996
材料	橡胶板 δ1~3	kg	5.09	0.134	0.267	0.389	0.595	0.717
	六角带帽螺栓 M6×75 以内	10 套	3.88	1.350	1.620	—	—	—
	六角带帽螺栓 M8×75 以内	10 套	4.40	—	—	2.295	2.835	3.375
	其他材料费	元	1.00	0.060	0.080	0.120	0.160	0.180
机械	台式钻床 16mm	台班	3.90	0.045	—	—	—	—
	立式钻床 35mm	台班	9.30	—	0.375	0.570	0.750	1.050

工作内容：拆旧、检查清理、量孔、钻孔、对口、校正、垫垫、加垫、上螺栓、紧固、试动。　　计量单位：个

定额编号				18-82	18-83	18-84	18-85
项目				拆装圆、方形风管止回阀 周长(mm)			
				≤800	≤1 200	≤2 000	≤3 200
基价（元）				**45.63**	**49.98**	**77.40**	**92.84**
其中	人工费（元）			35.10	39.15	60.21	70.20
	材料费（元）			7.04	7.34	11.89	15.66
	机械费（元）			3.49	3.49	5.30	6.98
名称		单位	单价(元)	消耗量			
人工	二类人工	工日	135.00	0.260	0.290	0.446	0.520
材料	橡胶板 δ1～3	kg	5.09	0.134	0.194	0.328	0.595
	六角带帽螺栓 M6×75 以内	10 套	3.88	1.620	1.620	—	—
	六角带帽螺栓 M8×75 以内	10 套	4.40	—	—	2.295	2.835
	其他材料费	元	1.00	0.070	0.070	0.120	0.160
机械	立式钻床 35mm	台班	9.30	0.375	0.375	0.570	0.750

工作内容：拆旧、检查清理、量孔、钻孔、对口、校正、垫垫、加垫、上螺栓、紧固、试动。　　计量单位：个

定额编号				18-86	18-87	18-88	18-89	18-90
项目				拆装圆、方形风管止回阀 周长(mm)				
				≤5 000	≤6 400	≤8 000	≤9 600	≤11 000
基价（元）				**122.01**	**138.98**	**173.86**	**206.71**	**236.65**
其中	人工费（元）			96.12	109.62	136.35	163.89	187.92
	材料费（元）			18.91	22.38	28.30	33.61	39.52
	机械费（元）			6.98	6.98	9.21	9.21	9.21
名称		单位	单价(元)	消耗量				
人工	二类人工	工日	135.00	0.712	0.812	1.010	1.214	1.392
材料	橡胶板 δ1～3	kg	5.09	0.760	0.969	1.188	1.404	1.620
	六角带帽螺栓 M8×75 以内	10 套	4.40	3.375	3.915	4.995	5.940	7.020
	其他材料费	元	1.00	0.190	0.220	0.280	0.330	0.390
机械	立式钻床 35mm	台班	9.30	0.750	0.750	0.990	0.990	0.990

工作内容：拆旧、检查清理、量孔、钻孔、对口、校正、垫垫、加垫、上螺栓、紧固、试动。　　计量单位：个

定额编号				18-91	18-92	18-93	18-94	18-95
项目				拆装密闭式斜插板阀 直径(mm)				
				≤140	≤280	≤340	≤450	≤600
基价（元）				**31.93**	**37.45**	**44.52**	**51.80**	**60.43**
其中	人工费（元）			29.43	33.48	39.15	44.82	51.57
	材料费（元）			2.43	3.86	5.23	6.79	8.61
	机械费（元）			0.07	0.11	0.14	0.19	0.25
名称		单位	单价(元)	消耗量				
人工	二类人工	工日	135.00	0.218	0.248	0.290	0.332	0.382
材料	橡胶板 δ1～3	kg	5.09	0.061	0.134	0.194	0.292	0.439
	六角带帽螺栓 M6×75 以内	10 套	3.88	0.540	0.810	1.080	1.350	1.620
	其他材料费	元	1.00	0.020	0.040	0.050	0.070	0.090
机械	台式钻床 16mm	台班	3.90	0.018	0.027	0.036	0.048	0.065

工作内容:拆旧、检查清理、量孔、钻孔、对口、校正、垫垫、加垫、上螺栓、紧固、试动。　　**计量单位:**个

定额编号				18-96	18-97	18-98	18-99	18-100	18-101
项目				拆装对开多叶调节阀 周长(mm)					
				≤2 800	≤4 000	≤5 200	≤6 500	≤8 000	≤10 000
基价(元)				**80.68**	**92.19**	**112.80**	**137.47**	**161.01**	**192.43**
其中	人工费(元)			63.18	69.93	83.97	100.71	113.94	132.57
	材料费(元)			12.20	15.28	19.06	24.26	30.97	39.33
	机械费(元)			5.30	6.98	9.77	12.50	16.10	20.53
名称		单位	单价(元)	消耗量					
人工	二类人工	工日	135.00	0.468	0.518	0.622	0.746	0.844	0.982
材料	橡胶板 δ1~3	kg	5.09	0.389	0.522	0.790	0.984	1.215	1.519
	六角带帽螺栓 M8×75 以内	10 套	4.40	2.295	2.835	3.375	4.320	5.562	7.092
	其他材料费	元	1.00	0.120	0.150	0.190	0.240	0.310	0.390
机械	立式钻床 35mm	台班	9.30	0.570	0.750	1.050	1.344	1.731	2.207

工作内容:拆旧、检查清理、量孔、钻孔、对口、校正、垫垫、加垫、上螺栓、紧固、试动。　　**计量单位:**个

定额编号				18-102	18-103	18-104	18-105	18-106
项目				拆装风管防火阀 周长(mm)				
				≤2 200	≤3 600	≤5 400	≤8 000	≤9 600
基价(元)				**117.36**	**197.22**	**270.48**	**360.50**	**432.28**
其中	人工费(元)			100.17	174.96	241.65	317.79	382.05
	材料费(元)			11.89	15.28	19.06	28.26	33.61
	机械费(元)			5.30	6.98	9.77	14.45	16.62
名称		单位	单价(元)	消耗量				
人工	二类人工	工日	135.00	0.742	1.296	1.790	2.354	2.830
材料	橡胶板 δ1~3	kg	5.09	0.328	0.522	0.790	1.179	1.404
	六角带帽螺栓 M8×75 以内	10 套	4.40	2.295	2.835	3.375	4.995	5.940
	其他材料费	元	1.00	0.120	0.150	0.190	0.280	0.330
机械	立式钻床 35mm	台班	9.30	0.570	0.750	1.050	1.554	1.787

2. 铝合金风口

工作内容:拆旧、检查清理、对口、上螺栓、制垫、加垫、找正、找平、固定、试动、调整。　　**计量单位:**个

定额编号				18-107	18-108	18-109	18-110
项目				拆装百叶风口 周长(mm)			
				≤1 280	≤2 500	≤3 300	≤4 800
基价(元)				**30.33**	**62.19**	**71.93**	**93.40**
其中	人工费(元)			25.11	52.25	59.13	76.95
	材料费(元)			5.04	9.76	12.62	16.27
	机械费(元)			0.18	0.18	0.18	0.18
名称		单位	单价(元)	消耗量			
人工	二类人工	工日	135.00	0.186	0.387	0.438	0.570
材料	扁钢 Q235B 综合	kg	3.96	0.972	1.908	2.515	3.390
	六角带帽螺栓 M2~5×4~20	10 套	1.47	0.810	1.499	1.810	1.933
机械	台式钻床 16mm	台班	3.90	0.045	0.045	0.045	0.045

工作内容:拆旧、检查清理、对口、上螺栓、制垫、加垫、找正、找平、固定、试动、调整。　　**计量单位**:个

定额编号				18-111	18-112	18-113	18-114
项目				拆装百叶风口 周长(mm)			
				≤7 000	≤11 000	≤14 000	≤20 000
基价(元)				**141.41**	**220.54**	**280.75**	**401.18**
其中	人工费(元)			117.45	177.39	225.99	323.06
	材料费(元)			23.73	42.56	54.17	77.42
	机械费(元)			0.23	0.59	0.59	0.70
名称		单位	单价(元)	消耗量			
人工	二类人工	工日	135.00	0.870	1.314	1.674	2.393
材料	扁钢 Q235B 综合	kg	3.96	4.945	8.286	10.546	15.066
	六角带帽螺栓 M2~5×4~20	10套	1.47	2.822	6.629	8.438	12.083
机械	台式钻床 16mm	台班	3.90	0.060	0.150	0.150	0.180

工作内容:拆旧、检查清理、对口、上螺栓、制垫、加垫、找正、找平、固定、试动、调整。　　**计量单位**:个

定额编号				18-115	18-116	18-117
项目				拆装矩形送风口 周长(mm)		
				≤400	≤600	≤800
基价(元)				**22.05**	**26.66**	**31.98**
其中	人工费(元)			15.66	19.98	25.11
	材料费(元)			6.39	6.68	6.87
	机械费(元)			—	—	—
名称		单位	单价(元)	消耗量		
人工	二类人工	工日	135.00	0.116	0.148	0.186
材料	扁钢 Q235B 综合	kg	3.96	0.146	0.219	0.267
	垫圈 M2~8	10个	0.17	0.540	0.540	0.540
	六角带帽螺栓 M8×75	10套	4.40	0.540	0.540	0.540
	铜蝶形螺母 M8	10个	6.19	0.540	0.540	0.540

工作内容:拆旧、检查清理、对口、上螺栓、制垫、加垫、找正、找平、固定、试动、调整。　　**计量单位**:个

定额编号				18-118	18-119	18-120	18-121
项目				拆装方形散流器 周长(mm)			
				≤500	≤1 000	≤2 000	≤2 500
基价(元)				**24.82**	**31.16**	**43.99**	**58.69**
其中	人工费(元)			22.41	28.08	40.23	51.84
	材料费(元)			2.41	3.08	3.76	6.85
	机械费(元)			—	—	—	—
名称		单位	单价(元)	消耗量			
人工	二类人工	工日	135.00	0.166	0.208	0.298	0.384
材料	橡胶板 δ1~3	kg	5.09	0.061	0.194	0.328	0.522
	六角带帽螺栓 M6×75	10套	3.88	0.540	0.540	0.540	1.080

工作内容:拆旧、检查清理、对口、上螺栓、制垫、加垫、找正、找平、固定、试动、调整。 计量单位:个

定额编号				18-122	18-123	18-124
项目				拆装圆形、流线形散流器 直径(mm)		
				≤200	≤360	≤500
基价(元)				**22.13**	**39.67**	**47.33**
其中	人工费(元)			20.25	37.26	44.55
	材料费(元)			1.88	2.41	2.78
	机械费(元)			—	—	—
名称		单位	单价(元)	消耗量		
人工	二类人工	工日	135.00	0.150	0.276	0.330
材料	橡胶板 δ1~3	kg	5.09	0.061	0.061	0.134
	六角带帽螺栓 M6×75	10 套	3.88	0.405	0.540	0.540

工作内容:拆旧、检查清理、开箱检查、除污锈、就位、上螺栓、固定、试动。 计量单位:个

定额编号				18-125	18-126	18-127	18-128	18-129
项目				拆装板式排烟口 周长(mm)				
				≤1 280	≤2 000	≤2 800	≤3 200	≤4 000
基价(元)				**39.01**	**54.69**	**71.40**	**82.45**	**110.29**
其中	人工费(元)			35.64	47.52	63.99	74.79	99.63
	材料费(元)			3.37	7.17	7.41	7.66	10.66
	机械费(元)			—	—	—	—	—
名称		单位	单价(元)	消耗量				
人工	二类人工	工日	135.00	0.264	0.352	0.474	0.554	0.738
材料	橡胶板	kg	5.09	0.097	0.292	0.340	0.389	0.486
	六角带帽螺栓 M8×75	10 套	4.40	—	1.123	1.123	1.123	1.685
	六角带帽螺栓 M6×75 以内	10 套	3.88	0.562	—	—	—	—
	其他材料费	元	1.00	0.700	0.740	0.740	0.740	0.770

工作内容:拆旧、检查清理开箱检查、除污锈、就位、上螺栓、固定、试动。 计量单位:个

定额编号				18-130	18-131	18-132	18-133
项目				拆装多叶排烟(送风口)周长(mm)			
				≤2 000	≤3 200	≤4 400	≤5 200
基价(元)				**54.81**	**66.11**	**80.65**	**88.15**
其中	人工费(元)			50.49	61.02	74.25	80.73
	材料费(元)			4.14	4.91	6.22	7.24
	机械费(元)			0.18	0.18	0.18	0.18
名称		单位	单价(元)	消耗量			
人工	二类人工	工日	135.00	0.374	0.452	0.550	0.598
材料	扁钢 Q235B 综合	kg	3.96	0.717	0.911	1.191	1.446
	半圆头螺栓带螺母 M5×15	10 套	0.69	0.842	0.842	1.123	1.123
	其他材料费	元	1.00	0.720	0.720	0.730	0.740
机械	台式钻床 16mm	台班	3.90	0.045	0.045	0.045	0.045

3.消 声 器

工作内容:拆旧、检查清理、吊托支架制作与安装、组对、安装、找正、找平、制垫、上螺栓、固定。 **计量单位**:节

定额编号				18-134	18-135	18-136	18-137
项目				拆装微穿孔板消声器 周长(mm)			
				≤1 800	≤3 200	≤5 000	≤8 000
基价(元)				**253.08**	**450.52**	**813.77**	**1 129.86**
其中	人工费(元)			171.59	311.72	529.88	787.73
	材料费(元)			81.49	138.80	283.89	342.13
	机械费(元)			—	—	—	—
名称		单位	单价(元)	消耗量			
人工	二类人工	工日	135.00	1.271	2.309	3.925	5.835
材料	热轧光圆钢筋 HPB300 综合	kg	3.98	6.750	10.800	14.486	14.486
	槽钢 Q235B 5# ~16#	kg	4.05	—	—	48.263	61.088
	角钢 Q235B 63×63×6	kg	3.97	10.976	19.076	—	—
	橡胶板 δ1 ~3	kg	5.09	0.554	1.330	2.464	3.063
	镀锌六角螺栓带螺母 M8×16 ~25	套	0.19	18.252	32.292	50.544	64.584
	六角螺母 M6 ~10	10 个	2.16	0.572	—	—	—
	六角螺母 M12 ~16	10 个	3.88	—	0.572	0.572	0.572
	金属膨胀螺栓 M10	10 套	4.83	0.562	—	—	—
	金属膨胀螺栓 M12	套	0.64	—	5.616	5.616	5.616
	其他材料费	元	1.00	0.810	1.370	2.810	3.390

工作内容:拆旧、检查清理、吊托支架制作与安装、组对、安装、找正、找平、制垫、上螺栓、固定。 **计量单位**:节

定额编号				18-138	18-139	18-140	18-141	18-142
项目				拆装阻抗式消声器 周长(mm)				
				≤2 200	≤2 400	≤3 000	≤4 000	≤5 800
基价(元)				**296.73**	**400.14**	**524.76**	**705.08**	**1 089.72**
其中	人工费(元)			218.30	309.15	393.66	548.91	815.00
	材料费(元)			78.43	90.99	131.10	156.17	274.72
	机械费(元)			—	—	—	—	—
名称		单位	单价(元)	消耗量				
人工	二类人工	工日	135.00	1.617	2.290	2.916	4.066	6.037
材料	热轧光圆钢筋 HPB300 综合	kg	3.98	6.089	6.966	10.989	12.501	14.486
	槽钢 Q235B 5# ~16#	kg	4.05	—	—	—	—	45.914
	角钢 Q235B 63×63×6	kg	3.97	10.895	12.582	17.645	21.614	—
	橡胶板 δ1 ~3	kg	5.09	0.540	0.720	0.851	1.134	2.444
	镀锌六角螺栓带螺母 M8×16 ~25	套	0.19	18.252	25.272	30.888	39.312	53.352
	六角螺母 M6 ~10	10 个	2.16	0.572	0.572	—	—	—
	六角螺母 M12 ~16	10 个	3.88	—	—	0.572	0.572	0.572
	金属膨胀螺栓 M10	10 套	4.83	0.562	0.562	—	—	—
	金属膨胀螺栓 M12	套	0.64	—	—	5.616	5.616	5.616
	其他材料费	元	1.00	0.780	0.900	1.300	1.550	2.720

工作内容:拆旧、检查清理、吊托支架制作与安装、组对、安装、找正、找平、制垫、上螺栓、固定。 **计量单位:**节

定额编号					18-143	18-144	18-145	18-146
项目					拆装管式消声器 周长(mm)			
					≤1 280	≤2 400	≤3 200	≤4 000
基价(元)					**164.09**	**251.87**	**314.52**	**383.15**
其中	人工费(元)				125.01	177.93	228.42	283.91
	材料费(元)				39.08	73.94	86.10	99.24
	机械费(元)				—	—	—	—
名称		单位	单价(元)		消耗量			
人工	二类人工	工日	135.00		0.926	1.318	1.692	2.103
材料	热轧光圆钢筋 HPB300 综合	kg	3.98		3.375	5.225	6.966	6.966
	角钢 Q235B 63×63×6	kg	3.97		4.671	9.639	10.193	12.582
	橡胶板 δ1~3	kg	5.09		0.419	0.972	1.229	1.607
	镀锌六角螺栓带螺母 M6×16~25	10 套	0.95		1.685	—	—	—
	镀锌六角螺栓带螺母 M8×16~25	套	0.19		—	22.464	30.888	39.312
	金属膨胀螺栓 M8	套	0.31		5.616	—	—	—
	六角螺母 M6~10	10 个	2.16		0.572	—	—	—
	六角螺母 M12~16	10 个	3.88		—	0.572	0.572	0.572
	金属膨胀螺栓 M10	10 套	4.83		—	0.562	0.562	0.562
	其他材料费	元	1.00		0.390	0.730	0.850	0.980

工作内容:拆旧、检查清理、吊托支架制作与安装、组对、安装、找正、找平、制垫、上螺栓、固定。 **计量单位:**节

定额编号				18-147	18-148	18-149	18-150	18-151
项目				拆装片式消声器 周长(mm)				
				≤2 200	≤2 400	≤3 000	≤4 000	≤5 800
基价(元)				**376.11**	**512.46**	**668.00**	**904.61**	**1 386.04**
其中	人工费(元)			297.68	421.47	536.90	748.44	1 111.32
	材料费(元)			78.43	90.99	131.10	156.17	274.72
	机械费(元)			—	—	—	—	—
名称		单位	单价(元)	消耗量				
人工	二类人工	工日	135.00	2.205	3.122	3.977	5.544	8.232
材料	热轧光圆钢筋 HPB300 综合	kg	3.98	6.089	6.966	10.989	12.501	14.486
	槽钢 Q235B 5#~16#	kg	4.05	—	—	—	—	45.914
	角钢 Q235B 63×63×6	kg	3.97	10.895	12.582	17.645	21.614	—
	橡胶板 δ1~3	kg	5.09	0.540	0.720	0.851	1.134	2.444
	镀锌六角螺栓带螺母 M8×16~25	套	0.19	18.252	25.272	30.888	39.312	53.352
	六角螺母 M6~10	10 个	2.16	0.572	0.572	—	—	—
	六角螺母 M12~16	10 个	3.88	—	—	0.572	0.572	0.572
	金属膨胀螺栓 M10	10 套	4.83	0.562	0.562	—	—	—
	金属膨胀螺栓 M12	套	0.64	—	—	5.616	5.616	5.616
	其他材料费	元	1.00	0.780	0.900	1.300	1.550	2.720

工作内容：拆旧、检查清理、吊托支架制作与安装、找标高、起吊、对口、找正、找平、制垫、加垫、上螺栓、固定。

计量单位：个

定额编号				18-152	18-153	18-154	18-155
项目				拆装消声弯头 周长(mm)			
				≤800	≤1 200	≤1 800	≤2 400
基价（元）				**114.12**	**132.88**	**151.71**	**304.12**
其中	人工费（元）			77.49	93.56	108.95	220.46
	材料费（元）			36.63	39.32	42.76	83.66
	机械费（元）			—	—	—	—
名称		单位	单价(元)	消耗量			
人工	二类人工	工日	135.00	0.574	0.693	0.807	1.633
材料	热轧光圆钢筋 综合	kg	3.97	3.375	3.375	3.375	6.089
	角钢 Q235B 63×63×6	kg	3.97	4.577	5.090	5.643	10.422
	橡胶板 δ1～3	kg	5.09	0.284	0.354	0.514	0.676
	镀锌六角螺栓带螺母 M6×16～25	10套	0.95	1.123	1.404	1.825	—
	镀锌六角螺栓带螺母 M8×30～60	10套	4.35	—	—	—	2.387
	六角螺母 M8	10个	0.78	0.572	0.572	0.572	—
	六角螺母 M10	10个	1.29	—	—	—	0.572
	金属膨胀螺栓 M8	10套	3.10	0.562	0.562	0.562	—
	金属膨胀螺栓 M10	10套	4.83	—	—	—	0.562
	其他材料费	元	1.00	0.360	0.390	0.420	0.830

工作内容：拆旧、检查清理、吊托支架制作与安装、找标高、起吊、对口、找正、找平、制垫、加垫、上螺栓、固定。

计量单位：个

定额编号				18-156	18-157	18-158	18-159
项目				拆装消声弯头 周长(mm)			
				≤3 200	≤4 000	≤6 000	≤7 200
基价（元）				**373.50**	**468.08**	**807.71**	**960.25**
其中	人工费（元）			274.32	316.31	548.51	658.26
	材料费（元）			99.18	151.77	259.20	301.99
	机械费（元）			—	—	—	—
名称		单位	单价(元)	消耗量			
人工	二类人工	工日	135.00	2.032	2.343	4.063	4.876
材料	热轧光圆钢筋 综合	kg	3.97	6.966	10.004	11.502	11.502
	槽钢 Q235B 5#～16#	kg	4.05	—	—	42.390	49.748
	角钢 Q235B 63×63×6	kg	3.97	12.312	18.252	—	—
	橡胶板 δ1～3	kg	5.09	0.938	1.191	2.018	2.927
	镀锌六角螺母 M12	10个	1.98	—	5.724	—	—
	镀锌六角螺栓带螺母 M8×30～60	10套	4.35	3.089	3.931	5.335	7.160
	六角螺母 M10	10个	1.29	0.572	—	—	—
	六角螺母 M12～16	10个	3.88	—	—	0.572	0.572
	金属膨胀螺栓 M10	10套	4.83	0.562	—	—	—
	金属膨胀螺栓 M12	套	0.64	—	5.616	5.616	5.616
	其他材料费	元	1.00	0.980	1.500	2.570	2.990

4.静 压 箱

工作内容:折旧、检查清理、吊装、组对、制垫、加垫、找平、找正、紧固固定。 **计量单位:**个

定额编号				18-160	18-161	18-162
项目				拆装静压箱 展开面积(m^2)		
				≤5	≤10	≤20
基价(元)				**463.80**	**653.45**	**993.90**
其中	人工费(元)			283.50	366.12	534.20
	材料费(元)			174.02	277.70	449.40
	机械费(元)			6.28	9.63	10.30
名称		单位	单价(元)	消耗量		
人工	二类人工	工日	135.00	2.100	2.712	3.957
材料	耐酸橡胶板 δ3	kg	11.21	5.997	9.570	15.487
	六角带帽螺栓 M8×75 以内	10 套	4.40	23.880	38.106	61.669
	其他材料费	元	1.00	1.720	2.750	4.450
机械	立式钻床 35mm	台班	9.30	0.675	1.035	1.107

第十九章
消 防 工 程

说　　明

一、本章定额包括水喷淋钢管,消火栓钢管,水喷淋(雾)喷头,湿式报警装置,水流指示器,末端试水装置,集热板安装,消火栓,消防水泵接合器,灭火器,点型探测器安装,线型探测器安装,按钮安装,消防警铃、声光报警器安装,消防报警电话插孔(电话)安装,消防广播(扬声器)安装,消防专用模块(模块箱)安装,消防报警备用电源, 重复显示器。

二、本章定额内容适用于房屋维修项目中水喷淋系统、消火栓系统、消防报警安装、调整试验等工程。

三、有关说明:

1. 消防工程的整体破坏性拆除费用由甲乙双方自行约定。

2. 零星破坏性拆除费用执行《浙江省通用安装工程预算定额》(2018 版)相应定额子目,按人工费及机械费之和乘以系数 0.20,不计材料费。

3. 修缮工程中消防工程的新装项目执行《浙江省通用安装工程预算定额》(2018 版)相应定额子目,人工、机械消耗量乘以系数 1.20,材料费乘以系数 1.05,主材不变。

4. 拆换是指安装方式不变,单纯的拆旧换新;拆装是指原有设备及线路拆下经清理后重新安装。本章定额未列项的拆换项目按零星破坏性拆除加新装项目执行。

5. 本章消防报警中涉及管线的拆换及拆装参照第十五章“电气修缮定额”中的相关子目。

6. 本章喷淋及消火栓系统中涉及阀门的拆换及拆装参照第十六章“给排水修缮定额”中的相关子目。

四、除本章定额说明以外,其他说明均执行《浙江省通用安装工程预算定额》(2018 版)定额说明。

工程量计算规则

一、管道安装按设计图示管道中心线长度以“10m”为计量单位,不扣除阀门、管件及各种组件所占长度。

二、喷头、水流指示器按设计图示数量计算,按安装部位、方式、分规格以“个”为计量单位。

三、报警装置、室内消火栓、室外消火栓、消防水泵接合器均按设计图示数量计算,报警装置、室内外消火栓、消防水泵接合器分形式按成套产品以“套”为计量单位。

四、末端试水装置按设计图示数量计算,分规格以“组”为计量单位。

五、灭火器按设计图示数量计算,分形式以“套”“组”为计量单位。

六、点型探测器按设计图示数量计算,不分规格、型号、安装方式与位置以“个”“对”为计量单位。红外光束探测器是成对使用的,在计算时一对为两只。

七、线型探测器依据探测器长度、按设计图示数量计算,分别以“m”“台”“个”为计量单位。

八、按钮、消防警铃、声光报警器、消防报警电话插孔、扬声器、模块,按设计图示数量以“个”为计量单位。

一、水喷淋钢管

1. 镀锌钢管(螺纹连接)

工作内容：折旧、检查及清扫管材、切管、套丝、调直、管道及管件安装、丝口刷漆、水压试验、水冲洗。　**计量单位：**m

定额编号				19-1	19-2	19-3	19-4	19-5
项目				拆换镀锌钢管给水管(螺纹连接)				
				公称直径(DN)				
				40	50	65	80	100
基价(元)				**34.16**	**38.80**	**47.01**	**58.34**	**65.74**
其中	人工费(元)			26.06	26.73	27.27	28.89	32.67
	材料费(元)			6.98	11.02	18.73	28.26	32.01
	机械费(元)			1.12	1.05	1.01	1.19	1.06
名称		单位	单价(元)	消耗量				
人工	二类人工	工日	135.00	0.193	0.198	0.202	0.214	0.242
材料	碳素结构钢镀锌焊接钢管 综合	m	—	(1.005)	(1.005)	(1.005)	(1.005)	(1.005)
	线麻	kg	10.86	0.002	0.002	0.003	0.004	0.004
	尼龙砂轮片 φ400	片	8.19	0.027	0.025	0.037	0.041	0.029
	铅油(厚漆)	kg	7.33	0.018	0.019	0.026	0.037	0.039
	机油 综合	kg	2.91	0.011	0.009	0.010	0.010	0.008
	室内镀锌钢管接头零件(消防) DN40	个	6.64	0.947	—	—	—	—
	室内镀锌钢管接头零件(消防) DN50	个	11.46	—	0.889	—	—	—
	室内镀锌钢管接头零件(消防) DN65	个	20.98	—	—	0.832	—	—
	室内镀锌钢管接头零件(消防) DN80	个	32.52	—	—	—	0.815	—
	室内镀锌钢管接头零件(消防) DN100	个	52.86	—	—	—	—	0.572
	水	m^3	4.27	0.020	0.029	0.039	0.060	0.060
	其他材料费	元	1.00	0.200	0.320	0.550	0.820	0.930
机械	砂轮切割机 φ400	台班	26.83	0.009	0.007	0.008	0.009	0.007
	管子切断套丝机 159mm	台班	21.59	0.039	0.038	0.035	0.042	0.038
	试压泵 3MPa	台班	18.64	0.002	0.002	0.002	0.002	0.003

工作内容:拆旧、检查清理、检查及清扫管材、切管、套丝、调直、管道及管件安装、丝口刷漆、水压试验、水冲洗。

计量单位:m

定额编号				19-6	19-7	19-8	19-9	19-10
项目				拆装镀锌钢管给水管(螺纹连接)				
				公称直径(*DN*)				
				40	50	65	80	100
基价(元)				**39.16**	**39.92**	**40.99**	**43.84**	**49.00**
其中	人工费(元)			37.26	38.07	38.88	41.31	46.71
	材料费(元)			0.62	0.65	0.92	1.19	1.07
	机械费(元)			1.28	1.20	1.19	1.34	1.22
名称		单位	单价(元)	消耗量				
人工	二类人工	工日	135.00	0.276	0.282	0.288	0.306	0.346
材料	线麻	kg	10.86	0.002	0.002	0.003	0.005	0.005
	尼龙砂轮片 ϕ400	片	8.19	0.033	0.031	0.046	0.051	0.036
	铅油(厚漆)	kg	7.33	0.022	0.023	0.032	0.046	0.047
	机油 综合	kg	2.91	0.014	0.011	0.013	0.012	0.009
	水	m^3	4.27	0.025	0.035	0.048	0.074	0.074
	其他材料费	元	1.00	0.020	0.020	0.030	0.030	0.030
机械	砂轮切割机 ϕ400	台班	26.83	0.010	0.008	0.010	0.010	0.008
	管子切断套丝机 159mm	台班	21.59	0.045	0.044	0.041	0.048	0.044
	试压泵 3MPa	台班	18.64	0.002	0.002	0.002	0.002	0.003

2. 钢管(法兰连接)

工作内容:拆旧、检查及清扫管材、切管、坡口、对口、调直、焊接法兰、紧螺栓、加垫、管道及管件预安装、拆卸、二次安装,水压试验、水冲洗、留堵洞眼。

计量单位:m

定额编号				19-11	19-12	19-13	19-14	19-15	19-16
项目				拆换钢管(法兰连接)					
				外径					
				100	125	150	200	250	300
基价(元)				**56.14**	**61.65**	**76.00**	**98.67**	**122.34**	**144.70**
其中	人工费(元)			45.23	46.85	52.25	61.56	68.58	81.68
	材料费(元)			5.29	7.35	10.26	14.11	18.65	21.32
	机械费(元)			5.62	7.45	13.49	23.00	35.11	41.70
名称		单位	单价(元)	消耗量					
人工	二类人工	工日	135.00	0.335	0.347	0.387	0.456	0.508	0.605
材料	钢管	m	—	(0.981)	(0.981)	(0.981)	(0.981)	(0.981)	(0.981)
	石棉橡胶板 低压 δ0.8~6	kg	5.26	0.105	0.122	0.149	0.175	0.194	0.176
	低碳钢焊条 J427 ϕ3.2	kg	6.72	0.464	0.620	0.810	1.059	1.494	1.776
	尼龙砂轮片 ϕ400	片	8.19	0.046	0.075	0.190	0.253	0.298	0.333
	氧气	m^3	3.62	0.122	0.184	0.230	0.382	0.454	0.527
	乙炔气	m^3	8.90	0.044	0.066	0.082	0.136	0.162	0.188
	水	m^3	4.27	0.060	0.109	0.145	0.234	0.358	0.358
	其他材料费	元	1.00	0.150	0.210	0.300	0.410	0.540	0.620
机械	砂轮切割机 ϕ400	台班	26.83	0.001	0.002	0.005	0.017	0.116	0.127
	弧焊机 综合	台班	66.69	0.083	0.110	0.143	0.254	0.379	0.458
	汽车式起重机 8t	台班	648.48	—	—	—	0.001	0.001	0.001
	载货汽车 5t	台班	382.30	—	—	—	0.002	0.002	0.002
	电动卷扬机-单筒慢速 50kN	台班	186.39	—	—	0.020	0.022	0.028	0.033
	试压泵 3MPa	台班	18.64	0.003	0.003	0.005	0.005	0.005	0.010

工作内容:拆旧、检查清理、检查及清扫管材、切管、坡口、对口、调直、焊接法兰、紧螺栓、加垫、管道及管件预安装、拆卸、二次安装,水压试验、水冲洗。

计量单位:m

定额编号				19-17	19-18	19-19	19-20	19-21	19-22
项目				拆装钢管(法兰连接)					
				外径					
				100	125	150	200	250	300
基价(元)				**77.47**	**84.56**	**102.84**	**132.21**	**161.81**	**191.39**
其中	人工费(元)			64.53	66.96	74.66	88.02	98.01	116.64
	材料费(元)			6.49	9.02	12.62	17.31	22.92	26.16
	机械费(元)			6.45	8.58	15.56	26.88	40.88	48.59
名称		单位	单价(元)	消耗量					
人工	二类人工	工日	135.00	0.478	0.496	0.553	0.652	0.726	0.864
材料	石棉橡胶板 低压 δ0.8～6	kg	5.26	0.129	0.150	0.183	0.215	0.239	0.215
	低碳钢焊条 J427 ϕ3.2	kg	6.72	0.569	0.761	0.995	1.299	1.834	2.179
	尼龙砂轮片 ϕ400	片	8.19	0.057	0.092	0.234	0.311	0.366	0.409
	氧气	m^3	3.62	0.150	0.225	0.282	0.468	0.558	0.647
	乙炔气	m^3	8.90	0.053	0.080	0.101	0.167	0.199	0.231
	水	m^3	4.27	0.074	0.134	0.178	0.287	0.440	0.440
	其他材料费	元	1.00	0.190	0.260	0.370	0.500	0.670	0.760
机械	砂轮切割机 ϕ400	台班	26.83	0.002	0.002	0.006	0.019	0.134	0.147
	弧焊机 综合	台班	66.69	0.095	0.127	0.165	0.293	0.437	0.529
	汽车式起重机 8t	台班	648.48	—	—	—	0.002	0.002	0.002
	载货汽车 5t	台班	382.30	—	—	—	0.002	0.002	0.002
	电动卷扬机－单筒慢速 50kN	台班	186.39	—	—	0.022	0.025	0.032	0.038
	试压泵 3MPa	台班	18.64	0.003	0.003	0.006	0.006	0.006	0.012

3. 钢管(沟槽连接)

工作内容:拆旧、检查及清扫管材、切管、压槽、对口、调直、涂抹润滑剂、上胶圈、安装卡箍件、紧螺栓、水压试验、水冲洗。

计量单位:m

定额编号				19-23	19-24	19-25	19-26	19-27	19-28
项目				拆换钢管(沟槽连接)					
				外径					
				65	80	100	125	150	200
基价(元)				**34.64**	**36.17**	**39.12**	**41.10**	**48.59**	**55.36**
其中	人工费(元)			33.75	35.10	37.94	39.56	42.93	47.25
	材料费(元)			0.49	0.62	0.66	0.96	1.23	1.81
	机械费(元)			0.40	0.45	0.52	0.58	4.43	6.30
名称		单位	单价(元)	消耗量					
人工	二类人工	工日	135.00	0.250	0.260	0.281	0.293	0.318	0.350
材料	钢管	m	—	(0.986)	(0.986)	(0.986)	(0.986)	(0.986)	(0.986)
	尼龙砂轮片 φ400	片	8.19	0.016	0.017	0.019	0.020	0.021	0.024
	润滑剂	kg	4.33	0.005	0.005	0.006	0.006	0.006	0.007
	水	m^3	4.27	0.039	0.060	0.060	0.109	0.145	0.234
	其他材料费	元	1.00	0.170	0.200	0.220	0.300	0.410	0.580
机械	滚槽机	台班	28.20	0.007	0.008	0.009	0.011	0.014	0.016
	砂轮切割机 φ400	台班	26.83	0.006	0.007	0.008	0.008	0.008	0.009
	汽车式起重机 8t	台班	648.48	—	—	—	—	—	0.001
	载货汽车 5t	台班	382.30	—	—	—	—	—	0.002
	电动卷扬机-单筒慢速 50kN	台班	186.39	—	—	—	—	0.020	0.022
	试压泵 3MPa	台班	18.64	0.002	0.002	0.003	0.003	0.005	0.005

工作内容:拆旧、检查清理、检查及清扫管材、切管、压槽、对口、调直、涂抹润滑剂、上胶圈、安装卡箍件、紧螺栓、水压试验、水冲洗。

计量单位:m

定额编号				19-29	19-30	19-31	19-32	19-33	19-34
项目				拆装钢管(沟槽连接)					
				外径					
				65	80	100	125	150	200
基价(元)				**49.25**	**51.36**	**55.53**	**58.27**	**67.90**	**77.23**
其中	人工费(元)			48.20	50.09	54.14	56.43	61.29	67.37
	材料费(元)			0.60	0.76	0.81	1.18	1.52	2.22
	机械费(元)			0.45	0.51	0.58	0.66	5.09	7.64
名称		单位	单价(元)	消耗量					
人工	二类人工	工日	135.00	0.357	0.371	0.401	0.418	0.454	0.499
材料	尼龙砂轮片 φ400	片	8.19	0.019	0.021	0.024	0.025	0.027	0.030
	润滑剂	kg	4.33	0.006	0.006	0.007	0.007	0.008	0.009
	水	m^3	4.27	0.048	0.074	0.074	0.134	0.178	0.287
	其他材料费	元	1.00	0.210	0.250	0.270	0.370	0.510	0.710
机械	滚槽机	台班	28.20	0.008	0.009	0.010	0.013	0.016	0.018
	砂轮切割机 φ400	台班	26.83	0.007	0.008	0.009	0.009	0.009	0.011
	汽车式起重机 8t	台班	648.48	—	—	—	—	—	0.002
	载货汽车 5t	台班	382.30	—	—	—	—	—	0.002
	电动卷扬机-单筒慢速 50kN	台班	186.39	—	—	—	—	0.023	0.025
	试压泵 3MPa	台班	18.64	0.002	0.002	0.003	0.003	0.006	0.006

二、消火栓钢管

1. 镀锌钢管(螺纹连接)

工作内容:拆旧、检查及清扫管材、切管、套丝、调直、管道及管件安装、丝口刷漆、水压试验、水冲洗。　　**计量单位**:m

定额编号				19-35	19-36	19-37	19-38
项目				拆换镀锌钢管给水管(螺纹连接)			
				公称直径(DN)			
				50	65	80	100
基价(元)				**36.09**	**42.49**	**45.83**	**57.17**
其中	人工费(元)			26.19	26.73	28.35	32.13
	材料费(元)			8.90	14.80	16.35	24.01
	机械费(元)			1.00	0.96	1.13	1.03
名称		单位	单价(元)	消耗量			
人工	二类人工	工日	135.00	0.194	0.198	0.210	0.238
材料	碳素结构钢镀锌焊接钢管 综合	m	—	(1.005)	(1.005)	(1.005)	(1.005)
	线麻	kg	10.86	0.002	0.002	0.002	0.003
	尼龙砂轮片 ϕ400	片	8.19	0.012	0.032	0.034	0.036
	铅油(厚漆)	kg	7.33	0.015	0.021	0.022	0.029
	室内镀锌钢管接头零件(消防) DN50	个	11.46	0.723	—	—	—
	室内镀锌钢管接头零件(消防) DN65	个	20.98	—	0.656	—	—
	室内镀锌钢管接头零件(消防) DN80	个	32.52	—	—	0.466	—
	室内镀锌钢管接头零件(消防) DN100	个	52.86	—	—	—	0.426
	水	m^3	4.27	0.029	0.039	0.060	0.060
	其他材料费	元	1.00	0.260	0.430	0.480	0.700
机械	砂轮切割机 ϕ400	台班	26.83	0.002	0.002	0.002	0.003
	管子切断套丝机 159mm	台班	21.59	0.038	0.035	0.042	0.038
	试压泵 3MPa	台班	18.64	0.007	0.008	0.009	0.007

2. 钢管(焊接)

工作内容:拆旧、检查及清扫管材、坡口、煨弯、对口、调直、管道及管件连接、水压试验、水冲洗。 **计量单位:**m

定额编号				19-39	19-40	19-41	19-42	19-43
项目				拆换钢管给水管(焊接)				
				公称直径(*DN*)				
				80	100	125	150	200
基价(元)				**29.03**	**36.70**	**44.34**	**55.66**	**70.63**
其中	人工费(元)			22.55	27.95	30.92	35.10	42.26
	材料费(元)			3.21	4.06	7.26	8.68	14.06
	机械费(元)			3.27	4.69	6.16	11.88	14.31
名称		单位	单价(元)	消耗量				
人工	二类人工	工日	135.00	0.167	0.207	0.229	0.260	0.313
材料	钢管	m	—	(1.010)	(1.010)	(0.987)	(0.987)	(0.987)
	低碳钢焊条 J427 $\phi3.2$	kg	6.72	0.090	0.108	0.134	0.173	0.221
	尼龙砂轮片 $\phi400$	片	8.19	0.055	0.095	0.121	0.165	0.209
	乙炔气	kg	7.60	0.030	0.035	0.038	0.047	0.056
	氧气	m^3	3.62	0.089	0.106	0.114	0.140	0.169
	给水室内钢管焊接管件 *DN*80	个	10.30	0.122	—	—	—	—
	给水室内钢管焊接管件 *DN*100	个	13.65	—	0.112	—	—	—
	给水室内钢管焊接管件 *DN*125	个	25.75	—	—	0.155	—	—
	给水室内钢管焊接管件 *DN*150	个	36.00	—	—	—	0.123	—
	给水室内钢管焊接管件 *DN*200	个	74.48	—	—	—	—	0.113
	水	m^3	4.27	0.060	0.060	0.109	0.145	0.234
	其他材料费	元	1.00	0.090	0.120	0.210	0.250	0.410
机械	砂轮切割机 $\phi400$	台班	26.83	0.021	0.036	0.046	0.063	0.080
	弧焊机 综合	台班	66.69	0.040	0.055	0.073	0.096	0.120
	电动卷扬机－单筒慢速 50kN	台班	186.39	—	—	—	0.020	0.022
	试压泵 3MPa	台班	18.64	0.002	0.003	0.003	0.003	0.003

三、水喷淋(雾)喷头

工作内容:拆旧、外观检查、喷头密封性能抽查试验、管口套丝、管件安装、丝堵拆装、喷头追位及安装、装饰盘安装、喷头外观清洁。

计量单位:个

定额编号				19-44	19-45	19-46	19-47	19-48	19-49
项目				拆换水喷淋(雾)喷头(无吊顶)			拆换水喷淋(雾)喷头(有吊顶)		
				公称直径(DN)					
				15	20	25	15	20	25
基价(元)				**16.64**	**18.20**	**20.14**	**23.73**	**25.97**	**28.17**
其中	人工费(元)			13.23	14.18	14.72	19.85	21.33	22.14
	材料费(元)			3.11	3.69	5.09	3.32	3.97	5.36
	机械费(元)			0.30	0.33	0.33	0.56	0.67	0.67
	名称	单位	单价(元)	消耗量					
人工	二类人工	工日	135.00	0.098	0.105	0.109	0.147	0.158	0.164
材料	喷头	个	—	(1.010)	(1.010)	(1.010)	(1.010)	(1.010)	(1.010)
	尼龙砂轮片 ϕ400	片	8.19	0.011	0.014	0.017	0.011	0.022	0.023
	聚四氟乙烯生料带 宽20	m	0.29	0.706	0.706	0.706	1.408	1.408	1.408
	镀锌丝堵 DN15	个	1.03	1.100	—	—	1.100	—	—
	镀锌丝堵 DN20	个	1.38	—	1.100	—	—	1.100	—
	镀锌丝堵 DN25	个	1.92	—	—	1.100	—	—	1.100
	镀锌异径管箍 DN25×15	个	1.43	1.111	—	—	1.111	—	—
	镀锌异径管箍 DN25×20	个	1.57	—	1.111	—	—	1.111	—
	镀锌异径管箍 DN32×25	个	2.24	—	—	1.111	—	—	1.111
	其他材料费	元	1.00	0.090	0.110	0.150	0.100	0.120	0.160
机械	砂轮切割机 ϕ400	台班	26.83	0.004	0.005	0.005	0.004	0.008	0.008
	管子切断套丝机 159mm	台班	21.59	0.009	0.009	0.009	0.021	0.021	0.021

工作内容:拆旧、检查清理、外观检查、喷头密封性能抽查试验、管口套丝、管件安装、丝堵拆装、喷头追位及安装、装饰盘安装、喷头外观清洁。

计量单位:个

定额编号				19-50	19-51	19-52	19-53	19-54	19-55
项目				拆装水喷淋(雾)喷头(无吊顶)			拆装水喷淋(雾)喷头(有吊顶)		
				公称直径(DN)					
				15	20	25	15	20	25
基价(元)				**21.08**	**22.98**	**24.56**	**31.07**	**33.94**	**35.77**
其中	人工费(元)			18.90	20.25	21.06	28.35	30.51	31.59
	材料费(元)			1.81	2.33	3.10	2.07	2.67	3.42
	机械费(元)			0.37	0.40	0.40	0.65	0.76	0.76
	名称	单位	单价(元)	消耗量					
人工	二类人工	工日	135.00	0.140	0.150	0.156	0.210	0.226	0.234
材料	尼龙砂轮片 ϕ400	片	8.19	0.014	0.018	0.020	0.014	0.027	0.028
	聚四氟乙烯生料带 宽20	m	0.29	0.867	0.867	0.867	1.728	1.728	1.728
	镀锌丝堵 DN15	个	1.03	1.350	—	—	1.350	—	—
	镀锌丝堵 DN20	个	1.38	—	1.350	—	—	1.350	—
	镀锌丝堵 DN25	个	1.92	—	—	1.350	—	—	1.350
	其他材料费	元	1.00	0.050	0.070	0.090	0.060	0.080	0.100
机械	砂轮切割机 ϕ400	台班	26.83	0.005	0.006	0.006	0.005	0.009	0.009
	管子切断套丝机 159mm	台班	21.59	0.011	0.011	0.011	0.024	0.024	0.024

四、湿式报警装置

工作内容:拆旧、部件外观检查、切管、坡口、组对、法兰安装、紧螺栓、临时短管装拆、整体组装、部件及配管安装、报警阀泄放试验管安装、报警阀渗漏试验、报警装置调试。

计量单位:组

定额编号				19-56	19-57	19-58
项目				拆换湿式报警装置		
				公称直径(DN)		
				100	150	200
基价(元)				**771.03**	**1 006.68**	**1 254.23**
其中	人工费(元)			635.04	854.28	1 074.47
	材料费(元)			133.38	149.12	175.83
	机械费(元)			2.61	3.28	3.93
名称		单位	单价(元)	消耗量		
人工	二类人工	工日	135.00	4.704	6.328	7.959
材料	沟槽法兰 1.6MPa	片	—	(2.000)	(2.000)	(2.000)
	湿式报警装置	套	—	(1.000)	(1.000)	(1.000)
	石棉橡胶板 低压 δ0.8~6	kg	5.26	0.385	0.605	0.726
	线麻	kg	10.86	0.017	0.031	0.037
	镀锌六角螺栓带螺母、2平1弹 M16×100内	10套	20.13	1.813	—	—
	镀锌六角螺栓带螺母、2平1弹 M20×100内	10套	27.21	—	1.813	2.719
	尼龙砂轮片 φ400	片	8.19	0.055	0.066	0.077
	铅油(厚漆)	kg	7.33	0.165	0.308	0.374
	碳素结构钢镀锌焊接钢管 DN20×2.8	m	7.90	2.200	2.200	2.200
	碳素结构钢镀锌焊接钢管 DN50×3.8	m	22.12	2.200	2.200	2.200
	镀锌弯头 DN20	个	2.63	2.222	2.222	2.222
	镀锌弯头 DN50	个	7.76	2.222	2.222	2.222
	其他材料费	元	1.00	3.880	4.340	5.120
机械	滚槽机	台班	28.20	0.039	0.059	0.078
	砂轮切割机 φ400	台班	26.83	0.021	0.025	0.029
	管子切断套丝机 159mm	台班	21.59	0.044	0.044	0.044

五、水流指示器

1. 水流指示器(沟槽法兰连接)

工作内容:拆旧、外观检查、功能检测、切管、坡口、法兰安装、紧螺栓、安装及调整、试验后复位。 **计量单位:**个

定额编号				19-59	19-60	19-61	19-62	19-63
项目				拆换水流指示器(沟槽法兰连接)				
				公称直径(DN)				
				50	80	100	150	200
基价(元)				**95.00**	**137.63**	**157.00**	**219.86**	**299.89**
其中	人工费(元)			74.25	96.53	115.43	163.08	216.41
	材料费(元)			19.75	39.41	39.85	54.31	80.34
	机械费(元)			1.00	1.69	1.72	2.47	3.14
名称		单位	单价(元)	消耗量				
人工	二类人工	工日	135.00	0.550	0.715	0.855	1.208	1.603
材料	沟槽法兰 1.6MPa	片	—	(2.000)	(2.000)	(2.000)	(2.000)	(2.000)
	水流指示器	只	—	(1.000)	(1.000)	(1.000)	(1.000)	(1.000)
	石棉橡胶板 低压 δ0.8~6	kg	5.26	0.132	0.244	0.319	0.524	0.618
	镀锌六角螺栓带螺母、2平1弹 M16×100内	10套	20.13	0.906	1.813	1.813	—	—
	镀锌六角螺栓带螺母、2平1弹 M20×100内	10套	27.21	—	—	—	1.813	2.719
	尼龙砂轮片 φ400	片	8.19	0.029	0.059	0.063	0.078	0.094
	其他材料费	元	1.00	0.580	1.150	1.160	1.580	2.340
机械	滚槽机	台班	28.20	0.026	0.039	0.039	0.059	0.078
	砂轮切割机 φ400	台班	26.83	0.010	0.022	0.023	0.030	0.035

工作内容:拆旧、检查清理、外观检查、功能检测、切管、坡口、法兰安装、紧螺栓、安装及调整、试验后复位。 **计量单位:**个

定额编号				19-64	19-65	19-66	19-67	19-68
项目				拆装水流指示器(沟槽法兰连接)				
				公称直径(DN)				
				50	80	100	150	200
基价(元)				**108.45**	**142.19**	**169.73**	**240.17**	**317.87**
其中	人工费(元)			106.11	137.97	164.97	233.01	309.15
	材料费(元)			1.17	2.25	2.77	4.30	5.08
	机械费(元)			1.17	1.97	1.99	2.86	3.64
名称		单位	单价(元)	消耗量				
人工	二类人工	工日	135.00	0.786	1.022	1.222	1.726	2.290
材料	石棉橡胶板 低压 δ0.8~6	kg	5.26	0.162	0.300	0.392	0.643	0.759
	尼龙砂轮片 φ400	片	8.19	0.035	0.073	0.077	0.096	0.115
	其他材料费	元	1.00	0.030	0.070	0.080	0.130	0.150
机械	滚槽机	台班	28.20	0.030	0.045	0.045	0.068	0.090
	砂轮切割机 φ400	台班	26.83	0.012	0.023	0.027	0.035	0.041

2. 水流指示器(马鞍型连接)

工作内容:拆旧、外观检查、功能检测、开孔、安装、紧螺栓、卡子固定、调整、试验后复位。 **计量单位:**个

定额编号				19-69	19-70	19-71	19-72	19-73
项目				拆换水流指示器(马鞍形连接)				
				公称直径(*DN*)				
				50	80	100	150	200
基价(元)				**32.08**	**34.74**	**36.69**	**51.34**	**63.48**
其中	人工费(元)			30.11	32.27	33.62	47.66	59.00
	材料费(元)			1.84	2.29	2.89	3.38	4.09
	机械费(元)			0.13	0.18	0.18	0.30	0.39
名称		单位	单价(元)	消耗量				
人工	二类人工	工日	135.00	0.223	0.239	0.249	0.353	0.437
材料	水流指示器	只	—	(1.000)	(1.000)	(1.000)	(1.000)	(1.000)
	尼龙砂轮片 ϕ100	片	1.29	0.029	0.059	0.063	0.078	0.094
	其他材料费	元	1.00	1.800	2.210	2.810	3.280	3.970
机械	开孔机 200mm	台班	14.94	0.009	0.012	0.012	0.020	0.026

工作内容:拆旧、检查清理、外观检查、功能检测、开孔、安装、紧螺栓、卡子固定、调整、试验后复位。 **计量单位:**个

定额编号				19-74	19-75	19-76	19-77	19-78
项目				拆装水流指示器(马鞍形连接)				
				公称直径(*DN*)				
				50	80	100	150	200
基价(元)				**45.35**	**49.18**	**51.81**	**72.52**	**89.71**
其中	人工费(元)			42.93	46.17	48.06	68.04	84.24
	材料费(元)			2.26	2.80	3.54	4.14	5.02
	机械费(元)			0.16	0.21	0.21	0.34	0.45
名称		单位	单价(元)	消耗量				
人工	二类人工	工日	135.00	0.318	0.342	0.356	0.504	0.624
材料	尼龙砂轮片 ϕ100	片	1.29	0.035	0.073	0.077	0.096	0.115
	其他材料费	元	1.00	2.210	2.710	3.440	4.020	4.870
机械	开孔机 200mm	台班	14.94	0.011	0.014	0.014	0.023	0.030

3. 水流指示器(螺纹连接)

工作内容:拆旧、外观检查、切管、套丝、上零件、临时短管安装拆除、主要功能检查、安装及调整。 计量单位:个

定额编号				19-79	19-80	19-81	19-82
项目				拆换水流指示器(螺纹连接)			
				公称直径(DN)			
				50	65	80	100
基价(元)				**93.14**	**137.08**	**179.28**	**290.15**
其中	人工费(元)			66.69	84.11	109.76	191.84
	材料费(元)			24.89	51.30	67.45	96.15
	机械费(元)			1.56	1.67	2.07	2.16
名称		单位	单价(元)	消耗量			
人工	二类人工	工日	135.00	0.494	0.623	0.813	1.421
材料	水流指示器	只	—	(1.000)	(1.000)	(1.000)	(1.000)
	砂轮片 ϕ400	片	21.55	0.054	0.079	0.095	0.119
	镀锌六角外丝 DN100	个	28.03	—	—	—	1.111
	镀锌六角外丝 DN50	个	6.16	1.111	—	—	—
	镀锌六角外丝 DN70	个	11.05	—	1.111	—	—
	镀锌六角外丝 DN80	个	17.29	—	—	1.111	—
	聚四氟乙烯生料带 宽 20	m	0.29	1.572	1.998	2.341	2.993
	机油 综合	kg	2.91	0.017	0.021	0.021	0.025
	镀锌活接头 DN50	个	13.09	1.111	—	—	—
	镀锌活接头 DN65	个	30.17	—	1.111	—	—
	镀锌活接头 DN80	个	37.07	—	—	1.111	—
	镀锌活接头 DN100	个	49.24	—	—	—	1.111
	镀锌管箍 DN50	个	4.93	0.220	—	—	—
	镀锌管箍 DN65	个	9.48	—	0.220	—	—
	镀锌管箍 DN80	个	12.93	—	—	0.220	—
	镀锌管箍 DN100	个	24.14	—	—	—	0.220
	其他材料费	元	1.00	0.750	1.080	1.420	1.490
机械	砂轮切割机 ϕ400	台班	26.83	0.014	0.018	0.021	—
	管子切断套丝机 159mm	台班	21.59	0.055	0.055	0.070	0.100

六、末端试水装置

工作内容：拆旧、外观检查、切管、套丝、上零件、整体组装、一次水压试验、放水试验。 **计量单位：**组

定额编号				19-83	19-84
项目				拆换末端试水装置	
				公称直径(DN)	
				25	32
基价(元)				**127.89**	**138.26**
其中	人工费(元)			117.59	123.80
	材料费(元)			8.33	11.80
	机械费(元)			1.97	2.66
	名称	单位	单价(元)	消耗量	
人工	二类人工	工日	135.00	0.871	0.917
材料	末端试水装置	套	—	(1.010)	(1.010)
	尼龙砂轮片 ϕ400	片	8.19	0.067	0.075
	聚四氟乙烯生料带 宽 20	m	0.29	2.203	2.717
	镀锌三通 *DN*25	个	3.45	1.111	—
	镀锌三通 *DN*32	个	5.17	—	1.111
	镀锌外接头 *DN*25	个	2.76	1.111	—
	镀锌外接头 *DN*32	个	3.88	—	1.111
	其他材料费	元	1.00	0.240	0.340
机械	砂轮切割机 ϕ400	台班	26.83	0.025	0.025
	管子切断套丝机 159mm	台班	21.59	0.060	0.092

工作内容：拆旧、检查清理、外观检查、切管、套丝、上零件、整体组装、一次水压试验、放水试验。 **计量单位：**组

定额编号				19-85	19-86
项目				拆装末端试水装置	
				公称直径(DN)	
				25	32
基价(元)				**175.59**	**187.16**
其中	人工费(元)			167.94	176.85
	材料费(元)			5.38	7.22
	机械费(元)			2.27	3.09
	名称	单位	单价(元)	消耗量	
人工	二类人工	工日	135.00	1.244	1.310
材料	尼龙砂轮片 ϕ400	片	8.19	0.082	0.092
	聚四氟乙烯生料带 宽 20	m	0.29	2.704	3.335
	镀锌外接头 *DN*25	个	2.76	1.364	—
	镀锌外接头 *DN*32	个	3.88	—	1.364
	其他材料费	元	1.00	0.160	0.210
机械	砂轮切割机 ϕ400	台班	26.83	0.029	0.029
	管子切断套丝机 159mm	台班	21.59	0.069	0.107

七、集热板安装

工作内容:拆旧、支架安装、整体安装固定等。　　计量单位:套

定额编号				19-87
项目				拆换集热板
基价(元)				**21.10**
其中	人工费(元)			18.90
	材料费(元)			2.20
	机械费(元)			—
名称		单位	单价(元)	消耗量
人工	二类人工	工日	135.00	0.140
材料	不锈钢集热板	套	—	(1.000)
	其他材料费	元	1.00	2.200

八、消　火　栓

1. 室内消火栓(明装)

工作内容:拆旧、检查清理、外观检查、切管、套丝、箱体及消火栓安装、附件安装、水压试验。　　计量单位:套

定额编号				19-88	19-89	19-90	19-91
项目				拆装室内消火栓(普通)		拆装室内消火栓(自救卷盘)	
				公称直径(DN)			
				单栓65	双栓65	单栓65	双栓65
基价(元)				**170.72**	**211.70**	**203.62**	**244.37**
其中	人工费(元)			163.89	203.58	196.56	236.25
	材料费(元)			6.10	6.95	6.33	6.95
	机械费(元)			0.73	1.17	0.73	1.17
名称		单位	单价(元)	消耗量			
人工	二类人工	工日	135.00	1.214	1.508	1.456	1.750
材料	扁钢 Q235B 综合	kg	3.96	0.833	0.945	0.890	0.945
	金属膨胀螺栓 M8	10套	3.10	0.556	0.556	0.556	0.556
	尼龙砂轮片 ϕ400	片	8.19	0.036	0.057	0.036	0.057
	聚四氟乙烯生料带 宽20	m	0.29	2.155	2.873	2.155	2.873
	其他材料费	元	1.00	0.160	0.180	0.160	0.180
机械	砂轮切割机 ϕ400	台班	26.83	0.011	0.017	0.011	0.017
	管子切断套丝机 159mm	台班	21.59	0.020	0.033	0.020	0.033

工作内容:拆旧、外观检查、切管、套丝、箱体及消火栓安装、附件安装、水压试验。 计量单位:套

定额编号				19-92	19-93	19-94	19-95
项目				拆换室内消火栓(普通)		拆换室内消火栓(自救卷盘)	
				公称直径(DN)			
				单栓 65	双栓 65	单栓 65	双栓 65
基价(元)				**120.34**	**149.21**	**143.34**	**172.03**
其中	人工费(元)			114.75	142.56	137.57	165.38
	材料费(元)			4.98	5.65	5.16	5.65
	机械费(元)			0.61	1.00	0.61	1.00
名称		单位	单价(元)	消耗量			
人工	二类人工	工日	135.00	0.850	1.056	1.019	1.225
材料	室内消火栓 SN50	套	—	(1.000)	(1.000)	(1.000)	(1.000)
	扁钢 Q235B 综合	kg	3.96	0.678	0.770	0.725	0.770
	金属膨胀螺栓 M8	10 套	3.10	0.453	0.453	0.453	0.453
	尼龙砂轮片 ϕ400	片	8.19	0.030	0.046	0.030	0.046
	聚四氟乙烯生料带 宽 20	m	0.29	1.756	2.341	1.756	2.341
	其他材料费	元	1.00	0.130	0.140	0.130	0.140
机械	砂轮切割机 ϕ400	台班	26.83	0.009	0.014	0.009	0.014
	管子切断套丝机 159mm	台班	21.59	0.017	0.029	0.017	0.029

2. 室内消火栓(暗装)

工作内容:拆旧、检查清理、外观检查、切管、套丝、箱体及消火栓安装、附件安装、水压试验。 计量单位:套

定额编号				19-96	19-97	19-98	19-99
项目				拆装室内消火栓(普通)		拆装室内消火栓(自救卷盘)	
				公称直径(DN)			
				单栓 65	双栓 65	单栓 65	双栓 65
基价(元)				**195.96**	**249.48**	**236.67**	**280.53**
其中	人工费(元)			189.81	242.46	227.61	273.51
	材料费(元)			5.50	5.90	5.50	5.90
	机械费(元)			0.65	1.12	3.56	1.12
名称		单位	单价(元)	消耗量			
人工	二类人工	工日	135.00	1.406	1.796	1.686	2.026
材料	金属膨胀螺栓 M8	10 套	3.10	0.556	0.556	0.556	0.556
	尼龙砂轮片 ϕ400	片	8.19	0.036	0.057	0.036	0.057
	聚四氟乙烯生料带 宽 20	m	0.29	2.155	2.873	2.155	2.873
	其他材料费	元	1.00	2.860	2.880	2.860	2.880
机械	砂轮切割机 ϕ400	台班	26.83	0.012	0.020	0.012	0.020
	管子切断套丝机 159mm	台班	21.59	0.015	0.027	0.150	0.027

工作内容：拆旧、外观检查、切管、套丝、箱体及消火栓安装、附件安装、水压试验。　　计量单位：套

定额编号				19-100	19-101	19-102	19-103
项目				拆换室内消火栓(普通)		拆换室内消火栓(自救卷盘)	
				公称直径(DN)			
				单栓 65	双栓 65	单栓 65	双栓 65
基价（元）				**137.88**	**175.45**	**166.87**	**197.18**
其中	人工费（元）			132.84	169.70	159.30	191.43
	材料费（元）			4.49	4.80	4.49	4.80
	机械费（元）			0.55	0.95	3.08	0.95
	名称	单位	单价(元)	消耗量			
人工	二类人工	工日	135.00	0.984	1.257	1.180	1.418
材料	室内消火栓 SN50	套	—	(1.000)	(1.000)	(1.000)	(1.000)
	金属膨胀螺栓 M8	10 套	3.10	0.453	0.453	0.453	0.453
	尼龙砂轮片 ϕ400	片	8.19	0.030	0.046	0.030	0.046
	聚四氟乙烯生料带 宽 20	m	0.29	1.756	2.341	1.756	2.341
	其他材料费	元	1.00	2.330	2.340	2.330	2.340
机械	砂轮切割机 ϕ400	台班	26.83	0.010	0.017	0.010	0.017
	管子切断套丝机 159mm	台班	21.59	0.013	0.023	0.130	0.023

九、消防水泵接合器

工作内容：拆旧、砌支墩、外观检查、切管、法兰连接、紧螺栓、整体安装、充水试验。　　计量单位：套

定额编号				19-104	19-105	19-106	19-107	19-108	19-109
项目				拆换地下式		拆换墙壁式		拆换地上式	
				公称直径(DN)					
				100	150	100	150	100	150
基价（元）				**351.95**	**436.57**	**389.12**	**470.72**	**414.97**	**525.46**
其中	人工费（元）			190.76	230.04	223.56	259.88	255.69	320.90
	材料费（元）			155.91	198.36	160.28	202.67	154.00	196.39
	机械费（元）			5.28	8.17	5.28	8.17	5.28	8.17
	名称	单位	单价(元)	消耗量					
人工	二类人工	工日	135.00	1.413	1.704	1.656	1.925	1.894	2.377
材料	消防水泵接合器	套	—	(1.000)	(1.000)	(1.000)	(1.000)	(1.000)	(1.000)
	石棉橡胶板 低压 δ0.8～6	kg	5.26	0.160	0.262	0.160	0.262	0.160	0.262
	镀锌六角螺栓带螺母、2 平 1 弹 M16×100 内	10 套	20.13	0.906	—	0.906	—	0.906	—
	镀锌六角螺栓带螺母、2 平 1 弹 M20×100 内	10 套	27.21	—	0.906	—	0.906	—	0.906
	金属膨胀螺栓 M16	10 套	13.45	—	—	0.453	0.453	—	—
	低碳钢焊条 J427 ϕ3.2	kg	6.72	0.231	0.304	0.231	0.304	0.231	0.304
	尼龙砂轮片 ϕ400	片	8.19	0.059	0.074	0.059	0.074	0.060	0.074
	碳素结构钢镀锌焊接钢管 DN25×3.2	m	11.38	0.418	0.418	0.209	0.209	0.209	0.209
	截止阀 J11T-16K DN25	个	68.97	1.111	1.111	1.111	1.111	1.111	1.111
	平焊法兰 1.6MPa DN100	片	45.43	1.100	—	1.100	—	1.100	—
	平焊法兰 1.6MPa DN150	片	75.69	—	1.100	—	1.100	—	1.100
	其他材料费	元	1.00	3.440	5.040	4.100	5.630	3.910	5.450
机械	砂轮切割机 ϕ400	台班	26.83	0.013	0.021	0.013	0.021	0.013	0.021
	弧焊机 综合	台班	66.69	0.074	0.114	0.074	0.114	0.074	0.114

工作内容:拆旧、检查清理、砌支墩、外观检查、切管、法兰连接、紧螺栓、整体安装、充水试验。 计量单位:套

定额编号				19-110	19-111	19-112	19-113	19-114	19-115
项目				拆装地下式		拆装墙壁式		拆装地上式	
				公称直径(DN)					
				100	150	100	150	100	150
基价(元)				**386.25**	**449.07**	**438.61**	**497.02**	**476.78**	**576.52**
其中	人工费(元)			272.43	328.59	319.41	371.25	365.31	458.46
	材料费(元)			107.68	111.03	113.06	116.32	105.33	108.61
	机械费(元)			6.14	9.45	6.14	9.45	6.14	9.45
	名称	单位	单价(元)	消耗量					
人工	二类人工	工日	135.00	2.018	2.434	2.366	2.750	2.706	3.396
材料	石棉橡胶板 低压 δ0.8~6	kg	5.26	0.196	0.321	0.196	0.321	0.196	0.321
	金属膨胀螺栓 M16	10 套	13.45	—	—	0.556	0.556	—	—
	低碳钢焊条 J427 ϕ3.2	kg	6.72	0.284	0.373	0.284	0.373	0.284	0.373
	尼龙砂轮片 ϕ400	片	8.19	0.073	0.090	0.073	0.090	0.073	0.090
	碳素结构钢镀锌焊接钢管 DN25×3.2	m	11.38	0.513	0.513	0.257	0.257	0.257	0.257
	截止阀 J11T-16K DN25	个	68.97	1.364	1.364	1.364	1.364	1.364	1.364
	其他材料费	元	1.00	4.230	6.180	5.040	6.910	4.790	6.680
机械	砂轮切割机 ϕ400	台班	26.83	0.015	0.024	0.015	0.024	0.015	0.024
	弧焊机 综合	台班	66.69	0.086	0.132	0.086	0.132	0.086	0.132

十、灭火器

工作内容:拆旧、外观检查、压力表检查、灭火器及箱体搬运、就位等。 计量单位:套

定额编号				19-116	19-117
项目				拆换灭火器	
				箱体安装	支架安装
基价(元)				**47.64**	**32.11**
其中	人工费(元)			44.42	31.19
	材料费(元)			3.22	0.92
	机械费(元)			—	—
	名称	单位	单价(元)	消耗量	
人工	二类人工	工日	135.00	0.329	0.231
材料	灭火器箱(含灭火器)	套	—	(1.000)	—
	灭火器	套	—	—	(1.000)
	木螺钉 d4×65	10 个	0.78	—	0.462
	塑料胀管 ϕ6~8	个	0.04	—	4.620
	复合硅酸盐水泥 P·C 32.5R 综合	kg	0.32	4.400	—
	黄砂 净砂(中粗砂)	m^3	158.00	0.001	—
	其他材料费	元	1.00	1.650	0.370

工作内容：拆旧、检查清理、外观检查、压力表检查、灭火器及箱体搬运、就位等。　　计量单位：套

定额编号				19-118	19-119
项目				拆装灭火器	
				箱体安装	支架安装
基价（元）				**67.37**	**45.68**
其中	人工费（元）			63.45	44.55
	材料费（元）			3.92	1.13
	机械费（元）			—	—
名称		单位	单价(元)	消耗量	
人工	二类人工	工日	135.00	0.470	0.330
材料	木螺钉 $d4\times65$	10个	0.78	—	0.567
	塑料胀管 $\phi6\sim8$	个	0.04	—	5.670
	复合硅酸盐水泥 P·C 32.5R 综合	kg	0.32	5.400	—
	黄砂 净砂(中粗砂)	m^3	158.00	0.001	—
	其他材料费	元	1.00	2.030	0.460

十一、点型探测器安装

工作内容：拆旧、检查清理、底座安装、校线、接头、压接冷压端头、底座压线、编码、探头安装、测试、防护罩安拆等。　　计量单位：见表

定额编号				19-120	19-121	19-122	19-123	19-124
项目				拆装点型探测器				
				感烟	感温	红外光束	火焰	可燃气体
计量单位				个	个	对	个	个
基价（元）				**48.09**	**48.09**	**263.54**	**94.29**	**47.93**
其中	人工费（元）			43.47	43.47	244.89	73.71	43.47
	材料费（元）			4.36	4.36	18.18	20.01	4.36
	机械费（元）			0.26	0.26	0.47	0.57	0.10
名称		单位	单价(元)	消耗量				
人工	二类人工	工日	135.00	0.322	0.322	1.814	0.546	0.322
材料	镀铬钢板 $\delta2.5$	m^2	180.00	—	—	0.028	0.014	—
	镀锌螺钉 $M2\sim5\times4\sim50$	个	0.04	2.754	2.754	5.508	2.754	2.754
	镀铬钢管 D10	m	14.82	—	—	0.513	1.026	—
	铜芯塑料绝缘线 ZR－RVS2×1.5	m	1.55	0.206	0.206	1.512	0.206	0.206
	铜接线卡 1.0～2.5	个	0.43	2.741	2.741	5.481	2.741	2.741
	其他材料费	元	1.00	2.750	2.750	0.620	0.680	2.750
机械	手持式万用表	台班	6.96	0.015	0.015	0.015	0.015	0.015
	火灾探测器试验器	台班	4.34	0.036	0.036	0.084	0.108	—

工作内容:拆旧、底座安装、校线、接头、压接冷压端头、底座压线、编码、探头安装、测试、防护罩安拆等。

计量单位:见表

定额编号				19-125	19-126	19-127	19-128	19-129
项目				拆换点型探测器				
				感烟	感温	红外光束	火焰	可燃气体
计量单位				个	个	对	个	个
基价(元)				**34.16**	**34.16**	**186.71**	**68.30**	**34.02**
其中	人工费(元)			30.38	30.38	171.45	51.57	30.38
	材料费(元)			3.55	3.55	14.85	16.23	3.55
	机械费(元)			0.23	0.23	0.41	0.50	0.09
名称		单位	单价(元)	消耗量				
人工	二类人工	工日	135.00	0.225	0.225	1.270	0.382	0.225
材料	探测器	个	—	(1.000)	(1.000)	(1.000)	(1.000)	(1.000)
	镀铬钢板 δ2.5	m^2	180.00	—	—	0.023	0.011	—
	镀锌螺钉 M2~5×4~50	个	0.04	2.244	2.244	4.488	2.244	2.244
	镀铬钢管 D10	m	14.82	—	—	0.418	0.836	—
	铜芯塑料绝缘线 ZR-RVS2×1.5	m	1.55	0.168	0.168	1.232	0.168	0.168
	铜接线卡 1.0~2.5	个	0.43	2.233	2.233	4.466	2.233	2.233
	其他材料费	元	1.00	2.240	2.240	0.510	0.550	2.240
机械	手持式万用表	台班	6.96	0.013	0.013	0.013	0.013	0.013
	火灾探测器试验器	台班	4.34	0.031	0.031	0.073	0.094	—

十二、线性探测器安装

工作内容:拆旧、安装、校线、接头、压接冷压端头、线型探测器敷设、编码、测试等。

计量单位:m

定额编号				19-130
项目				拆换线性探测器
基价(元)				**9.59**
其中	人工费(元)			7.97
	材料费(元)			1.61
	机械费(元)			0.01
名称		单位	单价(元)	消耗量
人工	二类人工	工日	135.00	0.059
材料	线型探测器	m	—	(1.320)
	尼龙扎带 $L=100\sim150$	个	0.43	1.921
	铜芯塑料绝缘线 ZR-RVS2×1.5	m	1.55	0.017
	铜接线卡 1.0~2.5	个	0.43	1.646
	其他材料费	元	1.00	0.050
机械	手持式万用表	台班	6.96	0.001

工作内容：拆旧、检查清理、安装、校线、接头、压接冷压端头、线型探测器敷设、编码、测试等。　　**计量单位：**m

定额编号					19-131
项目					拆装线性探测器
基价（元）					**13.46**
其中	人工费（元）				11.48
	材料费（元）				1.97
	机械费（元）				0.01
名称			单位	单价(元)	消耗量
人工	二类人工		工日	135.00	0.085
材料	尼龙扎带 $L=100\sim150$		个	0.43	2.357
	铜芯塑料绝缘线 ZR－RVS2×1.5		m	1.55	0.021
	铜接线卡 1.0～2.5		个	0.43	2.020
	其他材料费		元	1.00	0.060
机械	手持式万用表		台班	6.96	0.002

十三、按钮安装

工作内容：拆旧、底座安装、校线、接头、压接冷压端头、底座压线、编码、安装、测试等。　　**计量单位：**个

定额编号					19-132
项目					拆换按钮
基价（元）					**20.88**
其中	人工费（元）				17.96
	材料费（元）				2.83
	机械费（元）				0.09
名称			单位	单价(元)	消耗量
人工	二类人工		工日	135.00	0.133
材料	按钮		个		(1.000)
	镀锌螺钉 M2～5×4～50		个	0.04	2.244
	铜芯塑料绝缘线 ZR－RVS2×1.5		m	1.55	0.168
	铜接线卡 1.0～2.5		个	0.43	5.583
	其他材料费		元	1.00	0.080
机械	手持式万用表		台班	6.96	0.013

工作内容:拆旧、检查清理、底座安装、校线、接头、压接冷压端头、底座压线、编码、安装、测试等。　　**计量单位**:个

定额编号					19-133
项目					拆装按钮
基价(元)					**29.23**
其中	人工费(元)				25.65
	材料费(元)				3.48
	机械费(元)				0.10
名称			单位	单价(元)	消耗量
人工	二类人工		工日	135.00	0.190
材料	镀锌螺钉 M2~5×4~50		个	0.04	2.754
	铜芯塑料绝缘线 ZR-RVS2×1.5		m	1.55	0.206
	铜接线卡 1.0~2.5		个	0.43	6.851
	其他材料费		元	1.00	0.100
机械	手持式万用表		台班	6.96	0.015

十四、消防警铃、声光报警器安装

工作内容:拆旧、底座安装、校线、接头、压接冷压端头、底座压线、编码、安装、测试等。　　**计量单位**:个

定额编号					19-134
项目					拆换消防警铃、声光报警器
基价(元)					**56.05**
其中	人工费(元)				53.87
	材料费(元)				2.09
	机械费(元)				0.09
名称			单位	单价(元)	消耗量
人工	二类人工		工日	135.00	0.399
材料	消防警铃、声光报警器		个	—	(1.000)
	木螺钉 $d4.5\sim6\times15\sim100$		10 个	1.03	0.224
	塑料胀管 $\phi6\sim8$		个	0.04	2.310
	塑料异型管 $\phi5$		m	0.22	0.058
	铜芯塑料绝缘线 ZR-RVS2×1.5		m	1.55	0.168
	铜接线卡 1.0~2.5		个	0.43	2.233
	标志牌		个	0.43	1.100
	其他材料费		元	1.00	0.060
机械	手持式万用表		台班	6.96	0.013

工作内容：拆旧、检查清理、底座安装、校线、接头、压接冷压端头、底座压线、编码、安装、测试等。　　**计量单位**：个

定额编号					19-135
项目					拆装消防警铃、声光报警器
基价（元）					**79.61**
其中	人工费（元）				76.95
	材料费（元）				2.56
	机械费（元）				0.10
名称			单位	单价(元)	消耗量
人工	二类人工		工日	135.00	0.570
材料	木螺钉 $d4.5\sim6\times15\sim100$		10个	1.03	0.275
	塑料胀管 $\phi6\sim8$		个	0.04	2.835
	塑料异型管 $\phi5$		m	0.22	0.071
	铜芯塑料绝缘线 ZR－RVS2×1.5		m	1.55	0.206
	铜接线卡 1.0～2.5		个	0.43	2.741
	标志牌		个	0.43	1.350
	其他材料费		元	1.00	0.070
机械	手持式万用表		台班	6.96	0.015

十五、消防报警电话插孔（电话）安装

工作内容：拆旧、检查清理、校线、接头、压接冷压端头、压线、安装、测试等。　　**计量单位**：个

定额编号					19-136	19-137
项目					拆装电话分机	拆装电话插孔
基价（元）					**19.42**	**10.82**
其中	人工费（元）				14.85	8.37
	材料费（元）				4.47	2.35
	机械费（元）				0.10	0.10
名称			单位	单价(元)	消耗量	
人工	二类人工		工日	135.00	0.110	0.062
材料	镀锌螺钉 M2～5×4～50		个	0.04	2.754	2.754
	塑料胀管 $\phi6\sim8$		个	0.04	2.835	—
	铜芯塑料绝缘线 ZR－RVS2×1.5		m	1.55	0.206	0.206
	铜接线卡 1.0～2.5		个	0.43	2.741	2.741
	其他材料费		元	1.00	2.750	0.740
机械	手持式万用表		台班	6.96	0.015	0.015

工作内容:拆旧、校线、接头、压接冷压端头、压线、安装、测试等。 **计量单位**:个

定额编号					19-138	19-139
项目					拆换电话分机	拆换电话插孔
基价(元)					**14.13**	**7.82**
其中	人工费(元)				10.40	5.81
	材料费(元)				3.64	1.92
	机械费(元)				0.09	0.09
名称			单位	单价(元)	消耗量	
人工	二类人工		工日	135.00	0.077	0.043
材料	电话插孔		个	—	—	(1.000)
	电话分机		个	—	(1.000)	—
	镀锌螺钉 M2~5×4~50		个	0.04	2.244	2.244
	塑料胀管 ϕ6~8		个	0.04	2.310	—
	铜芯塑料绝缘线 ZR-RVS2×1.5		m	1.55	0.168	0.168
	铜接线卡 1.0~2.5		个	0.43	2.233	2.233
	其他材料费		元	1.00	2.240	0.610
机械	手持式万用表		台班	6.96	0.013	0.013

十六、消防广播(扬声器)安装

工作内容:拆旧、检查清理、校线、接头、压接冷压端头、压线、安装、测试等。 **计量单位**:个

定额编号					19-140	19-141
项目					拆装扬声器	
					吸顶式(3~5W)	壁挂式(3~5W)
基价(元)					**34.00**	**26.21**
其中	人工费(元)				32.67	24.57
	材料费(元)				1.23	1.54
	机械费(元)				0.10	0.10
名称			单位	单价(元)	消耗量	
人工	二类人工		工日	135.00	0.242	0.182
材料	木螺钉 d2~4×6~65		10 个	0.69	—	0.275
	塑料胀管 ϕ6~8		个	0.04	—	2.835
	塑料异型管 ϕ5		m	0.22	0.071	0.071
	铜接线卡 1.0~2.5		个	0.43	2.741	2.741
	其他材料费		元	1.00	0.040	0.040
机械	手持式万用表		台班	6.96	0.015	0.015

工作内容:拆旧、校线、接头、压接冷压端头、压线、安装、测试等。　　**计量单位**:个

定额编号				19-142	19-143
项目				拆换扬声器	
				吸顶式(3~5W)	壁挂式(3~5W)
基价(元)				**23.91**	**18.50**
其中	人工费(元)			22.82	17.15
	材料费(元)			1.00	1.26
	机械费(元)			0.09	0.09
	名称	单位	单价(元)	消耗量	
人工	二类人工	工日	135.00	0.169	0.127
材料	扬声器	个	—	(1.000)	(1.000)
	木螺钉 $d2\sim4\times6\sim65$	10个	0.69	—	0.224
	塑料胀管 $\phi6\sim8$	个	0.04	—	2.310
	塑料异型管 $\phi5$	m	0.22	0.058	0.058
	铜接线卡 1.0~2.5	个	0.43	2.233	2.233
	其他材料费	元	1.00	0.030	0.040
机械	手持式万用表	台班	6.96	0.013	0.013

十七、消防专用模块(模块箱)安装

工作内容:拆旧、检查清理、校线、接头、压接冷压端头、排线、绑扎、导线标识、安装、补漆、编码、本体调试等。　**计量单位**:个

定额编号				19-144	19-145
项目				拆装消防专用模块	拆装模块箱/端子箱
基价(元)				**129.22**	**114.96**
其中	人工费(元)			115.29	88.56
	材料费(元)			9.75	21.40
	机械费(元)			4.18	5.00
	名称	单位	单价(元)	消耗量	
人工	二类人工	工日	135.00	0.854	0.656
材料	镀锌扁钢 综合	kg	3.93	—	0.851
	接地编织铜线	m	12.93	—	0.675
	尼龙线卡	个	0.26	10.800	—
	镀锌螺钉 $M2\sim5\times4\sim50$	个	0.04	2.754	—
	金属膨胀螺栓 M8	10套	3.10	—	0.556
	低碳钢焊条 J427 $\phi3.2$	kg	6.72	—	0.061
	焊锡	kg	103.00	—	0.027
	焊锡膏	kg	31.03	—	0.008
	调和漆	kg	11.21	—	0.061
	防锈漆	kg	14.05	—	0.036
	尼龙扎带 $L=100\sim150$	个	0.43	2.700	—
	铜芯塑料绝缘线 ZR-RVS2×1.5	m	1.55	0.825	—
	铜端子 $6mm^2$	个	0.86	—	2.741
	铜接线卡 1.0~2.5	个	0.43	8.222	—
	标志牌	个	0.43	1.350	—
	其他材料费	元	1.00	0.280	0.620
机械	弧焊机 综合	台班	66.69	—	0.075
	手持式万用表	台班	6.96	0.600	—

工作内容:折旧、校线、接头、压接冷压端头、排线、绑扎、导线标识、安装、补漆、编码、本体调试等。 **计量单位:**个

				19-146	19-147
定额编号				19-146	19-147
项目				拆换消防专用模块	拆换模块箱/端子箱
基价(元)				**92.30**	**83.77**
其中	人工费(元)			80.73	61.97
	材料费(元)			7.95	17.47
	机械费(元)			3.62	4.33
名称		单位	单价(元)	消耗量	
人工	二类人工	工日	135.00	0.598	0.459
材料	消防专用模块	个	—	(1.000)	—
	模块箱/端子箱	台	—	—	(1.000)
	镀锌扁钢 综合	kg	3.93	—	0.693
	接地编织铜线	m	12.93	—	0.550
	尼龙线卡	个	0.26	8.800	—
	镀锌螺钉 M2~5×4~50	个	0.04	2.244	—
	金属膨胀螺栓 M8	10套	3.10	—	0.453
	低碳钢焊条 J427 ϕ3.2	kg	6.72	—	0.050
	焊锡	kg	103.00	—	0.022
	焊锡膏	kg	31.03	—	0.007
	调和漆	kg	11.21	—	0.050
	防锈漆	kg	14.05	—	0.030
	尼龙扎带 $L=100\sim150$	个	0.43	2.200	—
	铜芯塑料绝缘线 ZR-RVS2×1.5	m	1.55	0.672	—
	铜端子 6mm²	个	0.86	—	2.233
	铜接线卡 1.0~2.5	个	0.43	6.699	—
	标志牌	个	0.43	1.100	—
	其他材料费	元	1.00	0.230	0.510
机械	弧焊机 综合	台班	66.69	—	0.065
	手持式万用表	台班	6.96	0.520	—

十八、消防报警备用电源

工作内容:拆旧、安装、电池安装、电池组接线、本体调试等。 **计量单位:**组

定额编号					19-148
项目					拆换消防报警备用电源
					12V×2
基价(元)					**85.68**
其中	人工费(元)				51.57
	材料费(元)				29.59
	机械费(元)				4.52
名称			单位	单价(元)	消耗量
人工	二类人工		工日	135.00	0.382
材料	消防报警备用电源		组	—	(1.000)
	接地编织铜线		m	12.93	1.100
	橡胶垫 δ2		m^2	30.17	0.021
	镀锌六角螺栓带螺母、2平1弹 M8×100内		10套	8.19	0.453
	镀锌螺钉 M2~5×4~50		个	0.04	4.510
	低碳钢焊条 J427 ϕ3.2		kg	6.72	0.050
	铜端子 $16mm^2$		个	2.16	4.466
	其他材料费		元	1.00	0.860
机械	手持式万用表		台班	6.96	0.650

工作内容:拆旧、检查清理、安装、电池安装、电池组接线、本体调试等。 **计量单位:**组

定额编号					19-149
项目					拆装消防报警备用电源
					12V×2
基价(元)					**115.25**
其中	人工费(元)				73.71
	材料费(元)				36.32
	机械费(元)				5.22
名称			单位	单价(元)	消耗量
人工	二类人工		工日	135.00	0.546
材料	接地编织铜线		m	12.93	1.350
	橡胶垫 δ2		m^2	30.17	0.026
	镀锌六角螺栓带螺母、2平1弹 M8×100内		10套	8.19	0.556
	镀锌螺钉 M2~5×4~50		个	0.04	5.535
	低碳钢焊条 J427 ϕ3.2		kg	6.72	0.061
	铜端子 $16mm^2$		个	2.16	5.481
	其他材料费		元	1.00	1.060
机械	手持式万用表		台班	6.96	0.750

十九、重复显示器

工作内容:拆旧、校线、绝缘电阻摇测、接头挂锡或压接冷压端头、排线、绑扎、导线标识、安装、本体调试、接地等。

计量单位:台

定额编号				19-150
项目				拆换重复显示器
基价(元)				**233.01**
其中	人工费(元)			184.41
	材料费(元)			21.46
	机械费(元)			27.14
名称		单位	单价(元)	消耗量
人工	二类人工	工日	135.00	1.366
材料	重复显示器	台	—	(1.000)
	接地编织铜线	m	12.93	0.550
	木螺钉 $d4\times60$	个	0.07	2.244
	金属膨胀螺栓 M8	10 套	3.10	0.453
	焊锡	kg	103.00	0.088
	焊锡膏	kg	31.03	0.022
	塑料异型管 $\phi5$	m	0.22	0.231
	铜端子 $6mm^2$	个	0.86	2.233
	其他材料费	元	1.00	1.070
机械	手持式万用表	台班	6.96	3.900

工作内容:拆旧、检查清理、校线、绝缘电阻摇测、接头挂锡或压接冷压端头、排线、绑扎、导线标识、安装、本体调试、接地等。

计量单位:台

定额编号				19-151
项目				拆装重复显示器
基价(元)				**321.18**
其中	人工费(元)			263.52
	材料费(元)			26.34
	机械费(元)			31.32
名称		单位	单价(元)	消耗量
人工	二类人工	工日	135.00	1.952
材料	接地编织铜线	m	12.93	0.675
	木螺钉 $d4\times60$	个	0.07	2.754
	金属膨胀螺栓 M8	10 套	3.10	0.556
	焊锡	kg	103.00	0.108
	焊锡膏	kg	31.03	0.027
	塑料异型管 $\phi5$	m	0.22	0.284
	铜端子 $6mm^2$	个	0.86	2.741
	其他材料费	元	1.00	1.310
机械	手持式万用表	台班	6.96	4.500

第二十章
给水排水工程

说　　明

一、本章定额包括给水管道、排水管道、管道附件和卫生器具。

二、本定额内容适用于室内外生活用给水、排(雨)水和卫生洁具工程。

三、各种管道工程不分架空、地沟和埋地布设,均执行同一定额子目。

四、本定额给水管道安装项目均包括水压试验及水冲洗工作内容,如需消毒,执行《浙江省通用安装工程预算定额》(2018版)相应定额子目,排(雨)水管道均包括灌水(闭水)及通球试验工作内容。

五、其他说明:

1.给排水工程的整体破坏性拆除费用由甲乙双方自行约定。

2.零星破坏性拆除费用执行《浙江省通用安装工程预算定额》(2018版)相应定额子目,按人工费及机械费之和乘以系数0.20,不计材料费。

3.修缮工程中的给排水工程新装项目执行《浙江省通用安装工程预算定额》(2018版)相应定额子目,人工、机械消耗量乘以系数1.20,材料费乘以系数1.05,主材不变。

4.拆换是指安装方式不变,单纯的拆旧换新;拆装是指原有设备及管道拆下经检查清理等工序后重新安装。本章定额未列项的拆换项目按零星破坏性拆除加新装项目执行。

5.除本章定额说明以外,其他说明均执行《浙江省通用安装工程预算定额》(2018版)定额说明。

工程量计算规则

一、给排水管道按延长米数量以“m”单位,不扣除阀门及管道零件所占长度。

二、各类管道附件区分安装方式,按规格套用相应定额子目。阀门和水嘴均以“只”计算。

三、各类卫生器具拆换和拆装以“只”计算,拆换部份零件以“副”或“只”计算。

一、给 水 管 道

1. 镀锌钢管给水管道

工作内容：拆旧、调直、切管、套丝、组对、连接、管道与管件安装、水压试验及水冲洗。　　计量单位：m

定额编号				20-1	20-2	20-3	20-4
项目				拆换镀锌钢管给水管(螺纹连接)			
				直径(mm)			
				15	20	25	32
基价（元）				**19.84**	**20.26**	**25.33**	**27.02**
其中	人工费（元）			16.61	16.61	19.85	19.85
	材料费（元）			3.01	3.41	4.86	6.36
	机械费（元）			0.22	0.24	0.62	0.81
名称		单位	单价(元)	消耗量			
人工	二类人工	工日	135.00	0.123	0.123	0.147	0.147
材料	钢管	m	—	(0.991)	(0.991)	(0.991)	(0.991)
	尼龙砂轮片 ϕ400	片	8.19	0.004	0.004	0.009	0.013
	聚四氟乙烯生料带 宽20	m	0.29	1.208	1.434	1.705	1.762
	机油 综合	kg	2.91	0.017	0.019	0.022	0.023
	室内镀锌钢管接头零件 *DN*15	个	1.44	1.594	—	—	—
	室内镀锌钢管接头零件 *DN*20	个	1.96	—	1.331	—	—
	室内镀锌钢管接头零件 *DN*25	个	3.10	—	—	1.254	—
	室内镀锌钢管接头零件 *DN*32	个	4.90	—	—	—	1.081
	水	m^3	4.27	0.004	0.002	0.003	0.004
	其他材料费	元	1.00	0.280	0.290	0.330	0.360
机械	砂轮切割机 ϕ400	台班	26.83	0.001	0.001	0.003	0.003
	管子切断套丝机 159mm	台班	21.59	0.009	0.010	0.025	0.034
	试压泵 3MPa	台班	18.64	—	—	—	—

工作内容:拆旧、调直、切管、套丝、组对、连接、管道与管件安装、水压试验及水冲洗。 **计量单位**:m

定额编号				20-5	20-6	20-7	20-8	20-9
项目				拆换镀锌钢管给水管(螺纹连接)				
				直径(mm)				
				40	50	65	80	100
基价(元)				**31.52**	**34.47**	**39.60**	**42.46**	**55.46**
其中	人工费(元)			24.17	24.71	25.25	26.73	30.38
	材料费(元)			6.44	8.83	13.42	14.74	24.07
	机械费(元)			0.91	0.93	0.93	0.99	1.01
	名称	单位	单价(元)	消耗量				
人工	二类人工	工日	135.00	0.179	0.183	0.187	0.198	0.225
材料	钢管	m	—	(1.002)	(1.002)	—	—	—
	碳素结构钢镀锌焊接钢管	m	—	—	—	(1.002)	(1.002)	(1.002)
	尼龙砂轮片 φ400	片	8.19	0.013	0.014	0.016	0.016	0.017
	聚四氟乙烯生料带 宽 20	m	0.29	1.781	1.824	1.975	2.124	2.297
	机油 综合	kg	2.91	0.023	0.023	0.024	0.024	0.025
	室内镀锌钢管接头零件 *DN*40	个	6.08	0.865	—	—	—	—
	室内镀锌钢管接头零件 *DN*50	个	10.44	—	0.727	—	—	—
	室内镀锌钢管接头零件 *DN*65	个	20.82	—	—	0.579	—	—
	室内镀锌钢管接头零件 *DN*80	个	26.08	—	—	—	0.509	—
	室内镀锌钢管接头零件 *DN*100	个	49.06	—	—	—	—	0.457
	水	m^3	4.27	0.006	0.010	0.016	0.022	0.039
	其他材料费	元	1.00	0.470	0.490	0.520	0.550	0.600
机械	砂轮切割机 φ400	台班	26.83	0.004	0.004	0.004	0.004	0.004
	管子切断套丝机 159mm	台班	21.59	0.037	0.038	0.038	0.041	0.042
	试压泵 3MPa	台班	18.64	—	—	—	—	—

工作内容:拆旧、检查清理、组对、连接、管道与管件安装、水压试验及水冲洗。 **计量单位**:m

定额编号				20-10	20-11	20-12	20-13
项目				拆装镀锌钢管给水管(螺纹连接)			
				直径(mm)			
				15	20	25	32
基价(元)				**24.75**	**24.93**	**30.26**	**30.60**
其中	人工费(元)			23.63	23.63	28.35	28.35
	材料费(元)			0.88	0.99	1.20	1.30
	机械费(元)			0.24	0.31	0.71	0.95
	名称	单位	单价(元)	消耗量			
人工	二类人工	工日	135.00	0.175	0.175	0.210	0.210
材料	尼龙砂轮片 φ400	片	8.19	0.004	0.005	0.012	0.016
	聚四氟乙烯生料带 宽 20	m	0.29	1.482	1.760	2.093	2.163
	机油 综合	kg	2.91	0.021	0.023	0.027	0.028
	水	m^3	4.27	0.001	0.002	0.003	0.005
	其他材料费	元	1.00	0.350	0.360	0.400	0.440
机械	砂轮切割机 φ400	台班	26.83	0.001	0.002	0.003	0.004
	管子切断套丝机 159mm	台班	21.59	0.010	0.012	0.029	0.039
	试压泵 3MPa	台班	18.64	—	—	—	—

工作内容：拆旧、检查清理、组对、连接、管道与管件安装、水压试验及水冲洗。 计量单位：m

定额编号				20-14	20-15	20-16	20-17	20-18
项目				拆装镀锌钢管给水管(螺纹连接)				
				直径(mm)				
				40	50	65	80	100
基价(元)				**37.06**	**37.97**	**38.80**	**41.18**	**46.53**
其中	人工费(元)			34.56	35.37	36.05	38.21	43.34
	材料费(元)			1.46	1.52	1.67	1.80	2.02
	机械费(元)			1.04	1.08	1.08	1.17	1.17
名称		单位	单价(元)	消耗量				
人工	二类人工	工日	135.00	0.256	0.262	0.267	0.283	0.321
材料	尼龙砂轮片 ϕ400	片	8.19	0.016	0.017	0.019	0.020	0.021
	聚四氟乙烯生料带 宽20	m	0.29	2.186	2.238	2.423	2.607	2.819
	机油 综合	kg	2.91	0.028	0.029	0.029	0.030	0.030
	水	m^3	4.27	0.007	0.012	0.020	0.028	0.048
	其他材料费	元	1.00	0.580	0.600	0.640	0.670	0.740
机械	砂轮切割机 ϕ400	台班	26.83	0.004	0.005	0.005	0.005	0.005
	管子切断套丝机 159mm	台班	21.59	0.043	0.044	0.044	0.048	0.048
	试压泵 3MPa	台班	18.64	—	—	—	—	—

工作内容：拆旧、调直、切管、压槽、对口、涂润滑剂、上胶圈、安装卡箍件、管道与管件安装、水压试验及水冲洗。 计量单位：m

定额编号				20-19	20-20	20-21
项目				拆换镀锌钢管给水管(沟槽连接)		
				直径(mm)		
				80	100	150
基价(元)				**35.21**	**38.23**	**40.17**
其中	人工费(元)			33.48	36.18	37.67
	材料费(元)			0.69	0.90	1.23
	机械费(元)			1.04	1.15	1.27
名称		单位	单价(元)	消耗量		
人工	二类人工	工日	135.00	0.248	0.268	0.279
材料	钢管	m	—	(0.986)	(0.986)	(0.986)
	尼龙砂轮片 ϕ400	片	8.19	0.017	0.019	0.020
	润滑剂	kg	4.33	0.005	0.006	0.006
	水	m^3	4.27	0.022	0.039	0.060
	其他材料费	元	1.00	0.440	0.550	0.780
机械	滚槽机	台班	28.20	0.031	0.034	0.037
	开孔机 200mm	台班	14.94	0.001	0.001	0.001
	管子切断机 150mm	台班	29.76	0.005	0.006	0.007
	试压泵 3MPa	台班	18.64	—	—	—

工作内容:拆旧、检查清理、对口、涂润滑剂、上胶圈、安装卡箍件、管道与管件安装、水压试验及水冲洗。**计量单位:**m

定额编号				20-22	20-23	20-24
项目				拆装镀锌钢管给水管(沟槽连接)		
				直径(mm)		
				80	100	150
基价(元)				**49.86**	**54.14**	**56.85**
其中	人工费(元)			47.79	51.71	53.87
	材料费(元)			0.86	1.11	1.50
	机械费(元)			1.21	1.32	1.48
名称		单位	单价(元)	消耗量		
人工	二类人工	工日	135.00	0.354	0.383	0.399
材料	尼龙砂轮片 φ400	片	8.19	0.021	0.024	0.025
	润滑剂	kg	4.33	0.006	0.007	0.007
	水	m^3	4.27	0.028	0.048	0.074
	其他材料费	元	1.00	0.540	0.680	0.950
机械	滚槽机	台班	28.20	0.036	0.039	0.043
	开孔机 200mm	台班	14.94	0.001	0.001	0.002
	管子切断机 150mm	台班	29.76	0.006	0.007	0.008
	试压泵 3MPa	台班	18.64	—	—	—

工作内容:断管、套丝、组对、连接、管道与管件安装、水压试验及水冲洗。**计量单位:**只

定额编号				20-25	20-26	20-27	20-28
项目				镀锌钢管断管加装三通(螺纹连接)			
				直径(mm)			
				15	20	25	32
基价(元)				**5.94**	**5.96**	**7.81**	**7.89**
其中	人工费(元)			5.13	5.13	6.75	6.75
	材料费(元)			0.78	0.80	0.93	0.95
	机械费(元)			0.03	0.03	0.13	0.19
名称		单位	单价(元)	消耗量			
人工	二类人工	工日	135.00	0.038	0.038	0.050	0.050
材料	三通	个	—	(1.010)	(1.010)	(1.010)	(1.010)
	尼龙砂轮片 φ400	片	8.19	0.004	0.006	0.012	0.015
	其他材料费	元	1.00	0.750	0.750	0.830	0.830
机械	砂轮切割机 φ400	台班	26.83	0.001	0.001	0.005	0.007

工作内容:断管、套丝、组对、连接、管道与管件安装、水压试验及水冲洗。　　**计量单位**:只

定额编号				20-29	20-30	20-31	20-32	20-33
项目				镀锌钢管断管加装三通(螺纹连接)				
				直径(mm)				
				40	50	65	80	100
基价(元)				**11.60**	**11.85**	**13.88**	**14.21**	**16.82**
其中	人工费(元)			10.26	10.26	11.88	11.88	13.64
	材料费(元)			1.15	1.40	1.79	2.12	2.94
	机械费(元)			0.19	0.19	0.21	0.21	0.24
名称		单位	单价(元)	消耗量				
人工	二类人工	工日	135.00	0.076	0.076	0.088	0.088	0.101
材料	三通	个	—	(1.010)	(1.010)	(1.010)	(1.010)	(1.010)
	尼龙砂轮片 ϕ400	片	8.19	0.019	0.023	0.031	0.044	0.064
	其他材料费	元	1.00	0.990	1.210	1.540	1.760	2.420
机械	砂轮切割机 ϕ400	台班	26.83	0.007	0.007	0.008	0.008	0.009

工作内容:断管、组对、连接、管道与管件安装、水压试验及水冲洗。　　**计量单位**:只

定额编号				20-34	20-35	20-36	20-37
项目				镀锌钢管断管加装快速管道接头			
				直径(mm)			
				15	20	25	32
基价(元)				**5.94**	**5.96**	**7.81**	**7.89**
其中	人工费(元)			5.13	5.13	6.75	6.75
	材料费(元)			0.78	0.80	0.93	0.95
	机械费(元)			0.03	0.03	0.13	0.19
名称		单位	单价(元)	消耗量			
人工	二类人工	工日	135.00	0.038	0.038	0.050	0.050
材料	接头	个	—	(1.010)	(1.010)	(1.010)	(1.010)
	尼龙砂轮片 ϕ400	片	8.19	0.004	0.006	0.012	0.015
	其他材料费	元	1.00	0.750	0.750	0.830	0.830
机械	砂轮切割机 ϕ400	台班	26.83	0.001	0.001	0.005	0.007

工作内容:断管、组对、连接、管道与管件安装、水压试验及水冲洗。 计量单位:只

定额编号				20-38	20-39	20-40	20-41	20-42
项目				镀锌钢管断管加装快速管道接头				
				直径(mm)				
				40	50	65	80	100
基价(元)				**11.60**	**11.85**	**13.88**	**14.21**	**16.82**
其中	人工费(元)			10.26	10.26	11.88	11.88	13.64
	材料费(元)			1.15	1.40	1.79	2.12	2.94
	机械费(元)			0.19	0.19	0.21	0.21	0.24
	名称	单位	单价(元)	消耗量				
人工	二类人工	工日	135.00	0.076	0.076	0.088	0.088	0.101
材料	弯头	只	—	(1.010)	(1.010)	(1.010)	(1.010)	(1.010)
	尼龙砂轮片 ϕ400	片	8.19	0.019	0.023	0.031	0.044	0.064
	其他材料费	元	1.00	0.990	1.210	1.540	1.760	2.420
机械	砂轮切割机 ϕ400	台班	26.83	0.007	0.007	0.008	0.008	0.009

2. 塑料管

工作内容:拆旧、切管、组对、粘接、管道与管件安装、塑料管夹安装、水压试验及水冲洗。 计量单位:m

定额编号				20-43	20-44	20-45	20-46	20-47	20-48
项目				拆换塑料给水管(粘接)					
				直径(mm)					
				15	20	25	32	40	50
基价(元)				**7.93**	**8.37**	**10.58**	**14.25**	**17.79**	**20.58**
其中	人工费(元)			6.08	6.48	8.24	11.88	14.58	15.66
	材料费(元)			1.85	1.89	2.34	2.37	3.21	4.92
	机械费(元)			—	—	—	—	—	—
	名称	单位	单价(元)	消耗量					
人工	二类人工	工日	135.00	0.045	0.048	0.061	0.088	0.108	0.116
材料	塑料给水管	m	—	(1.016)	(1.016)	(1.016)	(1.016)	(1.016)	(1.016)
	锯条(各种规格)	根	0.66	0.013	0.016	0.020	0.025	0.029	0.036
	扣座以及码钉 *DN*15~32	个	0.84	0.660	0.550	0.550	0.440	—	—
	丙酮	kg	8.16	0.007	0.008	0.008	0.009	0.010	0.011
	粘接剂	kg	22.09	0.005	0.005	0.005	0.006	0.007	0.007
	室内塑料给水管粘接管件 *DN*15	个	0.52	1.672	—	—	—	—	—
	室内塑料给水管粘接管件 *DN*20	个	0.73	—	1.348	—	—	—	—
	室内塑料给水管粘接管件 *DN*25	个	1.18	—	—	1.189	—	—	—
	室内塑料给水管粘接管件 *DN*32	个	1.53	—	—	—	0.976	—	—
	室内塑料给水管粘接管件 *DN*40	个	3.09	—	—	—	—	0.816	—
	室内塑料给水管粘接管件 *DN*50	个	5.75	—	—	—	—	—	0.725
	水	m^3	4.27	0.001	0.002	0.003	0.004	0.006	0.010
	其他材料费	元	1.00	0.250	0.250	0.270	0.270	0.410	0.440
机械	试压泵 3MPa	台班	18.64	—	—	—	—	—	—

工作内容：拆旧、切管、组对、预热、熔接、管道与管件安装、塑料管夹安装、水压试验及水冲洗。　　**计量单位：**m

定额编号				20-49	20-50	20-51	20-52	20-53	20-54
项目				拆换塑料给水管(热熔连接)					
				直径(mm)					
				15	20	25	32	40	50
基价（元）				**11.39**	**12.75**	**15.05**	**17.58**	**22.62**	**27.35**
其中	人工费（元）			8.78	9.86	10.94	13.10	15.93	16.47
	材料费（元）			2.47	2.75	3.97	4.34	6.55	10.65
	机械费（元）			0.14	0.14	0.14	0.14	0.14	0.23
名称		单位	单价(元)	消耗量					
人工	二类人工	工日	135.00	0.065	0.073	0.081	0.097	0.118	0.122
材料	塑料给水管	m	—	(1.016)	(1.016)	(1.016)	(1.016)	(1.016)	(1.016)
	锯条(各种规格)	根	0.66	0.013	0.016	0.020	0.025	0.029	0.036
	扣座以及码钉 *DN*15～32	个	0.84	0.660	0.550	0.550	0.440	—	—
	室内塑料给水管热熔管件 *DN*15	个	0.98	1.672	—	—	—	—	—
	室内塑料给水管热熔管件 *DN*20	个	1.48	—	1.348	—	—	—	—
	室内塑料给水管热熔管件 *DN*25	个	2.68	—	—	1.189	—	—	—
	室内塑料给水管热熔管件 *DN*32	个	3.72	—	—	—	0.976	—	—
	室内塑料给水管热熔管件 *DN*40	个	7.45	—	—	—	—	0.816	—
	室内塑料给水管热熔管件 *DN*50	个	13.97	—	—	—	—	—	0.725
	水	m^3	4.27	0.001	0.002	0.003	0.004	0.006	0.010
	其他材料费	元	1.00	0.260	0.270	0.300	0.310	0.430	0.460
机械	热熔焊机 160mm	台班	17.98	—	—	—	—	—	0.013
	试压泵 3MPa	台班	18.64	—	—	—	—	—	—
	其他机械费	元	1.00	0.140	0.140	0.140	0.140	0.140	—

3. 铸 铁 管

工作内容:拆旧、切管、管口涂沥青、调制接口材料、管道与管件安装、接口养护、水压试验及水冲洗。 **计量单位:**m

	定额编号			20-55	20-56	20-57
	项目			拆换铸铁给水管(膨胀水泥接口)		
				直径(mm)		
				100	150	200
	基价(元)			**19.94**	**26.60**	**39.21**
其中	人工费(元)			13.91	17.15	19.98
	材料费(元)			5.92	9.22	15.00
	机械费(元)			0.11	0.23	4.23
	名称	单位	单价(元)	消耗量		
人工	二类人工	工日	135.00	0.103	0.127	0.148
材料	承插铸铁给水管	m	—	(1.010)	(1.005)	(1.005)
	油麻	kg	5.17	0.056	0.068	0.088
	草绳	kg	1.12	0.004	0.017	0.020
	硅酸盐膨胀水泥	kg	0.43	0.433	0.520	0.669
	铁砂布	张	1.03	0.044	0.077	0.099
	室外承插铸铁给水管件 *DN*100	个	42.26	0.118	—	—
	室外承插铸铁给水管件 *DN*150	个	71.01	—	0.111	—
	室外承插铸铁给水管件 *DN*200	个	122.00	—	—	0.108
	水	m^3	4.27	0.039	0.084	0.148
	其他材料费	元	1.00	0.240	0.310	0.330
机械	液压断管机 500mm	台班	113.00	0.001	0.002	0.002
	汽车式起重机 8t	台班	648.48	—	—	0.005
	载货汽车 5t	台班	382.30	—	—	0.002
	试压泵 3MPa	台班	18.64	—	—	—

工作内容:断管、管口涂沥青、调制接口材料、加装三通、接口养护、水压试验及水冲洗。 **计量单位:**只

	定额编号			20-58	20-59	20-60
	项目			铸铁给水管断管加装三通(膨胀水泥接口)		
				直径(mm)		
				100	150	200
	基价(元)			**46.84**	**65.14**	**84.46**
其中	人工费(元)			42.93	59.94	77.76
	材料费(元)			2.85	4.14	5.64
	机械费(元)			1.06	1.06	1.06
	名称	单位	单价(元)	消耗量		
人工	二类人工	工日	135.00	0.318	0.444	0.576
材料	三通	个	—	(1.000)	(1.000)	(1.000)
	油麻	kg	5.17	0.200	0.294	0.379
	膨胀水泥	kg	0.87	1.531	2.252	2.893
	乙炔气	kg	7.60	0.027	0.037	0.066
	氧气	m^3	3.62	0.066	0.089	0.161
	其他材料费	元	1.00	0.040	0.060	0.080
机械	汽车式起重机 8t	台班	648.48	0.001	0.001	0.001
	载货汽车 8t	台班	411.20	0.001	0.001	0.001

4. 钢　管

工作内容：拆旧、调直、切管、坡口、挖眼接管、异径管制作、组对、焊接、管道及管件安装、水压试验及水冲洗。

计量单位：m

定额编号				20-61	20-62	20-63	20-64	20-65	20-66	20-67	20-68
项目				拆换钢管（焊接）							
				直径（mm）							
				32	40	50	65	80	100	150	200
基价（元）				**18.71**	**21.29**	**25.78**	**30.21**	**34.06**	**41.13**	**53.63**	**82.11**
其中	人工费（元）			15.53	16.88	18.50	20.93	23.63	29.30	36.72	44.28
	材料费（元）			1.00	1.29	2.07	2.66	3.12	3.70	7.69	12.43
	机械费（元）			2.18	3.12	5.21	6.62	7.31	8.13	9.22	25.40
名称		单位	单价（元）	消耗量							
人工	二类人工	工日	135.00	0.115	0.125	0.137	0.155	0.175	0.217	0.272	0.328
材料	钢管	m	—	(1.025)	(1.025)	(1.010)	(1.010)	(1.010)	(1.010)	(0.987)	(0.987)
	热轧薄钢板 Q235B δ3.5	kg	3.77	0.008	0.008	0.008	0.009	0.009	—	—	—
	低碳钢焊条 J422 ϕ3.2	kg	4.74	0.026	0.035	0.062	0.080	0.090	0.108	0.173	0.221
	尼龙砂轮片 ϕ100	片	1.29	0.019	0.026	0.071	0.084	0.086	0.094	0.118	0.155
	尼龙砂轮片 ϕ400	片	8.19	0.007	0.009	0.009	0.010	0.012	0.013	—	—
	乙炔气	kg	7.60	0.006	0.010	0.015	0.023	0.030	0.035	0.047	0.056
	氧气	m^3	3.62	0.019	0.031	0.045	0.070	0.089	0.106	0.140	0.169
	给水室内钢管焊接管件 DN32	个	2.30	0.116	—	—	—	—	—	—	—
	给水室内钢管焊接管件 DN40	个	2.60	—	0.118	—	—	—	—	—	—
	给水室内钢管焊接管件 DN50	个	4.42	—	—	0.172	—	—	—	—	—
	给水室内钢管焊接管件 DN65	个	7.97	—	—	—	0.129	—	—	—	—
	给水室内钢管焊接管件 DN80	个	10.30	—	—	—	—	0.122	—	—	—
	给水室内钢管焊接管件 DN100	个	13.65	—	—	—	—	—	0.112	—	—
	给水室内钢管焊接管件 DN150	个	36.00	—	—	—	—	—	—	0.123	—
	给水室内钢管焊接管件 DN200	个	74.48	—	—	—	—	—	—	—	0.113
	水	m^3	4.27	0.004	0.006	0.010	0.016	0.022	0.039	0.084	0.148
	其他材料费	元	1.00	0.370	0.470	0.500	0.530	0.550	0.620	1.070	1.100
机械	吊装机械 综合	台班	532.00	—	—	—	—	—	—	—	0.022
	砂轮切割机 ϕ400	台班	26.83	0.003	0.003	0.003	0.003	0.003	0.003	—	—
	电焊机 综合	台班	115.00	0.018	0.026	0.044	0.056	0.062	0.069	0.079	0.101
	载货汽车 5t	台班	382.30	—	—	—	—	—	—	—	0.005
	电焊条烘干箱 60cm×50cm×75cm	台班	16.84	0.002	0.003	0.004	0.006	0.006	0.007	0.008	0.010
	试压泵 3MPa	台班	18.64	—	—	—	—	—	—	—	—

二、排 水 管 道

1. 铸 铁 管

工作内容:拆旧、切管、调制接口材料、管道与管件安装、接口养护、灌水试验。　　计量单位:m

定额编号				20-69	20-70	20-71	20-72
项目				拆换铸铁排水管(水泥接口)			
				直径(mm)			
				50	80	100	150
基价(元)				**10.29**	**12.68**	**15.93**	**19.43**
其中	人工费(元)			9.18	11.21	13.77	15.80
	材料费(元)			1.00	1.36	2.05	3.52
	机械费(元)			0.11	0.11	0.11	0.11
名称		单位	单价(元)	消耗量			
人工	二类人工	工日	135.00	0.068	0.083	0.102	0.117
材料	承插铸铁排水管	m	—	(0.993)	(0.993)	(0.993)	(0.993)
	油麻	kg	5.17	0.044	0.065	0.097	0.139
	普通硅酸盐水泥 P·O 42.5 综合	kg	0.34	0.208	0.308	0.416	0.647
	排水铸铁接轮 *DN*50	个	12.83	0.044	—	—	—
	排水铸铁接轮 *DN*75	个	16.27	—	0.044	—	—
	排水铸铁接轮 *DN*100	个	26.30	—	—	0.044	—
	排水铸铁接轮 *DN*150	个	49.68	—	—	—	0.044
	水	m^3	4.27	0.004	0.006	0.015	0.032
	其他材料费	元	1.00	0.120	0.180	0.190	0.260
机械	液压断管机 500mm	台班	113.00	0.001	0.001	0.001	0.001

工作内容:拆旧、检查清理、调制接口材料、管道与管件安装、接口养护、灌水试验。　　计量单位:m

定额编号				20-73	20-74	20-75	20-76
项目				拆装铸铁排水管(水泥接口)			
				直径(mm)			
				50	80	100	150
基价(元)				**13.87**	**16.97**	**20.92**	**24.16**
其中	人工费(元)			13.23	16.07	19.71	22.41
	材料费(元)			0.53	0.79	1.10	1.64
	机械费(元)			0.11	0.11	0.11	0.11
名称		单位	单价(元)	消耗量			
人工	二类人工	工日	135.00	0.098	0.119	0.146	0.166
材料	油麻	kg	5.17	0.054	0.080	0.119	0.170
	普通硅酸盐水泥 P·O 42.5 综合	kg	0.34	0.255	0.378	0.510	0.794
	水	m^3	4.27	0.004	0.007	0.018	0.039
	其他材料费	元	1.00	0.150	0.220	0.230	0.320
机械	液压断管机 500mm	台班	113.00	0.001	0.001	0.001	0.001

工作内容：断管、调制接口材料、三通安装、接口养护、灌水试验。

计量单位：只

定额编号				20-77	20-78	20-79
项目				铸铁排水管断管加装三通(水泥接口)		
				直径		
				50	80	100
基价(元)				**43.26**	**43.26**	**46.03**
其中	人工费(元)			41.72	41.72	42.93
	材料费(元)			1.54	1.54	2.04
	机械费(元)			—	—	1.06
名称		单位	单价(元)	消耗量		
人工	二类人工	工日	135.00	0.309	0.309	0.318
材料	三通	个	—	(1.000)	(1.000)	(1.000)
	油麻	kg	5.17	0.161	0.161	0.200
	普通硅酸盐水泥 P·O 42.5 综合	kg	0.34	1.231	1.231	1.531
	乙炔气	kg	7.60	0.016	0.016	0.027
	氧气	m^3	3.62	0.039	0.039	0.066
	其他材料费	元	1.00	0.030	0.030	0.040
机械	汽车式起重机 8t	台班	648.48	—	—	0.001
	载货汽车 8t	台班	411.20	—	—	0.001

工作内容:拆旧、切管、上胶圈、管道安装、紧固螺栓、灌水试验。　　计量单位:m

定额编号				20-80	20-81	20-82	20-83
项目				拆换柔性抗震铸铁排水管(机械接口)			
				直径(mm)			
				50	75	100	150
基价(元)				91.44	121.04	208.66	226.13
其中	人工费(元)			20.25	24.17	31.19	33.08
	材料费(元)			70.74	96.19	176.11	192.15
	机械费(元)			0.45	0.68	1.36	0.90
名称		单位	单价(元)	消耗量			
人工	二类人工	工日	135.00	0.150	0.179	0.231	0.245
材料	柔性铸铁排水管	m	—	(0.895)	(0.935)	(0.905)	(0.945)
	橡胶密封圈(排水) *DN*50	个	4.31	1.581	—	—	—
	橡胶密封圈(排水) *DN*75	个	5.17	—	1.679	—	—
	橡胶密封圈(排水) *DN*100	个	6.81	—	—	1.909	—
	橡胶密封圈(排水) *DN*150	个	7.76	—	—	—	1.174
	六角带帽螺栓 M8×14~75	套	0.44	4.884	—	—	—
	六角带帽螺栓 M10×30~75	套	0.45	—	5.187	—	—
	六角带帽螺栓 M12×14~75	套	0.35	—	—	5.897	—
	六角带帽螺栓 M14×90	套	0.72	—	—	—	3.627
	室内柔性排水铸铁管件(机械接口) *DN*50	个	20.34	0.730	—	—	—
	室内柔性排水铸铁管件(机械接口) *DN*75	个	31.64	—	0.746	—	—
	室内柔性排水铸铁管件(机械接口) *DN*100	个	62.70	—	—	0.848	—
	室内柔性排水铸铁管件(机械接口) *DN*150	个	119.00	—	—	—	0.491
	法兰压盖 *DN*50	个	29.31	1.581	—	—	—
	法兰压盖 *DN*75	个	36.21	—	1.679	—	—
	法兰压盖 *DN*100	个	56.03	—	—	1.909	—
	法兰压盖 *DN*150	个	103.00	—	—	—	1.174
	水	m^3	4.27	0.004	0.006	0.015	0.032
	其他材料费	元	1.00	0.570	0.750	0.850	0.940
机械	液压断管机 500mm	台班	113.00	0.004	0.006	0.012	0.008

2. 塑　料　管

工作内容：拆旧、切管、组对、粘接、管道及管件安装、塑料吊杆及管夹安装、灌水试验。　　计量单位：m

定额编号				20-84	20-85	20-86	20-87
项目				拆换塑料排水管(粘接)			
				直径(mm)			
				50	75	110	160
基价(元)				**14.87**	**20.43**	**31.52**	**44.03**
其中	人工费(元)			11.48	14.04	17.01	25.79
	材料费(元)			3.39	6.39	14.51	18.24
	机械费(元)			—	—	—	—
	名称	单位	单价(元)	消耗量			
人工	二类人工	工日	135.00	0.085	0.104	0.126	0.191
材料	塑料排水管	m	—	(1.012)	(0.980)	(0.860)	(0.950)
	塑料吊杆及管夹 综合	个	3.17	0.340	0.352	0.352	0.352
	锯条(各种规格)	根	0.66	0.029	0.095	0.121	0.190
	丙酮	kg	8.16	0.014	0.025	0.035	0.039
	粘接剂	kg	22.09	0.009	0.016	0.023	0.026
	室内塑料排水管粘接管件 *DN*50	个	1.93	0.759	—	—	—
	室内塑料排水管粘接管件 *DN*75	个	4.20	—	0.974	—	—
	室内塑料排水管粘接管件 *DN*100	个	9.34	—	—	1.272	—
	室内塑料排水管粘接管件 *DN*150	个	23.26	—	—	—	0.655
	水	m^3	4.27	0.004	0.006	0.015	0.032
	其他材料费	元	1.00	0.500	0.540	0.580	0.730

三、管道附件

1. 雨　水　斗

工作内容：拆旧、安装、与雨水管连接、试水。　　计量单位：只

定额编号				20-88	20-89	20-90
项目				拆换铸铁雨水斗		
				直径(mm)		
				50	100	150
基价(元)				**42.58**	**44.15**	**47.81**
其中	人工费(元)			41.31	42.53	45.90
	材料费(元)			1.27	1.62	1.91
	机械费(元)			—	—	—
	名称	单位	单价(元)	消耗量		
人工	二类人工	工日	135.00	0.306	0.315	0.340
材料	铸铁雨水斗	套	—	(1.000)	(1.000)	(1.000)
	密封膏	kg	56.03	0.022	0.028	0.033
	其他材料费	元	1.00	0.040	0.050	0.060

工作内容:拆旧、检查清理、安装、与雨水管连接、试水。　　　　计量单位:只

定额编号					20-91	20-92	20-93
项目					拆装铸铁雨水斗		
					直径(mm)		
					50	100	150
基价(元)					**60.56**	**62.72**	**67.98**
其中	人工费(元)				59.00	60.75	65.61
	材料费(元)				1.56	1.97	2.37
	机械费(元)				—	—	—
名称			单位	单价(元)	消耗量		
人工	二类人工		工日	135.00	0.437	0.450	0.486
材料	密封膏		kg	56.03	0.027	0.034	0.041
	其他材料费		元	1.00	0.050	0.060	0.070

2. 透　气　帽

工作内容:拆旧、安装。　　　　计量单位:只

定额编号				20-94	20-95	20-96
项目				拆换塑料透气帽		
				直径(mm)		
				50	75	110
基价(元)				**12.58**	**19.39**	**22.00**
其中	人工费(元)			11.34	16.47	18.90
	材料费(元)			1.21	1.83	2.01
	机械费(元)			0.03	1.09	1.09
名称		单位	单价(元)	消耗量		
人工	二类人工	工日	135.00	0.084	0.122	0.140
材料	透气帽	个	—	(1.000)	(1.000)	(1.000)
	丙酮	kg	8.16	0.016	0.033	0.038
	胶黏剂 504	kg	22.41	0.011	0.022	0.025
	其他材料费	元	1.00	0.830	1.070	1.140
机械	汽车式起重机 8t	台班	648.48	—	0.001	0.001
	载货汽车 8t	台班	411.20	—	0.001	0.001
	木工圆锯机 500mm	台班	27.50	0.001	0.001	0.001

工作内容：拆旧、检查清理、安装。

计量单位：只

定额编号				20-97	20-98	20-99
项目				拆装塑料透气帽		
				直径(mm)		
				50	75	110
基价（元）				**17.84**	**26.84**	**30.70**
其中	人工费（元）			16.34	23.49	27.14
	材料费（元）			1.47	2.26	2.47
	机械费（元）			0.03	1.09	1.09
名称		单位	单价(元)	消耗量		
人工	二类人工	工日	135.00	0.121	0.174	0.201
材料	丙酮	kg	8.16	0.020	0.041	0.046
	胶黏剂 504	kg	22.41	0.013	0.027	0.031
	其他材料费	元	1.00	1.020	1.320	1.400
机械	汽车式起重机 8t	台班	648.48	—	0.001	0.001
	载货汽车 8t	台班	411.20	—	0.001	0.001
	木工圆锯机 500mm	台班	27.50	0.001	0.001	0.001

3. 螺纹阀门

工作内容：拆旧、切管、套丝、阀门连接、水压试验。

计量单位：只

定额编号				20-100	20-101	20-102	20-103	20-104	20-105	20-106	20-107	20-108
项目				拆换螺纹阀门								
				直径(mm)								
				15	20	25	32	40	50	65	80	100
基价（元）				**9.93**	**10.12**	**12.38**	**15.57**	**25.26**	**25.91**	**37.96**	**51.13**	**96.05**
其中	人工费（元）			9.32	9.32	11.21	14.04	23.36	23.36	34.56	46.85	90.72
	材料费（元）			0.44	0.56	0.72	0.95	1.17	1.49	2.00	2.49	3.11
	机械费（元）			0.17	0.24	0.45	0.58	0.73	1.06	1.40	1.79	2.22
名称		单位	单价(元)	消耗量								
人工	二类人工	工日	135.00	0.069	0.069	0.083	0.104	0.173	0.173	0.256	0.347	0.672
材料	螺纹阀门	个	—	(1.010)	(1.010)	(1.010)	(1.010)	(1.010)	(1.010)	(1.010)	(1.010)	(1.010)
	尼龙砂轮片 ϕ400	片	8.19	0.005	0.005	0.009	0.014	0.016	0.023	0.037	0.005	0.063
	聚四氟乙烯生料带 宽20	m	0.29	1.243	1.658	2.072	2.653	3.315	4.145	5.388	6.632	8.290
	机油 综合	kg	2.91	0.007	0.009	0.011	0.015	0.019	0.023	0.031	0.035	0.044
	水	m^3	4.27	0.001	0.001	0.001	0.001	0.001	0.001	0.001	0.001	0.001
	其他材料费	元	1.00	0.010	0.010	0.010	0.020	0.020	0.030	0.040	0.050	0.060
机械	管子切断套丝机 159mm	台班	21.59	0.008	0.011	0.021	0.027	0.034	0.049	0.065	0.083	0.103

工作内容:拆旧、检查清理、阀门连接、水压试验。　　　　**计量单位**:只

定额编号				20-109	20-110	20-111	20-112	20-113	20-114	20-115	20-116	20-117
项目				拆装螺纹阀门								
				直径(mm)								
				15	20	25	32	40	50	65	80	100
基价(元)				**14.09**	**14.32**	**17.48**	**21.95**	**35.77**	**36.54**	**53.48**	**71.95**	**135.98**
其中	人工费(元)			13.37	13.37	16.07	20.12	33.48	33.48	49.41	66.83	129.60
	材料费(元)			0.53	0.69	0.89	1.16	1.45	1.83	2.45	3.05	3.81
	机械费(元)			0.19	0.26	0.52	0.67	0.84	1.23	1.62	2.07	2.57
	名称	单位	单价(元)	消耗量								
人工	二类人工	工日	135.00	0.099	0.099	0.119	0.149	0.248	0.248	0.366	0.495	0.960
材料	尼龙砂轮片 ϕ400	片	8.19	0.006	0.006	0.011	0.017	0.020	0.028	0.045	0.061	0.077
	聚四氟乙烯生料带 宽20	m	0.29	1.526	2.034	2.543	3.256	4.069	5.087	6.612	8.139	10.174
	机油 综合	kg	2.91	0.009	0.012	0.014	0.018	0.023	0.028	0.039	0.043	0.054
	水	m^3	4.27	0.001	0.001	0.001	0.001	0.001	0.001	0.001	0.001	0.001
	其他材料费	元	1.00	0.010	0.010	0.020	0.020	0.030	0.040	0.050	0.060	0.070
机械	管子切断套丝机 159mm	台班	21.59	0.009	0.012	0.024	0.031	0.039	0.057	0.075	0.096	0.119

4. 法兰阀门

工作内容:拆旧、切管、套丝、上法兰、制垫、加垫、阀门连接、紧螺栓、水压试验。　　　　**计量单位**:只

定额编号				20-118	20-119	20-120	20-121
项目				拆换螺纹法兰阀门			
				直径(mm)			
				50	65	80	100
基价(元)				**59.02**	**75.39**	**104.16**	**161.28**
其中	人工费(元)			45.90	60.89	78.30	129.06
	材料费(元)			12.06	13.12	24.15	30.08
	机械费(元)			1.06	1.38	1.71	2.14
	名称	单位	单价(元)	消耗量			
人工	二类人工	工日	135.00	0.340	0.451	0.580	0.955
材料	法兰阀门	个	—	(1.000)	(1.000)	(1.000)	(1.000)
	石棉橡胶板 低压 δ0.8～6	kg	5.26	0.132	0.169	0.244	0.319
	六角带帽螺栓 M16×65～80	套	1.11	9.064	9.064	18.128	—
	六角带帽螺栓 M16×85～140	套	1.38	—	—	—	18.128
	白铅油	kg	8.34	0.044	0.132	0.154	0.187
	聚四氟乙烯生料带 宽20	m	0.29	2.354	2.694	3.315	4.145
	机油 综合	kg	2.91	0.004	0.006	0.007	0.008
	水	m^3	4.27	0.001	0.003	0.003	0.003
	其他材料费	元	1.00	0.240	0.260	0.470	0.590
机械	管子切断套丝机 159mm	台班	21.59	0.049	0.064	0.079	0.099

工作内容：拆旧、检查清理、切管、套丝、上法兰、制垫、加垫、阀门连接、紧螺栓、水压试验。　　计量单位：只

定额编号				20-122	20-123	20-124	20-125
项目				拆装螺纹法兰阀门			
				直径(mm)			
				50	65	80	100
基价（元）				**68.91**	**92.05**	**118.23**	**192.35**
其中	人工费（元）			65.48	86.94	111.78	184.28
	材料费（元）			2.20	3.51	4.46	5.61
	机械费（元）			1.23	1.60	1.99	2.46
	名称	单位	单价(元)	消耗量			
人工	二类人工	工日	135.00	0.485	0.644	0.828	1.365
材料	石棉橡胶板 低压 δ0.8～6	kg	5.26	0.162	0.208	0.300	0.392
	白铅油	kg	8.34	0.054	0.162	0.189	0.230
	聚四氟乙烯生料带 宽20	m	0.29	2.889	3.306	4.069	5.087
	机油 综合	kg	2.91	0.005	0.007	0.008	0.009
	水	m^3	4.27	0.001	0.004	0.004	0.004
	其他材料费	元	1.00	0.040	0.070	0.090	0.110
机械	管子切断套丝机 159mm	台班	21.59	0.057	0.074	0.092	0.114

工作内容：拆旧、制垫、加垫、阀门连接、紧螺栓、水压试验。　　计量单位：只

定额编号				20-126	20-127	20-128	20-129	20-130	20-131
项目				拆换焊接法兰阀门					
				直径(mm)					
				50	65	80	100	150	200
基价（元）				**71.66**	**91.29**	**131.10**	**153.49**	**230.47**	**383.20**
其中	人工费（元）			45.90	61.70	70.20	87.08	131.90	191.84
	材料费（元）			15.03	16.05	45.16	46.23	69.86	105.04
	机械费（元）			10.73	13.54	15.74	20.18	28.71	86.32
	名称	单位	单价(元)	消耗量					
人工	二类人工	工日	135.00	0.340	0.457	0.520	0.645	0.977	1.421
材料	法兰阀门	个	—	(1.000)	(1.000)	(1.000)	(1.000)	(1.000)	(1.000)
	平焊法兰	片	—	(2.000)	(2.000)	(2.000)	(2.000)	(2.000)	(2.000)
	石棉橡胶板 低压 δ0.8～6	kg	5.26	0.132	0.169	0.244	0.319	0.524	0.618
	六角带帽螺栓 M16×85～140	套	1.38	9.064	9.064	—	—	—	—
	六角带帽螺栓 M20×85～100	套	2.22	—	—	18.128	18.128	—	—
	六角带帽螺栓 M22×90～120	套	3.23	—	—	—	—	18.128	27.192
	低碳钢焊条 J422 φ3.2	kg	4.74	0.125	0.232	0.271	0.344	0.543	1.222
	白铅油	kg	8.34	0.110	0.132	0.154	0.187	0.264	0.308
	机油 综合	kg	2.91	0.008	0.008	0.011	0.017	0.020	0.026
	乙炔气	kg	7.60	—	0.006	0.007	0.008	0.042	0.061
	氧气	m^3	3.62	—	0.017	0.020	0.023	0.125	0.182
	水	m^3	4.27	0.001	0.003	0.003	0.003	0.022	0.037
	其他材料费	元	1.00	0.290	0.310	0.890	0.910	2.850	4.240
机械	吊装机械 综合	台班	532.00	—	—	—	—	—	0.040
	电焊机 综合	台班	115.00	0.092	0.116	0.135	0.173	0.246	0.554
	载货汽车 5t	台班	382.30	—	—	—	—	—	0.001
	电焊条烘干箱 60cm×50cm×75cm	台班	16.84	0.009	0.012	0.013	0.017	0.025	0.056

工作内容:拆旧、检查清理、制垫、加垫、阀门连接、紧螺栓、水压试验。 计量单位:只

定额编号				20-132	20-133	20-134	20-135	20-136	20-137
项目				拆装焊接法兰阀门					
				直径(mm)					
				50	65	80	100	150	200
基价(元)				**67.53**	**90.70**	**103.58**	**128.47**	**198.23**	**312.45**
其中	人工费(元)			65.48	88.16	100.31	124.34	188.46	274.05
	材料费(元)			2.05	2.54	3.27	4.13	9.77	12.63
	机械费(元)			—	—	—	—	—	25.77
名称		单位	单价(元)	消耗量					
人工	二类人工	工日	135.00	0.485	0.653	0.743	0.921	1.396	2.030
材料	石棉橡胶板 低压 δ0.8~6	kg	5.26	0.162	0.208	0.300	0.392	0.643	0.759
	白铅油	kg	8.34	0.135	0.162	0.189	0.230	0.324	0.378
	机油 综合	kg	2.91	0.010	0.010	0.014	0.021	0.024	0.032
	水	m^3	4.27	0.001	0.003	0.003	0.003	0.027	0.046
	其他材料费	元	1.00	0.040	0.050	0.060	0.080	3.500	5.200
机械	吊装机械 综合	台班	532.00	—	—	—	—	—	0.047
	载货汽车 5t	台班	382.30	—	—	—	—	—	0.002

5.浮球阀

工作内容:拆旧、切管、套丝、阀门连接、水压试验。 计量单位:只

定额编号				20-138	20-139	20-140	20-141	20-142	20-143	20-144	20-145	20-146
项目				拆换浮球阀连浮球(螺纹连接)								
				直径(mm)								
				15	20	25	32	40	50	65	80	100
基价(元)				**9.55**	**9.60**	**11.67**	**14.63**	**24.08**	**25.10**	**36.08**	**48.75**	**93.07**
其中	人工费(元)			9.32	9.32	11.21	14.04	23.36	23.36	34.56	46.85	90.72
	材料费(元)			0.14	0.17	0.22	0.29	0.35	0.60	0.79	0.99	1.23
	机械费(元)			0.09	0.11	0.24	0.30	0.37	1.14	0.73	0.91	1.12
名称		单位	单价(元)	消耗量								
人工	二类人工	工日	135.00	0.069	0.069	0.083	0.104	0.173	0.173	0.256	0.347	0.672
材料	螺纹浮球阀	个	—	(1.010)	(1.010)	(1.010)	(1.010)	(1.010)	(1.010)	(1.010)	(1.010)	(1.010)
	尼龙砂轮片 φ400	片	8.19	0.005	0.006	0.009	0.014	0.016	0.023	0.037	0.050	0.063
	聚四氟乙烯生料带 宽20	m	0.29	0.286	0.352	0.440	0.528	0.649	1.177	1.507	1.826	2.233
	机油 综合	kg	2.91	0.004	0.005	0.006	0.008	0.009	0.023	0.016	0.018	0.022
机械	管子切断套丝机 159mm	台班	21.59	0.004	0.005	0.011	0.014	0.017	0.053	0.034	0.042	0.052

工作内容：拆旧、检查清理、切管、套丝、阀门连接、水压试验。

计量单位：只

定额编号				20-147	20-148	20-149	20-150	20-151	20-152	20-153	20-154	20-155
项目				拆装浮球阀连浮球(螺纹连接)								
				直径(mm)								
				15	20	25	32	40	50	65	80	100
基价（元）				**13.64**	**13.70**	**16.60**	**20.82**	**34.34**	**35.53**	**51.21**	**69.08**	**132.40**
其中	人工费（元）			13.37	13.37	16.07	20.12	33.48	33.48	49.41	66.83	129.60
	材料费（元）			0.16	0.20	0.27	0.35	0.43	0.73	0.96	1.21	1.50
	机械费（元）			0.11	0.13	0.26	0.35	0.43	1.32	0.84	1.04	1.30
名称		单位	单价(元)	消耗量								
人工	二类人工	工日	135.00	0.099	0.099	0.119	0.149	0.248	0.248	0.366	0.495	0.960
材料	尼龙砂轮片 φ400	片	8.19	0.006	0.007	0.011	0.017	0.020	0.028	0.045	0.061	0.077
	聚四氟乙烯生料带 宽20	m	0.29	0.351	0.432	0.540	0.648	0.797	1.445	1.850	2.241	2.741
	机油 综合	kg	2.91	0.004	0.006	0.007	0.009	0.011	0.028	0.019	0.022	0.027
机械	管子切断套丝机 159mm	台班	21.59	0.005	0.006	0.012	0.016	0.020	0.061	0.039	0.048	0.060

工作内容：拆旧、制垫、加垫、阀门连接、紧螺栓、水压试验。

计量单位：只

定额编号				20-156	20-157	20-158	20-159	20-160
项目				拆换浮球阀连浮球(法兰连接)				
				直径(mm)				
				50	65	80	100	150
基价（元）				**39.04**	**39.04**	**57.87**	**71.92**	**90.26**
其中	人工费（元）			32.81	32.81	48.60	59.94	73.04
	材料费（元）			0.74	0.74	1.33	1.82	2.74
	机械费（元）			5.49	5.49	7.94	10.16	14.48
名称		单位	单价(元)	消耗量				
人工	二类人工	工日	135.00	0.243	0.243	0.360	0.444	0.541
材料	法兰浮球阀	个	—	(1.000)	(1.000)	(1.000)	(1.000)	(1.000)
	石棉橡胶板 低压 δ0.8～6	kg	5.26	0.066	0.066	0.122	0.160	0.262
	白铅油	kg	8.34	0.044	0.044	0.077	0.110	0.154
	机油 综合	kg	2.91	0.004	0.004	0.004	0.008	0.011
	其他材料费	元	1.00	0.010	0.010	0.030	0.040	0.050
机械	电焊机 综合	台班	115.00	0.047	0.047	0.068	0.087	0.124
	电焊条烘干箱 60cm×50cm×75cm	台班	16.84	0.005	0.005	0.007	0.009	0.013

工作内容:拆旧、检查清理、制垫、加垫、阀门连接、紧螺栓、水压试验。　　计量单位:只

定额编号				20-161	20-162	20-163	20-164	20-165
项目				拆装浮球阀连浮球(法兰连接)				
				直径(mm)				
				50	65	80	100	150
基价(元)				**54.07**	**54.07**	**80.26**	**99.62**	**124.30**
其中	人工费(元)			46.85	46.85	69.53	85.59	104.22
	材料费(元)			0.91	0.91	1.63	2.23	3.38
	机械费(元)			6.31	6.31	9.10	11.80	16.70
名称		单位	单价(元)	消耗量				
人工	二类人工	工日	135.00	0.347	0.347	0.515	0.634	0.772
材料	石棉橡胶板 低压 δ0.8~6	kg	5.26	0.081	0.081	0.150	0.196	0.321
	白铅油	kg	8.34	0.054	0.054	0.095	0.135	0.189
	机油 综合	kg	2.91	0.005	0.005	0.005	0.010	0.014
	其他材料费	元	1.00	0.020	0.020	0.030	0.040	0.070
机械	电焊机 综合	台班	115.00	0.054	0.054	0.078	0.101	0.143
	电焊条烘干箱 60cm×50cm×75cm	台班	16.84	0.006	0.006	0.008	0.011	0.015

6.水　嘴

工作内容:拆旧、上水嘴、试水。　　计量单位:只

定额编号				20-166	20-167	20-168
项目				拆换水嘴		
				直径(mm)		
				15	20	25
基价(元)				**2.43**	**2.46**	**3.30**
其中	人工费(元)			2.30	2.30	3.11
	材料费(元)			0.13	0.16	0.19
	机械费(元)			—	—	—
名称		单位	单价(元)	消耗量		
人工	二类人工	工日	135.00	0.017	0.017	0.023
材料	水嘴	个	—	(1.010)	(1.010)	(1.010)
	聚四氟乙烯生料带 宽20	m	0.29	0.440	0.550	0.660

7.水　表

工作内容：拆旧、切管、套丝、水表安装、水压试验。　　计量单位：只

定额编号				20-169	20-170	20-171	20-172	20-173
项目				拆换螺纹水表				
				直径				
				15	20	25	32	40
基价（元）				**32.32**	**37.99**	**45.69**	**53.15**	**64.52**
其中	人工费（元）			31.32	36.86	44.28	51.57	62.64
	材料费（元）			0.25	0.31	0.38	0.42	0.57
	机械费（元）			0.75	0.82	1.03	1.16	1.31
名称		单位	单价（元）	消耗量				
人工	二类人工	工日	135.00	0.232	0.273	0.328	0.382	0.464
材料	螺纹水表	只	—	(1.000)	(1.000)	(1.000)	(1.000)	(1.000)
	聚四氟乙烯生料带 宽20	m	0.29	0.801	0.986	1.232	1.324	1.817
	机油 综合	kg	2.91	0.006	0.007	0.008	0.010	0.013
	水	m^3	4.27	0.001	0.001	0.001	0.001	0.001
机械	管子切断套丝机 159mm	台班	21.59	0.008	0.011	0.021	0.027	0.034
	试压泵 3MPa	台班	18.64	0.031	0.031	0.031	0.031	0.031

工作内容：拆旧、切管、制垫、加垫、水表安装、紧螺栓、水压试验。　　计量单位：只

定额编号				20-174	20-175	20-176	20-177	20-178	20-179
项目				拆换法兰水表					
				直径（mm）					
				50	80	100	150	200	300
基价（元）				**138.38**	**235.87**	**292.67**	**416.20**	**762.32**	**1 352.95**
其中	人工费（元）			133.92	228.29	283.10	398.79	624.51	886.82
	材料费（元）			3.30	5.83	7.50	11.89	15.89	21.04
	机械费（元）			1.16	1.75	2.07	5.52	121.92	445.09
名称		单位	单价（元）	消耗量					
人工	二类人工	工日	135.00	0.992	1.691	2.097	2.954	4.626	6.569
材料	法兰水表	只	—	(1.000)	(1.000)	(1.000)	(1.000)	(1.000)	(1.000)
	石棉橡胶板 低压δ0.8~6	kg	5.26	0.494	0.937	1.216	1.998	2.328	2.858
	尼龙砂轮片 φ100	片	1.29	—	—	—	—	0.328	0.512
	砂纸	张	0.52	0.013	0.026	0.026	0.053	—	—
	白铅油	kg	8.34	—	—	—	—	0.187	0.275
	机油 综合	kg	2.91	0.166	0.178	0.217	0.224	0.241	0.473
	清油 C01-1	kg	14.22	0.011	0.018	0.022	0.033	0.033	0.055
	水	m^3	4.27	—	—	—	—	0.008	0.066
	其他材料费	元	1.00	0.060	0.110	0.150	0.230	0.460	0.610
机械	吊装机械 综合	台班	532.00	—	—	—	—	0.203	0.758
	载货汽车 5t	台班	382.30	—	—	—	—	0.022	0.095
	试压泵 3MPa	台班	18.64	0.062	0.094	0.111	0.296	0.296	0.296

8.法　　兰

工作内容:拆旧、断管、套丝、制垫、加垫、上法兰、组对、紧螺栓、试压检查。 计量单位:副

定额编号				20-180	20-181	20-182	20-183
项目				拆换螺纹法兰			
				直径(mm)			
				50	65	80	100
基价(元)				**21.62**	**34.13**	**43.93**	**71.70**
其中	人工费(元)			20.39	32.54	41.85	68.99
	材料费(元)			1.23	1.59	2.08	2.71
	机械费(元)			—	—	—	—
名称		单位	单价(元)	消耗量			
人工	二类人工	工日	135.00	0.151	0.241	0.310	0.511
材料	螺纹法兰	片	—	(2.000)	(2.000)	(2.000)	(2.000)
	石棉橡胶板 低压 δ0.8~6	kg	5.26	0.066	0.085	0.122	0.160
	砂纸	张	0.52	—	—	0.039	0.042
	聚四氟乙烯生料带 宽 20	m	0.29	2.072	2.694	3.315	4.145
	机油 综合	kg	2.91	0.023	0.031	0.035	0.044
	清油 C01-1	kg	14.22	0.014	0.017	0.022	0.033
	其他材料费	元	1.00	0.020	0.030	0.040	0.050

工作内容:拆旧、断管、焊接、制垫、加垫、安装组对、紧螺栓、试压检查。 计量单位:副

定额编号				20-184	20-185	20-186	20-187	20-188	20-189	20-190	20-191
项目				拆换焊接法兰							
				直径(mm)							
				32	40	50	65	80	100	150	200
基价(元)				**34.58**	**35.97**	**38.99**	**57.55**	**60.26**	**70.12**	**94.90**	**203.47**
其中	人工费(元)			26.06	26.06	26.87	41.85	41.85	46.58	60.48	106.92
	材料费(元)			0.93	1.15	1.39	2.16	2.67	3.36	5.71	9.70
	机械费(元)			7.59	8.76	10.73	13.54	15.74	20.18	28.71	86.85
名称		单位	单价(元)	消耗量							
人工	二类人工	工日	135.00	0.193	0.193	0.199	0.310	0.310	0.345	0.448	0.792
材料	碳钢平焊法兰	片	—	(2.000)	(2.000)	(2.000)	(2.000)	(2.000)	(2.000)	(2.000)	(2.000)
	石棉橡胶板 低压 δ0.8~6	kg	5.26	0.037	0.056	0.066	0.085	0.122	0.160	0.262	0.309
	低碳钢焊条 J422 ϕ3.2	kg	4.74	0.088	0.101	0.125	0.232	0.271	0.344	0.543	1.222
	机油 综合	kg	2.91	0.055	0.069	0.075	0.077	0.089	0.108	0.138	0.145
	清油 C01-1	kg	14.22	0.010	0.011	0.014	0.017	0.022	0.025	0.033	0.039
	乙炔气	kg	7.60	—	—	—	0.006	0.006	0.008	0.042	0.060
	氧气	m^3	3.62	—	—	—	0.017	0.020	0.023	0.126	0.182
	其他材料费	元	1.00	0.020	0.020	0.030	0.040	0.050	0.070	0.110	0.190
机械	吊装机械 综合	台班	532.00	—	—	—	—	—	—	—	0.041
	电焊机 综合	台班	115.00	0.065	0.075	0.092	0.116	0.135	0.173	0.246	0.554
	载货汽车 5t	台班	382.30	—	—	—	—	—	—	—	0.001
	电焊条烘干箱 60cm×50cm×75cm	台班	16.84	0.007	0.008	0.009	0.012	0.013	0.017	0.025	0.056

9. 软接头(软管)

工作内容:拆旧、制垫、加垫、上法兰、紧螺栓、试压检查。 计量单位:只

定额编号				20-192	20-193	20-194	20-195	20-196
项目				拆换法兰式软接头(软管)				
				直径(mm)				
				50	65	80	100	150
基价(元)				**40.28**	**70.44**	**80.36**	**100.67**	**150.36**
其中	人工费(元)			39.02	68.85	78.17	97.74	127.44
	材料费(元)			1.26	1.59	2.19	2.93	4.45
	机械费(元)			—	—	—	—	18.47
名称		单位	单价(元)	消耗量				
人工	二类人工	工日	135.00	0.289	0.510	0.579	0.724	0.944
材料	法兰式软接头	个	—	(1.000)	(1.000)	(1.000)	(1.000)	(1.000)
	石棉橡胶板 低压 δ0.8～6	kg	5.26	0.132	0.169	0.244	0.319	0.524
	白铅油	kg	8.34	0.044	0.055	0.077	0.110	0.154
	机油 综合	kg	2.91	0.062	0.072	0.077	0.095	0.110
	其他材料费	元	1.00	0.020	0.030	0.040	0.060	0.090
机械	吊装机械 综合	台班	532.00	—	—	—	—	0.034
	载货汽车 5t	台班	382.30	—	—	—	—	0.001

工作内容:拆旧、切管、套丝、加垫、安装、试压检查。 计量单位:只

定额编号				20-197	20-198	20-199	20-200	20-201
项目				拆换螺纹式软接头(软管)				
				直径(mm)				
				20	25	32	40	50
基价(元)				**14.85**	**17.18**	**19.34**	**24.39**	**29.72**
其中	人工费(元)			14.18	16.07	17.96	22.68	27.41
	材料费(元)			0.38	0.52	0.64	0.79	0.98
	机械费(元)			0.29	0.59	0.74	0.92	1.33
名称		单位	单价(元)	消耗量				
人工	二类人工	工日	135.00	0.105	0.119	0.133	0.168	0.203
材料	螺纹式软接头	个	—	(1.000)	(1.000)	(1.000)	(1.000)	(1.000)
	锯条(各种规格)	根	0.66	0.072	0.077	0.086	0.098	0.117
	尼龙砂轮片 φ400	片	8.19	0.005	0.013	0.016	0.018	0.023
	聚四氟乙烯生料带 宽20	m	0.29	0.827	1.038	1.329	1.654	2.077
	机油 综合	kg	2.91	0.016	0.018	0.021	0.027	0.032
	其他材料费	元	1.00	0.010	0.010	0.010	0.020	0.020
机械	砂轮切割机 φ400	台班	26.83	0.002	0.005	0.006	0.007	0.007
	管子切断套丝机 159mm	台班	21.59	0.011	0.021	0.027	0.034	0.053

工作内容:拆卸、清洗检查、安装、试压检查。　　　　　　　　　　　　　　　　　**计量单位**:只

定额编号					20-202	20-203	20-204
项目					拆洗过滤器		
					直径(mm)		
					40~50	80~100	150
基价(元)					**67.53**	**128.47**	**198.23**
其中	人工费(元)				65.48	124.34	188.46
	材料费(元)				2.05	4.13	9.77
	机械费(元)				—	—	—
名称			单位	单价(元)	消耗量		
人工	二类人工		工日	135.00	0.485	0.921	1.396
材料	石棉橡胶板 低压 δ0.8~6		kg	5.26	0.162	0.392	0.643
	白铅油		kg	8.34	0.135	0.230	0.324
	机油 综合		kg	2.91	0.010	0.021	0.024
	水		m^3	4.27	0.001	0.003	0.027
	其他材料费		元	1.00	0.040	0.080	3.500

10. 压　力　表

工作内容:拆旧、安装、试压检查。　　　　　　　　　　　　　　　　　**计量单位**:副

定额编号				20-205
项目				更换压力表连旋塞及缓冲管
基价(元)				**54.94**
其中	人工费(元)			49.68
	材料费(元)			4.29
	机械费(元)			0.97
名称		单位	单价(元)	消耗量
人工	二类人工	工日	135.00	0.368
材料	压力仪表	台(块)	—	(1.000)
	取源部件	套	—	(1.000)
	仪表接头	套	—	(1.000)
	细白布	m	5.00	0.011
	半圆头镀锌螺栓 M2~5×15~50	个	0.17	2.200
	固定卡子 1.5×32	个	2.04	1.100
	位号牌	个	1.03	1.100
	校验材料费	元	1.00	0.280
	其他材料费	元	1.00	0.200
机械	标准压力发生器	台班	84.95	0.005
	铭牌打印机	台班	34.07	0.016

四、卫 生 器 具

1.浴　　盆

工作内容:折旧、浴盆及附件安装、与上下水管连接、试水。　　**计量单位:**套

定额编号				20-206
项目				拆换浴盆
基价(元)				**105.33**
其中	人工费(元)			92.61
	材料费(元)			12.72
	机械费(元)			—
名称		单位	单价(元)	消耗量
人工	二类人工	工日	135.00	0.686
材料	浴盆混合水嘴带喷头	套	—	(1.010)
	浴盆排水附件	套	—	(1.010)
	搪瓷浴盆	个	—	(1.010)
	金属膨胀螺栓 M6～12×50～120	套	0.78	2.266
	冲击钻头 ϕ8～16	个	6.47	0.024
	锯条(各种规格)	根	0.66	0.044
	防水密封胶	支	8.62	0.429
	聚四氟乙烯生料带 宽20	m	0.29	4.532
	螺纹管件 *DN*15	个	2.41	2.222
	电	kW·h	0.78	0.035
	其他材料费	元	1.00	0.370

工作内容:折旧、安装、试水。　　**计量单位:**见表

定额编号				20-207	20-208	20-209
项目				拆换浴盆水龙头		
				单联	双联	三联
计量单位				只	副	副
基价(元)				**2.46**	**3.30**	**3.30**
其中	人工费(元)			2.30	3.11	3.11
	材料费(元)			0.16	0.19	0.19
	机械费(元)			—	—	—
名称		单位	单价(元)	消耗量		
人工	二类人工	工日	135.00	0.017	0.023	0.023
材料	水嘴	个	—	(1.010)	(1.010)	(1.010)
	聚四氟乙烯生料带 宽20	m	0.29	0.550	0.660	0.660

工作内容:拆旧、安装、试水。 **计量单位**:见表

定额编号				20-210	20-211	20-212
项目				拆换浴缸附件		
				浴盆落水	活络莲蓬头	金属软管
计量单位				副	只	根
基价(元)				**29.72**	**17.18**	**12.80**
其中	人工费(元)			27.41	16.07	12.29
	材料费(元)			0.98	0.52	0.31
	机械费(元)			1.33	0.59	0.20
	名称	单位	单价(元)	消耗量		
人工	二类人工	工日	135.00	0.203	0.119	0.091
材料	落水	副	—	(1.000)	—	—
	莲蓬头	只	—	—	(1.000)	—
	金属软管	根	—	—	—	(1.000)
	锯条(各种规格)	根	0.66	0.117	0.077	0.063
	尼龙砂轮片 ϕ400	片	8.19	0.023	0.013	0.005
	聚四氟乙烯生料带 宽 20	m	0.29	2.077	1.038	0.625
	机油 综合	kg	2.91	0.032	0.018	0.014
	其他材料费	元	1.00	0.020	0.010	0.010
机械	砂轮切割机 ϕ400	台班	26.83	0.007	0.005	0.001
	管子切断套丝机 159mm	台班	21.59	0.053	0.021	0.008

2. 洗 脸 盆

工作内容:拆旧、洗脸盆及附件安装、与上下水管连接、试水。 **计量单位**:套

定额编号				20-213	20-214	20-215
项目				拆换洗脸盆(配件利用)		
				挂式	立式	台式
基价(元)				**60.63**	**64.50**	**58.03**
其中	人工费(元)			51.84	54.81	48.60
	材料费(元)			8.79	9.69	9.43
	机械费(元)			—	—	—
	名称	单位	单价(元)	消耗量		
人工	二类人工	工日	135.00	0.384	0.406	0.360
材料	洗脸盆	个	—	(1.010)	(1.010)	(1.010)
	橡胶板 δ1~3	kg	5.09	—	0.014	0.014
	冲击钻头 ϕ8~16	个	6.47	0.073	0.024	0.073
	锯条(各种规格)	根	0.66	0.110	0.044	0.044
	白水泥砂浆 1:2	m^3	155.00	—	0.001	—
	防水密封胶	支	8.62	0.165	0.275	0.220
	聚四氟乙烯生料带 宽 20	m	0.29	3.872	4.312	4.312
	螺纹管件 *DN*15	个	2.41	2.222	2.222	2.222
	电	kW·h	0.78	0.106	0.035	0.106
	其他材料费	元	1.00	0.260	0.280	0.270

工作内容：拆旧、安装、试水。　　**计量单位**：见表

定额编号				20-216	20-217
项目				拆换洗脸盆水龙头	
				单联	双联
计量单位				只	副
基价（元）				**4.75**	**6.40**
其中	人工费（元）			4.59	6.21
	材料费（元）			0.16	0.19
	机械费（元）			—	—
名称		单位	单价(元)	消耗量	
人工	二类人工	工日	135.00	0.034	0.046
材料	水嘴	个	—	(1.010)	(1.010)
	聚四氟乙烯生料带 宽20	m	0.29	0.550	0.660

工作内容：拆旧、安装、试水。　　**计量单位**：见表

定额编号				20-218	20-219	20-220
项目				拆换洗脸盆附件		
				落水	金属软管	洗脸盆托架
计量单位				副	根	副
基价（元）				**29.72**	**12.80**	**42.54**
其中	人工费（元）			27.41	12.29	32.27
	材料费（元）			0.98	0.31	10.27
	机械费（元）			1.33	0.20	—
名称		单位	单价(元)	消耗量		
人工	二类人工	工日	135.00	0.203	0.091	0.239
材料	落水	副	—	(1.000)	—	—
	洗脸盆托架	副	—	—	—	(1.000)
	金属软管	根	—	—	(1.000)	—
	金属膨胀螺栓 M6～12×50～120	套	0.78	—	—	3.399
	冲击钻头 $\phi8\sim16$	个	6.47	—	—	0.036
	锯条(各种规格)	根	0.66	0.117	0.063	—
	尼龙砂轮片 $\phi400$	片	8.19	0.023	0.005	—
	防水密封胶	支	8.62	—	—	0.165
	聚四氟乙烯生料带 宽20	m	0.29	2.077	0.625	0.550
	机油 综合	kg	2.91	0.032	0.014	—
	螺纹管件 *DN*15	个	2.41	—	—	1.111
	排水接头 *DN*50	个	2.41	—	—	1.155
	电	kW·h	0.78	—	—	0.053
	其他材料费	元	1.00	0.020	0.010	0.300
机械	砂轮切割机 $\phi400$	台班	26.83	0.007	0.001	—
	管子切断套丝机 159mm	台班	21.59	0.053	0.008	—

3.大 便 器

工作内容:拆旧、水箱及附件安装、与上下水管连接、试水。 计量单位:只

定 额 编 号				20-221	20-222
项 目				拆换水箱(配件利用)	
				低水箱	高水箱
基 价 (元)				**42.54**	**49.02**
其中	人 工 费 (元)			32.27	38.75
	材 料 费 (元)			10.27	10.27
	机 械 费 (元)			—	—
名 称		单位	单价(元)	消 耗 量	
人工	二类人工	工日	135.00	0.239	0.287
材料	瓷水箱	只	—	(1.010)	(1.010)
	金属膨胀螺栓 M6 ~ 12 × 50 ~ 120	套	0.78	3.399	3.399
	冲击钻头 ϕ8 ~ 16	个	6.47	0.036	0.036
	防水密封胶	支	8.62	0.165	0.165
	聚四氟乙烯生料带 宽 20	m	0.29	0.550	0.550
	螺纹管件 *DN*15	个	2.41	1.111	1.111
	排水接头 *DN*50	个	2.41	1.155	1.155
	电	kW·h	0.78	0.053	0.053
	其他材料费	元	1.00	0.300	0.300

工作内容:拆旧、大便器及附件安装、与上下水管连接、试水。　　　　**计量单位**:只

定额编号					20-223	20-224
项目					拆换大便器	
					蹲式	坐式
基价(元)					**115.39**	**65.20**
其中	人工费(元)				80.19	56.43
	材料费(元)				35.20	8.77
	机械费(元)				—	—
名称			单位	单价(元)	消耗量	
人工	二类人工		工日	135.00	0.594	0.418
材料	角型阀(带铜活) *DN*15		个	—	(1.010)	(1.010)
	坐便器桶盖		套	—	—	(1.010)
	瓷蹲式大便器高水箱及配件		套	—	(1.010)	—
	连体坐便器进水阀配件		套	—	—	(1.010)
	冲洗管 *DN*32		根	—	(1.010)	—
	瓷蹲式大便器		个	—	(1.010)	—
	连体坐便器		个	—	—	(1.010)
	金属软管		根	—	(1.010)	(1.010)
	金属膨胀螺栓 M6～12×50～120		套	0.78	3.399	—
	大便器胶皮碗(配喉箍)		套	4.31	1.155	—
	大便器排水接头		个	4.48	1.111	1.111
	冲击钻头 ϕ8～16		个	6.47	0.055	0.026
	锯条(各种规格)		根	0.66	0.165	0.220
	黄砂 毛砂		m^3	136.00	0.010	—
	石灰膏		m^3	270.00	0.020	—
	烧结粉煤灰砖 240×115×53		千块	310.00	0.018	—
	防水密封胶		支	8.62	0.550	—
	聚四氟乙烯生料带 宽 20		m	0.29	1.760	1.760
	螺纹管件 *DN*15		个	2.41	1.111	1.111
	管卡(带膨胀螺栓) *DN*32		套	0.69	1.155	—
	电		kW·h	0.78	0.045	0.035
	其他材料费		元	1.00	1.030	0.260

工作内容:拆旧、安装、试水。

定额编号				20-225	20-226	20-227	20-228	20-229
项目				拆换大便器附件				
				拆换水箱进水阀连浮球	拆换水箱落水	拆换水箱进水金属软管	拆换三角阀	拆换马桶盖连马桶铰链
计量单位				副	副	根	只	副
基价(元)				**10.52**	**29.72**	**29.72**	**13.07**	**13.07**
其中	人工费(元)			9.32	27.41	27.41	9.32	9.32
	材料费(元)			1.11	0.98	0.98	3.58	3.58
	机械费(元)			0.09	1.33	1.33	0.17	0.17
	名称	单位	单价(元)	消耗量				
人工	二类人工	工日	135.00	0.069	0.203	0.203	0.069	0.069
材料	普通三角阀 *DN*15	只	—	—	—	—	(1.000)	—
	落水	副	—	—	(1.000)	—	—	—
	水箱进水阀连浮球	副	—	(1.000)	—	—	—	—
	坐便器铰链	副	—	—	—	—	—	(1.000)
	金属软管	根	—	—	—	(1.000)	—	—
	锯条(各种规格)	根	0.66	—	0.117	0.117	—	—
	尼龙砂轮片 ϕ400	片	8.19	0.005	0.023	0.023	0.005	0.005
	聚四氟乙烯生料带 宽20	m	0.29	0.286	2.077	2.077	1.243	1.243
	机油 综合	kg	2.91	0.004	0.032	0.032	0.007	0.007
	镀锌活接头 *DN*15	个	2.78	—	—	—	1.111	1.111
	镀锌管箍 *DN*15	个	0.86	1.111	—	—	—	—
	水	m^3	4.27	—	—	—	0.001	0.001
	其他材料费	元	1.00	0.020	0.020	0.020	0.070	0.070
机械	砂轮切割机 ϕ400	台班	26.83	—	0.007	0.007	—	—
	管子切断套丝机 159mm	台班	21.59	0.004	0.053	0.053	0.008	0.008

工作内容:疏通、试水。

计量单位:只

定额编号				20-230
项目				淤塞疏通
基价(元)				**33.75**
其中	人工费(元)			33.75
	材料费(元)			—
	机械费(元)			—
	名称	单位	单价(元)	消耗量
人工	二类人工	工日	135.00	0.250

4. 小　便　器

工作内容：拆旧、打螺栓孔、小便器及附件安装、与上下水管连接、试水。　　计量单位：只

定额编号				20-231	20-232
项目				拆换小便器	
				挂式	立式
基价（元）				**37.91**	**43.00**
其中	人工费（元）			27.95	33.35
	材料费（元）			9.96	9.65
	机械费（元）			—	—
名称		单位	单价(元)	消耗量	
人工	二类人工	工日	135.00	0.207	0.247
材料	排水栓 *DN*50	套	—	—	(1.010)
	存水弯 *DN*50	个	—	—	(1.010)
	小便器冲水连接管 *DN*15	根	—	(1.010)	(1.010)
	小便器排水附件	套	—	(1.010)	—
	角式长柄截止阀 *DN*15	个	—	(1.010)	(1.010)
	挂式小便器	个	—	(1.010)	—
	立式小便器	个	—	—	(1.010)
	金属膨胀螺栓 M6～12×50～120	套	0.78	6.798	2.266
	冲击钻头 ϕ8～16	个	6.47	0.073	0.024
	锯条(各种规格)	根	0.66	0.044	0.044
	防水密封胶	支	8.62	0.077	0.110
	聚四氟乙烯生料带 宽20	m	0.29	1.540	3.740
	螺纹管件 *DN*15	个	2.41	1.111	1.111
	排水接头 *DN*50	个	2.41	—	1.111
	电	kW·h	0.78	0.106	0.035
	其他材料费	元	1.00	0.290	0.280

工作内容:拆旧、安装、试水。 **计量单位:**见表

定额编号					20-233	20-234
项目					拆换附件	
					拆换挂式小便斗落水	拆换小便斗冲水阀
计量单位					副	只
基价(元)					**29.72**	**13.07**
其中	人工费(元)				27.41	9.32
	材料费(元)				0.98	3.58
	机械费(元)				1.33	0.17
名称			单位	单价(元)	消耗量	
人工	二类人工		工日	135.00	0.203	0.069
材料	落水		副	—	(1.000)	—
	冲水阀		只	—	—	(1.000)
	锯条(各种规格)		根	0.66	0.117	—
	尼龙砂轮片 ϕ400		片	8.19	0.023	0.005
	聚四氟乙烯生料带 宽 20		m	0.29	2.077	1.243
	机油 综合		kg	2.91	0.032	0.007
	镀锌活接头 *DN*15		个	2.78	—	1.111
	水		m^3	4.27	—	0.001
	其他材料费		元	1.00	0.020	0.070
机械	砂轮切割机 ϕ400		台班	26.83	0.007	—
	管子切断套丝机 159mm		台班	21.59	0.053	0.008

5. 地漏

工作内容:拆旧、安装、与下水管连接、试水。 **计量单位:**10 只

定额编号					20-235	20-236
项目					拆换地漏	
					直径(mm)	
					50	80
基价(元)					**135.59**	**314.45**
其中	人工费(元)				132.84	309.69
	材料费(元)				2.75	4.76
	机械费(元)				—	—
名称			单位	单价(元)	消耗量	
人工	二类人工		工日	135.00	0.984	2.294
材料	地漏		个	—	(10.100)	(10.100)
	粘接剂		kg	22.09	0.121	0.209
	其他材料费		元	1.00	0.080	0.140

第二十一章
措 施 项 目

说 明

一、本章定额包括单项脚手架、加固脚手架、安装脚手架、垂直运输、建筑超高施工增加费。

二、本定额包括单位工程在合理工期内完成定额规定工作内容所需的施工脚手架,定额按常规方案及方式综合考虑编制,如果实际搭设方案或方式不同时,除另有规定或特殊要求外,均按本定额执行。

三、本定额脚手架材料按钢管式脚手架编制,不同搭设材料均按本定额执行。

四、单项脚手架:

1. 本部分定额子目包括单项脚手架的搭、拆、运输及脚手架材料摊销。

2. 外墙脚手架未包括斜道和上料平台,发生时另列项目计算。

3. 防护脚手架定额按双层考虑,基本使用期为三个月,不足或超过三个月按相应定额调整,不足一个月按一个月计算。

4. 满堂脚手架搭设高度按房屋层高3.6m以内编制,斜屋面按平均高度计算。搭设高度超过3.6m,另按增加层定额计算,不足1.2m按每增加1.2m计算。满堂脚手架在同一操作地点进行多种操作时(不另行搭设),只可计算一次脚手架费用。

5. 室内计算了满堂脚手架,墙面砌筑装饰不再计算内墙脚手架。

6. 室外电梯加装脚手架是在既有建筑物外搭设的脚手架,用于电梯井室的施工,不适用整体装配式加装电梯等情况。电梯高度按室外地坪至井道顶板底的净空高度计算。

五、加固脚手架:

1. 本部分定额仅适用于房屋加固工程,包括脚手架搭设、拆除、运输及脚手架材料摊销。

2. 板满堂加固脚手架搭设高度以3.6m以内编制,搭设高度超过3.6m时,套用相应每增加定额子目,不足1.2m按每增加1.2m计算。

3. 构造柱单独加固时脚手架按柱加固脚手架定额乘以系数0.30;构造柱和墙体加固整体施工的,其构造柱加固脚手架工程量并入墙加固脚手架计算。

4. 梁加固脚手架仅适用于单独梁加固,梁和板整体加固施工的,其梁加固脚手架工程量并入板加固满堂脚手架计算。

六、安装脚手架:

安装工程修缮脚手架搭拆费包含了修缮工程中需要的各种脚手架搭设、拆除、运输费用及脚手架的摊销(或租赁)费用。

七、垂直运输:

1. 本定额适用于作业面高度3.6m以上的垂直运输,作业面高度是指设计室外地坪至维修面高度。

2. 本定额编制按不同作业面高度划分垂直运输方式,按"人力运输""机械运输""利用原有电梯运输"三类列项。实际垂直运输方式与定额不同时,垂直运输费定额套用按下表(垂直运输方式折算系数表)中的折算系数进行换算。

垂直运输方式折算系数表

名称	人力	机械	利用现有电梯
人力运输	1.00	0.60	0.20
机械运输	1.67	1.00	0.33
利用现有电梯运输	5.00	3.00	1.00

3. 室内修缮与加固工程的垂直运输定额按不同楼层作业面高度划分,同一楼层内作业面,按最高作业面高度确定并套用定额。

4. 外立面房屋修缮与加固工程按不同作业面高度划分,同一建筑物作业高度不同时,应根据不同作业面垂直高度分别计算,套用相应定额。

八、建筑物超高施工增加费:

1. 本定额适用于作业层的楼面(屋面)高度超过 20m 的房屋修缮与加固工程。同一建筑物作业面高度不同时,应分别计算套用相应定额。

2. 建筑物超高人工及机械降效增加费包括的内容是指建筑物首层室内地坪以上的全部工程项目,不包括大型机械的基础、运输、安拆费、垂直运输、各类构件单独水平运输、各项脚手架、现场预制混凝土构件和钢构件的制作项目。

工程量计算规则

一、单项脚手架：

1. 修缮（加固）工程的外墙脚手架，在外墙整体施工时，按外墙面积（不扣除门窗洞口、空洞等面积）乘以系数 1.15 以“m^2”计算；在外墙局部施工时，按施工组织设计搭设的立面投影面积以“m^2”计算。

2. 内墙脚手架按搭设施工组织设计的立面投影面积以“m^2”计算。

3. 人行过道防护脚手架按水平投影面积以“m^2”计算。

4. 斜道，起重平台、进料平台按“座”计算。

5. 满堂脚手架工程量按天棚水平投影面积以“m^2”计算。

6. 室外电梯加装脚手架以“座”计算。

二、加固脚手架：

1. 柱加固脚手架按每层所需加固的独立柱的个数以“座”计算。

2. 梁加固脚手架按所需加固梁的长度以“m”计算。

3. 墙加固脚手架按所需加固墙体的单面面积以“m^2”计算，不扣除门窗洞口所占面积。

4. 板加固满堂脚手架按所需加固板的水平投影面积以“m^2”计算。

三、安装脚手架：

安装工程修缮脚手架搭拆费按安装工程的总人工消耗量以“工日”计算。

四、垂直运输：

垂直运输费用按分部分项及措施项目定额人工费计算。

五、建筑物超高施工增加费：

1. 建筑物超高人工降效增加费的计算基数为规定内容中的全部人工费。

2. 建筑物超高机械降效增加费的计算基数为规定内容中的全部机械台班费。

一、单项脚手架

工作内容：材料搬运，搭设、拆除脚手架、安全网，铺设脚手板等全过程，拆除后堆放。 **计量单位：**$100m^2$

定额编号				21-1	21-2	21-3	21-4
项目				外墙脚手架			
				高度(m 以内)			
				7	13	20	30
基价（元）				**1 233.05**	**1 516.34**	**1 849.31**	**2 204.91**
其中	人工费（元）			866.03	938.25	1 069.47	1 161.27
	材料费（元）			275.46	478.77	672.77	927.70
	机械费（元）			91.56	99.32	107.07	115.94
名称		单位	单价(元)	消耗量			
人工	二类人工	工日	135.00	6.415	6.950	7.922	8.602
材料	镀锌铁丝 8#	kg	6.55	0.560	0.560	0.560	0.272
	六角带帽螺栓 φ12	kg	5.47	—	—	—	1.272
	预埋铁件	kg	3.75	0.832	0.832	0.832	2.704
	镀锌铁丝 18#	kg	6.55	2.488	2.688	3.072	2.960
	碎石 综合	t	102.00	—	—	—	0.296
	红丹防锈漆	kg	6.90	1.240	2.360	3.408	4.232
	溶剂油	kg	2.29	0.136	0.264	0.384	0.480
	安全网	m^2	7.76	7.000	13.920	21.016	24.960
	脚手架钢管	kg	3.62	24.469	46.530	67.119	83.746
	脚手架钢管底座	个	5.69	0.608	0.552	0.472	0.352
	脚手架扣件	只	5.22	6.960	13.944	20.456	25.264
	竹脚手片	m^2	8.19	6.664	9.072	11.080	21.632
	其他材料费	元	1.00	6.240	10.800	15.200	21.040
机械	电动夯实机 250N·m	台班	28.03	—	—	—	0.020
	载货汽车 4t	台班	369.21	0.248	0.269	0.290	0.310
	交流弧焊机 32kV·A	台班	92.84	—	—	—	0.010

工作内容：材料搬运，搭设、拆除脚手架，铺设脚手板等全过程，拆除脚手架后的材料堆放。　　　　**计量单位**：座

定额编号				21-5	21-6	21-7	21-8	21-9	21-10
项目				斜道			起重平台、进料平台		
				高度(m以内)					
				7	13	20	7	13	20
基价（元）				**1 188.18**	**2 321.84**	**4 954.82**	**763.95**	**1 286.61**	**2 322.08**
其中	人工费（元）			720.09	1 153.17	2 056.86	587.79	896.54	1 454.76
	材料费（元）			355.48	980.37	2 545.00	131.85	326.20	754.71
	机械费（元）			112.61	188.30	352.96	44.31	63.87	112.61
	名称	单位	单价(元)	消耗量					
人工	二类人工	工日	135.00	5.334	8.542	15.236	4.354	6.641	10.776
材料	镀锌铁丝 18#	kg	6.55	2.192	3.474	6.504	0.232	0.465	0.697
	红丹防锈漆	kg	6.90	2.020	5.868	15.291	1.040	2.374	5.575
	溶剂油	kg	2.29	0.232	0.657	1.717	0.121	0.263	0.626
	脚手架钢管	kg	3.62	40.719	118.251	307.871	20.427	45.231	106.773
	脚手架钢管底座	个	5.69	0.424	0.687	1.010	0.253	0.434	0.657
	脚手架扣件	只	5.22	9.858	29.098	77.154	6.141	17.493	41.420
	竹脚手片	m^2	8.19	14.322	37.794	99.182	1.515	5.040	10.575
	其他材料费	元	1.00	8.080	22.220	57.670	3.030	7.370	17.170
机械	载货汽车 4t	台班	369.21	0.305	0.510	0.956	0.120	0.173	0.305

工作内容：材料搬运，搭设、拆除脚手架，铺设脚手板等全过程，拆除后堆放。　　　　**计量单位**：$100m^2$

定额编号				21-11	21-12	21-13	21-14	21-15	21-16
项目				内墙脚手架		满堂脚手架		防护脚手架使用期	
				高度3.6m以内	高度3.6m以上	基本层(3.6m以内)	每增加1.2m	3个月	每增减1个月
基价（元）				**179.68**	**528.95**	**856.66**	**214.62**	**1 977.03**	**236.98**
其中	人工费（元）			125.96	408.51	711.32	175.23	1 086.89	4.05
	材料费（元）			34.52	101.24	117.28	31.27	737.66	232.93
	机械费（元）			19.20	19.20	28.06	8.12	152.48	—
	名称	单位	单价(元)	消耗量					
人工	二类人工	工日	135.00	0.933	3.026	5.269	1.298	8.051	0.030
材料	脚手架钢管	kg	3.62	3.094	10.986	12.586	5.160	64.559	21.515
	脚手架钢管底座	个	5.69	—	0.136	0.384	—	1.020	0.343
	脚手架扣件	只	5.22	—	3.712	2.590	1.922	17.162	5.747
	钢脚手板	kg	4.74	4.920	—	—	—	—	—
	竹脚手片	m^2	8.19	—	2.880	4.040	—	40.303	13.444
	镀锌铁丝 18#	kg	6.55	—	1.744	2.424	—	5.879	—
	红丹防锈漆	kg	6.90	—	0.568	0.647	0.272	3.242	1.081
	溶剂油	kg	2.29	—	0.064	0.073	0.031	0.364	0.121
	其他材料费	元	1.00	—	2.240	2.420	0.610	16.770	5.250
机械	载货汽车 4t	台班	369.21	0.052	0.052	0.076	0.022	0.413	—

工作内容:材料搬运,搭设、拆除脚手架、安全网,铺设脚手板等全过程,拆除后堆放。 **计量单位**:座

定额编号				21-17
项目				室外电梯加装脚手架
				高度(m 以内)
				24
基价(元)				**7 278.09**
其中	人工费(元)			3 926.34
	材料费(元)			2 894.67
	机械费(元)			457.08
	名称	单位	单价(元)	消耗量
人工	二类人工	工日	135.00	29.084
材料	镀锌铁丝 12#	kg	5.38	111.050
	镀锌铁丝 18#	kg	6.55	43.733
	红丹防锈漆	kg	6.90	9.858
	溶剂油	kg	2.29	1.101
	脚手架钢管	kg	3.62	262.639
	脚手架钢管底座	个	5.69	1.465
	脚手架扣件	只	5.22	45.319
	木脚手板	m^3	1 124.00	0.253
	竹脚手片	m^2	8.19	48.076
	其他材料费	元	1.00	66.460
机械	载货汽车 4t	台班	369.21	1.238

二、加固脚手架

工作内容:材料搬运,搭设、拆除脚手架,拆除后堆放。 **计量单位**:$100m^2$

定额编号				21-18	21-19	21-20	21-21
项目				墙加固脚手架		板加固满堂脚手架	
				层高(m)			
				3.6 以内	每增加 1.2	3.6 以内	每增加 1.2
基价(元)				**2 060.27**	**561.33**	**3 847.86**	**1 017.81**
其中	人工费(元)			1 905.12	507.87	3 504.06	934.74
	材料费(元)			135.21	46.08	283.99	69.78
	机械费(元)			19.94	7.38	59.81	13.29
	名称	单位	单价(元)	消耗量			
人工	二类人工	工日	135.00	14.112	3.762	25.956	6.924
材料	镀锌铁丝 18#	kg	6.55	2.400	0.800	4.800	1.600
	红丹防锈漆	kg	6.90	0.780	0.500	1.760	0.520
	溶剂油	kg	2.29	0.090	0.060	0.200	0.060
	脚手架钢管	kg	3.62	14.610	4.870	33.980	9.880
	脚手架钢管底座	个	5.69	0.190	—	0.760	—
	脚手架扣件	只	5.22	5.100	3.650	8.640	3.680
	竹脚手片	m^2	8.19	3.960	—	8.000	—
	其他材料费	元	1.00	0.880	0.570	2.000	0.600
机械	载货汽车 4t	台班	369.21	0.054	0.020	0.162	0.036

工作内容:材料搬运,搭设、拆除脚手架,拆除后堆放。　　　　**计量单位**:见表

定额编号				21-22	21-23	21-24	21-25
项目				柱加固脚手架		梁加固脚手架	
				层高(m)			
				3.6 以内	每增加 1.2	3.6 以内	每增加 1.2
计量单位				座		100m	
基价(元)				**297.58**	**78.60**	**6 542.50**	**876.76**
其中	人工费(元)			243.00	64.80	5 982.66	731.43
	材料费(元)			42.03	9.37	486.74	122.07
	机械费(元)			12.55	4.43	73.10	23.26
名称		单位	单价(元)	消耗量			
人工	二类人工	工日	135.00	1.800	0.480	44.316	5.418
材料	镀锌铁丝 18#	kg	6.55	0.117	0.039	8.630	2.880
	红丹防锈漆	kg	6.90	0.227	0.076	2.810	0.940
	溶剂油	kg	2.29	0.025	0.008	0.320	0.110
	脚手架钢管	kg	3.62	4.036	1.345	52.590	17.530
	脚手架钢管底座	个	5.69	0.038	—	0.670	—
	脚手架扣件	只	5.22	2.085	0.695	18.380	6.120
	竹脚手片	m^2	8.19	1.670	—	14.260	—
	其他材料费	元	1.00	0.250	0.080	3.170	1.060
机械	载货汽车 4t	台班	369.21	0.034	0.012	0.198	0.063

三、安装脚手架

工作内容:材料搬运,搭设、拆除脚手架,拆除后堆放。　　　　**计量单位**:100 工日

定额编号				21-26
项目				安装工程修缮脚手架搭拆费
基价(元)				**773.56**
其中	人工费(元)			202.50
	材料费(元)			571.06
	机械费(元)			—
名称		单位	单价(元)	消耗量
人工	二类人工	工日	135.00	1.500
材料	周转性材料费	元	1.00	571.060

四、垂 直 运 输

工作内容:完成修缮(加固)工程所需要的垂直运输全部操作过程。 计量单位:万元

定 额 编 号				21-27	21-28	21-29	21-30	21-31	21-32	21-33	21-34
项 目				垂直运输							
				人力运输		机械运输(高度 m)				利用现有电梯运输(高度 m)	
				地下室一层	地下室二层	≤6	≤12	≤18	≤20	≤30	≤50
基 价 (元)				**208.39**	**395.70**	**240.01**	**372.01**	**516.01**	**570.01**	**292.01**	**358.01**
其中	人 工 费 (元)			208.39	395.70	240.01	372.01	516.01	570.01	292.01	358.01
	材 料 费 (元)			—	—	—	—	—	—	—	—
	机 械 费 (元)			—	—	—	—	—	—	—	—
名 称		单位	单价(元)	消 耗 量							
人工	人工费	元	1.00	208.390	395.700	240.010	372.010	516.010	570.010	292.010	358.010

注:表中高度是指作业面高度。

五、建筑超高施工增加费

1. 建筑物超高人工降效增加费

工作内容:1. 工人上下班降低工效、上下楼及自然休息增加时间;
2. 垂直运输影响的时间。 计量单位:万元

定 额 编 号				21-35	21-36
项 目				修缮(加固)高度(m)	
				≤30	≤50
基 价 (元)				**200.00**	**570.00**
其中	人 工 费 (元)			200.00	570.00
	材 料 费 (元)			—	—
	机 械 费 (元)			—	—
名 称		单位	单价(元)	消 耗 量	
人工	人工费	元	1.00	200.000	570.000

2. 建筑物超高机械降效增加费

工作内容:建筑物超高引起的有关机械使用效率降低。 计量单位:万元

定 额 编 号				21-37	21-38
项 目				修缮(加固)高度(m)	
				≤30	≤50
基 价 (元)				**200.00**	**570.00**
其中	人 工 费 (元)			—	—
	材 料 费 (元)			—	—
	机 械 费 (元)			200.00	570.00
名 称		单位	单价(元)	消 耗 量	
机械	机械费	元	1.00	200.000	570.000

附　　录

附录一　砂浆、混凝土强度等级配合比

说　明

一、本配合比定额是依据《普通混凝土配合比设计规程》JGJ 55－2011、《砌筑砂浆配合比设计规程》JGJ 98－2010 及《通用硅酸盐水泥》GB 175－2007 等有关规范，结合浙江省实际和浙江省建设工程计价依据（2018 版）中的“砂浆混凝土强度等级配合比”修订而成。

二、本定额只编列材料消耗量，配制所需的人工、机械费已包括在各章节相应定额子目中。

三、定额中的材料用量均以干硬收缩压实后的密实体积计算，并考虑了配制损耗。

四、本定额的各项配合比仅供确定工程造价时使用，不能作为实际施工用料的配合比。实际施工中各项配合比内各种材料的需用量，应根据有关规范规定及试验部门提供的配合比用量配制，其材料用量与本定额不同时，除设计有特殊规定或企业自主报价时按实际试验资料进行调整外，其余均不调整。

五、本定额混凝土配合比细骨料是按中砂、细砂各 50% 综合，粗骨料按碎石编制的，如实际全部采用细砂时，可按混凝土配合比定额中水泥用量乘以系数 1.025；如使用卵石，且混凝土的强度等级在 C15 及其以上时，按相应碎石混凝土配合比定额的水泥用量乘以系数 0.975。

六、防水混凝土设计要求抗渗 P6 混凝土强度等级≥C25 或抗渗 P8 混凝土强度等级≥C40 时，均套用普通混凝土配合比定额。如设计要求抗渗 P8 混凝土强度等级为 C20 时，可套用 C25/P8 混凝土配合比定额。

七、设计按“内掺法”要求掺用膨胀剂（如 UEA）和其他制剂时，应按掺入量等量减扣相应混凝土配合比定额中的水泥用量。

1. 砂浆配合比

(1)砌 筑 砂 浆

计量单位:m^3

定额编号			1	2	3	4
项目			混合砂浆			
			强度等级			
			M2.5	M5.0	M7.5	M10.0
基价(元)			219.46	227.82	228.35	231.51
名称	单位	单价(元)	消耗量			
普通硅酸盐水泥 P·O 42.5 综合	kg	0.34	141.000	164.000	187.000	209.000
石灰膏	m^3	270.00	0.113	0.115	0.088	0.072
黄砂 净砂	t	92.23	1.515	1.515	1.515	1.515
水	m^3	4.27	0.300	0.300	0.300	0.300

计量单位:m^3

定额编号			5	6	7	8
项目			水泥砂浆			
			强度等级			
			M2.5	M5.0	M7.5	M10.0
基价(元)			209.01	212.41	215.81	222.61
名称	单位	单价(元)	消耗量			
普通硅酸盐水泥 P·O 42.5 综合	kg	0.34	200.000	210.000	220.000	240.000
黄砂 净砂	t	92.23	1.515	1.515	1.515	1.515
水	m^3	4.27	0.300	0.300	0.300	0.300

计量单位:m^3

定额编号			9	10
项目			干硬水泥砂浆	
			1:2	1:3
基价(元)			274.55	244.35
名称	单位	单价(元)	消耗量	
普通硅酸盐水泥 P·O 42.5 综合	kg	0.34	462.000	339.000
黄砂 净砂	t	92.23	1.269	1.395
水	m^3	4.27	0.100	0.100

(2)抹 灰 砂 浆

计量单位:m^3

定额编号			11	12	13	14	15	16
项目			水泥砂浆					
			1:1	1:1.5	1:2	1:2.5	1:3	1:4
基价(元)			294.20	278.48	268.85	252.49	238.10	243.43
名称	单位	单价(元)	消耗量					
普通硅酸盐水泥 P·O 42.5 综合	kg	0.34	638.000	534.000	462.000	393.000	339.000	295.000
黄砂 净砂	t	92.23	0.824	1.037	1.198	1.275	1.318	1.538
水	m^3	4.27	0.300	0.300	0.300	0.300	0.300	0.300

计量单位:m^3

定额编号			17	18	19	20
项目			钢丝网水泥砂浆		纯水泥浆	107 胶纯水泥浆
			1:1.8	1:2		
基价(元)			**320.36**	**315.63**	**430.36**	**490.56**
名称	单位	单价(元)	消耗量			
普通硅酸盐水泥 P·O 42.5 综合	kg	0.34	604.000	573.000	1 262.000	1 262.000
白色硅酸盐水泥 425#、二级白度	kg	0.59	—	—	—	—
黄砂 净砂	t	92.23	1.233	1.296	—	—
107 胶	kg	1.72	—	—	—	35.000
水	m^3	4.27	0.300	0.300	0.300	0.300

计量单位:m^3

定额编号			21	22	23	24	25
项目			混合砂浆				
			1:0.5:0.5	1:0.5:1	1:0.5:2	1:0.5:2.5	1:0.5:3
基价(元)			**383.20**	**310.12**	**303.82**	**290.65**	**281.51**
名称	单位	单价(元)	消耗量				
普通硅酸盐水泥 P·O 42.5 综合	kg	0.34	672.000	485.000	377.000	345.000	309.000
石灰膏	m^3	270.00	0.399	0.289	0.249	0.205	0.184
黄砂 净砂	t	92.23	0.484	0.703	1.150	1.254	1.349
水	m^3	4.27	0.550	0.550	0.550	0.550	0.550

计量单位:m^3

定额编号			26	27	28	29	30
项目			混合砂浆				
			1:0.5:4	1:0.5:5	1:0.3:3	1:0.3:4	1:0.2:2
基价(元)			**265.24**	**239.80**	**277.99**	**244.22**	**287.68**
名称	单位	单价(元)	消耗量				
普通硅酸盐水泥 P·O 42.5 综合	kg	0.34	254.000	203.000	328.000	249.000	424.000
石灰膏	m^3	270.00	0.151	0.121	0.118	0.089	0.101
黄砂 净砂	t	92.23	1.472	1.472	1.434	1.444	1.235
水	m^3	4.27	0.550	0.550	0.550	0.550	0.550

计量单位:m^3

定额编号			31	32	33	34	35	36
项目			混合砂浆					
			1:1:1	1:1:2	1:1:4	1:1:6	1:2:1	1:3:9
基价(元)			**313.95**	**297.56**	**276.85**	**250.72**	**317.30**	**273.89**
名称	单位	单价(元)	消耗量					
普通硅酸盐水泥 P·O 42.5 综合	kg	0.34	391.000	318.000	229.000	170.000	282.000	108.000
石灰膏	m^3	270.00	0.467	0.378	0.274	0.203	0.672	0.386
黄砂 净砂	t	92.23	0.570	0.922	1.330	1.472	0.408	1.416
水	m^3	4.27	0.550	0.550	0.550	0.550	0.550	0.550

计量单位:m^3

定　额　编　号			37	38	39
项　　　目			水泥白石屑浆		
			1:1.5	1:2	1:2.5
基　价　(元)			**280.15**	**258.85**	**236.38**
名　称	单位	单价(元)	消　耗　量		
普通硅酸盐水泥 P·O 42.5 综合	kg	0.34	630.000	538.000	462.000
白色硅酸盐水泥 425# 二级白度	kg	0.59	—	—	—
白石屑	t	53.40	1.211	1.398	1.461
水	m^3	4.27	0.300	0.300	0.300

计量单位:m^3

定　额　编　号			40	41	42
项　　　目			水泥白石子浆		
			1:1	1:1.5	1:2
基　价　(元)			**442.40**	**439.66**	**435.67**
名　称	单位	单价(元)	消　耗　量		
普通硅酸盐水泥 P·O 42.5 综合	kg	0.34	765.000	631.000	534.000
白石子 综合	t	187.00	0.968	1.197	1.352
水	m^3	4.27	0.300	0.300	0.300

(3)特 种 砂 浆

计量单位:m^3

定　额　编　号			43	44	45	46
项　　　目			金属屑砂浆	重晶石砂浆		耐热砂浆
			1:0.3:1.5	1:0.2:4	1:2:1	1:1.5
基　价　(元)			**2 508.48**	**729.62**	**521.14**	**780.75**
名　称	单位	单价(元)	消　耗　量			
普通硅酸盐水泥 P·O 42.5 综合	kg	0.34	923.000	395.000	454.000	—
矿渣水泥 32.5	kg	0.34	—	—	—	778.000
生石灰	kg	0.30	—	112.000	—	—
黄砂 净砂	t	92.23	0.289	—	0.459	—
钢屑(铁屑)	kg	1.45	1 494.000	—	—	—
重晶石粉	kg	0.33	—	1 697.000	978.000	—
耐火砖末	kg	0.42	—	—	—	1 168.000
三氯化铁	kg	1.97	—	—	—	10.000
木糖浆	kg	4.26	—	—	—	1.000
水	m^3	4.27	0.400	0.400	0.400	0.400

计量单位：m^3

定额编号			47	48	49	50
项目			耐碱砂浆		耐油砂浆	不发火砂浆
			1:1	1:2		1:0.44:1.75
基价（元）			561.03	620.83	310.10	854.08
名称	单位	单价(元)	消耗量			
普通硅酸盐水泥 P·O 42.5 综合	kg	0.34	798.000	583.000	575.000	—
矿渣水泥 32.5	kg	0.34	—	—	—	639.000
黄砂 净砂	t	92.23	—	—	1.224	—
大理石粉	kg	0.43	—	—	—	281.000
大理石砂	kg	0.46	—	—	—	1 118.000
生石灰	kg	0.30	960.000	1 403.000	—	—
水	m^3	4.27	0.400	0.400	0.400	0.400

2. 普通混凝土配合比

（1）现浇现拌混凝土

计量单位：m^3

定额编号			51	52	53	54	55	56
项目			碎石(最大粒径:16mm)					
			混凝土强度等级					
			C15	C20	C25	C30	C35	C40
基价（元）			290.06	296.00	308.88	318.67	331.25	348.06
名称	单位	单价(元)	消耗量					
普通硅酸盐水泥 P·O 42.5 综合	kg	0.34	268.000	304.000	357.000	408.000	460.000	528.000
黄砂 净砂	t	92.23	0.873	0.839	0.770	0.655	0.635	0.560
碎石 综合	t	102.00	1.152	1.121	1.133	1.163	1.131	1.137
水	m^3	4.27	0.215	0.215	0.215	0.215	0.215	0.215

计量单位：m^3

定额编号			57	58	59
项目			碎石(最大粒径:16mm)		
			混凝土强度等级		
			C40	C45	C50
基价（元）			345.30	357.74	370.09
名称	单位	单价(元)	消耗量		
普通硅酸盐水泥 P·O 52.5 综合	kg	0.39	430.000	472.000	513.000
黄砂 净砂	t	92.23	0.645	0.631	0.565
碎石 综合	t	102.00	1.149	1.123	1.147
水	m^3	4.27	0.215	0.215	0.215

计量单位：m^3

定额编号			60	61	62	63	64	65
项目			碎石(最大粒径:20mm)					
			混凝土强度等级					
			C15	C20	C25	C30	C35	C40
基价（元）			287.78	292.53	304.43	313.43	324.92	340.88
名称	单位	单价(元)	消耗量					
普通硅酸盐水泥 P·O 42.5 综合	kg	0.34	250.000	283.000	332.000	380.000	428.000	492.000
黄砂 净砂	t	92.23	0.891	0.854	0.767	0.670	0.653	0.578
碎石 综合	t	102.00	1.174	1.144	1.176	1.192	1.160	1.171
水	m^3	4.27	0.200	0.200	0.200	0.200	0.200	0.200

计量单位:m^3

定额编号			66	67	68	69
项目			碎石(最大粒径:20mm)			
			混凝土强度等级			
			C40	C45	C50	
基价(元)			**338.45**	**351.90**	**349.44**	**361.41**
名称	单位	单价(元)	消耗量			
普通硅酸盐水泥 P·O 42.5 综合	kg	0.34	—	538.000	—	—
普通硅酸盐水泥 P·O 52.5 综合	kg	0.39	401.000	—	439.000	478.000
黄砂 净砂	t	92.23	0.663	0.561	0.648	0.582
碎石 综合	t	102.00	1.177	1.141	1.153	1.181
水	m^3	4.27	0.200	0.200	0.200	0.200

计量单位:m^3

定额编号			70	71	72	73	74	75
项目			碎石(最大粒径:40mm)					
			混凝土强度等级					
			C10	C15	C20	C25	C30	C35
基价(元)			**269.57**	**276.46**	**284.89**	**298.96**	**305.80**	**316.52**
名称	单位	单价(元)	消耗量					
普通硅酸盐水泥 P·O 42.5 综合	kg	0.34	162.000	202.000	246.000	300.000	341.000	385.000
黄砂 净砂	t	92.23	0.989	0.913	0.820	0.747	0.691	0.676
碎石 综合	t	102.00	1.201	1.204	1.224	1.248	1.229	1.201
水	m^3	4.27	0.180	0.180	0.180	0.180	0.180	0.180

计量单位:m^3

定额编号			76	77	78
项目			碎石(最大粒径:40mm)		
			混凝土强度等级		
			C40	C45	C50
基价(元)			**330.72**	**341.19**	**349.33**
名称	单位	单价(元)	消耗量		
普通硅酸盐水泥 P·O 42.5 综合	kg	0.34	442.000	485.000	—
普通硅酸盐水泥 P·O 52.5 综合	kg	0.39	—	—	430.000
黄砂 净砂	t	92.23	0.600	0.587	0.604
碎石 综合	t	102.00	1.219	1.190	1.227
水	m^3	4.27	0.180	0.180	0.180

(2)现场预制混凝土

计量单位:m^3

定额编号			79	80	81	82	83	84	85
项目			碎石(最大粒径:16mm)						
			混凝土强度等级						
			C15	C20	C25	C30	C35	C40	
基价(元)			**290.55**	**299.89**	**308.41**	**329.71**	**341.51**	**351.42**	**357.29**
名称	单位	单价(元)	消耗量						
普通硅酸盐水泥 P·O 42.5 综合	kg	0.34	235.000	282.000	332.000	412.000	463.000	506.000	—
普通硅酸盐水泥 P·O 52.5 综合	kg	0.39	—	—	—	—	—	—	437.000
黄砂 净砂	t	92.23	0.958	0.886	0.794	0.730	0.670	0.630	0.700
碎石 综合	t	102.00	1.190	1.190	1.190	1.190	1.190	1.180	1.190
水	m^3	4.27	0.215	0.215	0.215	0.215	0.215	0.215	0.215

计量单位：m^3

定额编号			86	87	88	89	90
项目			碎石(最大粒径:20mm)				
			混凝土强度等级				
			C15	C20	C25	C30	C35
基价（元）			**297.83**	**305.50**	**314.78**	**321.80**	**332.93**
名称	单位	单价(元)	消耗量				
普通硅酸盐水泥 P·O 42.5 综合	kg	0.34	243.000	287.000	330.000	374.000	420.000
黄砂 净砂	t	92.23	0.942	0.874	0.805	0.730	0.670
碎石 综合	t	102.00	1.250	1.240	1.250	1.240	1.250
水	m^3	4.27	0.195	0.195	0.195	0.195	0.195

计量单位：m^3

定额编号			91	92	93	94	95
项目			碎石(最大粒径:20mm)				
			混凝土强度等级				
			C40		C45		C50
基价（元）			**343.08**	**347.33**	**353.33**	**357.44**	**367.30**
名称	单位	单价(元)	消耗量				
普通硅酸盐水泥 P·O 42.5 综合	kg	0.34	458.000	—	505.000	—	—
普通硅酸盐水泥 P·O 52.5 综合	kg	0.39	—	396.000	—	429.000	464.000
黄砂 净砂	t	92.23	0.640	0.700	0.600	0.670	0.640
碎石 综合	t	102.00	1.250	1.250	1.230	1.250	1.240
水	m^3	4.27	0.195	0.195	0.195	0.195	0.195

计量单位：m^3

定额编号			96	97	98	99	100
项目			碎石(最大粒径:40mm)				
			混凝土强度等级				
			C15	C20	C25	C30	C35
基价（元）			**281.93**	**293.12**	**305.79**	**315.91**	**327.28**
名称	单位	单价(元)	消耗量				
普通硅酸盐水泥 P·O 42.5 综合	kg	0.34	189.000	239.000	292.000	344.000	388.000
黄砂 净砂	t	92.23	0.903	0.840	0.782	0.700	0.650
碎石 综合	t	102.00	1.310	1.310	1.310	1.310	1.320
水	m^3	4.27	0.180	0.180	0.180	0.180	0.180

计量单位：m^3

定额编号			101	102	103	104	105
项目			碎石(最大粒径:40mm)				
			混凝土强度等级				
			C40		C45		C50
基价（元）			**336.41**	**340.87**	**346.32**	**349.27**	**357.57**
名称	单位	单价(元)	消耗量				
普通硅酸盐水泥 P·O 42.5 综合	kg	0.34	423.000	—	466.000	—	—
普通硅酸盐水泥 P·O 52.5 综合	kg	0.39	—	366.000	—	397.000	428.000
黄砂 净砂	t	92.23	0.620	0.680	0.580	0.640	0.610
碎石 综合	t	102.00	1.320	1.320	1.310	1.320	1.310
水	m^3	4.27	0.180	0.180	0.180	0.180	0.180

(3)泵送混凝土

计量单位:m^3

定额编号			106	107	108	109
项目			碎石(最大粒径:16mm)			
			混凝土强度等级			
			C20	C25	C30	C35
基价(元)			**298.24**	**316.77**	**325.07**	**339.69**
名称	单位	单价(元)	消耗量			
普通硅酸盐水泥 P·O 42.5 综合	kg	0.34	406.000	451.000	485.000	525.000
黄砂 净砂	t	92.23	0.675	0.710	0.730	0.730
碎石 综合	t	102.00	0.950	0.950	0.900	0.910
水	m^3	4.27	0.245	0.245	0.245	0.245

计量单位:m^3

定额编号			110	111	112	113	114	115
项目			碎石(最大粒径:20mm)					
			混凝土强度等级					
			C20	C25	C30	C35	C40	C45
基价(元)			**294.58**	**312.70**	**319.26**	**335.58**	**342.89**	**362.22**
名称	单位	单价(元)	消耗量					
普通硅酸盐水泥 P·O 42.5 综合	kg	0.34	373.000	426.000	445.000	493.000	527.000	—
普通硅酸盐水泥 P·O 52.5 综合	kg	0.39	—	—	—	—	—	504.000
黄砂 净砂	t	92.23	0.780	0.770	0.760	0.760	0.670	0.680
碎石 综合	t	102.00	0.930	0.940	0.950	0.950	0.990	1.000
水	m^3	4.27	0.225	0.225	0.225	0.225	0.220	0.220

计量单位:m^3

定额编号			116
项目			碎石(最大粒径:20mm)
			混凝土强度等级
			C50
基价(元)			**374.61**
名称	单位	单价(元)	消耗量
普通硅酸盐水泥 P·O 52.5 综合	kg	0.39	540.000
黄砂 净砂	t	92.23	0.640
碎石 综合	t	102.00	1.020
水	m^3	4.27	0.220

(4)防水混凝土

计量单位:m^3

定额编号			117	118	119	120
项目			碎石(最大粒径:20mm)			
			混凝土强度等级			
			C20/P6	C25/P8	C30/P8	C35/P8
基价(元)			**321.26**	**331.25**	**340.16**	**340.69**
名称	单位	单价(元)	消耗量			
普通硅酸盐水泥 P·O 42.5 综合	kg	0.34	320.000	362.000	404.000	457.000
黄砂 净砂	t	92.23	0.936	0.936	0.912	0.750
碎石 综合	t	102.00	1.228	1.186	1.155	1.130
水	m^3	4.27	0.205	0.205	0.205	0.205

计量单位：m^3

定额编号			121	122	123	124
项目			碎石（最大粒径：40mm）			
			混凝土强度等级			
			C20/P6	C25/P8	C30/P8	C35/P8
基价（元）			**321.65**	**326.52**	**334.23**	**333.87**
名称	单位	单价（元）	消耗量			
普通硅酸盐水泥 P·O 42.5 综合	kg	0.34	312.000	336.000	375.000	424.000
黄砂 净砂	t	92.23	0.924	0.864	0.816	0.710
碎石 综合	t	102.00	1.270	1.292	1.281	1.210
水	m^3	4.27	0.190	0.190	0.190	0.190

（5）泵送防水混凝土

计量单位：m^3

定额编号			125	126	127	128
项目			碎石（最大粒径：20mm）			
			混凝土强度等级			
			C20/P6	C25/P8	C30/P8	C35/P8
基价（元）			**321.41**	**339.81**	**345.36**	**349.97**
名称	单位	单价（元）	消耗量			
普通硅酸盐水泥 P·O 42.5 综合	kg	0.34	367.000	409.000	451.000	522.000
黄砂 净砂	t	92.23	0.941	1.062	1.099	0.854
碎石 综合	t	102.00	1.067	0.998	0.879	0.909
水	m^3	4.27	0.235	0.235	0.235	0.235

（6）喷射混凝土

计量单位：m^3

定额编号			129
项目			混凝土强度等级
			1:2.5:2
基价（元）			**337.71**
名称	单位	单价（元）	消耗量
普通硅酸盐水泥 P·O 42.5 综合	kg	0.34	401.000
黄砂 净砂	t	92.23	1.010
碎石 综合	t	102.00	0.810
促凝剂	kg	1.67	14.000
水	m^3	4.27	0.520

（7）加气混凝土

计量单位：m^3

定额编号			130	131	132
项目			加气混凝土（容量 kg/m^3）		
			500	700	900
基价（元）			**110.24**	**132.80**	**156.39**
名称	单位	单价（元）	消耗量		
普通硅酸盐水泥 P·O 42.5 综合	kg	0.34	211.000	196.000	190.000
黄砂 净砂（细砂）	t	102.00	0.310	0.587	0.849
铝粉	kg	5.43	0.792	0.603	0.324
氢氧化钠（烧碱）	kg	2.59	0.585	0.585	0.585
水	m^3	4.27	0.250	0.350	0.450

(8)特种混凝土配合比

计量单位:m³

定额编号			133	134	135
项目			耐热混凝土		
			耐热度(℃)		
			900 以内	1 200 以内	1 800 以内
基价(元)			**528.92**	**858.20**	**1 182.71**
名称	单位	单价(元)	消耗量		
普通硅酸盐水泥 P·O 42.5 综合	kg	0.34	313.000	—	—
钒土水泥 32.5	kg	1.01	—	385.000	—
耐火水泥	kg	1.01	—	—	450.000
碎耐火砖	t	124.00	0.855	0.950	—
碎钒土耐火砖	t	156.00	—	—	1.110
耐火砖屑	t	501.00	0.630	0.700	—
钒土耐火砖屑	t	652.00	—	—	0.850
水	m³	4.27	0.200	0.200	0.200

计量单位:m³

定额编号			136	137	138	139
项目			耐碱混凝土		耐油混凝土	重晶石混凝土
			水泥用量			
			350kg	450kg		
基价(元)			**324.16**	**334.98**	**374.72**	**1 343.93**
名称	单位	单价(元)	消耗量			
普通硅酸盐水泥 P·O 42.5 综合	kg	0.34	297.000	382.000	287.000	287.000
碎石 综合	t	102.00	1.050	0.966	1.260	—
黄砂 净砂	t	92.23	0.792	0.726	0.726	—
白坩土	t	777.00	—	—	0.104	—
石粉	kg	0.38	111.000	102.000	—	—
重晶石砂	kg	0.41	—	—	—	1 030.000
重晶石	kg	0.49	—	—	—	1 680.000
水	m³	4.27	0.200	0.200	0.200	0.200

3. 防水材料配合比

计量单位:m³

定额编号			140	141	142	143
项目			石油沥青玛蹄脂	石油沥青砂浆		冷底子油
				1:2:7	1:0.53:0.53:3.12(不发火)	
计量单位			m³	m³	m³	kg
基价(元)			**2 263.90**	**1 311.80**	**2 231.42**	**5.57**
名称	单位	单价(元)	消耗量			
石油沥青	kg	2.67	686.000	244.000	408.000	0.320
滑石粉	kg	1.07	404.000	468.000	—	—
黄砂 净砂	t	92.23	—	1.730	—	—
石棉泥	kg	4.31	—	—	219.000	—
硅藻土粉 生料	kg	0.57	—	—	224.000	—
白石屑	t	53.40	—	—	1.320	—
汽油 综合	kg	6.12	—	—	—	0.770

计量单位：m^3

定　额　编　号			144	145	146
项　　　目			石灰炉(矿)渣		
			1:3	1:4	1:10
基　价（元）			**169.70**	**165.74**	**131.00**
名　称	单位	单价(元)	消　耗　量		
生石灰	kg	0.30	184.000	147.000	55.000
炉渣	m^3	102.00	1.110	1.180	1.110
水	m^3	4.27	0.300	0.300	0.300

计量单位：m^3

定　额　编　号			147	148	149	150
项　　　目			炉(矿)渣混凝土			
			CL3.5	CL5.0	CL7.5	CL10
基　价（元）			**210.40**	**217.46**	**229.64**	**237.26**
名　称	单位	单价(元)	消　耗　量			
普通硅酸盐水泥 P·O 42.5 综合	kg	0.34	92.000	114.000	147.000	174.000
生石灰	kg	0.30	76.000	95.000	122.000	144.000
炉渣	m^3	102.00	1.520	1.460	1.390	1.310
水	m^3	4.27	0.300	0.300	0.300	0.300

计量单位：m^3

定　额　编　号			151	152
项　　　目			硫黄砂浆 1:0.35:0.6:0.05	硫黄混凝土
基　价（元）			**5 165.29**	**2 813.05**
名　称	单位	单价(元)	消　耗　量	
石英粉 综合	kg	0.97	398.000	199.000
石英砂 综合	kg	0.97	683.000	342.000
硫黄 98%	kg	2.30	1 149.000	575.000
聚硫橡胶	kg	25.86	57.000	29.000
石英石	kg	0.19	—	1 136.000

计量单位：m^3

定　额　编　号			153	154	155	156
项　　　目			环氧树脂胶泥	酚醛树脂胶泥	环氧酚醛胶泥	环氧稀胶泥
			1:0.08:0.1:2	1:0.08:0.06:1.8	0.7:0.3:0.06:1.8	
基　价（元）			**12 868.18**	**15 657.42**	**14 257.48**	**17 442.37**
名　称	单位	单价(元)	消　耗　量			
环氧树脂	kg	15.52	652.000	—	475.000	862.000
酚醛树脂	kg	21.55	—	649.000	204.000	—
乙二胺	kg	18.53	52.000	—	41.000	60.320
苯磺酰氯	kg	5.24	—	52.000	—	—
丙酮	kg	8.16	65.000	—	68.000	258.610
酒精 工业用 99.5%	kg	7.07	—	39.000	—	—
石英粉 综合	kg	0.97	1 294.000	1 158.000	1 211.000	862.000

计量单位:m^3

定额编号			157	158	159	160
项目			环氧煤焦油胶泥	环氧呋喃胶泥	环氧打底料	环氧砂浆
			0.5:0.5:0.04:2.2	0.7:0.3:0.05:1.7	1:1:0.07:0.15	1:0.07:2:4
基价(元)			**7 381.41**	**13 352.55**	**29 487.76**	**10 815.35**
名称	单位	单价(元)	消耗量			
环氧树脂	kg	15.52	308.000	495.000	1 171.000	337.000
呋喃树脂	kg	16.47	—	214.000	—	—
煤焦油	kg	0.88	306.000	—	—	—
乙二胺	kg	18.53	25.000	35.000	86.000	167.000
丙酮	kg	8.16	25.000	42.000	1 171.000	67.000
二甲苯	kg	6.03	61.000	—	—	—
石英粉 综合	kg	0.97	1 337.000	1 190.000	170.000	667.700
石英砂 综合	kg	0.97	—	—	—	1 336.300

4. 干混砂浆配合比

(1)砌筑砂浆

计量单位:m^3

定额编号			161	162	163	164	165
项目			强度等级				
			M5.0	M7.5	M10.0	M15.0	M20.0
基价(元)			**397.23**	**413.73**	**413.73**	**430.23**	**446.81**
名称	单位	单价(元)	消耗量				
干混砌筑砂浆 DM M5.0	kg	0.24	1 650.000	—	—	—	—
干混砌筑砂浆 DM M7.5	kg	0.25	—	1 650.000	—	—	—
干混砌筑砂浆 DM M10.0	kg	0.25	—	—	1 650.000	—	—
干混砌筑砂浆 DM M15.0	kg	0.26	—	—	—	1 650.000	—
干混砌筑砂浆 DM M20.0	kg	0.27	—	—	—	—	1 650.000
水	m^3	4.27	0.289	0.289	0.289	0.289	0.306

(2)抹灰砂浆

计量单位:m^3

定额编号			166	167	168	169
项目			强度等级			
			M5.0	M10.0	M15.0	M20.0
基价(元)			**413.85**	**430.35**	**446.85**	**446.95**
名称	单位	单价(元)	消耗量			
干混抹灰砂浆 DP M5.0	kg	0.25	1 650.000	—	—	—
干混抹灰砂浆 DP M10.0	kg	0.26	—	1 650.000	—	—
干混抹灰砂浆 DP M15.0	kg	0.27	—	—	1 650.000	—
干混抹灰砂浆 DP M20.0	kg	0.27	—	—	—	1 650.000
水	m^3	4.27	0.315	0.315	0.315	0.340

(3)地面砂浆

计量单位:m^3

定额编号			170	171	172
项目			强度等级		
			M15.0	M20.0	M25.0
基价(元)			**443.08**	**443.08**	**460.16**
名称	单位	单价(元)	消耗量		
干混地面砂浆 DS M15.0	kg	0.26	1 700.000	—	—
干混地面砂浆 DS M20.0	kg	0.26	—	1 700.000	—
干混地面砂浆 DS M25.0	kg	0.27	—	—	1 700.000
水	m^3	4.27	0.254	0.254	0.271

计量单位:m^3

定额编号			173
项目			水泥基自流平砂浆
基价(元)			**2 347.08**
名称	单位	单价(元)	消耗量
水泥基自流平砂浆	kg	1.38	1 700.000
水	m^3	4.27	0.254

附录二　单独计算的台班费用

安装、拆卸费用表

编　　号				2002
项　　目				柴油打桩机
台班单价		元		7 968.25
费用组成	人工费	元		4 320.00
	材料费	元		50.00
	机械费	元		3 598.25
工料机用量	人工	工日	135.00	32.00
	镀锌铁丝	kg	5.40	5.00
	螺栓	个	0.46	50.00
	试车台班	台班	1 022.29	—
	试车台班	台班	832.22	0.50
	汽车式起重机 8t	台班	648.37	2.00
	汽车式起重机 20t	台班	942.70	2.00
	汽车式起重机 40t	台班	1 517.44	—

续表

编号				2003	2004	2005	2006	2007
项目				静力压桩机(kN)				
				900.00	1 200.00	1 600.00	4 000 以内	10 000 以内
台班单价		元		6 290.75	8 167.76	10 727.65	13 513.06	15 097.66
费用组成	人工费	元		3 240.00	4 050.00	5 400.00	6 750.00	6 750.00
	材料费	元		25.00	30.00	30.00	40.00	40.00
	机械费	元		3 025.75	4 087.76	5 297.65	6 723.06	8 307.66
工料机用量	人工	工日	135.00	24.00	30.00	40.00	50.00	50.00
	其他材料费	元	1.00	25.00	30.00	30.00	40.00	40.00
	试车台班	台班	983.95	0.50	—	—	—	—
	试车台班	台班	1 222.58	—	0.50	—	—	—
	试车台班	台班	1 756.96	—	—	0.50	—	—
	试车台班	台班	3 311.04	—	—	—	0.50	—
	试车台班	台班	4 594.83	—	—	—	—	0.50
	汽车式起重机 8t	台班	648.37	1.00	1.00	1.00	2.00	2.00
	汽车式起重机 20t	台班	942.70	2.00	3.00	4.00	4.00	5.00

场外运输费用表

编号				3008	3009	3011
项目				柴油打桩机		锚杆钻孔机
				5t 以内	5t 以外	
台班单价		元		8 389.80	9 709.58	5 959.65
费用组成	人工费	元		540.00	540.00	1 080.00
	材料费	元		99.40	99.40	99.40
	机械费	元		5 084.08	6 026.78	3 077.49
	架线费	元		269.23	269.23	
	回程费	元		2 397.09	2 774.17	1 702.76
工料机用量	人工	工日	135.00	4.00	4.00	8.00
	枕木	m^3	1 206.90	—	—	—
	镀锌铁丝	kg	5.40	5.00	5.00	5.00
	草袋	片	3.62	20.00	20.00	20.00
	汽车式起重机 20t	台班	942.70	2.00	3.00	1.00
	载货汽车 4t	台班	369.21	—	—	—
	载货汽车 8t	台班	411.07	2.00	2.00	1.00
	载货汽车 15t	台班	652.82	2.00	2.00	1.00
	平板拖车组 40t	台班	1 070.90	1.00	1.00	1.00
	平板拖车组 60t	台班	1 360.52	—	—	—
	架线	次	384.62	0.70	0.70	—
	回程	%		40.00	40.00	40.00

续表

编号				3013	3014
项目				静力压桩机	
				900kN	1 200kN 以内
台班单价		元		14 882.98	16 710.88
费用组成	人工费	元		3 240.00	3 240.00
	材料费	元		99.40	99.40
	机械费	元		7 291.30	8 596.94
	回程费	元		4 252.28	4 774.54
工料机用量	人工	工日	135.00	24.00	24.00
	镀锌铁丝	kg	5.40	5.00	5.00
	草袋	片	3.62	20.00	20.00
	汽车式起重机 20t	台班	942.70	2.00	2.00
	载货汽车 15t	台班	652.82	5.00	7.00
	平板拖车组 40t	台班	1 070.90	2.00	2.00
	回程	%		40.00	40.00

附录三　主要材料损耗率取定表

主要材料损耗率取定表

序号	材料名称	工程部位及用途	损耗率（%）
1	镀锌铁丝	—	1
2	镀锌铁丝	脚手架 8#	1
3	镀锌铁丝	脚手架 18#	1
4	铜丝	—	6
5	零星卡具	—	2
6	聚氯乙烯薄膜	—	3
7	聚乙烯薄膜	—	2
8	聚乙烯薄膜	细石混凝土保护层 厚度(mm) 40	3
9	空腹 PVC 板	天棚	6
10	高强螺栓	—	2
11	花篮螺栓	—	2
12	水泥钉	—	3
13	塑料膨胀螺栓	干铺岩棉板	3
14	圆钉	膨润土防水毯	3
15	闭门器	—	1
16	玻璃门合页	—	1
17	大门暗插销	—	1
18	大门明插销	—	1
19	单开执手锁	—	1
20	弹簧合页	—	1
21	弹子锁	—	1
22	底板拉手	—	1
23	地弹簧	—	1
24	地锁	—	1
25	吊轨		1
26	防盗门扣	—	1
27	管子拉手	—	1
28	滑轮	—	1
29	门磁吸	—	1
30	门轧头	—	1
31	双开执手锁	—	1
32	顺位器	—	1
33	铁塔扣	—	1

续表

序号	材料名称	工程部位及用途	损耗率（%）
34	推手板	—	1
35	门猫眼	—	1
36	电焊条	—	12
37	电焊条	—	20
38	电焊条	—	12
39	电焊条	—	20
40	焊锡	—	5
41	预埋铁件	镀锌钢板 沿沟、水管	2
42	钢丝网	抗裂保护层	6
43	黄砂	地坪	2.6
44	白石子	地面、墙面	4
45	白石子	零星、柱	10
46	碎石	垫层、混凝土配合比	1.5
47	碎石	台阶	1.95
48	陶粒	—	2
49	陶粒	排(蓄)水层	3
50	炉渣	—	1
51	炉渣	干铺炉渣	2
52	方整石	砌墙、柱	2
53	混凝土多孔砖	砌墙	3.5
54	混凝土多孔砖	方柱	4.5
55	混凝土多孔砖	零星砌体	5
56	混凝土实心砖	砖基础	1.5
57	混凝土实心砖	实砌墙、贴砖	2.5
58	混凝土实心砖	空斗、空花墙、方柱	4.5
59	混凝土实心砖	地沟	2.5
60	混凝土实心砖	零星砌体	3.5
61	膨胀玻化微珠保温浆料	无机轻集料保温砂浆	6
62	防水剂	—	2
63	防水剂	防水砂浆	3
64	杉板枋材	水泥砂浆保护层	6
65	板枋材	木板盖板	5
66	杉格椽	—	4
67	屋面板	平口、企口成品	5
68	纤维板	—	5
69	缸砖	地面	3
70	缸砖	零星	6

续表

序号	材料名称	工程部位及用途	损耗率（%）
71	天然石材饰面板	零星	6
72	天然石材饰面板	地面	3
73	天然石材饰面板	踢脚线	4
74	天然石材饰面板	零星	6
75	石材装饰线条	—	2
76	醇酸磁漆	—	5
77	聚醋酸乙烯乳液	—	3
78	聚醋酸乙烯乳液	门芯板	4
79	乳胶漆	—	5
80	乳胶漆	—	5
81	水晶地板漆	—	5
82	调和漆	—	5
83	银粉漆	—	5
84	聚合物胶乳	—	6
85	WCC 渗透结晶型涂料	外置式氯丁胶止水带	6
86	防火涂料	—	5
87	红丹防锈漆	—	5
88	红丹防锈漆	—	5
89	红丹防锈漆	脚手架	5
90	铝基反光隔热涂料	—	1
91	铝基反光隔热涂料	—	2
92	石油沥青	熬制	5
93	石油沥青	操作	1
94	石油沥青	防水层表面撒砂砾	6
95	无机质水泥堵漏防水材料	—	5
96	聚脲柔性防水增强涂料	—	5
97	有机硅外墙防水剂	瓷砖基层	3
98	防水密封胶	—	6
99	建筑油膏	—	4
100	聚氯乙烯冷底子油	—	2
101	聚氯乙烯冷底子油	—	3
102	冷底子油	—	3
103	水泥基渗透结晶型防水涂料	—	2
104	水泥基渗透结晶型防水涂料	漏水堵漏	5
105	氯丁橡胶片止水带	外置式氯丁胶止水带	6
106	防腐油	木门窗框加固	3
107	防腐油	木门窗框	4

续表

序号	材料名称	工程部位及用途	损耗率（%）
108	聚氯乙烯胶泥	—	2
109	聚氯乙烯胶泥	—	3
110	清油	—	3
111	环氧树脂注浆材料	漏水堵漏	5
112	溶剂油	脚手架	4
113	微孔硅酸钙	—	2
114	微孔硅酸钙	—	3
115	二甲苯	—	8
116	发泡剂	泡沫混凝土	6
117	氧气	—	6
118	氧气	—	6
119	乙炔气	—	6
120	乙炔气	—	6
121	环氧胶黏剂	外置式氯丁胶止水带	6
122	107 胶	—	5
123	FL－15 胶黏剂	—	6
124	XY－508 胶	木板盖板	6
125	玻璃胶	—	2
126	骨胶	—	2
127	硅酮耐候密封胶	—	6
128	胶黏剂	XY401	5
129	氯丁胶黏结剂	外置式氯丁胶止水带	6
130	强力胶	排（蓄）水层	6
131	耐碱玻璃纤维网格布	抗裂保护层	3
132	矿棉吸声板	零星	8
133	矿棉吸声板	天棚	6
134	复合模板	—	5
135	木模板	明沟	6.5
136	木模板	细石混凝土保护层	6
137	脚手架钢管	脚手架	4
138	脚手架扣件	脚手架	4
139	竹脚手片	脚手架	5
140	107 胶纯水泥浆	—	6
141	干混砌筑砂浆	实心砖（普通砖）实砌砌体	2
142	干混砌筑砂浆	多孔砖砌体	6
143	干混砌筑砂浆	空斗、空花墙、空心砖砌体（卧砌）	4
144	干混砌筑砂浆	石砌体	2

续表

序号	材料名称	工程部位及用途	损耗率(%)
145	石油沥青玛琋脂	—	4
146	遇水膨胀止水胶	遇水膨胀止水胶 缝断面	6
147	非固化橡胶沥青防水涂料	—	2
148	150×150 缸砖	地面	3
149	150×150 缸砖	零星	6
150	SBA 超薄型钢结构防火漆	—	5
151	SBA 防火漆稀释剂	—	5
152	SBS 弹性体改性沥青防水卷材 耐根穿刺(化学阻根) PY 4.0mm	—	2
153	SBS 改性沥青防水涂料 H 型	—	2
154	T 形铝合金龙骨	天棚	4
155	U 形螺栓 M10×108	—	3
156	U 形轻钢龙骨	天棚	4
157	丙烯酸清漆	—	5
158	玻璃	嵌条	5
159	玻璃胶 335g	铝板 泛水	5
160	玻璃卡普隆板	—	5
161	玻璃棉、渣棉毡	墙体	4
162	玻璃棉、渣棉毡	天棚	2
163	玻璃丝布	玻璃钢(含搭接)	15
164	不锈钢板 304 δ1.0	不锈钢板 泛水	6
165	采光瓦	—	4
166	成品踢脚线	—	6
167	瓷砖	墙面	2
168	瓷砖	柱面	3.5
169	瓷砖	零星	6
170	瓷砖	地面	4
171	瓷砖	零星	6
172	瓷砖	踢脚线	4
173	瓷砖	零星	6
174	瓷砖	墙面	4
175	瓷砖	零星	6
176	瓷砖	—	2
177	大理石、花岗石、地砖、缸砖、水磨石	台阶、体育看台	3
178	大理石板	地面、楼梯、墙面、柱、饰块	2
179	大理石板	零星	3
180	带自粘层聚乙烯高分子卷材 1.2mm	—	2
181	单组分聚氨酯防水涂料 I 型	聚氨酯防水涂料	2

续表

序号	材料名称	工程部位及用途	损耗率（%）
182	弹性体改性沥青防水卷材 3.0mm IGM	—	2
183	弹性体改性沥青防水卷材 耐根穿刺(复合铜胎基)4.0mm	—	2
184	弹性涂料	—	5
185	低碳钢焊条 J422 ϕ2.5～3.2	金属门	13
186	低碳钢焊条 综合	金属门窗框	13
187	地板漆	—	5
188	镀锌薄钢板 δ1.0	—	6
189	镀锌扁钩、螺钩	—	1
190	镀锌彩钢板 δ0.5	镀锌钢板 泛水	5
191	镀锌铁钉、钢钉	—	2
192	多彩油毡瓦	不含搭接	2.5
193	防静电地板	地面	6
194	防静电地板	踢脚线	3
195	防水卷材	不含搭接	1
196	非泵送商品混凝土 C20	细石混凝土保护层	2
197	酚醛保温板 δ50	—	9
198	封沿板	—	2.5
199	氟钛稀释剂	—	5
200	复合地板	地面	6
201	干混地面砂浆	细石混凝土保护层	3
202	干混地面砂浆 DS	明沟	2.6
203	干混抹灰砂浆 DP	明沟、台阶	2.6
204	干混砌筑砂浆	预制混凝土板保护层 实铺	2
205	干混砌筑砂浆 DM	明沟	1.3
206	干混砌筑砂浆 DM	明沟	1.3
207	钢板、钢丝网	—	5
208	钢板网	—	5
209	钢筋 综合	金属门	3
210	钢筋 14 以内	混凝土构件	4
211	钢筋 14 以上	混凝土构件	4.5
212	钢支撑钢管		1
213	高分子自粘胶膜防水卷材 1.2mm YPS	—	2
214	耕作土	—	5
215	广场砖	地面	2
216	合页 75 以内	—	1
217	花岗石板	地面、楼梯、墙面、柱、饰块	2
218	花岗石板	零星	3

续表

序号	材料名称	工程部位及用途	损耗率(%)
219	花岗岩板	—	1
220	滑石粉	—	5
221	环氧富锌漆	—	5
222	环氧富锌漆	—	5
223	环氧富锌稀释漆	—	5
224	环氧富锌稀释漆	—	5
225	环氧树脂	E44	1
226	黄泥	—	1
227	黄砂 净砂	陶粒混凝土	2.5
228	黄砂 毛砂	排(蓄)水层	3
229	混凝土实心砖 240×115×53	明沟	3.25
230	混凝土实心砖 240×115×53 MU10	预制混凝土板保护层 架空	3.5
231	火雷管	—	2
232	加气混凝土砌块 碎块	—	8
233	夹布橡胶平板、橡皮	—	1
234	剪力栓钉	—	6
235	建筑石膏粉	—	5
236	焦油聚氨酯防水涂料	858	1
237	金属氟钛漆	—	5
238	金属构件	制作	6
239	金属构件	安装	0
240	金属墙纸	天棚、墙面	15.79
241	金属墙纸	柱面	22.85
242	金属装饰条	—	9
243	净砂	砂浆、混凝土配合比	1.5
244	聚苯乙烯泡沫板 δ30	聚苯乙烯泡沫板	3
245	聚苯乙烯泡沫塑料板	—	2
246	聚合物改性沥青聚酯胎预铺防水卷材 4.0mm	—	2
247	聚合物水泥基复合防水涂料 JS I 型	聚合物水泥防水涂料	2
248	聚氯乙烯防水卷材 1.2mm H 类	—	2
249	聚氯乙烯防水卷材 PVC 耐根穿刺(化学阻根) 2.0mm	—	2
250	聚酯漆	—	5
251	空腹 PVC	零星	8
252	块石	垫层、基础、墙	2
253	冷压套筒、直螺纹套筒、锥螺纹套筒	—	1
254	沥青嵌缝防水油膏	—	3
255	楼梯地砖、缸砖	楼梯	6

续表

序号	材料名称	工程部位及用途	损耗率（%）
256	螺栓、螺钉	—	2
257	螺丝	—	5
258	铝板 1 200×300×1	铝板 泛水	8
259	铝合金板 δ0.8	铝合金盖板	7
260	铝拉铆钉	—	5
261	铝压条	—	7
262	氯丁胶乳沥青	—	1
263	马赛克	地面、墙面	2
264	马赛克	柱	3
265	马赛克	零星	4
266	马赛克	拼花地面	4
267	毛砂	砂垫层、砂桩	3
268	门窗框杉枋	木门挺	7
269	面砖	零星	4
270	木模	—	5
271	木质装饰线条	—	9
272	耐火泥	—	1.5
273	耐酸瓷砖 150×150×20	—	4
274	耐酸瓷砖 230×113×65	平、立面	4
275	耐酸油漆、涂料	各类 抹灰面	3
276	内墙涂料	—	5
277	泡沫玻璃 δ25	—	3
278	泡沫玻璃 δ30	—	3
279	膨胀螺栓	—	2
280	膨胀珍珠岩粉	—	4
281	平板玻璃 δ5	—	6
282	普通硅酸盐水泥 P·O 42.5 综合	—	2
283	枪钉	—	2
284	墙纸	天棚、墙面、不对花	10
285	墙纸	天棚、墙面、对花	15.79
286	墙纸	柱面、不对花	17
287	墙纸	柱面、对花	22.85
288	柔性止水带	—	5
289	软蜡	—	1
290	软木	—	5
291	三合土、灰土	垫层	2
292	三元乙丙橡胶防水卷材 1.0mm JF1	—	2

续表

序号	材料名称	工程部位及用途	损耗率(%)
293	砂砾 综合	防水层表面撒砂砾	3
294	杉枋木	屋架、檩条、椽子	6
295	杉圆木	木棱	2
296	杉圆木	屋架、檩条、椽子	5
297	商品混凝土	现浇构件	2
298	商品混凝土	明沟	1.3
299	石材	墙面	3
300	石材	零星	6
301	石膏板	零星	10
302	石膏板	顶面	8
303	石膏板	零星	10
304	石膏板	天棚	8
305	石灰	—	1
306	石屑	—	3
307	石英粉	—	2
308	石英砂、石	—	2
309	石油沥青砂浆 1:2:7	—	4
310	石油沥青油毡 350g	干铺油毡一层	3.5
311	树脂珍珠岩板	屋面	4
312	双组分聚氨酯防水涂料 Ⅰ型	—	2
313	松枋	—	4
314	碎石 综合	排(蓄)水层	2.5
315	塘碴	—	3
316	天然级配	砂石垫层	3
317	铁钉	—	2
318	外墙氟钛漆	—	5
319	外墙面砖	墙面	3.5
320	外墙面砖	柱面	3.5
321	外墙面砖	零星	6
322	外墙面砖	墙面	3.5
323	外墙面砖	零星	6
324	外墙涂料	—	5
325	文化石	地面、墙面	2
326	文化石	墙面	3
327	文化石	零星、饰块	4
328	稀释剂	Xi-13	5
329	稀释剂	—	5

续表

序号	材料名称	工程部位及用途	损耗率（%）
330	硝胺炸药	—	2
331	硝基漆	—	5
332	小青瓦 180×170～180	小青瓦 屋面基层 椽子上	3.5
333	压敏反应型自粘高分子防水卷材 1.5mmAPF3000	漏水堵漏	2
334	岩棉板 δ50	干铺岩棉板	3
335	硬白蜡	—	2.5
336	油灰	—	3
337	油漆溶剂漆	—	5
338	油漆溶剂油	—	4
339	预埋螺栓	—	1
340	预制混凝土盖板	窨井	1.3
341	预制混凝土构件	构件安装	0.5
342	遇水膨胀止水条 30×20	膨胀止水条	6
343	黏土	—	1
344	黏土脊瓦 460×200	—	5
345	黏土平瓦 380～400×240	—	3.5
346	长条实木地板（企口）	地面	6
347	珍珠岩制品 现浇	屋面	2
348	珍珠岩制品 现浇	墙面	4
349	蒸压砂加气混凝土砌块 B06 A5.0	—	8
350	织物	软包、硬包	18
351	织物	天棚、墙面粘贴	15.79
352	织物	柱面粘贴	22.85
353	纸筋	—	2
354	中空玻璃 5+9A+5	—	6
355	周长 2 400 以内地砖	地面	3
356	周长 2 400 以内地砖	零星	4
357	周长 2 400 以上地砖	地面	4
358	周长 800 以内地砖	地面	2
359	周长 800 以内面砖	墙面	2
360	周长 800 以上面砖	墙面	3
361	铸石粉（辉绿岩粉）	—	1.5
362	自粘聚合物改性沥青防水卷材 2.0mm I 型 N 类	—	2

附录四　人工、材料(半成品)、机械台班单价取定表

人工、材料(半成品)、机械台班单价取定表

序号	材料名称	型号规格	单位	单价(元)
1	二类人工	—	工日	135.00
2	一类人工	—	工日	125.00
3	三类人工	—	工日	155.00
4	热轧带肋钢筋	HRB400 ϕ10	t	3 938.00
5	热轧带肋钢筋	HRB400 ϕ18	t	3 759.00
6	热轧带肋钢筋	HRB500 ϕ10	t	4 328.00
7	热轧带肋钢筋	HRB500 ϕ18	t	4 328.00
8	钢筋	综合	kg	3.04
9	热轧带肋钢筋	HRB400 综合	t	3 849.00
10	精轧螺纹钢筋	—	t	5 500.00
11	镀锌铁丝	ϕ0.7~1.0	kg	6.74
12	镀锌铁丝	综合	kg	5.40
13	钢丝绳	综合	kg	6.45
14	钢绞线	综合	t	5 336.00
15	热轧光圆钢筋	HPB300 ϕ10	t	3 981.00
16	热轧光圆钢筋	HPB300 ϕ18	t	3 981.00
17	热轧光圆钢筋	HPB300 ϕ6	t	3 981.00
18	热轧光圆钢筋	HPB300 ϕ22	kg	3.98
19	热轧光圆钢筋	综合	kg	3.97
20	热轧光圆钢筋	HPB300 ϕ12	kg	3.98
21	热轧光圆钢筋	综合	t	3 966.00
22	方钢	综合	kg	4.05
23	扁钢	Q235B10×100	kg	3.96
24	扁钢	Q235B4×40	kg	3.96
25	扁钢	Q235B3×30	kg	4.04
26	六角空心钢	综合	kg	2.48
27	槽钢	Q235B8#	kg	4.05
28	槽钢	Q235B16#	kg	3.97
29	角钢	Q235B40×40×4	kg	3.97
30	角钢	Q235B50×50×5	kg	3.97
31	角钢	Q235B 综合	kg	3.97
32	角钢	Q235B 综合	t	3 966.00
33	型钢	综合	t	3 836.00
34	型钢	综合	kg	3.84

续表

序号	材料名称	型号规格	单位	单价(元)
35	镀锌薄钢板	综合	kg	4.46
36	中厚钢板	综合	t	3 750.00
37	花纹钢板	综合	kg	3.66
38	中厚钢板	(综合)	kg	3.79
39	不锈钢板	304 δ1.0	m^2	118.00
40	镀锌薄钢板	δ1.0	m^2	33.58
41	中厚钢板	综合	kg	3.71
42	铜丝	—	kg	58.45
43	铝板	1 200 × 300 × 1	m^2	82.57
44	铝合金收口压条	—	m	4.64
45	金属防水板	—	m^2	60.34
46	锡纸	—	m^2	0.43
47	铁件	—	kg	3.71
48	金属周转材料	—	kg	3.95
49	零星卡具	—	kg	5.88
50	橡胶圈	*DN*150	个	12.07
51	橡胶圈	*DN*200	个	19.83
52	橡胶圈	*DN*300	个	63.36
53	塑料薄膜	—	m^2	0.86
54	聚乙烯薄膜	—	m^2	0.86
55	聚氯乙烯薄膜	—	m^2	0.86
56	聚苯乙烯泡沫板	—	m^3	504.00
57	空腹 PVC 板	—	m^2	31.90
58	棉纱	—	kg	10.34
59	棉花	—	kg	22.84
60	麻丝	—	kg	2.76
61	尼龙帽	—	个	0.60
62	土工布	—	m^2	4.31
63	无纺土工布	—	m^2	8.62
64	无纺涤纶布	130 宽	m	6.55
65	碳纤维布	200g/m^2	m^2	80.00
66	草袋	—	m^2	3.62
67	豆包布	—	m	2.93
68	圆钉	—	kg	4.74
69	焊剂	—	kg	3.66
70	粗制六角带帽螺栓	—	kg	5.47

续表

序号	材料名称	型号规格	单位	单价(元)
71	对拉螺栓	—	kg	10.43
72	六角带帽螺栓	—	kg	5.47
73	高强螺栓	—	套	6.90
74	花篮螺栓	M12×200	个	5.17
75	栓钉	—	套	1.38
76	镀锌木螺钉	d2～5×4～50	10个	0.43
77	金属膨胀螺栓	M6×75	套	0.21
78	金属膨胀螺栓	M10	套	0.48
79	圆钉	25	kg	4.74
80	水泥钉	—	kg	5.60
81	U形螺栓	M10×108	套	4.40
82	塑料膨胀螺栓	—	套	0.17
83	地板钉	—	kg	5.60
84	金属膨胀螺栓	M8	套	0.31
85	金属膨胀螺栓	M8×80	套	0.28
86	普碳钢六角螺母	M8	百个	8.36
87	垫圈	—	百个	17.24
88	自攻螺钉	M4×35	百个	2.89
89	气排钉	L20 2 000个/盒	盒	4.51
90	蚊钉	20mm 6 000个/盒	盒	6.64
91	镀锌自攻螺钉	ST3×10	个	0.02
92	木螺丝	M4×25	百个	2.93
93	木螺钉	—	百个	1.81
94	沉头木螺钉	L35	个	0.03
95	镀锌铁丝	8#	kg	6.55
96	六角带帽螺栓	综合	kg	5.47
97	模板植筋螺杆	—	套	15.00
98	钢绞线	锚栓	个	1.15
99	含胶化学锚栓	M16	套	9.00
100	含胶化学锚栓	M20	套	15.75
101	含胶化学锚栓	M24	套	31.50
102	含胶化学锚栓	M10	套	3.25
103	含胶化学锚栓	M12	套	3.50
104	六角带帽螺栓	ϕ12	kg	5.47
105	铝合金门窗配件	角码	个	0.45
106	单开执手锁	—	把	77.59

续表

序号	材料名称	型号规格	单位	单价(元)
107	弹子锁	—	把	47.41
108	管子拉手	—	把	33.62
109	推手板	—	把	30.17
110	双开执手锁	—	把	138.00
111	大门明插销	—	副	4.74
112	大门暗插销	—	副	12.93
113	弹簧合页	—	副	12.83
114	地弹簧	—	套	73.28
115	铁塔扣	—	个	0.86
116	底板拉手	—	个	3.62
117	门磁吸	—	只	4.31
118	合页	75以内	副	1.72
119	玻璃门合页	—	副	5.17
120	地锁	—	把	137.00
121	门轧头	—	只	0.37
122	防盗门扣	—	副	21.55
123	滑轮	—	副	79.66
124	吊轨	—	m	50.86
125	门猫眼	—	套	21.55
126	闭门器	—	副	84.48
127	顺位器	—	套	16.38
128	铁镀铬帘子杆	—	根	29.27
129	浴缸拉手	—	副	86.21
130	不锈钢毛巾架	—	副	43.10
131	不锈钢毛巾环	—	套	47.41
132	卫生纸盒	—	只	47.41
133	不锈钢壳晾衣绳	长2 600mm	套	11.72
134	合金钢钻头	一字型	个	8.62
135	切割锯片	ϕ1 000	片	5.60
136	合金钢钻头	ϕ100	个	60.78
137	电焊条	E43系列	kg	4.74
138	直角扣件	—	个	4.14
139	低合金钢焊条	E43系列	kg	4.74
140	金属结构铁件	—	kg	5.60
141	不锈钢焊丝	1.1~3mm	kg	47.41
142	砂轮片	—	片	7.08

续表

序号	材料名称	型号规格	单位	单价(元)
143	屋架铁件	—	kg	6.90
144	低碳钢焊条	J422 ϕ2.5~3.2	kg	4.74
145	低碳钢焊条	综合	kg	6.72
146	焊丝	ϕ3.2	kg	10.78
147	钢丸	—	kg	4.74
148	焊锡	—	kg	103.00
149	铝质注浆嘴	—	个	3.50
150	石料切割锯片	—	片	27.17
151	合金钢钻头	ϕ8	个	5.34
152	钢丝棉	—	卷	10.50
153	木砂纸	—	张	1.03
154	取芯机钻头	ϕ146	支	130.00
155	电焊条	—	kg	4.31
156	电焊条	E55 系列	kg	10.34
157	直螺纹连接接头	—	个	4.56
158	电钻钻头	12mm	支	18.00
159	注胶嘴	—	个	6.00
160	电钻钻头	16mm	支	36.00
161	电钻钻头	14mm	支	25.00
162	电钻钻头	18mm	支	40.00
163	电钻钻头	20mm	支	43.00
164	电钻钻头	25mm	支	57.00
165	电钻钻头	28mm	支	64.00
166	电钻钻头	32mm	支	80.00
167	角磨片	ϕ25	片	4.14
168	转子	—	只	280.00
169	刨刀片	—	片	3.50
170	低压灌注器	—	套	10.50
171	铁件	综合	kg	6.90
172	预埋铁件	—	kg	3.75
173	轴承	203	个	10.34
174	直螺纹连接套筒	ϕ28	个	3.84
175	反力架锚杆	M27	套	28.00
176	直螺纹连接套筒	—	只	3.53
177	钢丝网	—	m^2	6.29
178	镀锌铁丝	$10^{\#}$	kg	5.38

续表

序号	材料名称	型号规格	单位	单价(元)
179	镀锌铁丝	22#	kg	6.55
180	镀锌铁丝	12#	kg	5.38
181	钢绞线	网片	m^2	145.00
182	镀锌铁丝	18#	kg	6.55
183	普通硅酸盐水泥	P·O 42.5 综合	kg	0.34
184	白色硅酸盐水泥	425# 二级白度	kg	0.59
185	白色硅酸盐水泥	325# 二级白度	t	526.00
186	白色硅酸盐水泥	325# 二级白度	kg	0.53
187	普通硅酸盐水泥	P·O 52.5 综合	kg	0.39
188	复合硅酸盐水泥	P·C 32.5R 综合	kg	0.32
189	黄砂	毛砂	t	87.38
190	砂砾	天然级配	t	36.89
191	砂砾	综合	m^3	77.67
192	黄砂	净砂	t	92.23
193	碎石	综合	t	102.00
194	白石子	综合	t	187.00
195	塘渣	—	t	34.95
196	陶粒	—	m^3	182.00
197	炉渣	—	m^3	102.00
198	大白粉	—	kg	0.34
199	石膏粉	—	kg	0.68
200	块石	200~500	t	77.67
201	方整石	—	m^3	293.00
202	混凝土实心砖	240×115×53MU10	千块	388.00
203	混凝土多孔砖	240×115×90MU10	千块	491.00
204	蒸压砂加气混凝土砌块	B06A5.0	m^3	328.00
205	黏土脊瓦	460×200	千张	1 034.00
206	黏土平瓦	380~400×240	千张	862.00
207	非泵送商品混凝土	C15	m^3	399.00
208	非泵送商品混凝土	C25	m^3	421.00
209	非泵送商品混凝土	C30	m^3	438.00
210	非泵送商品混凝土	C20	m^3	412.00
211	膨胀玻化微珠保温浆料	—	m^3	759.00
212	聚合物黏结砂浆	—	kg	1.60
213	抗裂抹面砂浆	—	kg	1.60
214	防水剂	—	kg	3.65

续表

序号	材料名称	型号规格	单位	单价(元)
215	硫黄胶泥	—	kg	1.74
216	杉原木	椽子	m^3	1 466.00
217	杉板枋材	—	m^3	1 625.00
218	杉原木	综合	m^3	1 466.00
219	松板枋材	—	m^3	1 800.00
220	杉格椽	—	m^3	2 026.00
221	屋面板	—	m^2	60.34
222	板条	1 000×30×8	百根	78.45
223	板枋材	—	m^3	2 069.00
224	杉木枋	30×40	m^3	1 800.00
225	垫木	—	m^3	2 328.00
226	胶合板	δ3	m^2	13.10
227	纤维板	δ3	m^2	8.22
228	平板玻璃	δ5	m^2	24.14
229	中空玻璃	5+9A+5	m^2	86.21
230	镜面玻璃	δ5	m^2	43.10
231	瓷砖	综合	m^2	25.86
232	白瓷砖角线	L200	块	0.16
233	瓷质外墙砖	50×230	m^2	34.48
234	陶瓷地砖	综合	m^2	32.76
235	缸砖	—	m^2	15.60
236	实木地板	—	m^2	155.00
237	长条复合地板	—	m^2	138.00
238	木质防静电活动地板	600×600×25	m^2	259.00
239	膨润土防水毯	—	m^2	68.53
240	天然石材饰面板	—	m^2	159.00
241	石材	综合	m^2	138.00
242	纸面石膏板	1 200×2 400×9.5	m^2	9.48
243	水泥木丝板	δ25	m^2	9.31
244	碳纤维网格	—	m^2	120.00
245	轻钢龙骨	综合	m^2	12.15
246	铝合金龙骨 T 型不上人型	综合	m^2	15.81
247	不锈钢管防盗窗	—	m^2	129.00
248	铁纱	—	m^2	12.93
249	防静电踢脚线	—	m^2	108.00
250	成品木质踢脚线	高 80	m	55.17

续表

序号	材料名称	型号规格	单位	单价(元)
251	木平面装饰线条	25×10	m	4.84
252	木平面装饰线条	100×20	m	16.81
253	木平面装饰线条	150×20	m	22.84
254	成品金属踢脚线	高 80	m	25.86
255	铝合金压条	16×1.5	m	2.41
256	石材装饰线条	50	m	17.24
257	石材装饰线条	100	m	28.45
258	聚氯乙烯阴、阳角线	50×50	m	4.24
259	环氧富锌	底漆	kg	13.79
260	环氧富锌底漆稀释剂	—	kg	11.21
261	聚醋酸乙烯乳液	—	kg	5.60
262	聚氨酯漆稀释剂	—	kg	12.07
263	聚酯清漆	—	kg	16.81
264	聚酯色漆	—	kg	20.69
265	漆片	各种规格	kg	38.79
266	硝基清漆	—	kg	19.83
267	硝基色漆	—	kg	14.29
268	调和漆	—	kg	11.21
269	无光调和漆	—	kg	13.79
270	酚醛清漆	—	kg	10.34
271	水晶地板漆	S961	kg	23.24
272	醇酸磁漆	—	kg	15.52
273	醇酸漆稀释剂	—	kg	6.90
274	银粉漆	—	kg	12.93
275	KCM 清漆	—	kg	17.24
276	KCM 色漆	—	kg	18.97
277	乳胶漆	—	kg	15.52
278	弹性涂料底涂	—	kg	7.76
279	弹性涂料面涂	—	kg	15.52
280	弹性涂料中涂	—	kg	10.34
281	固底漆稀释剂	—	kg	18.97
282	水泥基层腻子	—	kg	1.47
283	外墙封固底漆	—	kg	7.76
284	外墙氟碳漆	—	kg	56.03
285	聚乙烯醇	—	kg	9.48
286	聚合物胶乳	—	kg	9.48

续表

序号	材料名称	型号规格	单位	单价(元)
287	成品腻子粉	—	kg	0.86
288	普通内墙涂料	803 型	kg	1.03
289	仿石型外墙涂料骨架	—	kg	5.17
290	仿石型外墙涂料罩面	—	kg	15.52
291	聚氨酯丙烯酸外墙涂料	—	kg	19.40
292	外墙氟碳漆稀释剂	—	kg	81.03
293	铝基反光隔热涂料	—	kg	12.93
294	WCC 渗透结晶型涂料	—	kg	30.00
295	防火涂料	—	kg	13.36
296	钢结构防火漆	—	kg	24.85
297	钢结构防火漆稀释剂	—	kg	21.72
298	红丹防锈漆	—	kg	6.90
299	防锈漆	C53 - 1	kg	14.05
300	木地板漆	—	kg	11.72
301	石油沥青	—	kg	2.67
302	弹性体改性沥青防水卷材	3.0mm IGM	m^2	23.28
303	自粘聚合物改性沥青防水卷材	2.0mm I 型 N 类	m^2	21.55
304	SBS 弹性体改性沥青防水卷材	耐根穿刺(化学阻根)PY4.0mm	m^2	36.21
305	三元乙丙橡胶防水卷材	1.0mm JF1	m^2	20.69
306	聚氯乙烯防水卷材	1.2mm H 类	m^2	24.40
307	聚氯乙烯防水卷材	PVC 耐根穿刺(化学阻根)2.0mm	m^2	26.72
308	高分子自粘胶膜防水卷材	1.2mm YPS	m^2	21.55
309	聚氯乙烯(PVC)防水板	非外露 L 类 1.5mm	m^2	30.30
310	压敏反应型自粘高分子防水卷材	1.5mm APF3000	kg	35.00
311	改性沥青嵌缝油膏	—	kg	7.16
312	防水密封胶	—	支	8.62
313	SBS 改性沥青防水涂料	H 型	kg	9.48
314	聚合物水泥基复合防水涂料	JSI 型	kg	8.62
315	水泥基渗透结晶型防水涂料	—	kg	13.62
316	单组分聚氨酯防水涂料	I 型	kg	13.79
317	建筑油膏	—	kg	2.49
318	焦油聚氨酯接缝密封膏	QJC - 851	kg	22.07
319	聚氯乙烯冷底子油	—	kg	7.87
320	双组分聚氨酯防水涂料	I 型	kg	9.48
321	有机硅外墙防水剂	—	kg	12.00
322	无机质水泥堵漏防水材料	—	kg	3.00

续表

序号	材料名称	型号规格	单位	单价(元)
323	聚脲柔性防水增强涂料	—	kg	40.00
324	水泥基渗透结晶型防水涂料	—	kg	4.50
325	嵌缝膏	—	kg	2.76
326	模板嵌缝料	—	kg	1.42
327	乳胶	—	kg	5.60
328	氯丁橡胶片止水带	—	m	128.00
329	遇水膨胀止水条	30×20	m	36.21
330	石油沥青油毡	350g	m^2	1.90
331	防腐油	—	kg	1.28
332	聚氯乙烯胶泥	—	kg	4.14
333	清油	—	kg	14.22
334	色粉	—	kg	3.19
335	熟桐油	—	kg	11.17
336	脱漆剂	—	kg	7.62
337	硝基漆稀释剂	信那水	kg	13.79
338	松香水	—	kg	4.74
339	贴缝网带	—	m	0.50
340	嵌缝料	—	kg	1.42
341	阻锈剂	—	kg	90.00
342	氰凝注浆材料	—	kg	24.00
343	环氧树脂注浆材料	—	kg	38.00
344	溶剂油	—	kg	2.29
345	汽油	综合	kg	6.12
346	润滑冷却液	—	kg	19.47
347	地板蜡	—	kg	9.91
348	盐酸	—	kg	0.82
349	微孔硅酸钙	—	m^3	517.00
350	硅酸钠	水玻璃	kg	0.70
351	酒精	工业用99.5%	kg	7.07
352	二甲苯	—	kg	6.03
353	丙酮	—	kg	8.16
354	隔离剂	—	kg	4.67
355	清洗剂	500mL	瓶	3.74
356	清洗剂	—	kg	7.48
357	界面剂	—	kg	1.73
358	聚苯乙烯界面剂	—	kg	8.62

续表

序号	材料名称	型号规格	单位	单价(元)
359	发泡剂	—	kg	8.80
360	催干剂	—	kg	16.38
361	洗衣粉	—	kg	8.62
362	膨胀剂	—	kg	2.76
363	氧气	—	m^3	3.62
364	乙炔气	—	m^3	8.90
365	氩气	—	m^3	7.00
366	液化石油气	—	kg	3.79
367	硅酮耐候密封胶	—	kg	35.80
368	强力胶	—	kg	0.78
369	FL－15 胶黏剂	—	kg	15.40
370	粘合剂	—	kg	26.29
371	玻璃胶	335g	支	10.34
372	XY－508 胶	—	kg	14.66
373	环氧胶黏剂	—	支	85.00
374	氯丁胶黏结剂	—	kg	12.24
375	胶黏剂	XY518	kg	17.46
376	胶黏剂	XY502	kg	108.00
377	YJ－Ⅲ胶	—	kg	11.31
378	胶黏剂	干粉型	kg	2.24
379	万能胶	环氧树脂	kg	18.97
380	建筑胶	—	kg	2.16
381	骨胶	—	kg	11.21
382	107 胶	—	kg	1.72
383	结构植筋胶	—	kg	30.00
384	结构胶	—	kg	40.00
385	灌注胶	—	kg	45.00
386	碳纤维胶	—	kg	35.00
387	树脂密封胶	—	kg	32.00
388	微细缝灌注胶	—	kg	45.00
389	不干胶纸	—	m^2	31.94
390	胶带纸	宽 30mm 单面胶	m	0.06
391	石棉垫	—	kg	6.53
392	岩棉板	δ50	m^3	466.00
393	耐碱玻璃纤维网格布	—	m^2	1.27
394	聚苯乙烯泡沫板	δ30	m^2	15.13

续表

序号	材料名称	型号规格	单位	单价(元)
395	酚醛保温板	δ50	m^2	51.72
396	聚苯乙烯泡沫板	δ50	m^2	25.22
397	泡沫玻璃	δ25	m^2	31.25
398	泡沫玻璃	δ30	m^2	37.50
399	矿棉吸声板	—	m^2	25.86
400	碳素结构钢焊接钢管	$DN50\times3.8$	m	12.62
401	碳素结构钢焊接钢管	$DN32\times3.5$	m	8.09
402	碳素结构钢焊接钢管	$DN25\times3.2$	m	8.34
403	碳素结构钢镀锌焊接钢管	$DN50\times3.8$	m	22.12
404	碳素结构钢镀锌焊接钢管	$DN32\times3.5$	m	14.69
405	不锈钢管	ϕ32	m	8.43
406	方钢管	$25\times25\times2.5$	m	8.83
407	高压胶管	ϕ25	m	18.97
408	高压橡胶皮管	—	m	25.00
409	引水管	$D=100$mm	个	35.25
410	螺栓套管	—	个	0.62
411	肥皂盒	不锈钢	个	43.97
412	铝合金送(回)风口	—	个	23.92
413	高压橡胶风管	ϕ25	m	12.93
414	吊杆	—	kg	5.17
415	草皮砖	—	m^2	18.97
416	地坪块	—	m^2	94.83
417	凹凸型排水板	—	m^2	8.62
418	钢支撑	—	kg	3.97
419	静压钢管桩	—	t	5 000.00
420	圆木桩	—	m^3	1 379.00
421	泡沫防潮纸	—	m^2	11.29
422	草板纸	80#	张	2.67
423	电	—	kW·h	0.78
424	水	—	m^3	4.27
425	水	—	t	4.27
426	木模板	—	m^3	1 445.00
427	复合模板	综合	m^2	32.33
428	钢模板	—	kg	5.96
429	回转扣件	—	个	2.41
430	脚手架钢管	—	kg	3.62

续表

序号	材料名称	型号规格	单位	单价(元)
431	安全网	—	m^2	7.76
432	脚手架钢管底座	—	个	5.69
433	脚手架扣件	—	只	5.22
434	竹脚手片	—	m^2	8.19
435	钢脚手板	—	kg	4.74
436	木脚手板	—	m^3	1 124.00
437	板方材	—	m^3	1 034.00
438	镀锌彩钢板	δ0.5	m^2	21.55
439	直螺纹连接套筒	ϕ20	个	1.88
440	锥螺纹连接套筒	ϕ20	个	1.88
441	锥螺纹连接套筒	ϕ28	个	3.84
442	连接器(锚具)	ϕ25	套	15.54
443	加气混凝土砌块	碎块	m^3	197.00
444	聚合物改性沥青聚酯胎预铺防水卷材	4.0mm	m^2	30.17
445	弹性体改性沥青防水卷材	耐根穿刺(复合铜胎基)4.0mm	m^2	81.90
446	带自粘层聚乙烯高分子卷材	1.2mm	m^2	21.55
447	防水保温一体化板	50mm	m^2	129.00
448	小青瓦	180×170~180	千张	560.00
449	非固化橡胶沥青防水涂料	—	kg	8.62
450	铝合金板	δ0.8	m^2	77.59
451	橡胶风琴板	200×28×2	m	31.03
452	遇水膨胀止水胶	—	kg	30.17
453	石材填缝剂	—	kg	2.59
454	石材黏合剂	—	kg	1.08
455	陶瓷砖填缝剂	—	kg	2.59
456	陶瓷砖黏合剂	—	kg	0.43
457	木平面装饰线条	60×15	m	6.68
458	铝合金压条	50×13	m	4.36
459	基膜(丙烯酸乳液)	—	kg	10.34
460	冷底子油	—	kg	5.57
461	干混砌筑砂浆	DM M7.5	m^3	413.73
462	干混砌筑砂浆	DM M5.0	m^3	397.23
463	干混地面砂浆	DS M15.0	m^3	443.08
464	干混砌筑砂浆	DM M10.0	m^3	413.73
465	107胶纯水泥浆	—	m^3	490.56
466	干混地面砂浆	DS M20.0	m^3	443.08

续表

序号	材料名称	型号规格	单位	单价(元)
467	纯水泥浆	—	m^3	430.36
468	干混地面砂浆	DS M25.0	m^3	460.16
469	干混抹灰砂浆	DP M15.0	m^3	446.85
470	干混抹灰砂浆	DP M20.0	m^3	446.95
471	水泥砂浆	1:1	m^3	294.20
472	水泥砂浆	1:3	m^3	238.10
473	干硬水泥砂浆	1:3	m^3	244.35
474	干混砌筑砂浆	DM M7.5	m^3	414.00
475	干混砌筑砂浆	DM M10.0	m^3	414.00
476	干混抹灰砂浆	DP M10.0	m^3	430.00
477	水泥砂浆	1:2	m^3	268.85
478	石灰砂浆	1:4	m^3	214.00
479	水泥白石子浆	1:2	m^3	435.67
480	水泥白石屑浆	1:2	m^3	258.85
481	灰土	3:7	m^3	110.60
482	石油沥青玛琋脂	—	m^3	2 263.90
483	石油沥青砂浆	1:2:7	m^3	1 311.80
484	三合土	碎石 1:4:8	m^3	238.42
485	手持式风动凿岩机	—	台班	12.36
486	履带式单斗液压挖掘机	$0.3m^3$	台班	544.71
487	轮胎式装载机	$1m^3$	台班	496.96
488	电动夯实机	250N·m	台班	28.03
489	路面抛丸机	—	台班	436.41
490	气腿式风动凿岩机	—	台班	13.62
491	锚杆钻孔机	MGL135	台班	454.58
492	轮胎式起重机	16t	台班	755.65
493	汽车式起重机	20t	台班	942.85
494	门式起重机	10t	台班	447.22
495	叉式起重机	5t	台班	409.00
496	液压压桩器 100t 千斤顶	—	台班	123.81
497	高吨位液压压桩器	200t 千斤顶	台班	184.84
498	高吨位液压压桩器	300t 千斤顶	台班	265.12
499	高吨位液压压桩器	400t 千斤顶	台班	385.00
500	高吨位液压压桩器	600t 千斤顶	台班	550.00
501	立式油压千斤顶	100t	台班	10.22
502	立式油压千斤顶	200t	台班	11.52

续表

序号	材料名称	型号规格	单位	单价(元)
503	立式油压千斤顶	300t	台班	16.55
504	立式油压千斤顶	600t	台班	27.48
505	自卸汽车	15t	台班	794.19
506	载货汽车	4t	台班	369.21
507	电动葫芦－单速	2t	台班	23.79
508	电动卷扬机－单筒慢速	50kN	台班	186.39
509	干混砂浆罐式搅拌机	20 000L	台班	193.83
510	双锥反转出料混凝土搅拌机	500L	台班	215.37
511	灰浆搅拌机	200L	台班	154.97
512	砂浆喷射机	$3m^3/h$	台班	44.75
513	钢筋调直机	14mm	台班	37.97
514	钢筋切断机	40mm	台班	43.28
515	钢筋弯曲机	40mm	台班	26.38
516	锥形螺纹车机	45mm	台班	18.23
517	螺栓套丝机	39mm	台班	28.85
518	木工圆锯机	500mm	台班	27.50
519	摇臂钻床	50mm	台班	21.52
520	檩条机	400 以内 40kW	台班	320.00
521	剪板机	40×3 100	台班	374.59
522	刨边机	12 000mm	台班	342.64
523	半自动切割机	100mm	台班	92.61
524	型钢剪断机	500mm	台班	82.19
525	喷砂除锈机	$3m^3/min$	台班	36.35
526	电动扭力扳手	—	台班	7.73
527	混凝土钻孔取芯机	—	台班	350.00
528	预应力钢筋拉伸机	650kN	台班	24.94
529	钢筋调直机	ϕ40	台班	35.45
530	型钢矫正机	60×800	台班	67.49
531	角向磨光机	ϕ180	台班	34.20
532	电刨	—	台班	45.66
533	电动单级离心清水泵	100mm	台班	36.22
534	污水泵	70mm	台班	81.27
535	高压油泵	80MPa	台班	184.68
536	直流弧焊机	32kW	台班	97.11
537	对焊机	75kV · A	台班	119.25
538	电焊条烘干箱	45cm×35cm×45cm	台班	8.99

续表

序号	材料名称	型号规格	单位	单价(元)
539	点焊机	长臂75kV·A	台班	146.78
540	电渣焊机	电流1 000A	台班	174.04
541	交流弧焊机	32kV·A	台班	92.84
542	交流弧焊机	42kV·A	台班	129.55
543	二氧化碳气体保护焊机	250A	台班	56.85
544	交流弧焊机	21kV·A	台班	63.33
545	氩弧焊机	500A	台班	97.67
546	内燃空气压缩机	$3m^3/min$	台班	329.10
547	电动空气压缩机	$10m^3/min$	台班	394.85
548	电动空气压缩机	$0.3m^3/min$	台班	25.61
549	电动空气压缩机	$6m^3/min$	台班	224.45
550	电动空气压缩机	$0.6m^3/min$	台班	33.06
551	电动空气压缩机	$1m^3/min$	台班	48.22
552	液压注浆泵	HYB50/50－1型	台班	75.11
553	氧割机	—	台班	25.54
554	气压焊设备	—	台班	9.19
555	栓钉焊机	—	台班	96.85
556	风割机	—	台班	90.00
557	电锤	—	台班	6.92
558	LP32/TS32墙锯系统	43kW	台班	639.00
559	立式油压千斤顶	500t	台班	17.34
560	混凝土振捣器	平板式	台班	12.54
561	混凝土振捣器	插入式	台班	4.65
562	电动灌浆机	—	台班	26.11
563	链条式混凝土切割机	ZSYK型电动绳锯	台班	466.02
564	混凝土搅拌机	500L	台班	116.00
565	汽车式起重机	5t	台班	366.47
566	交流电焊机	32kV·A	台班	84.92
567	水泥发泡机(含传送带)	—	台班	263.00